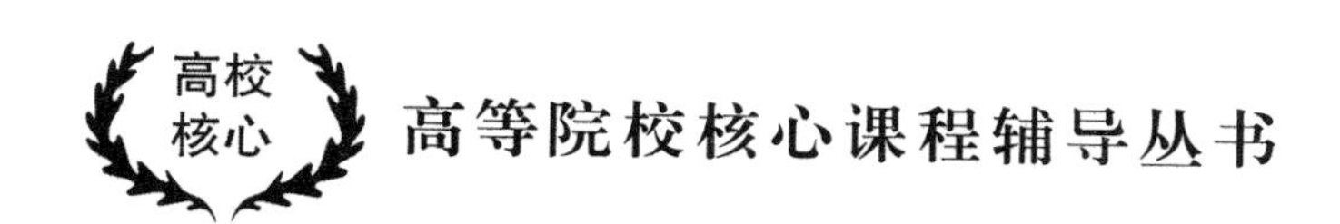

微积分答疑解惑与典型题解

莫 骄 刘吉佑 编著

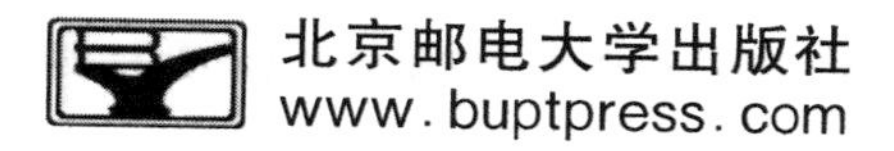

内 容 简 介

本书综述了微积分的基本概念、基本定理与重要知识点，精选了较为丰富的微积分典型例题，通过典型例题详解，帮助读者巩固所学的基本概念和基本定理，加深对所学知识的理解，提高综合运用所学知识的能力。本书共分11章，内容包括：函数概念及性质、极限与连续、导数与微分、微分中值定理及导数应用、不定积分、定积分及其应用、常微分方程、无穷级数、多元函数微分学及其应用、重积分、曲线积分与曲面积分。本书每章配有练习题并提供习题答案、简答或提示，为读者提供自我训练和提升的空间。

本书可作为相关课程的教学辅助参考用书，也可供参加全国研究生考试的工科专业学生学习和参考。

图书在版编目(CIP)数据

微积分答疑解惑与典型题解 / 莫骄，刘吉佑编著. -- 北京 ：北京邮电大学出版社，2021.10

ISBN 978-7-5635-6530-6

Ⅰ. ①微…　Ⅱ. ①莫…　②刘…　Ⅲ. ①微积分—题解　Ⅳ. ①O172-44

中国版本图书馆 CIP 数据核字(2021)第 208206 号

策划编辑：姚　顺　刘纳新　　**责任编辑**：王晓丹　陶　恒　　**封面设计**：七星博纳

出版发行：北京邮电大学出版社
社　　址：北京市海淀区西土城路10号
邮政编码：100876
发 行 部：电话：010-62282185　传真：010-62283578
E-mail：publish@bupt.edu.cn
经　　销：各地新华书店
印　　刷：保定市中画美凯印刷有限公司
开　　本：787 mm×1 092 mm　1/16
印　　张：17
字　　数：419千字
版　　次：2021年10月第1版
印　　次：2021年10月第1次印刷

ISBN 978-7-5635-6530-6　　定价：45.00元

·如有印装质量问题，请与北京邮电大学出版社发行部联系·

前　言

本书是北京邮电大学一年级工科各专业学生学习微积分课程的辅助用书。全书共分为11章，内容包括：函数概念及性质、极限与连续、导数与微分、微分中值定理及导数应用、不定积分、定积分及其应用、常微分方程、无穷级数、多元函数微分学及其应用、重积分、曲线积分与曲面积分。每章分为内容综述，典型例题，练习题，习题答案、简答或提示等4部分。每章的“内容综述”部分系统地对该章的主要概念、结论与方法进行了归纳总结；“典型例题”部分围绕该章知识全面地列举了有代表性的典型问题及处理方法。每章最后是精选的练习题和答案，以供学生自我考查对该章知识与方法学习和掌握的效果。

北京邮电大学的微积分课程已实行分层次教学多年。根据所学专业的不同需求，工科各专业的学生分别学习高等数学(A)或高等数学(B)或工科数学分析课程。3门课程讲授的内容都是微积分的知识，只是讲授的学时不同，从而在知识的深度和广度上有所区别。本书编写的目的，是为本校工科各专业学生学习微积分课程提供一本通用的辅助用书，帮助他们巩固课堂知识，开阔思路，提高综合运用知识的能力。

为兼顾不同层次的教学需求，本书在典型例题的选取上力求类型丰富、知识全面、代表性强而且有难易层次，编排时由易到难、由浅入深。其中既有对单一知识点的简单基本问题示例，又有对融合了多个知识点的综合问题的分析讲解。一个好的综合题对提高解题能力所起的作用，是多少个简单题都达不到的。本书选取的综合题是编者在多年教学生涯中一点一滴积累的成果，也是本书的特色，希望读者既能通过基本问题熟悉一般的概念和方法，也能通过综合问题注意到各种概念和方法的相互渗透，提高自己综合运用知识的能力。

在本书的编写和出版过程中，北京邮电大学教务处、理学院和数学系给予了大力支持，编者在此表示诚挚的谢意。

由于编者水平有限，加之时间仓促，书中难免有错误和不当之处，恳请读者批评指正。

编　者

目　录

第一章

函数概念及性质

第一部分 内容综述

一、函数的基本概念与性质

1. 函数的定义

设有两个变量 x 与 y 和一个实数集的子集 D，若对于 D 中的每个值 x，变量 y 按照一定的法则有唯一一个确定的值 y 与之对应，则称变量 y 是变量 x 的函数，记作

$$y=f(x).$$

数集 D 称为函数的定义域，相应的函数值的全体 $D_f=\{f(x)\mid x\in D\}$ 称为函数的值域. 函数的定义域由对应法则或实际问题的要求确定.

函数概念有两个要素：一是函数的定义域；二是对应法则. 两个函数相同，当且仅当它们的定义域和对应法则分别相同.

2. 函数的性质

(1) 有界性

设函数 $y=f(x)$ 在数集 X 上有定义，若存在正数 M，使得对于每一个 $x\in X$，都有 $|f(x)|\leqslant M$，则称 $f(x)$ 在 X 上有界；若这样的数 M 不存在，则称 $f(x)$ 在 X 上无界.

(2) 单调性

设函数 $y=f(x)$ 在区间 I 上有定义，若对于 I 上的任意两点 x_1 与 x_2，当 $x_1<x_2$ 时，均有

$$f(x_1)\leqslant f(x_2)\ (\text{或 } f(x_1)\geqslant f(x_2)),$$

则称函数 $f(x)$ 在区间 I 上单调递增(或单调递减). 若上式中的"$\leqslant$"改为"$<$"(或"$\geqslant$"改为"$>$")时，不等式成立，则称函数 $f(x)$ 在区间 I 上严格单调递增(或严格单调递减).

(3) 奇偶性

设函数 $y=f(x)$ 的定义域 D 关于原点对称，若对于任一 $x\in D$，都有 $f(-x)=f(x)$，则

称 $f(x)$是偶函数;若对于任一 $x\in D$,都有 $f(-x)=-f(x)$,则称 $f(x)$是奇函数. 例如常数函数 $C,\cos x,x^2,x^4,|x|,\mathrm{e}^{x^2}$ 都是偶函数,$x,x^3,\sin x$ 都是奇函数.

(4) 周期性

对于函数 $y=f(x)$,若存在常数 $T>0$,使得对于每一个 $x\in D$,仍有$(x+T)\in D$,且 $f(x+T)=f(x)$, 则称 $f(x)$是周期函数,T 称为函数的周期.

当 T 是 $f(x)$的一个周期时,对任意正整数 n,nT 显然也是 $f(x)$的周期,解题时若要求函数 $f(x)$的周期,常常是指求 $f(x)$的最小正周期.

二、复合函数、反函数、隐函数与分段函数

1. 复合函数

设函数 $u=\varphi(x)$的定义域为 W_φ,函数 $y=f(u)$的定义域为 D_f,若对每个 $x\in W_\varphi$,有 $u=\varphi(x)\in D_f$, 则得到定义在 W_φ 的函数 $y=f[\varphi(x)]$,称为 $y=f(u)$与 $u=\varphi(x)$的复合函数,其中 u 称为中间变量.

对于复合函数,要会把两个或两个以上的函数进行复合并得到复合函数,也要会把一个复合函数分解,即知道它是由哪些简单函数复合而成的.

2. 反函数

设函数 $y=f(x)$的定义域为 D_f,值域为 W_f,对每个 $y\in W_f$,有唯一的 $x\in D_f$,使得 $y=f(x)$,若把 y 视为自变量,x 视为因变量,就得到一个函数 $x=\varphi(y)$,称 $x=\varphi(y)$为 $y=f(x)$的反函数. 习惯上仍把反函数记作 $y=\varphi(x),x\in W_f$.

3. 隐函数

设方程 $F(x,y)=0$. 若当 x 在某个区间 I 上任意取定一个值时,相应地总有唯一的 y,满足方程 $F(x,y)=0$,令这个 y 与 x 对应,便得到一个定义在区间 I 上的函数 $y=y(x)$,称为由方程 $F(x,y)=0$ 确定的隐函数.

4. 分段函数

若一个函数在其定义域的不同部分要用不同的式子表示对应关系,这样的函数称为分段函数. 例如:$f(x)=\begin{cases} x, & x\leqslant 0, \\ x^2+\mathrm{e}^x, & x>0 \end{cases}$ 是一个分段函数.

5. 基本初等函数与初等函数

常数函数 $y=C$,幂函数 $y=x^\alpha$,指数函数 $y=a^x(a>0,a\neq 1)$,对数函数 $y=\log_a x(a>0,a\neq 1)$,三角函数 $y=\sin x$,$y=\cos x$,$y=\tan x$,$y=\cot x$,反三角函数 $y=\arcsin x$,$y=\arccos x$,$y=\arctan x$,$y=\operatorname{arccot} x$ 统称为基本初等函数. 由基本初等函数经过有限次四则运算和复合运算所得到的,能用一个统一的表达式表示的函数称为初等函数.

分段函数一般不是初等函数,但也有例外,如 $y=\begin{cases} x, & x\geqslant 0, \\ -x, & x<0 \end{cases}$ 与 $y=\sqrt{x^2}$ 既可视为分段函数,也可视为初等函数.

第二部分　典型例题

例 1　设 $f(x)=\begin{cases}1, & |x|<1,\\ 0, & x=\pm 1,\\ -1, & |x|>1,\end{cases}$ $g(x)=e^x$，则 $g[f(x)]=$________，$f[g(x)]=$________.

解　$g[f(x)]=\begin{cases}e, & |x|<1,\\ 1, & |x|=1,\\ e^{-1}, & |x|>1;\end{cases}$ $f[g(x)]=\begin{cases}1, & x<0,\\ 0, & x=0,\\ -1, & x>0.\end{cases}$

分析　$g[f(x)]=e^{f(x)}=\begin{cases}e^1, & |x|<1,\\ e^0, & |x|=1,\\ e^{-1}, & |x|>1\end{cases}=\begin{cases}e, & |x|<1,\\ 1, & |x|=1,\\ e^{-1}, & |x|>1.\end{cases}$

$$f[g(x)]=\begin{cases}1, & |g(x)|<1,\\ 0, & |g(x)|=1,\\ -1, & |g(x)|>1\end{cases}=\begin{cases}1, & e^x<1,\\ 0, & e^x=1,\\ -1, & e^x>1\end{cases}=\begin{cases}1, & x<0,\\ 0, & x=0,\\ -1, & x>0.\end{cases}$$

例 2　设 $f(x)=\begin{cases}e^x, & x<1,\\ x^2, & x\geqslant 1,\end{cases}$ $g(x)=\begin{cases}x+1, & x<0,\\ x^2-1, & x\geqslant 0.\end{cases}$ 求 $f[g(x)]$.

解

$$f[g(x)]=\begin{cases}e^{g(x)}, & g(x)<1,\\ g^2(x), & g(x)\geqslant 1\end{cases}=\begin{cases}e^{x+1}, & x<0,\\ e^{x^2-1}, & 0\leqslant x<\sqrt{2},\\ (x^2-1)^2, & x\geqslant\sqrt{2}.\end{cases}$$

评注　求题中分段函数的复合函数时，首先写出抽象表达式，如上式左边第一个等式；然后根据中间变量（中间函数 $g(x)$）的表达式，分别求出 $g(x)<1$ 时 x 的取值范围和 $g(x)\geqslant 1$ 时 x 的取值范围；最后把 x 在不同取值范围内对应的 $g(x)$ 的表达式代入第一个等号右边相应部分，化简即可.

例 3　设函数

$$f(x)=\begin{cases}\sin x+\varphi(x), & x\geqslant 0,\\ -\sin x+\dfrac{1}{2}\varphi(x), & x<0,\end{cases}\qquad \varphi(x)=\begin{cases}1, & x\geqslant 1,\\ -1, & x<1,\end{cases}$$

求 $f(x)$ 的表达式.

解　在 $f(x)$ 的表达式中，当 $x\geqslant 0$ 时，需将它分成两段：$0\leqslant x<1$ 和 $x\geqslant 1$. 当 $0\leqslant x<1$ 时，$\varphi(x)=-1$；当 $x\geqslant 1$ 时，$\varphi(x)=1$；而当 $x<0$ 时，$\varphi(x)=-1$. 于是得

$$f(x)=\begin{cases}\sin x+1, & x\geqslant 1,\\ \sin x-1, & 0\leqslant x<1,\\ -\sin x-\dfrac{1}{2}, & x<0.\end{cases}$$

例 4　设 $f(x)$ 在 $(-\infty,+\infty)$ 上有定义，且 $\forall x,y\in(-\infty,+\infty)(x\neq y)$ 有 $|f(x)-f(y)|<|x-y|$，证明 $F(x)=f(x)+x$ 在 $(-\infty,+\infty)$ 上单调递增.

证　对任意 $x_1,x_2\in(-\infty,+\infty)$，$x_1<x_2$，有

$$|f(x_2)-f(x_1)|<|x_2-x_1|=x_2-x_1.$$

而

$$f(x_1)-f(x_2)\leqslant|f(x_2)-f(x_1)|<|x_2-x_1|=x_2-x_1,$$

推得

$$f(x_1)+x_1\leqslant|f(x_2)-f(x_1)|<|x_2-x_1|=f(x_2)+x_2.$$

所以 $F(x)$在$(-\infty,+\infty)$上单调递增.

例 5 判断下列函数的奇偶性:

$$f(x)=F(x)\left(\frac{1}{a^x-1}+\frac{1}{2}\right),$$

其中 $a>0,a\neq1,F(x)$是奇函数.

解 因为

$$\begin{aligned}f(-x)&=F(-x)\left(\frac{1}{a^{-x}-1}+\frac{1}{2}\right)=-F(x)\left(\frac{a^x}{1-a^x}+\frac{1}{2}\right)\\&=-F(x)\frac{2a^x+(1-a^x)}{2(1-a^x)}=-F(x)\frac{1+a^x}{2(1-a^x)}=F(x)\frac{a^x+1}{2(a^x-1)}\\&=F(x)\left(\frac{1}{a^x-1}+\frac{1}{2}\right)=f(x),\end{aligned}$$

故 $f(x)$是偶函数.

例 6 求函数 $y=\frac{1}{2}(\mathrm{e}^x-\mathrm{e}^{-x})$的反函数.

解 由 $y=\frac{1}{2}(\mathrm{e}^x-\mathrm{e}^{-x})$,得

$$\mathrm{e}^{2x}-2y\mathrm{e}^x-1=0,$$

解出

$$\mathrm{e}^x=y\pm\sqrt{1+y^2}.$$

因为 $\mathrm{e}^x>0$,所以取正号,即

$$\mathrm{e}^x=y+\sqrt{1+y^2}.$$

两边取以 e 为底的对数,记作 $x=\ln(y+\sqrt{1+y^2})$,所以反函数为

$$y=\ln(x+\sqrt{1+x^2}).$$

评注 $y=\frac{1}{2}(\mathrm{e}^x-\mathrm{e}^{-x})$叫作双曲正弦函数,记作 $y=\operatorname{sh}x$,即 $\operatorname{sh}x=\frac{1}{2}(\mathrm{e}^x-\mathrm{e}^{-x})$,它的反函数记作 $\operatorname{arsh}x$,即

$$\operatorname{arsh}x=\ln(x+\sqrt{1+x^2}).$$

例 7 求函数 $y=\sin x\cdot|\sin x|$ $\left(其中|x|\leqslant\frac{\pi}{2}\right)$的反函数.

解 当 $0\leqslant x\leqslant\frac{\pi}{2}$时,$y=\sin^2x$,$\sin x=\sqrt{y}(0\leqslant y\leqslant1)$,所以

$$x=\arcsin\sqrt{y}\quad(0\leqslant y\leqslant1).$$

当$-\frac{\pi}{2}\leqslant x<0$ 时,$y=-\sin^2x(-1\leqslant y<0)$,所以 $\sin^2x=-y$,$\sin x=-\sqrt{-y}$,从而

$$x=\arcsin(-\sqrt{-y})=-\arcsin(\sqrt{-y})\quad(-1\leqslant y<0).$$

于是所求的反函数为

$$y=\begin{cases}\arcsin\sqrt{x}, & 0\leqslant x\leqslant 1,\\ -\arcsin(\sqrt{-x}), & -1\leqslant x<0.\end{cases}$$

例 8　定义在一个关于原点对称区间内的函数，能否既是奇函数又是偶函数？为什么？

解　如果函数 $f(x)$ 在一个关于原点对称的区间内有定义，且既是奇函数，又是偶函数，那么对于区间内的任一点 x，有

$$f(x)=f(-x),$$

且

$$f(x)=-f(-x),$$

推出 $f(x)=0$.

由此可以看出，除了恒为零的函数外，不存在既是奇函数又是偶函数的函数.

例 9　证明不存在严格单调递增或严格单调递减的偶函数.

证　用反证法. 设 $y=f(x)$ 是严格单调递增的偶函数，其定义域 D 关于原点对称. 任取 D 内两点 $x_1,x_2(x_1<x_2)$，则有

一方面

$$f(x_1)<f(x_2), \tag{1}$$

另一方面，由于 $x_1<x_2\Rightarrow -x_2<-x_1$，从而

$$f(-x_2)<f(-x_1), \tag{2}$$

由于 $f(x)$ 为偶函数，所以有 $f(-x_1)=f(x_1)$，$f(-x_2)=f(x_2)$，由式(2)，有

$$f(x_2)<f(x_1), \tag{3}$$

式(1)和式(3)矛盾. 故不存在严格单调递增的偶函数.

同理可证，不存在严格单调递减的偶函数.

例 10　已知 $f(x)$ 是周期为 π 的奇函数，且当 $x\in\left(0,\frac{\pi}{2}\right)$ 时 $f(x)=\sin x-\cos x+2$，求 $x\in\left(\frac{\pi}{2},\pi\right)$ 时 $f(x)$ 的表达式.

解　因为 $f(x)$ 是奇函数，所以当 $-\frac{\pi}{2}<x<0$ 时有

$$f(x)=-f(-x)=-[\sin(-x)-\cos(-x)+2]=\sin x+\cos x-2.$$

且 $f(0)=0$，又因为 $f(x)$ 是周期为 π 的函数，所以当 $\frac{\pi}{2}<x<\pi$ 时，由于 $-\frac{\pi}{2}<x-\pi<0$，故

$$\begin{aligned}f(x)&=f(x-\pi)=\sin(x-\pi)+\cos(x-\pi)-2\\&=-\sin x-\cos x-2.\end{aligned}$$

例 11　求 $y=\begin{cases}3-x^3, & x<-2,\\ 5-x, & -2\leqslant x\leqslant 2,\\ 1-(x-2)^2, & x>2\end{cases}$ 的值域，并求它的反函数.

解　当 $x<-2$ 时，$y=3-x^3\Rightarrow x=\sqrt[3]{3-y}$ 且 $y>3+8=11$；当 $-2\leqslant x\leqslant 2$ 时，$y=5-x\Rightarrow x=5-y$ 且 $3\leqslant y\leqslant 7$；当 $x>2$ 时，$y=1-(x-2)^2\Rightarrow x=2+\sqrt{1-y}$，且 $y<1$. 所以 $y=f(x)$

的值域为 $(-\infty,1)\cup[3,7]\cup(11,+\infty)$.

$y=f(x)$的反函数为

$$y=\begin{cases}2+\sqrt{1-x}, & x<1,\\ 5-x, & 3\leqslant x\leqslant 7,\\ \sqrt[3]{3-x}, & x>11.\end{cases}$$

例 12[*] 求函数 $y=f(x)=\sqrt{x^2-x+1}-\sqrt{x^2+x+1}$的反函数及其定义域.

解 因为 $f(-x)=-f(x)$,所以 $f(x)$是奇函数.

由 $y=f(x)=\sqrt{x^2-x+1}-\sqrt{x^2+x+1}$易见,当 $x>0$ 时,$y<0$;当 $x<0$ 时,$y>0$. 函数两边平方,得

$$\begin{aligned}y^2&=(x^2-x+1)+(x^2+x+1)-2\sqrt{(x^2-x+1)(x^2+x+1)}\\&=2(x^2+1)-2\sqrt{x^4+x^2+1},\end{aligned}$$

移项,得

$$2\sqrt{x^4+x^2+1}=2(x^2+1)-y^2.$$

上式两边平方,并化简,得

$$x^2(4-4y^2)=4y^2-y^4\Rightarrow x^2=\frac{y^2}{4}\left(\frac{4-y^2}{1-y^2}\right),$$

解出 x,并注意 x 与 y 反号,得反函数为 $x=-\dfrac{y}{2}\sqrt{\dfrac{4-y^2}{1-y^2}}$.

求反函数的定义域即求直接函数的值域. 为此,考察 $y^2=2(x^2+1)-2\sqrt{x^4+x^2+1}$.

若设 $y^2=2(x^2+1)-2\sqrt{x^4+x^2+1}\geqslant 1$,则有 $2x^2+1\geqslant 2\sqrt{x^4+x^2+1}$,两边平方,得 $4x^4+4x^2+1\geqslant 4(x^4+x^2+1)$,矛盾,所以 $y^2<1$. 又易求得

$$\lim_{x\to\infty}y^2=\lim_{x\to\infty}\left[2(x^2+1)-2\sqrt{x^4+x^2+1}\right]=1,$$

所以直接函数的值域为$\{y\,|\,|y|<1\}$,即所求反函数的定义域为$\{x\,|\,|x|<1\}$.

例 13 已知 $2f(x)+f(1-x)=x^2$,求 $f(x)$的表达式.

解 令 $t=1-x$,则 $x=1-t$,代入所给等式得

$$2f(1-t)+f(t)=(1-t)^2,$$

即

$$f(x)+2f(1-x)=(1-x)^2.$$

把 $f(x)$和 $f(1-x)$分别看成下列方程组的未知量

$$\begin{cases}2f(x)+f(1-x)=x^2,\\ f(x)+2f(1-x)=(1-x)^2,\end{cases}$$

解得 $f(x)=\dfrac{1}{3}x^2+\dfrac{2}{3}x-\dfrac{1}{3}$.

例 14 设函数 $f(x)$满足 $af(x)+bf\left(\dfrac{1}{x}\right)=\dfrac{c}{x}(x\neq 0,a^2\neq b^2)$,求 $f(x)$的表达式.

解 令 $x=\dfrac{1}{t}$,代入 $af(x)+bf\left(\dfrac{1}{x}\right)=\dfrac{c}{x}$,得 $af\left(\dfrac{1}{t}\right)+bf(t)=ct$,即

$$bf(x)+af\left(\frac{1}{x}\right)=cx.$$

解方程组 $\begin{cases} af(x)+bf\left(\dfrac{1}{x}\right)=\dfrac{c}{x}, \\ bf(x)+af\left(\dfrac{1}{x}\right)=cx, \end{cases}$ 并注意到 $a^2\neq b^2$,得

$$f(x)=\frac{c}{a^2-b^2}\left(\frac{a}{x}-bx\right).$$

例 15　设 $f(x)$满足 $\sin f(x)-\dfrac{1}{3}\sin f\left(\dfrac{1}{3}x\right)=x$, $f(x)\in\left[-\dfrac{\pi}{2},\dfrac{\pi}{2}\right]$,求 $f(x)$.

解　对等式 $\sin f(x)-\dfrac{1}{3}\sin f\left(\dfrac{1}{3}x\right)=x$ 中的 x 分别用 $\dfrac{1}{3}x,\dfrac{1}{3^2}x,\cdots,\dfrac{1}{3^{n-1}}x$ 代替,得

$$\sin f\left(\frac{1}{3}x\right)-\frac{1}{3}\sin f\left(\frac{1}{3^2}x\right)=\frac{1}{3}x.$$

两边乘以$\dfrac{1}{3}$,得

$$\frac{1}{3}\sin f\left(\frac{1}{3}x\right)-\frac{1}{3^2}\sin f\left(\frac{1}{3^2}x\right)=\frac{1}{3^2}x.$$

同理可得

$$\frac{1}{3^2}\sin f\left(\frac{1}{3^2}x\right)-\frac{1}{3^3}\sin f\left(\frac{1}{3^3}x\right)=\frac{1}{3^4}x,$$

$$\vdots$$

$$\frac{1}{3^{n-1}}\sin f\left(\frac{1}{3^{n-1}}x\right)-\frac{1}{3^n}\sin f\left(\frac{1}{3^n}x\right)=\frac{1}{3^{2(n-1)}}x.$$

上面各式相加,得

$$\sin f(x)-\frac{1}{3^n}\sin f\left(\frac{1}{3^n}x\right)=\frac{x(1-1/3^{2n})}{1-1/3^2}=\frac{9}{8}x(1-1/3^{2n}).$$

两边令 $n\to\infty$,得 $\sin f(x)=\dfrac{9}{8}x$,于是 $f(x)=\arcsin\left(\dfrac{9}{8}x\right)$.

例 16　设 $f(x)=\dfrac{x}{\sqrt{1+x^2}}$, $f_1(x)=f[f(x)]$, $f_2(x)=f[f_1(x)]$, $\cdots$, $f_n(x)=f[f_{n-1}(x)]$, $n=1,2,3,\cdots$,求 $f_n(x)$.

解　由 $f(x)=\dfrac{x}{\sqrt{1+x^2}}$得

$$f_1(x)=f[f(x)]=\frac{f(x)}{\sqrt{1+[f(x)]^2}}=\frac{x/\sqrt{1+x^2}}{\sqrt{1+(x/\sqrt{1+x^2})^2}}=\frac{x}{\sqrt{1+2x^2}}.$$

同理

$$f_2(x)=f[f_1(x)]=\frac{f_1(x)}{\sqrt{1+[f_1(x)]^2}}=\frac{x}{\sqrt{1+3x^2}}.$$

一般地,用数学归纳法可证

$$f_n(x)=f[f_{n-1}(x)]=\frac{f_{n-1}(x)}{\sqrt{1+[f_{n-1}(x)]^2}}=\frac{x}{\sqrt{1+(n+1)x^2}}.$$

例 17　证明 $y=x\sin x$ 不是周期函数.

证 用反证法. 设 $y=x\sin x$ 是周期函数, $T>0$ 是它的一个周期, 则

$$(T+x)\sin(T+x)=x\sin x \tag{1}$$

在式(1)中令 $x=0\Rightarrow T\sin T=0\Rightarrow T=n\pi, n\in\mathbf{N}_+$, 代入式(1), 得

$$(n\pi+x)\sin(n\pi+x)=x\sin x. \tag{2}$$

在式(2)中令 $x=\frac{\pi}{2}$, 两边取绝对值得, $n\pi+\frac{\pi}{2}=\frac{\pi}{2}$, 显然矛盾, 故 $y=x\sin x$ 不是周期函数.

例 18 设函数 $y=f(x)$ 的图形关于直线 $x=a$ 及 $x=b(a<b)$ 都对称, 证明 $y=f(x)$ 是周期函数, 并求它的一个周期.

证 由于 $y=f(x)$ 的图形关于直线 $x=a$ 及 $x=b$ 都对称, 所以对任意的 x, x 关于直线 $x=a$ 和 $x=b$ 的对称点分别为 $2a-x$ 及 $2b-x$, 于是得

$$f(x)=f(2a-x),\quad f(x)=f(2b-x),$$

由此推出

$$f(x)=f(2a-x)=f[2b-(2a-x)]=f[2(b-a)+x],$$

所以 $f(x)$ 是周期函数, 且其一个周期为 $T=2(b-a)$.

例 19 设函数 $f(x)$ 在 $(-\infty,+\infty)$ 上有定义, 且 $f(x+1)+f(x-1)=f(x)$, 求证: $f(x)$ 是周期函数.

证 由于

$$f(x+1)+f(x-1)=f(x), \tag{1}$$

用 $x+1$ 代替式(1)中的 x, 得

$$f(x+2)+f(x)=f(x+1),$$

移项得

$$f(x+2)-f(x+1)=-f(x). \tag{2}$$

式(1)+式(2)得

$$f(x+2)+f(x-1)=0.$$

令 $t=x-1$, 得

$$f(t+3)=-f(t),$$

即

$$f(x+3)=-f(x),$$

所以

$$f(x+6)=-f(x+3)=-(-f(x))=f(x).$$

由此知 $f(x)$ 是周期函数, $T=6$ 是 $f(x)$ 的一个周期.

例 20 求证: 若对任何实数 x,y, 都有 $|f(x)-f(y)|=|x-y|$ 且 $f(0)=0$, 则

(1) $f(x)f(y)=xy$;　　(2) $f(x+y)=f(x)+f(y)$.

证 (1) 令 $y=0$, 由 $f(0)=0$ 和方程 $|f(x)-f(y)|=|x-y|$ 得 $|f(x)|=|x|$, 即 $f^2(x)=x^2$. 将方程 $|f(x)-f(y)|=|x-y|$ 两边平方, 得

$$f^2(x)-2f(x)f(y)+f^2(y)=x^2-2xy+y^2,$$

即得 $f(x)f(y)=xy$.

(2) 令 $y=1$ 并代入 $f(x)f(y)=xy$ 中, 得 $f(x)f(1)=x$, 从而有

$$f(x+y)f(1)=x+y=f(x)f(1)+f(y)f(1)=(f(x)+f(y))f(1),$$

又因为 $f^2(1)=1\neq 0$，故有 $f(x+y)=f(x)+f(y)$.

例 21　设 $f(x)$ 和 $g(x)$ 都是 D 上的初等函数，且

$$M(x)=\max\{f(x),g(x)\},\quad m(x)=\min\{f(x),g(x)\},$$

证明 $M(x)$ 和 $m(x)$ 也是 D 上的初等函数.

证　因为

$$\begin{aligned}M(x)&=\frac{1}{2}[f(x)+g(x)+|f(x)-g(x)|]\\&=\frac{1}{2}\{f(x)+g(x)+\sqrt{[f(x)-g(x)]^2}\},\end{aligned}$$

由初等函数概念可知，$M(x)$ 是 D 上的初等函数.

同理可证 $m(x)$ 也是 D 上的初等函数.

例 22　设 $f(x)$ 在 $(-\infty,+\infty)$ 内有定义，又 $\forall x\in(-\infty,+\infty)$，有 $f(x+T)=kf(x)$ (k,T 为常数，$T>0$). 证明存在常数 $a>0$ 和周期函数 $\varphi(x)$，使 $f(x)=a^x\varphi(x)$.

证　令 $a=k^{\frac{1}{T}}$，由于 $f(x)=a^x\cdot[a^{-x}f(x)]$，记 $\varphi(x)=a^{-x}f(x)$，则只要证明 $\varphi(x)$ 是以 T 为周期的周期函数. 因为

$$\begin{aligned}\varphi(x+T)&=a^{-(x+T)}f(x+T)=a^{-x}a^{-T}kf(x)\\&=(a^{-T}k)\cdot a^{-x}f(x)=(k^{-1}k)\cdot a^{-x}f(x)=a^{-x}f(x)=\varphi(x),\end{aligned}$$

所以 $\varphi(x)$ 是以 T 为周期的周期函数.

第三部分　练　习　题

一、填空题

1. 设函数 $f(x)=\begin{cases}1, & |x|\leqslant 1,\\ 0, & |x|>1,\end{cases}$ 则 $f[f(x)]=$________.

2. 设 $f(x)=\begin{cases}x, & x\leqslant 0,\\ x^2+x, & x>0,\end{cases}$ 则 $f[f(x)]=$________.

3. 设 $f(x)=\sin x$，$f[\varphi(x)]=1-x^2$，且 $|\varphi(x)|\leqslant\frac{\pi}{2}$，则 $\varphi(x)$ 的定义域为________.

4. 设对一切实数 x，有 $f\left(x+\frac{1}{2}\right)=\frac{1}{2}+\sqrt{f(x)-f^2(x)}$，则 $f(x)$ 是以 $T=$________为周期的周期函数.

5. 按周期性和奇偶性判断，$y=\ln(\sec x+\tan x)$ 是周期为________的________函数.

6. 设 $f(x)=\begin{cases}x^2, & x\leqslant 0,\\ -\dfrac{1}{x+1}, & x>0,\end{cases}$ 则其反函数 $f^{-1}(x)=$________.

7. 设 $f(x)$ 在 $(-\infty,+\infty)$ 上有定义，且是周期为 2 的奇函数. 已知 $x\in(2,3)$ 时 $f(x)=x^2+x+1$，则当 $x\in[-2,0]$ 时 $f(x)=$________.

二、选择题

8. $f(x)=|x\sin x|e^{\cos x}(-\infty<x<+\infty)$ 是(　　).

A. 有界函数　　B. 单调函数　　C. 周期函数　　D. 偶函数

9. 函数 $f(x)=\frac{x}{1+x^2}$ 在定义域内为(　　).

A. 有上界无下界　　B. 有下界无上界

C. 有界且 $-\frac{1}{2}\leqslant f(x)\leqslant\frac{1}{2}$　　D. 有界且 $-2\leqslant f(x)\leqslant 2$

10. 设 $f(x)$ 在 $\mathbf{R}$ 上有界,则 $F(x)=f(\cos x)+\ln(\arctan x+\sqrt{(\arctan x)^2+1})$ 是(　　).

A. 有界函数　　B. 无界函数　　C. 奇函数　　D. 偶函数

11. 设 f 为偶函数,g 为奇函数,则下列函数中为偶函数的是(　　).

A. $f(g)$　　B. $g(f)$　　C. $g(g)$　　D. $f(f)$

三、计算与证明题

12. 设函数 $f(x)$ 的定义域为 $(0,1)$,求函数 $f\left(\frac{[x]}{x}\right)$ 的定义域.

13. 判断函数 $f(x)=\ln(x+\sqrt{x^2+1})$ 的奇偶性.

14. 设 $f(x)$ 满足:$f(x+1)=2f(x)$,$\forall x\in\mathbf{R}$,且当 $0\leqslant x\leqslant 1$ 时,$f(x+1)=x+2$. 求 $f(x)$ 在 $-1\leqslant x\leqslant 0$,$1\leqslant x\leqslant 2$ 时的表达式.

15. 设 $f(x)=\begin{cases}x^2+x, & x\leqslant 1,\\ x+5, & x>1,\end{cases}$ a 为常数,求 $f(x+a)$.

16. 求函数 $y=\begin{cases}\mathrm{e}^x, & x\leqslant 0,\\ 3^x, & x>0\end{cases}$ 的反函数.

17. 求函数 $y=\sqrt[3]{x+\sqrt{1+x^2}}+\sqrt[3]{x-\sqrt{1+x^2}}$ 的反函数.

18. 已知 $f(x)=\mathrm{e}^{x^2}$,$f[\varphi(x)]=1-x$,且 $\varphi(x)\geqslant 0$. 求 $\varphi(x)$ 的表达式,并写出其定义域.

19. 设 $\varphi(x)=x^2$,$\phi(x)=2^x$. 求 $\varphi(\varphi(x))$,$\phi(\phi(x))$,$\varphi(\phi(x))$,$\phi(\varphi(x))$.

20. 求函数 $y=\sin x+\frac{1}{2}\sin\frac{1}{2}x+\frac{1}{3}\sin\frac{1}{3}x$ 的周期.

21. 设 $f(x)$ 是定义在区间 $[-a,a]$ 上的函数. 证明:

(1) $f(x)-f(-x)$ 是 $[-a,a]$ 上的奇函数;

(2) $f(x)+f(-x)$ 是 $[-a,a]$ 上的偶函数;

(3) $f(x)$ 可表示为 $[-a,a]$ 上的一个奇函数与一个偶函数之和.

22. 设 $f(x)$,$g(x)$ 和 $h(x)$ 均为增函数,且满足 $f(x)\leqslant g(x)\leqslant h(x)$,$\forall x\in\mathbf{R}$. 证明:

$$f(f(x))\leqslant g(g(x))\leqslant h(h(x)).$$

23. 证明 $f(x)=x\cos x$ 不是周期函数.

24. 设 $f(x)$ 在 $(0,+\infty)$ 内有定义,且 $a_i>0(i=1,2,\cdots,n)$. 证明:

(1) 若 $\frac{f(x)}{x}$ 在 $(0,+\infty)$ 内单调递增,则 $f\left(\sum_{i=1}^{n}a_i\right)\geqslant\sum_{i=1}^{n}f(a_i)$;

(2) 若 $\frac{f(x)}{x}$ 在 $(0,+\infty)$ 内单调递减,则 $f\left(\sum_{i=1}^{n}a_i\right)\leqslant\sum_{i=1}^{n}f(a_i)$.

习题答案、简答或提示

一、填空题

1. $f[f(x)]=1,x\in(-\infty,+\infty)$.

2. $f[f(x)]=\begin{cases}x, & x\leqslant 0,\\ x^4+2x^3+2x^2+x, & x>0.\end{cases}$

3. $|x|\leqslant\sqrt{2}$.

4. $T=1$.

5. 2π;奇.

6. $f^{-1}(x)=\begin{cases}-\sqrt{x}, & x\geqslant 0,\\ -\frac{1}{x}-1, & -1<x<0.\end{cases}$

7. $f(x)=\begin{cases}x^2+9x+21, & x\in(-2,-1),\\ 0, & x=-2,-1,0,\\ -x^2+5x-7, & x\in(-1,0).\end{cases}$

二、选择题

8. D.　　9. C.　　10. A.　　11. D.

三、计算与证明题

12. $f\left(\frac{[x]}{x}\right)$的定义域为 $D_f=(1,+\infty)\backslash\mathbf{Z}$,其中 $\mathbf{Z}$ 为整数集.

13. 奇函数.

14. 提示:(1) 当 $x\in[-1,0]$时,$x+1\in[0,1]$,于是

$$f[(x+1)+1]=(x+1)+2=x+3\Rightarrow f(x+1)=\frac{1}{2}f[(x+1)+1]=\frac{1}{2}x+\frac{3}{2},$$

从而 $f(x)=\frac{1}{2}f(x+1)=\frac{1}{4}x+\frac{3}{4}$.

(2) 当 $x\in[1,2]$时,$x-1\in[0,1]\Rightarrow f(x)=f[(x-1)+1]=(x-1)+2=x+1$.

15. $f(x+a)=\begin{cases}(x+a)^2+(x+a), & x\leqslant 1-a,\\ (x+a)+5, & x>1-a.\end{cases}$

16. $y=\begin{cases}\ln x, & 0<x\leqslant 1,\\ \log_3 x, & x>1.\end{cases}$

17. 提示:由 $y^3=2x-3y$,得 $x=\frac{1}{2}(y^3+3y)$,反函数为 $y=\frac{1}{2}(x^3+3x)$.

18. 提示:由 $f(x)=e^{x^2}$,$f[\varphi(x)]=1-x\Rightarrow e^{\varphi^2(x)}=1-x$,于是有 $\varphi^2(x)=\ln(1-x)\Rightarrow$ $\varphi(x)=\pm\sqrt{\ln(1-x)}$.由假设 $\varphi(x)\geqslant 0$,可知 $\varphi(x)=\sqrt{\ln(1-x)}$.

由 $\ln(1-x)\geqslant 0\Rightarrow 1-x\geqslant 1\Rightarrow x\leqslant 0$,得 $\varphi(x)$的定义域 $D=(-\infty,0]$.

19. $\varphi(\varphi(x))=[\varphi(x)]^2=x^4$;$\phi(\phi(x))=2^{\phi(x)}=2^{2^x}$;
$\varphi(\phi(x))=[\phi(x)]^2=(2^x)^2=4^x$;$\phi(\varphi(x))=2^{\varphi(x)}=2^{x^2}$.

20. y 的周期为 12π.

21. (1),(2)略.

(3) 提示：令 $\varphi(x)=\dfrac{f(x)+f(-x)}{2}$,$\phi(x)=\dfrac{f(x)-f(-x)}{2}$,则易证明 $\varphi(x)$ 是偶函数，而 $\phi(x)$ 是奇函数，且 $f(x)=\varphi(x)+\phi(x)$.

22. 提示：由于 $f(x)\leqslant g(x)$,$f(x)$ 为增函数，则有 $f(f(x))\leqslant f(g(x))$ 及 $f(g(x))\leqslant g(g(x))\Rightarrow f(f(x))\leqslant g(g(x))$.

同理可证 $g(g(x))\leqslant h(h(x))$.

23. 提示：用反证法. 设 $f(x)=x\cos x$ 是周期函数，$T>0$ 是其一个正周期，则有

$$f(x+T)=f(x),$$

即

$$(x+T)\cos(x+T)=x\cos x.$$

再取特殊值 $x=0$ 和 $x=\dfrac{\pi}{2}$,导出矛盾.

24. 提示：(1) 由于$\dfrac{f(x)}{x}$单调递增，所以对 $a_i>0(i=1,2,\cdots,n)$,有 $a_i<a_1+a_2+\cdots+a_n$,推出$\dfrac{f(a_i)}{a_i}<\dfrac{f(a_1+a_2+\cdots+a_n)}{a_1+a_2+\cdots+a_n}$,即

$$(a_1+a_2+\cdots+a_n)f(a_i)<a_if(a_1+a_2+\cdots+a_n)(i=1,2,\cdots,n).$$

将上述各式相加，即得结论.

第二章

极限与连续

第一部分　内容综述

一、极限概念

1. 数列极限

设$\{a_n\}$为一数列，$a\in \mathbf{R}$为常数，若对于任意给定的正数ε，总存在正整数N，使得当$n>N$时，不等式$|a_n-a|<\varepsilon$恒成立，则称数列$\{a_n\}$的极限存在，其极限为a，记为$\lim\limits_{n\to\infty}a_n=a$或$a_n\to a, n\to\infty$.

2. 函数极限$\lim\limits_{x\to x_0}f(x)=a$

设$y=f(x)$在x_0的某去心邻域$\mathring{U}(x_0,\delta_0)$内有定义，$a$为常数，若$\forall\varepsilon>0$，$\exists\delta>0(\delta<\delta_0)$，使得当$0<|x-x_0|<\delta$时，有$|f(x)-a|<\varepsilon$，则称当$x\to x_0$时$f(x)$以$a$为极限，记为$\lim\limits_{x\to x_0}f(x)=a$.

左极限　若$\forall\varepsilon>0$，$\exists\delta>0(\delta<\delta_0)$，使得当$0<x_0-x<\delta$时，有$|f(x)-a|<\varepsilon$，则称$f(x)$在$x_0$处的左极限存在，记为$\lim\limits_{x\to x_0^-}f(x)=a$，或$f(x_0-0)=a$.

右极限　若$\forall\varepsilon>0$，$\exists\delta>0(\delta<\delta_0)$，使得当$0<x-x_0<\delta$时，有$|f(x)-a|<\varepsilon$，则称$f(x)$在$x_0$处的右极限存在，记为$\lim\limits_{x\to x_0^+}f(x)=a$，或$f(x_0+0)=a$.

3. 函数极限$\lim\limits_{x\to\infty}f(x)=a$

设$y=f(x)$当$|x|>\alpha>0$时有定义，若$\forall\varepsilon>0$，$\exists X>\alpha$，使得当$|x|>X$时，有$|f(x)-a|<\varepsilon$，则称当$x\to\infty$时$f(x)$有极限a，记为$\lim\limits_{x\to\infty}f(x)=a$.

4. 函数极限$\lim\limits_{x\to\pm\infty}f(x)=a$

设$y=f(x)$在$(x_1,+\infty)$内有定义，a为常数. 若$\forall\varepsilon>0$，$\exists X>x_1$，使得$\forall x>X$时，有$|f(x)-a|<\varepsilon$，则称当$x\to+\infty$时$f(x)$有极限a，记为$\lim\limits_{x\to+\infty}f(x)=a$.

设 $y=f(x)$ 在 $(-\infty,x_2)$ 内有定义,a 为常数. 若 $\forall\varepsilon>0$,$\exists X<x_2$,使得 $\forall x<X$ 时,有 $|f(x)-a|<\varepsilon$,则称当 $x\to-\infty$ 时 $f(x)$ 有极限 a,记为 $\lim\limits_{x\to-\infty}f(x)=a$.

把数列 $\{a_n\}$ 看作定义在正整数集上的函数,即 $f(n)=a_n$,$n=1,2,\cdots$,则数列极限可以看作极限 $\lim\limits_{x\to+\infty}f(x)=a$ 的特殊情况.

二、性质

1. 唯一性

在自变量的变化过程中,若函数(含数列)的极限存在,则此极限唯一.

2. 有界性

若 $\lim\limits_{x\to x_0}f(x)=a$(或 $\lim\limits_{x\to\infty}f(x)=a$),则存在 x_0 的某个去心邻域 $\mathring{U}(x_0,\delta_0)$(或 $\exists M>0$),使得 $f(x)$ 在 $\mathring{U}(x_0,\delta_0)$ 内 (或当 $|x|>M$ 时)有界.

3. 保序性

设 $\lim\limits_{x\to x_0}f(x)=a$,$\lim\limits_{x\to x_0}g(x)=b$,若 $a<b$,则存在某个去心邻域 $\mathring{U}(x_0)$,在此去心邻域内有 $f(x)<g(x)$;反之,若在某个 $\mathring{U}(x_0)$ 内恒有 $f(x)\leqslant g(x)$,则 $a\leqslant b$.

函数极限的其他几种情形也有类似的保序性.

三、极限存在准则

1. 夹逼准则

若在某个去心邻域 $\mathring{U}(x_0)$(或 $|x|>M>0$)内恒有 $g(x)\leqslant f(x)\leqslant h(x)$,且 $\lim\limits_{\substack{x\to x_0\\(x\to\infty)}}g(x)=\lim\limits_{\substack{x\to x_0\\(x\to\infty)}}h(x)=a$,则 $\lim\limits_{\substack{x\to x_0\\(x\to\infty)}}f(x)=a$.

2. 单调有界准则

(1) 单调有界数列必收敛.

(2) 设函数 $f(x)$ 在区间 $[\alpha,+\infty)$ $(\alpha\in\mathbf{R})$ 上单调递增(减)且有上(下)界,则 $\lim\limits_{x\to\infty}f(x)$ 存在.

(3) 设函数 $f(x)$ 在区间 I 上单调,则 $f(x)$ 在 I 内每一点的单侧极限存在.

四、两个重要极限

1. $\lim\limits_{x\to0}\dfrac{\sin x}{x}=1$;　　2. $\lim\limits_{x\to\infty}\left(1+\dfrac{1}{x}\right)^x=\mathrm{e}$ 或 $\lim\limits_{x\to0}(1+x)^{\frac{1}{x}}=\mathrm{e}$.

五、极限的四则运算

设在自变量的同一个变化过程中,有 $\lim\limits_{x\to\square}f(x)=a$,$\lim\limits_{x\to\square}g(x)=b$,则有

1. $\lim\limits_{x\to\square}[f(x)\pm g(x)]=a\pm b$.

2. $\lim\limits_{x\to\square}[f(x)g(x)]=\lim\limits_{x\to\square}f(x)\cdot\lim\limits_{x\to\square}g(x)=ab$.

3. 若$\lim\limits_{x\to\square}g(x)=b\neq0$,则$\lim\limits_{x\to\square}\dfrac{f(x)}{g(x)}=\dfrac{a}{b}$.

六、无穷小的概念、性质、运算及其比较,无穷大

1. 无穷小的定义

若$\lim\limits_{x\to\square}\alpha(x)=0$,则称$\alpha(x)$为当$x\to\square$时的无穷小,即极限为0时的变量为无穷小. 常数0也是无穷小.

2. 无穷小的性质

$\lim\limits_{x\to\square}f(x)=a\Leftrightarrow f(x)=a+\alpha(x)$,其中$\lim\limits_{x\to\square}\alpha(x)=0$.

3. 无穷小的运算

(1) 有限多个无穷小的和仍为无穷小;

(2) 有限多个无穷小的乘积仍为无穷小;

(3) 有界变量与无穷小的乘积仍为无穷小.

4. 无穷小的比较

设在$x\to\square$的过程中,$\alpha(x)$,$\beta(x)$均为无穷小,且极限$\lim\limits_{x\to\square}\dfrac{\alpha(x)}{\beta(x)}$存在或为$\infty$.

若$\lim\limits_{x\to\square}\dfrac{\alpha(x)}{\beta(x)}=0$,则称$\alpha(x)$是比$\beta(x)$高阶的无穷小,记作$\alpha(x)=o(\beta(x))$;

若$\lim\limits_{x\to\square}\dfrac{\alpha(x)}{\beta(x)}=\infty$,则称$\alpha(x)$是比$\beta(x)$低阶的无穷小;

若$\lim\limits_{x\to\square}\dfrac{\alpha(x)}{\beta(x)}=c\neq0$,则称$\alpha(x)$与$\beta(x)$是同阶的无穷小;

若$\lim\limits_{x\to\square}\dfrac{\alpha(x)}{\beta(x)}=1$,则称$\alpha(x)$与$\beta(x)$是等价无穷小,记为$\alpha(x)\sim\beta(x)$;

若$\lim\limits_{x\to\square}\dfrac{\alpha(x)}{\beta^k(x)}=c\neq0(k>0)$,则称$\alpha(x)$是$\beta(x)$的$k$阶无穷小.

5. 无穷大

$\lim\limits_{x\to x_0}f(x)=\infty\Leftrightarrow\forall M>0,\exists\delta>0$,使得当$0<|x-x_0|<\delta$时,有$|f(x)|>M$;

$\lim\limits_{x\to\infty}g(x)=\infty\Leftrightarrow\forall M>0,\exists X>0$,使得当$|x|>X$时,有$|g(x)|>M$. 以上情形分别称当$x\to x_0$和$x\to\infty$时$f(x)$和$g(x)$是无穷大.

评注1° 熟练掌握常见的等价无穷小量:当$x\to0$时有

$$x\sim\sin x\sim\tan x\sim\arcsin x\sim\arctan x\sim\ln(1+x)\sim e^x-1;$$

$$\sqrt[n]{1+x}\sim\frac{1}{n}x;1-\cos x\sim\frac{1}{2}x^2;a^x-1=e^{x\ln a}-1\sim x\ln a;\ x-\sin x\sim\frac{1}{6}x^3.$$

评注2° 无穷大量必有无界量,但无界量不一定是无穷大量. 如$f(x)=x\sin x$在$(0,+\infty)$上是无界量,但当$x\to+\infty$时,$f(x)$不是无穷大量.

七、连续

1. 函数的连续性概念

设函数 $y=f(x)$ 在点 x_0 的某个邻域 $U(x_0)$ 内有定义，$x_0+\Delta x\in U(x_0)$，$\Delta y=f(x_0+\Delta x)-f(x_0)$，若 $\lim\limits_{\Delta x\to 0}\Delta y=0$，则称 $f(x)$ 在点 x_0 处连续. 函数 $f(x)$ 在点 x_0 处连续的等价概念是 $\lim\limits_{x\to x_0}f(x)=f(x_0)$.

若 $\lim\limits_{x\to x_0^-}f(x)=f(x_0)$，称 $f(x)$ 在 x_0 处左连续；若 $\lim\limits_{x\to x_0^+}f(x)=f(x_0)$，则称 $f(x)$ 在 x_0 处右连续.

函数 $f(x)$ 在 x_0 处连续当且仅当 $f(x)$ 在 x_0 处既左连续，又右连续.

若函数 $f(x)$ 在区间 (a,b) 内每点处都连续，称 $f(x)$ 在开区间 (a,b) 内连续；若 $f(x)$ 在 (a,b) 内连续，又在 a 点处右连续，在 b 点处左连续，则称 $f(x)$ 在闭区间 $[a,b]$ 上连续.

2. 连续函数运算

(1) 加法　在 x_0 处连续的有限个连续函数的和在 x_0 处仍连续.

(2) 乘法　在 x_0 处连续的有限个连续函数的积在 x_0 处仍连续.

(3) 除法　设 $f(x),g(x)$ 均在 x_0 处连续，且 $g(x_0)\neq 0$，则 $\dfrac{f(x)}{g(x)}$ 在 x_0 处连续.

3. 复合函数的连续性

设 $u=\varphi(x)$ 在 $x=x_0$ 处连续，且 $u_0=\varphi(x_0)$，若函数 $y=f(u)$ 在 u_0 处连续，则复合函数 $y=f[\varphi(x)]$ 在点 $x=x_0$ 处连续.

结论：基本初等函数在它们的定义域内连续；初等函数在它们的定义区间内连续.

4. 间断点概念与类型

设函数 $f(x)$ 在点 x_0 的某去心邻域内有定义，在此前提下，如果函数 $f(x)$ 有下列三种情形之一：

(1) 在 $x=x_0$ 处没有定义；

(2) 虽在 $x=x_0$ 处有定义，但 $\lim\limits_{x\to x_0}f(x)$ 不存在；

(3) 虽在 $x=x_0$ 处有定义，且 $\lim\limits_{x\to x_0}f(x)$ 存在，但 $\lim\limits_{x\to x_0}f(x)\neq f(x_0)$，

则称函数 $f(x)$ 在点 x_0 处不连续. 点 x_0 称为函数 $f(x)$ 的不连续点或间断点.

对 $f(x)$ 的间断点 x_0 进行如下分类.

第Ⅰ类间断点　x_0 是 $f(x)$ 的第Ⅰ类间断点 $\Leftrightarrow f_-(x_0)$ 与 $f_+(x_0)$ 均存在. 若 $f_-(x_0)=f_+(x_0)$，则称 x_0 是 $f(x)$ 的可去间断点；若 $f_-(x_0)\neq f_+(x_0)$，则称 x_0 是 $f(x)$ 的跳跃间断点.

第Ⅱ类间断点　x_0 是 $f(x)$ 的第Ⅱ类间断点 $\Leftrightarrow f_-(x_0)$ 与 $f_+(x_0)$ 至少有一个不存在.

评注　不是第Ⅰ类间断点的间断点称为第Ⅱ类间断点. 第Ⅱ类间断点有两个特殊情形：一是无穷间断点，二是振荡间断点.

例如：$y=\dfrac{1}{x}$ 的间断点 $x=0$ 是无穷间断点；$y=\sin\dfrac{1}{x}$ 的间断点 $x=0$ 是振荡间断点.

5. 闭区间上连续函数的性质

(1) **最大值和最小值定理**　闭区间上的连续函数一定有最大值和最小值.

(2) **有界性定理**　闭区间上的连续函数在该区间上一定有界.

(3) **介值定理**　设函数 $f(x)$ 在 $[a,b]$ 上连续,且 $f(a)\neq f(b)$,C 是介于 $f(a)$ 与 $f(b)$ 之间的任一数,必存在 $\xi\in(a,b)$,使得 $f(\xi)=C$.

(4) **零点定理**　设函数 $f(x)$ 在 $[a,b]$ 上连续,且 $f(a)$ 与 $f(b)$ 异号,则至少存在一点 $\xi\in(a,b)$,使得 $f(\xi)=0$.

推论　闭区间上的连续函数必可取到介于其最大值 M 与最小值 m 之间的任一个数.

第二部分　典型例题

例 1　$\lim\limits_{n\to\infty}\sqrt{n}\tan\dfrac{1}{n^2+2\sqrt{n}}=$________.

解　应填 0.

分析　利用等价无穷小替换 $\tan\dfrac{1}{n^2+2\sqrt{n}}\sim\dfrac{1}{n^2+2\sqrt{n}}\sim\dfrac{1}{n^2}$,得

$$\lim_{n\to\infty}\sqrt{n}\tan\frac{1}{n^2+2\sqrt{n}}=\lim_{n\to\infty}\sqrt{n}\cdot\frac{1}{n^2}=0.$$

例 2　设函数 $f(x)=a^x(a>0,a\neq1)$,求 $\lim\limits_{n\to\infty}\dfrac{1}{n^2}\ln[f(1)f(2)\cdots f(n)]$.

解

$$\begin{aligned}\lim_{n\to\infty}\frac{1}{n^2}\ln[f(1)f(2)\cdots f(n)]&=\lim_{n\to\infty}\frac{1}{n^2}\ln[a^1\cdot a^2\cdot\cdots\cdot a^n]\\&=\lim_{n\to\infty}\frac{1}{n^2}\ln a^{\frac{n(n+1)}{2}}=\lim_{n\to\infty}\frac{1}{n^2}\frac{n(n+1)}{2}\ln a\\&=\frac{1}{2}\ln a.\end{aligned}$$

例 3　求极限 $\lim\limits_{n\to\infty}\sin^2(\pi\sqrt{n^2+n})$.

解

$$\begin{aligned}\lim_{n\to\infty}\sin^2(\pi\sqrt{n^2+n})&=\lim_{n\to\infty}\sin^2(\pi\sqrt{n^2+n}-n\pi)\\&=\lim_{n\to\infty}\sin^2\left(\pi\frac{n}{\sqrt{n^2+n}+n}\right)\\&=\sin^2\frac{\pi}{2}=1.\end{aligned}$$

例 4　求极限 $\lim\limits_{n\to\infty}\left(\dfrac{1}{\sqrt{n^2+1}}+\dfrac{1}{\sqrt{n^2+2}}+\cdots+\dfrac{1}{\sqrt{n^2+n}}\right)$.

解　令

$$x_n=\frac{1}{\sqrt{n^2+1}}+\frac{1}{\sqrt{n^2+2}}+\cdots+\frac{1}{\sqrt{n^2+n}},$$

$$y_n=\frac{1}{\sqrt{n^2+n}}+\frac{1}{\sqrt{n^2+n}}+\cdots+\frac{1}{\sqrt{n^2+n}},$$

$$z_n=\frac{1}{\sqrt{n^2+1}}+\frac{1}{\sqrt{n^2+1}}+\cdots+\frac{1}{\sqrt{n^2+1}},$$

则 $y_n\leqslant x_n\leqslant z_n$ 且 $\lim\limits_{n\to\infty}y_n=\lim\limits_{n\to\infty}\frac{n}{\sqrt{n^2+n}}=1$，$\lim\limits_{n\to\infty}z_n=\lim\limits_{n\to\infty}\frac{n}{\sqrt{n^2+1}}=1$.

由夹逼准则，得 $\lim\limits_{n\to\infty}x_n=1$.

例 5 求下列极限：

(1) $\lim\limits_{n\to\infty}\frac{\sum\limits_{k=1}^{n}k!}{n!}$；　　(2) $\lim\limits_{n\to\infty}(1+\alpha)(1+\alpha^2)\cdots(1+\alpha^{2n})$，$|\alpha|<1$.

解 (1)当 $n>2$ 时，有

$$n!<\sum_{k=1}^{n}k!<(n-2)(n-2)!+(n-1)!+n!<2(n-1)!+n!,$$

所以 $1<\lim\limits_{n\to\infty}\frac{\sum\limits_{k=1}^{n}k!}{n!}<\frac{2}{n}+1$ 且 $\lim\limits_{n\to\infty}\left(\frac{2}{n}+1\right)=1$，由夹逼准则，得 $\lim\limits_{n\to\infty}\frac{\sum\limits_{k=1}^{n}k!}{n!}=1$.

(2) $x_n=(1+\alpha)(1+\alpha^2)\cdots(1+\alpha^{2^n})$，$|\alpha|<1$，则

$$\begin{aligned}(1-\alpha)x_n&=(1-\alpha)(1+\alpha)(1+\alpha^2)\cdots(1+\alpha^{2^n})\\&=(1-\alpha^2)(1+\alpha^2)(1+\alpha^{2^2})\cdots(1+\alpha^{2^n})=(1-\alpha^{2^{n+1}}),\end{aligned}$$

从而 $x_n=\frac{1-\alpha^{2^{n+1}}}{1-\alpha}$. 因为 $|\alpha|<1\Rightarrow\lim\limits_{n\to\infty}\alpha^{2^{n+1}}=0$，所以

$$\lim_{n\to\infty}x_n=\lim_{n\to\infty}\frac{1-\alpha^{2^{n+1}}}{1-\alpha}=\frac{1}{1-\alpha}.$$

例 6 设 $x_n=\frac{(2n-1)!!}{(2n)!!}$，求 $\lim\limits_{n\to\infty}x_n$ 和 $\lim\limits_{n\to\infty}\sqrt[n]{x_n}$.

解 $x_n=\frac{1\cdot3\cdot5\cdot\cdots\cdot(2n-1)}{2\cdot4\cdot6\cdot\cdots\cdot(2n)}$.

由于

$$\frac{1}{2}<\frac{2}{3},\frac{3}{4}<\frac{4}{5},\frac{5}{6}<\frac{6}{7},\cdots,\frac{2n-1}{2n}<\frac{2n}{2n+1},$$

令 $y_n=\frac{2}{3}\cdot\frac{4}{5}\cdot\frac{6}{7}\cdot\cdots\cdot\frac{2n}{2n+1}$，则 $x_n<y_n$，于是

$$x_n^2<x_ny_n=\frac{1}{2}\cdot\frac{2}{3}\cdot\frac{3}{4}\cdot\frac{4}{5}\cdot\frac{5}{6}\cdot\frac{6}{7}\cdot\cdots\cdot\frac{2n-1}{2n}\cdot\frac{2n}{2n+1}=\frac{1}{2n+1},$$

从而 $0<x_n<\frac{1}{\sqrt{2n+1}}\to0(n\to\infty)$，则由夹逼准则，得 $\lim\limits_{n\to\infty}x_n=0$.

又由

$$x_n=\frac{1\cdot3\cdot5\cdot\cdots\cdot(2n-1)}{2\cdot4\cdot6\cdot\cdots\cdot(2n)}=\frac{3}{2}\cdot\frac{5}{4}\cdot\cdots\cdot\frac{2n-1}{2n-2}\cdot\frac{1}{2n}>\frac{1}{2n},$$

得

$$\frac{1}{2n}<x_n<\frac{1}{\sqrt{2n+1}}\Rightarrow\frac{1}{\sqrt[n]{2n}}<\sqrt[n]{x_n}<\frac{1}{\sqrt[2n]{2n+1}},$$

由于$\frac{1}{\sqrt[n]{2n}}=\lim\limits_{n\to\infty}\frac{1}{\sqrt[2n]{2n+1}}=1$，则由夹逼准则，得$\lim\limits_{n\to\infty}\sqrt[n]{x_n}=1$.

例 7* 设$\lim\limits_{n\to\infty}a_n=a$，证明极限$\lim\limits_{n\to\infty}\frac{a_1+a_2+\cdots+a_n}{n}=a$.

证 要证$\forall\varepsilon>0$，$\exists N\in\mathbf{Z}_+$，使得当$n>N$时，有$\left|\frac{a_1+a_2+\cdots+a_n}{n}-a\right|<\varepsilon$.

由于$\lim\limits_{n\to\infty}a_n=a$，$\forall\varepsilon>0$，$\exists N_1$，使得当$n>N_1$时，有

$$a-\frac{\varepsilon}{2}<a_n<a+\frac{\varepsilon}{2}.$$

因为$a_1+a_2+\cdots+a_{N_1}$是有限个数的和，所以$\exists c>0$，使得$\left|\sum\limits_{i=1}^{N_1}a_i-N_1a\right|<c$，即

$$N_1a-c<a_1+a_2+\cdots+a_{N_1}<N_1a+c,$$

则

$$\frac{(N_1a-c)+(n-N_1)\left(a-\frac{\varepsilon}{2}\right)}{n}<\frac{a_1+a_2+\cdots+a_n}{n}<\frac{(N_1a+c)+(n-N_1)\left(a+\frac{\varepsilon}{2}\right)}{n},$$

即

$$-\frac{c+(n-N_1)\cdot\frac{\varepsilon}{2}}{n}<\frac{a_1+a_2+\cdots+a_n}{n}-a<\frac{c+(n-N_1)\cdot\frac{\varepsilon}{2}}{n}.$$

取N_2，使得当$n>N_2$时，有$\frac{c}{n}<\frac{\varepsilon}{2}$. 令$N=\max\{N_1,N_2\}$，则当$n>N$时，有

$$-\varepsilon=-\left(\frac{\varepsilon}{2}+\frac{\varepsilon}{2}\right)<\frac{a_1+a_2+\cdots+a_n}{n}-a<\frac{\varepsilon}{2}+\frac{\varepsilon}{2}=\varepsilon,$$

所以$\lim\limits_{n\to\infty}\frac{a_1+a_2+\cdots+a_n}{n}=a$.

例 8 设$a_i\geqslant0(i=1,2,\cdots,m)$，求$\lim\limits_{n\to\infty}\sqrt[n]{a_1^n+a_2^n+\cdots+a_m^n}=\max\{a_1,a_2,\cdots,a_m\}$.

解 设$a_{i_0}=\max\{a_1,a_2,\cdots,a_m\}$，则

$$a_{i_0}=\sqrt[n]{a_{i_0}^n}\leqslant\sqrt[n]{a_1^n+a_2^n+\cdots+a_m^n}\leqslant\sqrt[n]{ma_{i_0}^n}=a_{i_0}\sqrt[n]{m},$$

由于$\lim\limits_{n\to\infty}\sqrt[n]{m}=1$，从而$\lim\limits_{n\to\infty}a_{i_0}=\lim\limits_{n\to\infty}a_{i_0}\sqrt[n]{m}=a_{i_0}\cdot1=a_{i_0}$. 由夹逼准则，得

$$\lim_{n\to\infty}\sqrt[n]{a_1^n+a_2^n+\cdots+a_m^n}=a_{i_0}=\max\{a_1,a_2,\cdots,a_m\}.$$

例 9 设$a_1=\sqrt{a}(a>0)$，$a_{n+1}=\sqrt{a_n+a}$，$n=1,2,\cdots$，证明极限$\lim\limits_{n\to\infty}a_n$存在，并求其值.

解法一 先证对所有n，有$a_n<\frac{1+\sqrt{1+4a}}{2}$.

当$n=1$时，$a_1=\sqrt{a}<\frac{1+\sqrt{1+4a}}{2}$. 设$n=k$时，$a_k<\frac{1+\sqrt{1+4a}}{2}$，则当$n=k+1$时，

$$a_{k+1}=\sqrt{a+a_k}<\sqrt{a+\frac{1+\sqrt{1+4a}}{2}}$$
$$=\frac{1}{2}\sqrt{4a+2+2\sqrt{1+4a}}$$
$$=\frac{1}{2}\sqrt{(1+\sqrt{1+4a})^2}=\frac{1+\sqrt{1+4a}}{2}.$$

因此,对所有 n,都有 $a_n<\frac{1+\sqrt{1+4a}}{2}$.

因为 $\sqrt{a+a_n}>a_n \Leftrightarrow a_n^2-a_n-a<0$,得

$$\frac{1-\sqrt{1+4a}}{2}<a_n<\frac{1+\sqrt{1+4a}}{2}.$$

因为 $0<a_n<\frac{1+\sqrt{1+4a}}{2}$,所以 $a_n^2-a_n-a<0$ 对所有 n 成立,即得

$$a_{n+1}=\sqrt{a+a_n}>a_n, n=1,2,\cdots,$$

故 $\{a_n\}$ 单调递增且有界,所以 $\lim\limits_{n\to\infty}a_n$ 存在.

设 $\lim\limits_{n\to\infty}a_n=l$,等式 $a_{n+1}=\sqrt{a_n+a}$ 两边取极限得

$$l=\sqrt{l+a}\Rightarrow l=\frac{1\pm\sqrt{1+2a}}{2}\text{(负值舍去,因为 }l\geqslant 0\text{)},$$

所以 $\lim\limits_{n\to\infty}a_n=\frac{1+\sqrt{1+2a}}{2}$.

解法二 由 $a>0$,推得 $a_2=\sqrt{a+\sqrt{a}}>\sqrt{a}=a_1$.

设 $a_{n-1}<a_n$,则

$$a_{n+1}-a_n=\sqrt{a_n+a}-\sqrt{a_{n-1}+a}=\frac{a_n-a_{n-1}}{\sqrt{a_n+a}+\sqrt{a_{n-1}+a}}>0,$$

由数学归纳法知,$\{a_n\}$ 单调递增.

由

$$a_1=\sqrt{a}<1+\sqrt{a},$$
$$a_2=\sqrt{a_1+a}<\sqrt{1+\sqrt{a}+a}<\sqrt{1+2\sqrt{a}+a}=\sqrt{(1+\sqrt{a})^2}=1+\sqrt{a},$$

设 $a_n<1+\sqrt{a}$,则

$$a_{n+1}=\sqrt{a_n+a}<\sqrt{1+\sqrt{a}+a}<1+\sqrt{a},$$

由数学归纳法知,数列 $\{a_n\}$ 有上界. 从而由单调有界准则知 $\lim\limits_{n\to\infty}a_n$ 存在.

以下同解法一.

例 10 设 $x_1=10, x_{n+1}=\sqrt{6+x_n}(n=1,2,\cdots)$,试证数列 $\{x_n\}$ 极限存在,并求此极限.

证 由 $x_1=10\Rightarrow x_2=\sqrt{6+x_1}=\sqrt{16}=4$,知 $x_1>x_2$. 设对正整数 k 有 $x_k>x_{k+1}$,则有

$$x_{k+1}=\sqrt{6+x_k}>\sqrt{6+x_{k+1}}=x_{k+2},$$

故由归纳法知,对一切正整数 n,都有 $x_n>x_{n+1}$,即 $\{x_n\}$ 为单调递减数列. 又显见 $x_n>0(n=1,2,\cdots)$,即 $\{x_n\}$ 有下界,根据极限存在准则知 $\lim\limits_{n\to\infty}x_n$ 存在.

设$\lim\limits_{n\to\infty}x_n=a$，则有$a=\sqrt{a+6}$成立，从而$a^2-a-6=0$，解得$a=3,a=-2$. 但因$x_n>0(n=1,2,\cdots)$，所以$a\geqslant 0$，舍去$a=-2$，故$\lim\limits_{n\to\infty}x_n=3$.

例 11　设$u_n=\left[\sum\limits_{k=1}^{n}\dfrac{1}{2(1+2+\cdots+k)}\right]^n$，求$\lim\limits_{n\to\infty}u_n$.

解　因为$u_n=\left[\sum\limits_{k=1}^{n}\dfrac{1}{2(1+2+\cdots+k)}\right]^n=\left[\sum\limits_{k=1}^{n}\dfrac{1}{k(1+k)}\right]^n=\left(1-\dfrac{1}{n+1}\right)^n$，所以

$$\lim_{n\to\infty}u_n=\lim_{n\to\infty}\left(1-\frac{1}{n+1}\right)^n=\lim_{n\to\infty}\left(1-\frac{1}{n+1}\right)^{-(n+1)\cdot\frac{n}{-(n+1)}}=\mathrm{e}^{-1}.$$

例 12　求极限

(1) $\lim\limits_{n\to\infty}(a_1\sqrt{n+1}+a_2\sqrt{n+2}+\cdots+a_m\sqrt{n+m})$，其中$a_1+a_2+\cdots+a_m=0$；

(2) $\lim\limits_{n\to\infty}\left(1-\dfrac{1}{2^2}\right)\left(1-\dfrac{1}{3^2}\right)\left(1-\dfrac{1}{4^2}\right)\cdots\left(1-\dfrac{1}{n^2}\right)$.

解　(1) $\lim\limits_{n\to\infty}(a_1\sqrt{n+1}+a_2\sqrt{n+2}+\cdots+a_m\sqrt{n+m})$

$$=\lim_{n\to\infty}[(a_1\sqrt{n+1}+a_2\sqrt{n+2}+\cdots+a_m\sqrt{n+m})-(a_1\sqrt{n}+a_2\sqrt{n}+\cdots+a_m\sqrt{n})]$$

$$=\lim_{n\to\infty}[a_1(\sqrt{n+1}-\sqrt{n})+a_2(\sqrt{n+2}-\sqrt{n})+\cdots+a_m(\sqrt{n+m}-\sqrt{n})]$$

$$=\lim_{n\to\infty}\left[a_1\frac{1}{\sqrt{n+1}+\sqrt{n}}+a_2\frac{1}{\sqrt{n+2}+\sqrt{n}}+\cdots+a_m\frac{1}{\sqrt{n+m}+\sqrt{n}}\right]=0.$$

(2) 令$x_n=\left(1-\dfrac{1}{2^2}\right)\left(1-\dfrac{1}{3^2}\right)\left(1-\dfrac{1}{4^2}\right)\cdots\left(1-\dfrac{1}{n^2}\right)$，则

$$x_n=\frac{2^2-1}{2^2}\cdot\frac{3^2-1}{3^2}\cdot\frac{4^2-1}{4^2}\cdot\cdots\cdot\frac{n^2-1}{n^2}=\frac{1\cdot3}{2^2}\cdot\frac{2\cdot4}{3^2}\cdot\frac{3\cdot5}{4^2}\cdot\cdots\cdot\frac{(n-1)(n+1)}{n^2}=\frac{n+1}{2n},$$

故$\lim\limits_{n\to\infty}x_n=\dfrac{1}{2}$.

例 13　已知当$x\to0$时，$(1+\alpha x^2)^{\frac{1}{3}}-1$与$1-\cos x$是等价无穷小，求常数$\alpha$.

解　由题设，有

$$\lim_{x\to0}\frac{(1+\alpha x^2)^{\frac{1}{3}}-1}{1-\cos x}=1.$$

因为$(1+\alpha x^2)^{\frac{1}{3}}-1\sim\dfrac{1}{3}\alpha x^2$，　$1-\cos x\sim\dfrac{1}{2}x^2$，所以

$$\lim_{x\to0}\frac{\frac{1}{3}\alpha x^2}{\frac{1}{2}x^2}=\frac{2}{3}\alpha=1\Rightarrow\alpha=\frac{3}{2}.$$

例 14　求下列极限：

(1) $\lim\limits_{x\to0}(1+x\mathrm{e}^x)^{\frac{1}{x}}$；　(2) $\lim\limits_{x\to\infty}\left(\dfrac{3+x}{6+x}\right)^{\frac{x-1}{2}}$；　(3) $\lim\limits_{x\to0^+}\sqrt[x]{\cos\sqrt{x}}$.

解　(1) $\lim\limits_{x\to0}(1+x\mathrm{e}^x)^{\frac{1}{x}}=\lim\limits_{x\to0}(1+x\mathrm{e}^x)^{\frac{1}{x\mathrm{e}^x}\cdot x\mathrm{e}^x\cdot\frac{1}{x}}=\lim\limits_{x\to0}(1+x\mathrm{e}^x)^{\frac{1}{x\mathrm{e}^x}\cdot\mathrm{e}^x}=\mathrm{e}$.

(2) $\lim\limits_{x\to\infty}\left(\dfrac{3+x}{6+x}\right)^{\frac{x-1}{2}}=\lim\limits_{x\to\infty}\left(1-\dfrac{3}{6+x}\right)^{\frac{x-1}{2}}$

$$=\lim_{x\to\infty}\left[\left(1-\frac{3}{6+x}\right)^{-\frac{6+x}{3}}\right]^{\frac{-3}{6+x}\cdot\frac{x-1}{2}}=\mathrm{e}^{-\frac{3}{2}}.$$

(3) $\lim\limits_{x\to0^+}\sqrt[x]{\cos\sqrt{x}}=\lim\limits_{x\to0^+}(\cos\sqrt{x})^{\frac{1}{x}}=\lim\limits_{x\to0^+}\left[1+(\cos\sqrt{x}-1)\right]^{\frac{1}{x}}$

$$=\lim_{x\to0^+}\left[1+(\cos\sqrt{x}-1)\right]^{\frac{1}{\cos\sqrt{x}-1}\cdot\frac{\cos\sqrt{x}-1}{x}}$$

$$=\lim_{x\to0^+}\left\{\left[1+(\cos\sqrt{x}-1)\right]^{\frac{1}{\cos\sqrt{x}-1}}\right\}^{\frac{\cos\sqrt{x}-1}{x}}=\mathrm{e}^{-\frac{1}{2}}.$$

例 15 用等价无穷小替换求下列极限:

(1) $\lim\limits_{x\to0}\dfrac{5x^2-2(1-\cos^2x)}{3x^3+4\tan^2x}$; (2) $\lim\limits_{x\to0}\dfrac{(\sqrt[3]{1+\tan x}-1)(\sqrt{1+x^2}-1)}{\tan x-\sin x}$.

解 (1) $\lim\limits_{x\to0}\dfrac{5x^2-2(1-\cos^2x)}{3x^3+4\tan^2x}=\lim\limits_{x\to0}\dfrac{5x^2-2(1+\cos x)(1-\cos x)}{3x^3+4\tan^2x}$

$$=\lim_{x\to0}\frac{5-2(1+\cos x)(1-\cos x)/x^2}{3x+4\tan^2x/x^2}$$

$$=\frac{\lim\limits_{x\to0}[5-2(1+\cos x)(1-\cos x)/x^2]}{\lim\limits_{x\to0}[3x+4\tan^2x/x^2]}=\frac{3}{4}.$$

(2) $\lim\limits_{x\to0}\dfrac{(\sqrt[3]{1+\tan x}-1)(\sqrt{1+x^2}-1)}{\tan x-\sin x}=\lim\limits_{x\to0}\dfrac{\cos x\cdot(\sqrt[3]{1+\tan x}-1)(\sqrt{1+x^2}-1)}{\sin x(1-\cos x)}$

$$=\lim_{x\to0}\frac{\cos x\cdot\frac{1}{3}\tan x\cdot\frac{1}{2}x^2}{x\cdot\frac{1}{2}x^2}$$

$$=\lim_{x\to0}\frac{\cos x\cdot\frac{1}{3}x\cdot\frac{1}{2}x^2}{x\cdot\frac{1}{2}x^2}=\frac{1}{3}.$$

例 16 应用柯西收敛准则,证明极限$\lim\limits_{n\to\infty}\left(\dfrac{\sin 1}{2}+\dfrac{\sin 2}{2^2}+\cdots+\dfrac{\sin n}{2^n}\right)$存在.

证 设 $a_n=\dfrac{\sin 1}{2}+\dfrac{\sin 2}{2^2}+\cdots+\dfrac{\sin n}{2^n}$,则对任意正整数 $m,n(m<n)$,有

$$|a_n-a_m|=\left|\frac{\sin(m+1)}{2^{m+1}}+\frac{\sin(m+2)}{2^{m+2}}+\cdots+\frac{\sin n}{2^n}\right|\leqslant\frac{1}{2^{m+1}}+\frac{1}{2^{m+2}}+\cdots+\frac{1}{2^n}$$

$$=\frac{1}{2^m}\left(\frac{1}{2}+\frac{1}{2^2}+\cdots+\frac{1}{2^{n-m}}\right)$$

$$=\frac{1}{2^m}\left(1-\frac{1}{2^{n-m}}\right)<\frac{1}{2^m}.$$

对任意 $\varepsilon>0(\varepsilon<1)$,由$\dfrac{1}{2^m}<\varepsilon\Rightarrow m>\log_2\dfrac{1}{\varepsilon}$,取 $N=\left[\log_2\dfrac{1}{\varepsilon}\right]+1$,则对一切 $n>m>N$,有

$$|a_n-a_m|<\varepsilon,$$

因此数列$\{a_n\}$满足柯西收敛条件,由柯西收敛准则,知数列$\{a_n\}$收敛.

例 17 设$\lim\limits_{x\to1}f(x)$存在,$f(x)=4x^2+\dfrac{\arcsin 2(x-1)}{\sin[\sin(x-1)]}+2\lim\limits_{x\to1}f(x)$,求 $f(x)$.

解　令 $l=\lim\limits_{x\to 1}f(x)$，则 $f(x)=4x^2+\dfrac{\arcsin 2(x-1)}{\sin[\sin(x-1)]}+2l$. 两边取极限，得

$$\begin{aligned}l&=\lim_{x\to 1}f(x)=\lim_{x\to 1}\left(4x^2+\frac{\arcsin 2(x-1)}{\sin[\sin(x-1)]}+2l\right)\\&=4+2l+\lim_{x\to 1}\frac{\arcsin 2(x-1)}{\sin[\sin(x-1)]}\\&=4+2l+\lim_{x\to 1}\frac{2(x-1)}{(x-1)}\\&=6+2l,\end{aligned}$$

所以 $l=-5$，故 $f(x)=4x^2+\dfrac{\arcsin 2(x-1)}{\sin[\sin(x-1)]}-10$.

例 18　设 $\lim\limits_{x\to 1}\dfrac{a(x-1)^2+b(x-1)+c-\sqrt{x^2+3}}{(x-1)^2}=0$ 成立，求 a,b,c 的值.

解　由 $\lim\limits_{x\to 1}\dfrac{a(x-1)^2+b(x-1)+c-\sqrt{x^2+3}}{(x-1)^2}=0$ 及 $\lim\limits_{x\to 1}(x-1)^2=0$，得

$$\lim_{x\to 1}\left[a(x-1)^2+b(x-1)+c-\sqrt{x^2+3}\right]=0\Rightarrow c=2.$$

将 $c=2$ 代入极限式中，得

$$\lim_{x\to 1}\frac{a(x-1)^2+b(x-1)+2-\sqrt{x^2+3}}{(x-1)^2}=0\Leftrightarrow$$

$$\lim_{x\to 1}\frac{a(x-1)^2+b(x-1)-\dfrac{(x+1)(x-1)}{2+\sqrt{x^2+3}}}{(x-1)^2}=0\Leftrightarrow$$

$$\lim_{x\to 1}\frac{a(x-1)+b-\dfrac{x+1}{2+\sqrt{x^2+3}}}{x-1}=0.$$

由 $\lim\limits_{x\to 1}(x-1)=0\Rightarrow\lim\limits_{x\to 1}\left[a(x-1)+b-\dfrac{x+1}{2+\sqrt{x^2+3}}\right]=0\Rightarrow b=\dfrac{1}{2}$，

从而又得

$$\lim_{x\to 1}\left[a+\frac{1}{x-1}\left(\frac{1}{2}-\frac{x+1}{2+\sqrt{x^2+3}}\right)\right]=0\Rightarrow$$

$$\begin{aligned}a&=-\lim_{x\to 1}\frac{1}{x-1}\frac{(2+\sqrt{x^2+3})-2x-2}{2(2+\sqrt{x^2+3})}\\&=-\lim_{x\to 1}\frac{1}{x-1}\frac{\sqrt{x^2+3}-2x}{2(2+\sqrt{x^2+3})}\\&=-\lim_{x\to 1}\frac{\sqrt{x^2+3}-2x}{x-1}\frac{1}{2(2+\sqrt{x^2+3})}\\&=\lim_{x\to 1}\frac{3(x+1)(x-1)}{(x-1)(\sqrt{x^2+3}+2x)}\frac{1}{2(2+\sqrt{x^2+3})}=\frac{3}{16},\end{aligned}$$

故 $a=\dfrac{3}{16}$，$b=\dfrac{1}{2}$，$c=2$.

例 19 设 $f(x)=\begin{cases}(\cos 2x-\cos 3x)/x^2, & x>0,\\ a, & x=0,\\ \ln(1-bx)/2x, & x<0\end{cases}$ 在 $x=0$ 处连续，求 a,b 的值.

解

$$f_-(0)=\lim_{x\to0^-}\frac{\ln(1-bx)}{2x}=\lim_{x\to0^-}\frac{-bx}{2x}=\frac{-b}{2},$$

$$f_+(0)=\lim_{x\to0^+}\frac{\cos 2x-\cos 3x}{x^2}=\lim_{x\to0^+}\frac{(1-\cos 3x)-(1-\cos 2x)}{x^2}$$

$$=\lim_{x\to0^+}\frac{1-\cos 3x}{x^2}-\lim_{x\to0^+}\frac{1-\cos 2x}{x^2}=\frac{9}{2}-\frac{4}{2}=\frac{5}{2},$$

因为 $f(x)$ 在 $x=0$ 处连续，所以

$$f_-(0)=f_+(0)=f(0)\Rightarrow\frac{5}{2}=a=\frac{-b}{2}\Rightarrow a=\frac{5}{2},\ b=-5.$$

例 20 设 $f(x)=\dfrac{e^x-b}{(x-a)(x-b)}$ 有可去间断点 $x=1$，求 a,b 的值.

解 因 $x=1$ 为可去间断点，所以 $a=1$ 或 $b=1$. 当 $b=1$ 时，由于

$$\lim_{x\to1}\frac{e^x-b}{(x-a)(x-b)}=\lim_{x\to1}\frac{e^x-1}{(x-a)(x-1)}=\infty,$$

不合题意. 当 $a=1$ 时，要使 $\lim\limits_{x\to1}\dfrac{e^x-b}{(x-1)(x-b)}$ 存在，必须 $b=e$，于是得

$$\lim_{x\to1}\frac{e^x-b}{(x-1)(x-b)}=\lim_{x\to1}\frac{e^x-e}{(x-1)(x-e)}=\lim_{x\to1}\frac{e(e^{x-1}-1)}{(x-1)(x-e)}$$

$$=\lim_{x\to1}\frac{e(x-1)}{(x-1)(x-e)}=\frac{e}{1-e},$$

所以 $a=1,b=e$.

例 21 设函数 $f(x)=\begin{cases}\dfrac{\ln\cos(x-1)}{1-\sin\frac{\pi}{2}x}, & x\neq1,\\ 1, & x=0.\end{cases}$ 问函数 $f(x)$ 在 $x=1$ 处是否连续？若不连续，判断间断点的类型；若为可去间断点，修改函数在 $x=1$ 处的定义，使之连续.

解 由于

$$\lim_{x\to1}f(x)=\lim_{x\to1}\frac{\ln[\cos(x-1)]}{1-\sin\frac{\pi}{2}x}\overset{t=x-1}{=\!=\!=}\lim_{t\to0}\frac{\ln\cos t}{1-\sin\left[\frac{\pi}{2}(t+1)\right]}$$

$$=\lim_{t\to0}\frac{\ln[1+(\cos t-1)]}{1-\cos\frac{\pi}{2}t}=\lim_{t\to0}\frac{\cos t-1}{1-\cos\frac{\pi}{2}t}$$

$$=-\lim_{t\to0}\frac{\frac{1}{2}t^2}{\frac{1}{2}\left(\frac{\pi}{2}t\right)^2}=-\frac{4}{\pi^2}\neq f(1)=1,$$

所以 $f(x)$ 在 $x=1$ 处不连续. 若修改 $f(x)$ 在 $x=1$ 处的值为 $f(1)=-\dfrac{4}{\pi^2}$，则 $f(x)$ 在 $x=1$ 处连续.

例 22　设 $f(x)$ 在 $x=0$ 点连续，且 $\lim\limits_{x\to 0}\left[1+x+\dfrac{f(x)}{x}\right]^{\frac{1}{x}}=\mathrm{e}^3$. 求 $\lim\limits_{x\to 0}\dfrac{f(x)}{x^2}$.

解　由 $\lim\limits_{x\to 0}\left[1+x+\dfrac{f(x)}{x}\right]^{\frac{1}{x}}=\mathrm{e}^3$ 得 $\lim\limits_{x\to 0}\mathrm{e}^{\frac{1}{x}\ln\left[1+x+\frac{f(x)}{x}\right]}=\mathrm{e}^3$，从而

$$\lim_{x\to 0}\frac{1}{x}\ln\left[1+x+\frac{f(x)}{x}\right]=3.$$

因为上式成立时，必有 $\lim\limits_{x\to 0}\ln\left[1+x+\dfrac{f(x)}{x}\right]=0$，从而 $\lim\limits_{x\to 0}\left[x+\dfrac{f(x)}{x}\right]=0$. 于是

$$\lim_{x\to 0}\frac{\left[x+\frac{f(x)}{x}\right]}{x}=3\Rightarrow\lim_{x\to 0}\frac{f(x)}{x^2}=2.$$

例 23　讨论函数 $f(x)=\lim\limits_{n\to\infty}\dfrac{1-x^{2n}}{1+x^{2n}}\cdot x$ 的连续性，若有间断点，判别其类型.

解　由题意知

$$f(x)=\lim_{n\to\infty}\frac{1-x^{2n}}{1+x^{2n}}\cdot x=\begin{cases}x, & |x|<1,\\ 0, & |x|=1,\\ -x, & |x|>1.\end{cases}$$

在 $x\neq -1,1$ 处，$f(x)$ 连续.

在 $x=-1$ 点处，$\lim\limits_{x\to -1^-}f(x)=1$，$\lim\limits_{x\to -1^+}f(x)=-1$，因此 $x=-1$ 为 $f(x)$ 的第一类间断点.

在 $x=1$ 点处，$\lim\limits_{x\to 1^-}f(x)=1$，$\lim\limits_{x\to 1^+}f(x)=-1$，因此 $x=1$ 为 $f(x)$ 的第一类间断点.

例 24　设函数 $f(x)=\begin{cases}1-2x^2, & x<-1,\\ x^2, & -1\leqslant x\leqslant 2,\\ 12x-16, & x>2.\end{cases}$

(1) 求反函数 $f^{-1}(x)$；

(2) 讨论函数 $f^{-1}(x)$ 的连续性，如有间断点，指出其类型.

解　(1)
$$f^{-1}(x)=\begin{cases}-\sqrt{\dfrac{1-x}{2}}, & x<-1,\\ \sqrt[3]{x}, & -1\leqslant x\leqslant 8,\\ \dfrac{x+16}{12}, & x>8.\end{cases}$$

(2) 当 $x\neq -1,8$ 时，$f^{-1}(x)$ 是初等函数，所以连续.

在 $x=-1$ 点处，$\lim\limits_{x\to -1^-}f(x)=\lim\limits_{x\to -1^+}f(x)=-1$，所以 $f^{-1}(x)$ 连续.

在 $x=8$ 点处，$\lim\limits_{x\to 8^-}f(x)=\lim\limits_{x\to 8^+}f(x)=2$，所以 $f^{-1}(x)$ 连续.

综上所述，函数 $f^{-1}(x)$ 处处连续，无间断点.

例 25　设 $f(x)$ 在 $(-\infty,+\infty)$ 上有定义，$f(x)$ 在 $x=0$ 处连续，且对一切实数 x_1,x_2 有 $f(x_1+x_2)=f(x_1)+f(x_2)$，求证：$f(x)$ 在 $(-\infty,+\infty)$ 上处处连续.

证　在 $f(x_1+x_2)=f(x_1)+f(x_2)$ 中，令 $x_1=x_2=0$，得 $f(0)=0$. 因为 $f(x)$ 在 $x=0$ 处连续，所以 $\lim\limits_{x\to 0}f(x)=f(0)=0$.

$\forall x_0 \in (-\infty, +\infty)$，令 $x - x_0 = t$，则

$$\lim_{x \to x_0} f(x) = \lim_{t \to 0} f(x_0 + t) = \lim_{t \to 0} [f(x_0) + f(t)]$$
$$= f(x_0) + \lim_{t \to 0} f(t) = f(x_0) + 0 = f(x_0),$$

所以 $f(x)$ 在 x_0 处连续. 由 $x_0 \in (-\infty, +\infty)$ 的任意性知，$f(x)$ 在 $(-\infty, +\infty)$ 上连续.

例 26 若 $f(x), g(x)$ 在 $[a, b]$ 上连续，证明：$\max\{f(x), g(x)\}$ 与 $\min\{f(x), g(x)\}$ 在 $[a, b]$ 上连续.

证 因为

$$\max\{f(x), g(x)\} = \frac{1}{2}\{f(x) + g(x) + \sqrt{[f(x) + g(x)]^2}\},$$

$$\min\{f(x), g(x)\} = \frac{1}{2}\{f(x) + g(x) - \sqrt{[f(x) + g(x)]^2}\},$$

由连续函数的性质知，$\max\{f(x), g(x)\}$ 与 $\min\{f(x), g(x)\}$ 在 $[a, b]$ 上连续.

例 27 证明奇次多项式

$$p(x) = a_0 x^{2n+1} + a_1 x^{2n} + \cdots + a_{2n} x + a_{2n+1}, \quad a_0 \neq 0$$

至少存在一个零点.

证 不妨设 $a_0 > 0$，因为

$$\lim_{x \to -\infty} p(x) = \lim_{x \to -\infty} x^{2n+1}\left(a_0 + \frac{a_1}{x} + \cdots + \frac{a_{2n}}{x^{2n}} + \frac{a_{2n+1}}{x^{2n+1}}\right) = -\infty,$$

$$\lim_{x \to +\infty} p(x) = \lim_{x \to +\infty} x^{2n+1}\left(a_0 + \frac{a_1}{x} + \cdots + \frac{a_{2n}}{x^{2n}} + \frac{a_{2n+1}}{x^{2n+1}}\right) = +\infty,$$

所以存在 $X > 0$，使得 $p(-X) < 0, p(X) > 0$. 由于 $p(x)$ 在 $[-X, X]$ 上连续，由闭区间上连续函数的零点定理知，$\exists \xi \in [-X, X]$，使得 $p(\xi) = 0$.

例 28 设 $f(x)$ 在 $[a, +\infty)$ 上连续，并且 $\lim\limits_{x \to +\infty} f(x)$ 存在. 证明 $f(x)$ 在 $[a, +\infty)$ 上有界.

证 由于 $\lim\limits_{x \to +\infty} f(x)$ 存在，设 $\lim\limits_{x \to +\infty} f(x) = A$，则对 $\varepsilon = 1$，$\exists b > a$，使得当 $x > b$ 时，恒有

$$|f(x) - A| < 1 \Rightarrow |f(x)| < |A| + 1.$$

因为 $f(x) \in C[a, b]$，所以 $f(x)$ 在 $[a, b]$ 上有界，即存在 $M_1 > 0$，使得

$$|f(x)| \leqslant M_1, \ \forall x \in [a, b].$$

令 $M = \max\{|A| + 1, M_1\}$，则 $\forall x \in [a, +\infty)$，恒有 $|f(x)| \leqslant M$，即 $f(x)$ 在 $[a, +\infty)$ 上有界.

例 29 设 $f(x)$ 在 $(-\infty, +\infty)$ 上连续，$\lim\limits_{x \to \infty} \frac{f(x)}{x} = 0$，证明存在 $\xi \in (-\infty, +\infty)$，使得 $f(\xi) + \xi = 0$.

证 设 $F(x) = f(x) + x$，则

$$\lim_{x \to -\infty} F(x) = \lim_{x \to -\infty} [f(x) + x] = \lim_{x \to -\infty} x \cdot \left[1 + \frac{f(x)}{x}\right] = -\infty,$$

$$\lim_{x \to +\infty} F(x) = \lim_{x \to +\infty} [f(x) + x] = \lim_{x \to +\infty} x \cdot \left[1 + \frac{f(x)}{x}\right] = +\infty,$$

所以 $\exists N > 0$，使得 $F(-N) < 0, F(N) > 0$. 在 $[-N, +N]$ 上运用零点定理，则 $\exists \xi \in [-N, +N] \subset (-\infty, +\infty)$，使得 $F(\xi) = 0$，即 $f(\xi) + \xi = 0$.

例 30　设 $f(x)$ 在 $x=0$ 附近有界，且满足方程 $f(x)-\frac{1}{2}f\left(\frac{x}{2}\right)=x^2$，求 $f(x)$.

解

$$f(x)-\frac{1}{2}f\left(\frac{x}{2}\right)=x^2,$$

$$\frac{1}{2}f\left(\frac{x}{2}\right)-\frac{1}{2^2}f\left(\frac{x}{2^2}\right)=\frac{1}{2}\cdot\frac{x^2}{2^2},$$

$$\frac{1}{2^2}f\left(\frac{x}{2^2}\right)-\frac{1}{2^3}f\left(\frac{x}{2^3}\right)=\frac{1}{2^2}\cdot\frac{x^2}{2^4},$$

$$\vdots$$

$$\frac{1}{2^{n-1}}f\left(\frac{x}{2^{n-1}}\right)-\frac{1}{2^n}f\left(\frac{x}{2^n}\right)=\frac{1}{2^{n-1}}\cdot\frac{x^2}{2^{2(n-1)}}.$$

将以上各式相加，得

$$f(x)-\frac{1}{2^n}f\left(\frac{x}{2^n}\right)=x^2+\frac{x^2}{2^3}+\frac{x^2}{2^6}+\cdots+\frac{1}{2^{n-1}}\cdot\frac{x^2}{2^{2(n-1)}},$$

即

$$f(x)=\frac{1}{2^n}f\left(\frac{x}{2^n}\right)+x^2\cdot\frac{1}{1-1/2^3}\left[1-\left(\frac{1}{2^3}\right)^n\right].$$

当 $n\to\infty$ 时，$\frac{x}{2^n}\to 0$，而 $f(x)$ 在 $x=0$ 附近有界，所以

$$f(x)=x^2\cdot\frac{1}{1-1/2^3}=\frac{8}{7}x^2.$$

例 31　设 $f(x)$ 满足 $\sin f(x)-\frac{1}{3}\sin f\left(\frac{1}{3}x\right)=x$，求 $f(x)$.

解　令 $g(x)=\sin f(x)$，则

$$g(x)-\frac{1}{3}g\left(\frac{1}{3}x\right)=x,$$

$$\frac{1}{3}g\left(\frac{1}{3}x\right)-\frac{1}{3^2}g\left(\frac{1}{3^2}x\right)=\frac{1}{3}\cdot\frac{1}{3}x,$$

$$\frac{1}{3^2}g\left(\frac{1}{3^2}x\right)-\frac{1}{3^3}g\left(\frac{1}{3^3}x\right)=\frac{1}{3^2}\cdot\frac{1}{3^2}x\ ,$$

$$\vdots$$

$$\frac{1}{3^{n-1}}g\left(\frac{1}{3^{n-1}}x\right)-\frac{1}{3^n}g\left(\frac{1}{3^n}x\right)=\frac{1}{3^{n-1}}\cdot\frac{1}{3^{n-1}}x.$$

将以上各式相加，得

$$g(x)-\frac{1}{3^n}g\left(\frac{x}{3^n}\right)=x\left(1+\frac{1}{9}+\frac{1}{9^2}+\cdots+\frac{1}{9^{n-1}}\right),$$

因为 $|g(x)|\leqslant 1$，所以 $\lim\limits_{n\to\infty}\frac{1}{3^n}g\left(\frac{x}{3^n}\right)=0$，且 $\lim\limits_{n\to\infty}\left(1+\frac{1}{9}+\frac{1}{9^2}+\cdots+\frac{1}{9^{n-1}}\right)=\frac{1}{1-1/9}=\frac{9}{8}$，因此 $g(x)=\frac{9}{8}x$，于是

$$f(x)=2k\pi+\arcsin\frac{9}{8}x,$$

或

$$f(x)=(2k-1)\pi-\arcsin\frac{9}{8}x(k\in\mathbf{Z}).$$

例 32 设 $f(x)$ 在 $[0,1]$ 上连续，且 $f(0)=f(1)$，求证：

(1) 存在 $\xi\in[0,1]$，使 $f(\xi)=f\left(\xi+\frac{1}{2}\right)$；

(2) 对任意正整数 n，存在 $\xi_n\in[0,1]$，使得 $f(\xi_n)=f\left(\xi_n+\frac{1}{n}\right)$.

证 (1) 设 $g(x)=f(x)-f\left(x+\frac{1}{2}\right)$，则 $g(x)\in C[0,\frac{1}{2}]$，且

$$g(0)=f(0)-f\left(\frac{1}{2}\right)=f(1)-f\left(\frac{1}{2}\right),$$

$$g\left(\frac{1}{2}\right)=f\left(\frac{1}{2}\right)-f(1).$$

若 $f(0)-f\left(\frac{1}{2}\right)=0$，则取 $\xi=0$，即得 $f(\xi)=f\left(\xi+\frac{1}{2}\right)$；

若 $f(0)-f\left(\frac{1}{2}\right)\neq 0$，则 $g(0)\cdot g\left(\frac{1}{2}\right)<0$，由介值定理知，存在 $\xi\in\left(0,\frac{1}{2}\right)$，使得 $g(\xi)=0$，从而 $f(\xi)=f\left(\xi+\frac{1}{2}\right)$.

(2) 设 $h(x)=f(x)-f\left(x+\frac{1}{n}\right)$，则 $h(x)\in C\left[0,1-\frac{1}{n}\right]$，又设 $h(x)$ 在 $[0,1-\frac{1}{n}]$ 的最小值为 m，最大值为 M，则

$$m\leqslant\frac{1}{n}\left[h(0)+h\left(\frac{1}{n}\right)+h\left(\frac{2}{n}\right)+\cdots+h\left(\frac{n-1}{n}\right)\right]\leqslant M,$$

且

$$\begin{aligned}&h(0)+h\left(\frac{1}{n}\right)+h\left(\frac{2}{n}\right)+\cdots+h\left(\frac{n-1}{n}\right)\\&=\left[f(0)-f\left(\frac{1}{n}\right)\right]+\left[f\left(\frac{1}{n}\right)-f\left(\frac{2}{n}\right)\right]+\cdots+\left[f\left(\frac{n-1}{n}\right)-f\left(\frac{n}{n}\right)\right]\\&=f(0)-f(1)=0.\end{aligned}$$

由闭区间上连续函数介值定理的推广知，存在 ξ_n，使得 $h(\xi_n)=0$，即

$$f(\xi)=f\left(\xi+\frac{1}{2}\right).$$

第三部分　练　习　题

一、填空题

1. $\lim\limits_{n\to\infty}\left(\frac{n-2}{n+1}\right)^n=$ ________.

2. 设 a 为非零常数，则 $\lim\limits_{x\to\infty}\left(\frac{x+a}{x-a}\right)^x=$ ________.

3. $\lim\limits_{x\to 0}\frac{1-\sqrt{1-x^2}}{e^x-\cos x}=$ ________.

4. $\lim\limits_{x\to 0}(1+3x)^{\frac{2}{\sin x}}=$________.

5. 设$\lim\limits_{x\to\infty}\left(\dfrac{x+2a}{x-a}\right)^x=8$，则 $a=$________.

6. 若 $f(x)=\begin{cases}e^x(\sin x+\cos x), & x>0,\\ 2x+a, & x\leqslant 0\end{cases}$ 是$(-\infty,+\infty)$上的连续函数，则$a=$________.

7. 已知 $f(x)=\begin{cases}(\cos x)^{1/x^2}, & x\neq 0,\\ a, & x=0\end{cases}$ 在 $x=0$ 处连续，则 $a=$________.

8. 设 $a>0$，且$\lim\limits_{x\to 0}\dfrac{x^2}{(b-\cos x)\sqrt{a+x^2}}=1$，则 $a=$________，$b=$________.

9. $\lim\limits_{x\to 0}(\cos x)^{\frac{1}{\ln(1+x^2)}}=$________.

10. $\lim\limits_{x\to 0}\left(\dfrac{1}{x}\ln\sqrt{\dfrac{1+x}{1-x}}\right)=$________.

11. $\lim\limits_{n\to\infty}\left[\left(1+\dfrac{1}{n}\right)\left(1+\dfrac{2}{n}\right)\cdots\left(1+\dfrac{n}{n}\right)\right]^{\frac{1}{n}}=$________.

二、选择题

12. 函数 $f(x)=x\sin x$（　　）.

A. 当 $x\to\infty$时为无穷大　　B. 在$(-\infty,+\infty)$内有界

C. 在$(-\infty,+\infty)$内无界　　D. 当 $x\to\infty$时有有限极限

13. 已知$\lim\limits_{x\to\infty}\left(\dfrac{x^2}{x+1}-ax-b\right)=0$，其中 a,b 是常数，则（　　）.

A. $a=1,b=1$　　B. $a=-1,b=1$

C. $a=1,b=-1$　　D. $a=-1,b=-1$

14. 当 $x\to 0$ 时，变量$\dfrac{1}{x^2}\sin\dfrac{1}{x}$是（　　）.

A. 无穷小　　B. 无穷大

C. 有界的，但不是无穷小量　　D. 无界的，但不是无穷大量

15. 设$\lim\limits_{x\to 0}\dfrac{a\tan x+b(1-\cos x)}{c\ln(1-2x)+d(1-e^{-x^2})}=2$，其中 $a^2+c^2\neq 0$，则必有（　　）.

A. $b=4d$　　B. $b=-4d$

C. $a=4c$　　D. $a=-4c$

16. 设当 $x\to 0$ 时，$e^x-(ax^2+bx+1)$是比 x^2 高阶的无穷小量，则（　　）.

A. $a=\dfrac{1}{2},b=1$　　B. $a=1,b=1$

C. $a=-\dfrac{1}{2},b=1$　　D. $a=-1,b=1$

17. 设当 $x\to 0$ 时，$(1-\cos x)\ln(1+x^2)$是比 $x\sin x^n$ 高阶的无穷小，而 $x\sin x^n$ 是比$(e^{x^2}-1)$高阶的无穷小，则正整数 n 等于（　　）.

A. 1　　B. 2　　C. 3　　D. 4

18. 设 $f(x)$和 $\varphi(x)$在$(-\infty,+\infty)$内有定义，$f(x)$为连续函数，且 $f(x)\neq 0$，$\varphi(x)$有间

断点,则(　　).

A. $\varphi[f(x)]$必有间断点　　B. $[\varphi(x)]^2$ 必有间断点

C. $f[\varphi(x)]$必有间断点　　D. $\dfrac{\varphi(x)}{f(x)}$必有间断点

19. 函数 $f(x)=\lim\limits_{n\to\infty}\dfrac{1+x}{1+x^{2n}}$(　　).

A. 不存在间断点　　B. 存在间断点 $x=1$

C. 存在间断点 $x=0$　　D. 存在间断点 $x=-1$

三、计算与证明题

20. 求极限:

(1) $\lim\limits_{n\to\infty}(\sqrt{n^2+n}-n)$;

(2) $\lim\limits_{n\to\infty}\tan^2\left(\dfrac{\pi}{4}+\dfrac{2}{n}\right)$.

21. 已知 $x_n=\sum\limits_{k=1}^{n}\dfrac{1}{k(k+1)(k+2)}$,求$\lim\limits_{n\to\infty}x_n$.

22. 求下列极限:

(1) $\lim\limits_{x\to0}\dfrac{1-(\cos\alpha x)\cdot(\cos\beta x)}{x^2}$;　(2) $\lim\limits_{x\to0}(\cos x+2\sin x)^{\frac{1}{x}}$;　(3) $\lim\limits_{x\to0}(\cos x)^{\frac{1}{x^2}}$.

23. 利用等价无穷小的替换定理求下列极限:

(1) $\lim\limits_{x\to0^+}\dfrac{1-\sqrt{\cos x}}{x(1-\cos\sqrt{x})}$;　　(2) $\lim\limits_{x\to0}\dfrac{\tan(\tan x)}{\sin(\sin x)}$.

24. 求$\lim\limits_{n\to\infty}\left(\dfrac{1}{\sqrt{n^6+n}}+\dfrac{2^2}{\sqrt{n^6+2n}}+\dfrac{3^2}{\sqrt{n^6+3n}}+\cdots+\dfrac{n^2}{\sqrt{n^6+n^2}}\right)$.

25. 设数列$\{x_n\}$满足 $x_{n+1}=\dfrac{x_n}{2}+\dfrac{1}{x_n}$,$x_0>0$,$n=0,1,2,\cdots$,求$\lim\limits_{n\to\infty}x_n$.

26. 设 $f(x)=\begin{cases}x\sin\dfrac{1}{x}, & x>0,\\ a+x^2, & x\leqslant0\end{cases}$在$(-\infty,+\infty)$上连续,问 a 应取何值?

27. 将下列各式当 $x\to0$ 时的无穷小按阶从低到高排列起来.

$$\ln(1+\sqrt{x}),\quad x-\sin x,\quad e^{\sin x}-1,\quad e^{x^2}-1,\quad \sqrt[3]{x}.$$

28. 已知 $f(x)=\lim\limits_{n\to\infty}\dfrac{\ln(e^n+x^n)}{n}$$(x>0)$. (1)求 $f(x)$;(2)讨论 $f(x)$的连续性.

29. 证明:$\lim\limits_{n\to\infty}\dfrac{1}{n}(\sqrt[n]{1}+\sqrt[n]{2}+\cdots+\sqrt[n]{n})=1$.

30. 设 $x_1=2$,$x_{n+1}=\dfrac{1}{2}\left(x_n+\dfrac{2}{x_n}\right)$. 证明:$\lim\limits_{n\to\infty}x_n=\sqrt{2}$.

31. 设 $x_n=\left(1+\dfrac{1}{1^2}\right)\left(1+\dfrac{1}{2^2}\right)\cdots\left(1+\dfrac{1}{n^2}\right)$,$n=1,2,\cdots$. 试讨论$\lim\limits_{n\to\infty}x_n$ 是否存在,并证明之.

32. 设 $f(x)$在$[a,b]$上连续,$a<x_1<x_2<\cdots<x_n<b$,证明:在$[a,b]$上存在一点 ξ,使得

$$f(\xi)=\frac{f(x_1)+f(x_2)+\cdots+f(x_n)}{n}.$$

33. 设 $f(x)$ 在 $[0,n]$（$n\geqslant 2$，为自然数）上连续，$f(0)=f(n)$. 证明存在 $\xi\in[0,n]$，使得 $f(\xi)=f(\xi+1)$.

习题答案、简答或提示

一、填空题

1. e^{-3}.　2. e^{2a}.　3. 0.　4. e^6.　5. $\ln 2$.　6. 1.　7. $e^{-\frac{1}{2}}$.

8. $a=4,b=1$.　9. $1/\sqrt{e}$.　10. 1.　11. $\frac{4}{e}$.

二、选择题

12. C.　13. C.　14. D.　15. D.　16. A.　17. B.
18. D.　19. B.

三、计算与证明题

20. (1) $\frac{1}{2}$；　(2) 提示：$\lim\limits_{n\to\infty}\tan^2\left(\frac{\pi}{4}+\frac{2}{n}\right)=\lim\limits_{n\to\infty}\frac{\left(1+\tan\frac{2}{n}\right)^2}{\left(1-\tan\frac{2}{n}\right)^2}=1$.

21. $\frac{1}{4}$.

22. (1) $\frac{1}{2}(\alpha^2+\beta^2)$；　(2) e^2；　(3) $e^{-\frac{1}{2}}$.

23. (1) $\frac{1}{2}$；(2) 1.

24. $\lim\limits_{n\to\infty}\sum\limits_{k=1}^{n}\frac{k^2}{\sqrt{n^6+kn}}=\frac{1}{3}$. 提示：$\frac{1}{\sqrt{n^6+n^2}}\leqslant\frac{1}{\sqrt{n^6+kn}}\leqslant\frac{1}{\sqrt{n^6+n}}(k=1,2,\cdots,n)$.

25. 简答：单调性不易直接看出，先假定数列 $\{x_n\}$ 极限存在，并求出极限值，然后再证明数列 $\{x_n\}$ 单调有界.

设 $\lim\limits_{n\to\infty}x_n=A$. $x_{n+1}=\frac{x_n}{2}+\frac{1}{x_n}$ 两端取极限得 $A=A/2+1/A\Rightarrow A^2=2,A=\pm\sqrt{2}$. 由 $x_n>0$ 可知 $A\geqslant 0$，故 $A=\sqrt{2}$.

由 $x_{n+1}=\frac{x_n}{2}+\frac{1}{x_n}\geqslant 2\sqrt{\frac{x_n}{2}\cdot\frac{1}{x_n}}=\sqrt{2}(n=0,1,2,\cdots)$，推得 $x_{n+1}>A=\sqrt{2}$.

再证明 $\{x_n\}$ 单调递减. 因为 $x_{n+1}-x_n=\frac{x_n}{2}+\frac{1}{x_n}-x_n=(2-x_n^2)/(2x_n)<0$，故 $\{x_n\}$ 单调递减，于是数列 $\{x_n\}$ 单调递减有下界，因而有极限 $\lim\limits_{n\to\infty}x_n=\sqrt{2}$.

26. $a=0$.

27. 从低到高排列起来为

$$\sqrt[3]{x},\quad \ln(1+\sqrt{x}),\quad e^{\sin x}-1,\quad e^{x^2}-1,\quad x-\sin x.$$

28. (1) $f(x)=\begin{cases}1, & 0<x\leqslant e,\\ \ln x, & x>e;\end{cases}$ (2) $f(x)$在$(0,+\infty)$内连续.

29. 提示：设 $z_n=\frac{1}{n}(\sqrt[n]{n}+\sqrt[n]{n}+\cdots+\sqrt[n]{n})=\sqrt[n]{n}$，$x_n=\lim\limits_{n\to\infty}\frac{1}{n}(\sqrt[n]{1}+\sqrt[n]{2}+\cdots+\sqrt[n]{n})$，$y_n=1$，则 $y_n<x_n<z_n(n=1,2,\cdots)$.

30. 略.

31. 提示：x_n 单调递增，且

$$x_n=e^{\sum\limits_{k=1}^{n}\ln\left(1+\frac{1}{k^2}\right)}\leqslant e^{\sum\limits_{k=1}^{n}\frac{1}{k^2}}\leqslant e^{1+\sum\limits_{n=2}^{n}\frac{1}{k^2}}\leqslant e^{1+\sum\limits_{n=2}^{n}\frac{1}{(k-1)k}}=e^{2-\frac{1}{n}}<e^2.$$

32. 提示：用介值定理.

33. 提示：构造辅助函数 $g(x)=f(x)-f(x+1)$，用类似例 32 的方法证明即可.

第三章

导数与微分

第一部分　内容综述

一、导数概念

1. 导数定义

设函数 $y=f(x)$ 在点 x_0 的某邻域内有定义，若自变量从 x_0 变到 $x_0+\Delta x$ 时，函数的增量 $\Delta y=f(x_0+\Delta x)-f(x_0)$ 与自变量增量 Δx 之比的极限

$$\lim_{\Delta x\to 0}\frac{\Delta y}{\Delta x}=\lim_{\Delta x\to 0}\frac{f(x_0+\Delta x)-f(x_0)}{\Delta x}$$

存在，则称 $f(x)$ 在 $x=x_0$ 处可导，并称此极限为 $f(x)$ 在 x_0 处的导数，记作 $f'(x_0)$，或 $y'\big|_{x=x_0}$，$\left.\frac{\mathrm{d}y}{\mathrm{d}x}\right|_{x=x_0}$ 等.

2. 左导数

若极限 $\lim\limits_{\Delta x\to 0^-}\frac{f(x_0+\Delta x)-f(x_0)}{\Delta x}$ 存在，则称此极限为 $f(x)$ 在 x_0 处的左导数，记作 $f'_-(x_0)$.

3. 右导数

若极限 $\lim\limits_{\Delta x\to 0^+}\frac{f(x_0+\Delta x)-f(x_0)}{\Delta x}$ 存在，则称此极限为 $f(x)$ 在 x_0 处的右导数，记作 $f'_+(x_0)$.

4. 若函数 $f(x)$ 在 (a,b) 内每点处都可导，则称 $f(x)$ 在 (a,b) 内可导.

5. 若函数 $f(x)$ 在 (a,b) 内可导，且 $f'_+(a)$ 及 $f'_-(b)$ 均存在，则称 $f(x)$ 在 $[a,b]$ 上可导.

二、函数的可导与连续及函数可导的条件

1. $f(x)$ 在 $x=x_0$ 处可导 $\Rightarrow f(x)$ 在 $x=x_0$ 处连续.

2. $f(x)$ 在 $x=x_0$ 处可导 $\Leftrightarrow f'_-(x_0)$ 与 $f'_+(x_0)$ 均存在且 $f'_-(x_0)=f'_+(x_0)$.

三、导数的几何意义

函数 $f(x)$ 在点 $x=x_0$ 处的导数 $f'(x_0)$ 存在，几何上表示为曲线 $y=f(x)$ 在点 $(x_0,f(x_0))$

处有切线，$f'(x_0)$即切线的斜率. 切线方程和法线方程分别是

$$y-f(x_0)=f'(x_0)(x-x_0),$$

$$y-f(x_0)=-\frac{1}{f'(x_0)}(x-x_0)\,(f'(x_0)\neq 0).$$

四、导数的计算

1. 求导基本公式

(1) $(c)'=0$(c为常数)；

(2) $(x^\alpha)'=\alpha x^{\alpha-1}$($\alpha$为实常数)；

(3) $(a^x)'=a^x\ln a$；

(4) $(\mathrm{e}^x)'=\mathrm{e}^x$；

(5) $(\log_a x)'=\dfrac{1}{x\ln a}$；

(6) $(\ln x)'=\dfrac{1}{x}$；

(7) $(\sin x)'=\cos x$；

(8) $(\cos x)'=-\sin x$；

(9) $(\tan x)'=\sec^2 x$；

(10) $(\cot x)'=-\csc^2 x$；

(11) $(\sec x)'=\sec x\tan x$；

(12) $(\csc x)'=-\csc x\cot x$；

(13) $(\arcsin x)'=\dfrac{1}{\sqrt{1-x^2}}$；

(14) $(\arccos x)'=-\dfrac{1}{\sqrt{1-x^2}}$；

(15) $(\arctan x)'=\dfrac{1}{1+x^2}$；

(16) $(\operatorname{arccot} x)'=-\dfrac{1}{1+x^2}$.

2. 四则运算法则

设函数$u(x)$，$v(x)$都可导，则

(1) $(u\pm v)'=u'\pm v'$；

(2) $(uv)'=u'v+uv'$；

(3) $\left(\dfrac{u}{v}\right)'=\dfrac{u'v-uv'}{v^2}\,(v\neq 0)$.

3. 复合函数求导法

设$u=\varphi(x)$在x处可导，$y=f(u)$在对应的$u=\varphi(x)$处可导，则复合函数$y=f[\varphi(x)]$在x处可导，且

$$\{f[\varphi(x)]\}'=f'(u)\varphi'(x)=f'[\varphi(x)]\varphi'(x),$$

即

$$\frac{\mathrm{d}y}{\mathrm{d}x}=\frac{\mathrm{d}y}{\mathrm{d}u}\bigg|_{u=\varphi(x)}\cdot\frac{\mathrm{d}u}{\mathrm{d}x}.$$

4. 反函数求导法

若函数$x=\varphi(y)$在某区间I内单调可导，且$\varphi'(y)\neq 0$，则其反函数$y=f(x)$在对应的区间内也可导，且$f'(x)=1/\varphi'(y)$.

5. 隐函数求导法

设方程$F(x,y)=0$确定隐函数$y=y(x)$，则$F(x,y(x))\equiv 0$，两边对x求导，可得到一个关于$y'(x)$的方程，解出$y'(x)$即求出隐函数的导数.

6. 由参数方程所确定的隐函数的求导法

设$y=y(x)$是由参数方程$\begin{cases}x=\varphi(t),\\ y=\phi(t)\end{cases}(\alpha<t<\beta)$确定的隐函数，若$\varphi(t)$和$\phi(t)$都可导，且

$\varphi'(t)\neq 0$,则$\frac{dy}{dx}=\frac{\phi'(t)}{\varphi'(t)}$.

7. 对数求导法

设函数 $u(x)(>0)$ 和 $v(x)$ 均可导,则 $y=u(x)^{v(x)}$ 可导. 取对数得 $\ln y=v(x)\ln[u(x)]$,两边再关于 x 求导,得$\frac{y'}{y}=v'(x)\ln[u(x)]+\frac{v(x)}{u(x)}\cdot u'(x)$,解出 y',即

$$y'=y\left\{v'(x)\ln[u(x)]+\frac{v(x)}{u(x)}\cdot u'(x)\right\}.$$

8. 高阶导数

(1) 若函数 $y=f(x)$的导数 $f'(x)$仍可导,则 $f'(x)$的导数$(f'(x))'$称为 $y=f(x)$的二阶导数,记为 $y''=(y')'$或 $f''(x)$,$\frac{d^2y}{dx^2}$等.

一般地,归纳定义 $y=f(x)$的 n 阶导数 $y^{(n)}=[y^{(n-1)}(x)]'$,也记作 $f^{(n)}(x)$或$\frac{d^ny}{dx^n}$.

(2) 常用的高阶导数求导公式

设 $u(x)$和 $v(x)$均 n 阶可导,则有

1° $[au(x)\pm bv(x)]^{(n)}=au^{(n)}(x)\pm bv^{(n)}(x)$;

2° $[u(x)\cdot v(x)]^{(n)}=C_n^0u^{(n)}(x)v(x)+C_n^1u^{(n-1)}(x)v'(x)+\cdots+C_n^ku^{(n-k)}(x)v^{(k)}(x)+\cdots+C_n^nu(x)v^n(x)$.

9. 几个常见函数的高阶导数

(1) $(a^x)^{(n)}=a^x(\ln a)^n(a>0,a\neq 1)$, $(e^x)^{(n)}=e^x$;

(2) $(\sin x)^{(n)}=\sin\left(x+n\cdot\frac{\pi}{2}\right)$;

(3) $(\cos x)^{(n)}=\cos\left(x+n\cdot\frac{\pi}{2}\right)$;

(4) $(x^m)^{(n)}=m(m-1)(m-2)\cdots(m-n+1)x^{m-n}$;

(5) $\left(\frac{1}{x+a}\right)^{(n)}=(-1)^n\frac{n!}{(x+a)^{n+1}}$;

(6) $(\ln x)^{(n)}=(-1)^{n-1}\frac{(n-1)!}{x^n}$.

五、微分

1. 微分定义

设函数 $y=f(x)$在某个区间 $U(x_0)$内有定义,$x_0+\Delta x\in U(x_0)$. 若存在与 Δx 无关的常数 a,使得函数的增量 $\Delta y=f(x_0+\Delta x)-f(x_0)$可表示成

$$\Delta y=a\Delta x+o(\Delta x),$$

其中 $o(\Delta x)$是当 $\Delta x\to 0$ 时比 Δx 高阶的无穷小量,则称 $f(x)$在点 x_0 处可微,并称 $a\Delta x$ 为 $f(x)$在点 x_0 的微分,记作 $df(x_0)=a\Delta x=adx$. 若 $f(x)$在区间 I 的每一点处均可微,则称 $f(x)$在 I 上可微.

2. 微分计算

函数 $y=f(x)$ 在点 x_0 处可微当且仅当 $f(x)$ 在 x_0 处可导，此时 $a=f'(x_0)$，即 $df(x_0)=f'(x_0)\Delta x$.

若函数 $y=f(x)$ 在区间 I 上处处可微，则 $df(x)=f'(x)dx, x\in I$.

3. 一阶微分形式的不变性

设 $y=f(u)$ 可微，则 $dy=f'(u)du$，其中 u 不论是自变量还是中间变量，以上微分形式不变.

第二部分　典型例题

例 1　已知 $f'(x_0)=a$，则 $\lim\limits_{h\to 0}\dfrac{f(x_0+4h)-f(x_0-2h)}{3h}=$ ________.

解

$$\begin{aligned}&\lim_{h\to 0}\frac{f(x_0+4h)-f(x_0-2h)}{3h}\\&=\lim_{h\to 0}\frac{[f(x_0+4h)-f(x_0)]-[f(x_0-2h)-f(x_0)]}{3h}\\&=\lim_{h\to 0}\frac{f(x_0+4h)-f(x_0)}{3h}-\lim_{h\to 0}\frac{f(x_0-2h)-f(x_0)}{3h}\\&=\lim_{h\to 0}\frac{f(x_0+4h)-f(x_0)}{4h}\cdot\frac{4}{3}+\lim_{h\to 0}\frac{f(x_0-2h)-f(x_0)}{-2h}\cdot\frac{2}{3}\\&=\frac{4}{3}f'(x_0)+\frac{2}{3}f'(x_0)=2f'(x_0)=2a.\end{aligned}$$

应填：$2a$.

例 2　设 $f(x)=x(x+1)(x+2)\cdots(x+n)$，则 $f'(0)=$ ________.

解

$$\begin{aligned}f'(0)&=\lim_{x\to 0}\frac{f(x)-f(0)}{x}=\lim_{x\to 0}\frac{x(x+1)(x+2)\cdots(x+n)-f(0)}{x-0}\\&=\lim_{x\to 0}(x+1)(x+2)\cdots(x+n)=n!.\end{aligned}$$

应填：$n!$.

例 3　设 $f(x)=e^{x^2+x}$，则 $\lim\limits_{x\to 2}\dfrac{f(4-x)-f(2)}{x-2}=$ ________.

解

$$\begin{aligned}\lim_{x\to 2}\frac{f(4-x)-f(2)}{x-2}&=\lim_{x\to 2}\frac{f[2+(2-x)]-f(2)}{x-2}\\&=-\lim_{x\to 2}\frac{f[2+(2-x)]-f(2)}{2-x}=-f'(2)=-5e^6.\end{aligned}$$

应填：$-5e^6$.

例 4　设 $f(x)$ 在 x_0 处连续，且 $\lim\limits_{x\to x_0}\dfrac{f(x)}{x-x_0}=a$，则 $f'(x_0)=$ ________.

解　由于 $f(x)$ 在 x_0 处连续，从而

$$f(x_0)=\lim_{x\to x_0}f(x)=\lim_{x\to x_0}\left[\frac{f(x)}{x-x_0}\cdot(x-x_0)\right]=a\cdot 0=0,$$

所以有

$$f'(x_0)=\lim_{x\to x_0}\frac{f(x)-f(x_0)}{x-x_0}=\lim_{x\to x_0}\frac{f(x)-0}{x-x_0}=\lim_{x\to x_0}\frac{f(x)}{x-x_0}=a.$$

应填：a.

例 5　设在 $x=0$ 的某邻域内有 $\frac{\mathrm{d}}{\mathrm{d}x}f(\sin x)=\frac{\mathrm{d}}{\mathrm{d}x}f^2(\sin x)$，且 $f'(0)\neq 0$，则 $f(0)=$________.

解　应用复合函数求导法则，有

$$\frac{\mathrm{d}}{\mathrm{d}x}f(\sin x)=f'(\sin x)\cos x,$$

$$\frac{\mathrm{d}}{\mathrm{d}x}f^2(\sin x)=2f(\sin x)f'(\sin x)\cos x,$$

令 $x=0$，得 $f'(0)=2f(0)f'(0)$. 因为 $f'(0)\neq 0$，所以 $f(0)=\frac{1}{2}$.

应填：$\frac{1}{2}$.

例 6　已知当 $h\to 0$ 时，$f(x_0-3h)-f(x_0)+2h$ 是 h 的高阶无穷小量，则 $f'(x_0)=$________.

解　将已知条件改写成

$f(x_0-3h)-f(x_0)+2h=o(h)$（当 $h\to 0$ 时，$o(h)$ 是 h 的高阶无穷小量），

即

$$\frac{f(x_0-3h)-f(x_0)}{h}=-2+\frac{o(h)}{h},$$

两边取极限

$$\lim_{h\to 0}\frac{f(x_0-3h)-f(x_0)}{h}=\lim_{h\to 0}\left(-2+\frac{o(h)}{h}\right)\Rightarrow -3f'(x_0)=-2,$$

即得 $f'(x_0)=\frac{2}{3}$.

应填：$\frac{2}{3}$.

例 7　设函数 $f(x)=\begin{cases}ax^2+b, & x\geqslant 1,\\ x\cos\frac{\pi}{2}x, & x<1\end{cases}$ 在 $x=1$ 处可导，则 $a=$________，$b=$________.

解　要使 $f(x)$ 在 $x=1$ 处可导，$f(x)$ 必须在 $x=1$ 处连续，即

$$\lim_{x\to 1^-}f(x)=\lim_{x\to 1^+}f(x)=f(1),$$

得 $a+b=0$，从而 $b=-a$.

又因 $f(x)$ 在 $x=1$ 处可导，则必有 $f'_-(1)=f'_+(1)$.

$$f'_-(1)=\lim_{x\to 1^-}\frac{f(x)-f(1)}{x-1}=\lim_{x\to 1^-}\frac{x\cos\frac{\pi}{2}x-(a+b)}{x-1}$$

$$=-\lim_{x\to 1^-}\frac{x\sin\left[\frac{\pi}{2}(x-1)\right]}{x-1}=-\frac{\pi}{2},$$

$$f'_+(1)=\lim_{x\to1^+}\frac{f(x)-f(1)}{x-1}=\lim_{x\to1^+}\frac{ax^2+b-(a+b)}{x-1}$$

$$=\lim_{x\to1^+}\frac{a(x^2-1)}{x-1}=2a,$$

于是得 $2a=-\frac{\pi}{2}\Rightarrow a=-\frac{\pi}{4}$，从而 $b=\frac{\pi}{4}$.

应填：$a=-\frac{\pi}{4},b=\frac{\pi}{4}$.

例 8 已知 $f(x)$ 在 $x=0$ 处可导，且 $\lim\limits_{x\to0}\frac{\cos x-1}{e^{f(x)}-1}=1$，则 $f'(0)=$________.

解 由 $\lim\limits_{x\to0}\frac{\cos x-1}{e^{f(x)}-1}=1$ 及 $\lim\limits_{x\to0}(\cos x-1)=0\Rightarrow\lim\limits_{x\to0}(e^{f(x)}-1)=0\Rightarrow\lim\limits_{x\to0}f(x)=0$.

由于 $f(x)$ 在 $x=0$ 处可导，从而 $f(x)$ 在 $x=0$ 处连续，推得 $f(0)=0$. 再由

$$\lim_{x\to0}\frac{\cos x-1}{e^{f(x)}-1}=\lim_{x\to0}\frac{-\frac{1}{2}x^2}{f(x)}=\lim_{x\to0}\frac{-\frac{1}{2}x}{\frac{f(x)-f(0)}{x-0}}=1,$$

可得 $\lim\limits_{x\to0}\frac{f(x)-f(0)}{x-0}=0$，即 $f'(0)=0$.

应填：0.

例 9 已知 $y=\ln(x+1)+e^{2x}$ 的反函数为 $x=\varphi(y)$，则 $\varphi'(1)=$________.

解 由方程 $y=\ln(x+1)+e^{2x}$ 知，当 $y=1$ 时 $x=0$. 又由于在函数的定义域 $x>-1$ 内

$$y'=\frac{1}{x+1}+2e^{2x}>0,$$

得

$$y'(0)=3.$$

由反函数求导法则得

$$\varphi'(1)=\frac{1}{y'(0)}=\frac{1}{3}.$$

应填：$\frac{1}{3}$.

例 10 若 $\frac{d}{dx}[f(x^4)]=\frac{1}{x}$，则 $f'(x)=$________.

解 由复合函数的求导法则

$$\frac{d}{dx}[f(x^4)]=f'(x^4)\cdot4x^3=\frac{1}{x}\Rightarrow f'(x^4)=\frac{1}{4x^4},$$

令 $u=x^4$，则有 $f'(u)=\frac{1}{4u}$，即 $f'(x)=\frac{1}{4x}$.

应填：$f'(x)=\frac{1}{4x}$.

例 11 若函数 $y=f(x)$ 满足 $f'(x_0)=\frac{1}{2}$，则当 $\Delta x\to0$ 时，该函数在 $x=x_0$ 处的微分 $dy(x_0)$ 是(　　).

A. 与 Δx 等价的无穷小　　B. 与 Δx 同阶的无穷小

C. 比 Δx 低阶的无穷小　　D. 比 Δx 高阶的无穷小

解　由 $dy(x_0)=f'(x_0)\Delta x=\frac{1}{2}\Delta x\Rightarrow\frac{dy(x_0)}{\Delta x}=\frac{1}{2}$，所以 $dy(x_0)$ 与 Δx 是同阶的无穷小.

应选:B.

例 12　设 $f(x)$ 可导，且 $f(0)=f'(0)=1$，求极限 $\lim\limits_{x\to0}\frac{f(\sin x)-1}{\ln f(x)}$.

解　利用导数定义，并注意增量的形式，以及等价无穷小替换，得

$$\begin{aligned}\lim_{x\to0}\frac{f(\sin x)-1}{\ln f(x)}&=\lim_{x\to0}\frac{f(\sin x)-1}{\sin x}\cdot\frac{\sin x}{\ln[1+(f(x)-1)]}\\&=\lim_{x\to0}\frac{f(\sin x)-1}{\sin x}\cdot\frac{\sin x}{f(x)-1}\\&=\lim_{x\to0}\frac{f(\sin x)-f(0)}{\sin x}\cdot\frac{\sin x}{f(x)-f(0)}\\&=\lim_{x\to0}\frac{f(\sin x)-f(0)}{\sin x}\cdot\frac{\sin x}{x}\cdot\frac{1}{\frac{f(x)-f(0)}{x-0}}\\&=\lim_{x\to0}\frac{f(\sin x)-f(0)}{\sin x}\cdot\lim_{x\to0}\frac{\sin x}{x}\cdot\lim_{x\to0}\frac{1}{\frac{f(x)-f(0)}{x-0}}\\&=f'(0)\cdot1\cdot\frac{1}{f'(0)}=1.\end{aligned}$$

例 13　设函数 $f(x)$ 在 $(-\infty,+\infty)$ 内有定义，对任意 x 都有 $f(x+1)=2f(x)$，且当 $0\leqslant x\leqslant1$ 时 $f(x)=x(1-x^2)$，试判断在 $x=0$ 处函数 $f(x)$ 是否可导.

解　当 $-1\leqslant x<0$ 时有 $0\leqslant x+1<1$，故

$$f(x)=\frac{1}{2}f(x+1)=\frac{1}{2}(x+1)[1-(x+1)^2]=\frac{1}{2}(x+1)(-2x-x^2).$$

$$f'_-(0)=\lim_{x\to0^-}\frac{f(x)-f(0)}{x}=\lim_{x\to0^-}\frac{-\frac{1}{2}(x+1)(2x+x^2)-0}{x}=-1,$$

$$f'_+(0)=\lim_{x\to0^+}\frac{f(x)-f(0)}{x}=\lim_{x\to0^-}\frac{x(1-x^2)-0}{x}=1,$$

由于 $f'_-(0)\neq f'_+(0)$，故 $f(x)$ 在 $x=0$ 处不可导.

例 14　设 $f(x)$ 在 $(0,+\infty)$ 内连续，$\forall x_1,x_2\in(0,+\infty)$ 满足 $f(x_1x_2)=f(x_1)+f(x_2)$，已知 $f'(1)$ 存在且 $f'(1)=1$，试证明 $f(x)$ 在 $(0,+\infty)$ 内可导，并求 $f'(x)$.

解

$$\begin{aligned}\Delta f&=f(x+\Delta x)-f(x)=f\left[x\left(1+\frac{\Delta x}{x}\right)\right]-f(x)\\&=\left[f(x)+f\left(1+\frac{\Delta x}{x}\right)\right]-f(x)=f\left(1+\frac{\Delta x}{x}\right),\end{aligned}$$

令 $x_1=1$，得 $f(x_2)=f(1)+f(x_2)\Rightarrow f(1)=0$. 因为 $f'(1)$ 存在，由导数的定义，对任意 $x\in(0,+\infty)$，有

$$\lim_{\Delta x\to 0}\frac{f(x+\Delta x)-f(x)}{\Delta x}=\lim_{\Delta x\to 0}\frac{f\left(1+\frac{\Delta x}{x}\right)}{\Delta x}=\frac{1}{x}\lim_{\Delta x\to 0}\frac{f\left(1+\frac{\Delta x}{x}\right)}{\frac{\Delta x}{x}}$$

$$=\frac{1}{x}\lim_{\Delta x\to 0}\frac{f\left(1+\frac{\Delta x}{x}\right)-f(1)}{\frac{\Delta x}{x}}=\frac{1}{x}f'(1)=\frac{1}{x}.$$

例 15 设 $f(x)$ 在 $(-\infty,+\infty)$ 上有定义，对任意 $x,y\in(-\infty,+\infty)$ 有 $f(x+y)=f(x)+f(y)+2xy$，且 $f'(0)$ 存在，求 $f(x)$.

解 对 $f(x+y)=f(x)+f(y)+2xy$，令 $y=0$ 得 $f(x)=f(x)+f(0)\Rightarrow f(0)=0$.

$$f'(x)=\lim_{h\to 0}\frac{f(x+h)-f(x)}{h}=\lim_{h\to 0}\frac{f(h)+2xh}{h}$$

$$=\lim_{h\to 0}\frac{f(h)-f(0)}{h}+2x=f'(0)+2x,$$

所以 $f(x)=x^2+f'(0)x+c$，再由 $f(0)=0$ 得 $c=0$，故 $f(x)=x^2+f'(0)x$.

例 16 设当 $0\leqslant x<1$ 时 $f(x)=x(b^2-x^2)$，且当 $-1\leqslant x<0$ 时 $f(x)=af(x+1)$，求常数 a,b 的值，使 $f(x)$ 在 $x=0$ 处可导，并求 $f'(0)$.

解 设 $-1\leqslant x<0$，则 $0\leqslant x+1<1$，从而

$$f(x)=af(x+1)=a(x+1)[b^2-(x+1)^2],$$

得 $f(x)$ 的分段表达式

$$f(x)=\begin{cases}a(x+1)[b^2-(x+1)^2], & -1\leqslant x<0,\\ x(b^2-x^2), & 0\leqslant x<1,\end{cases}$$

且
$$f(0-0)=a(b^2-1),\quad f(0+0)=0,\quad f(0)=0.$$

$$f(x)\text{在 } x=0 \text{ 处连续}\Leftrightarrow a(b^2-1)=0. \tag{1}$$

再考虑 $f(x)$ 在 $x=0$ 处的左、右导数：

$$f'_-(0)=\lim_{x\to 0^-}\frac{f(x)-f(0)}{x-0}=\lim_{x\to 0^-}\frac{a(x+1)[b^2-(x+1)^2]-0}{x-0}$$

$$=\lim_{x\to 0^-}\frac{ab^2(x+1)-a(x+1)^3}{x}=ab^2-3a;$$

同理

$$f'_+(0)=\lim_{x\to 0^+}\frac{f(x)-f(0)}{x-0}=\lim_{x\to 0^+}\frac{x(b^2-x^2)}{x-0}=b^2.$$

$$f'(0)\text{存在}\Leftrightarrow ab^2-3a=b^2. \tag{2}$$

由式(1)，式(2)得 $b=\pm 1,a=-\frac{1}{2}$；或 $a=0,b=0$.

当 $a=-\frac{1}{2},b=\pm 1$ 时，$f'(0)=1$；当 $a=0,b=0$ 时，$f'(0)=0$.

例 17 设函数 $f(x)$ 在 $(-\infty,+\infty)$ 上满足 $2f(1+x)+f(1-x)=\mathrm{e}^x$，试求 $f'(x)$.

解 先求 $f(x)$ 的表达式. 在等式

$$2f(1+x)+f(1-x)=\mathrm{e}^x \tag{1}$$

中令 $x=-t$，得 $2f(1-t)+f(1+t)=\mathrm{e}^{-t}$，即

$$2f(1-x)+f(1+x)=e^{-x}. \tag{2}$$

由(1)和(2)两式解得 $3f(x+1)=2e^{x}-e^{-x}$. 令 $s=x+1$,可得

$$f(s)=\frac{2e^{s-1}-e^{1-s}}{3},$$

即

$$f(x)=\frac{2e^{x-1}-e^{1-x}}{3},$$

故 $f'(x)=\dfrac{2e^{x-1}+e^{1-x}}{3}$.

例 18　设 α 为实数,且 $f(x)=\begin{cases}|x|^{\alpha}\sin\dfrac{1}{x}, & x\neq 0,\\ 0, & x=0.\end{cases}$ 分别讨论下列结论成立的充要条件.

(1) $f(x)$在 $x=0$ 点连续;

(2) $f(x)$在 $x=0$ 点可导;

(3) 导数 $f'(x)$在 $x=0$ 点连续.

解　(1) 当 $\alpha>0$ 时, $\lim\limits_{x\to 0}f(x)=\lim\limits_{x\to 0}|x|^{\alpha}\sin\dfrac{1}{x}=0=f(0)$,即 $f(x)$在 $x=0$ 处连续.

当 $\alpha<0$ 时, $\lim\limits_{x\to 0^{+}}f(x)=\lim\limits_{x\to 0^{+}}|x|^{\alpha}\sin\dfrac{1}{x}$不存在,故 $f(x)$在 $x=0$ 处不连续,因此 $f(x)$在 $x=0$ 点连续的充分必要条件是 $\alpha>0$.

(2) 同理可讨论得 $f(x)$在 $x=0$ 点可导的充分必要条件是 $\alpha>1$.

(3) 当 $\alpha>1$ 时,根据定义可求得 $f'(0)=0$.

当 $x>0$ 时, $f'(x)=\left(x^{\alpha}\sin\dfrac{1}{x}\right)'=\alpha x^{\alpha-1}\sin\dfrac{1}{x}-x^{\alpha-2}\cos\dfrac{1}{x}$;

当 $x<0$ 时, $f'(x)=\left[(-x)^{\alpha}\sin\dfrac{1}{x}\right]'=(-1)^{\alpha}\alpha x^{\alpha-1}\sin\dfrac{1}{x}-(-1)^{\alpha}x^{\alpha-2}\cos\dfrac{1}{x}$;

可见 $f'(x)$在 $x=0$ 点连续的充分必要条件是 $\alpha>2$.

例 19　设曲线 $y=f(x)$在原点处与 $y=\sin x$ 相切,试求极限 $\lim\limits_{n\to\infty}n^{\frac{1}{2}}\sqrt{f\left(\dfrac{2}{n}\right)}$.

解　因曲线 $y=f(x)$在原点与 $y=\sin x$ 相切,所以有 $f(0)=0$ 且

$$f'(0)=(\sin x)'|_{x=0}=\cos 0=1,$$

由此推得

$$\lim_{n\to\infty}n^{\frac{1}{2}}\sqrt{f\left(\frac{2}{n}\right)}=\lim_{n\to\infty}\sqrt{n\cdot f\left(\frac{2}{n}\right)}=\lim_{n\to\infty}\sqrt{\frac{f\left(\frac{2}{n}\right)-f(0)}{\frac{2}{n}-0}\cdot 2}=\sqrt{2f'(0)}=\sqrt{2}.$$

例 20　求曲线 $\begin{cases}x=\cos^{3}t,\\ y=\sin^{3}t\end{cases}$ 上对应于 $t=\dfrac{\pi}{6}$点处的切线方程和法线方程.

解　曲线上 $t=\dfrac{\pi}{6}$对应的点为$\left(\dfrac{3\sqrt{3}}{8},\dfrac{1}{8}\right)$. 由参数方程求导法则得

$$\left.\frac{dy}{dx}\right|_{t=\pi/6}=\left.\frac{3\sin^2 t\cdot\cos t}{-3\cos^2 t\cdot\sin t}\right|_{t=\pi/6}=-\tan t\,|_{t=\pi/6}=-\frac{\sqrt{3}}{3}.$$

切线方程为 $y-\frac{1}{8}=-\frac{\sqrt{3}}{3}\left(x-\frac{3\sqrt{3}}{8}\right)$或 $y=-\frac{\sqrt{3}}{3}x+\frac{1}{2}$.

法线方程为 $y-\frac{1}{8}=\sqrt{3}\left(x-\frac{3\sqrt{3}}{8}\right)$ 或 $y=\sqrt{3}x-1$.

例 21 设曲线 Γ 由极坐标 $r=r(\theta)$ 所确定. 试求该曲线上任一点的切线的斜率，并求曲线 $r=ae^{\theta}$ 上 $\theta=\frac{\pi}{4}$ 对应的点处的切线方程和法线方程.

解 把曲线的方程由极坐标方程改写为以 θ 为参数的参数方程：

$$\begin{cases}x=r(\theta)\cos\theta,\\ y=r(\theta)\sin\theta.\end{cases}$$

由参数方程求导法则，曲线上任一点的切线的斜率为

$$k=\frac{dy}{dx}=\frac{r'(\theta)\sin\theta+r(\theta)\cos\theta}{r'(\theta)\cos\theta-r(\theta)\sin\theta}.$$

曲线 $r=ae^{\theta}$ 上 $\theta=\frac{\pi}{4}$ 对应的点的直角坐标为 $\left(\frac{\sqrt{2}}{2}ae^{\frac{\pi}{4}},\frac{\sqrt{2}}{2}ae^{\frac{\pi}{4}}\right)$，该点处的斜率为 $k=\left.\frac{dy}{dx}\right|_{\theta=\frac{\pi}{4}}=\infty$，故所求的切线方程为 $x=\frac{\sqrt{2}}{2}ae^{\frac{\pi}{4}}$，法线方程为 $y=\frac{\sqrt{2}}{2}ae^{\frac{\pi}{4}}$.

评注 曲线 $r=ae^{\theta}$ 的参数方程确定的隐函数 $y=y(x)$ 在 $\theta=\frac{\pi}{4}$ 对应的点 $x=\frac{\sqrt{2}}{2}ae^{\frac{\pi}{4}}$ 处的导数为∞，说明不可导，且切线的倾角为$\frac{\pi}{2}$.

例 22 已知曲线的极坐标方程为 $r=1+\cos\theta$，求曲线上参数 $\theta=\frac{\pi}{4}$ 对应的点处的切线和法线的直角坐标方程.

解 曲线的参数方程为

$$\begin{cases}x=(1+\cos\theta)\cos\theta,\\ y=(1+\cos\theta)\sin\theta,\end{cases}$$

即

$$\begin{cases}x=\cos\theta+\cos^2\theta,\\ y=\sin\theta+\frac{1}{2}\sin 2\theta,\end{cases}$$

曲线 $\theta=\frac{\pi}{4}$ 对应的点的直角坐标为 $\left(\frac{1}{2}+\frac{\sqrt{2}}{2},\frac{1}{2}+\frac{\sqrt{2}}{2}\right)$.

$$\left.\frac{dy}{dx}\right|_{\theta=\frac{\pi}{4}}=\left.\frac{-\sin\theta-2\cos\theta\sin\theta}{\cos\theta+\cos 2\theta}\right|_{\theta=\frac{\pi}{4}}=-1-\sqrt{2},$$

于是所求切线的直角坐标方程为

$$y-\frac{1}{2}-\frac{\sqrt{2}}{2}=-(1+\sqrt{2})\left(x-\frac{1}{2}-\frac{\sqrt{2}}{2}\right),$$

即

$$y=-(1+\sqrt{2})x+2+\frac{3\sqrt{2}}{2}.$$

所求法线的直角坐标方程为

$$y-\frac{1}{2}-\frac{\sqrt{2}}{2}=\frac{1}{\sqrt{2}+1}\left(x-\frac{1}{2}-\frac{\sqrt{2}}{2}\right),$$

即

$$y=(\sqrt{2}-1)x+\frac{\sqrt{2}}{2}.$$

评注　当曲线方程以极坐标的形式给出时，若要求曲线上某点的切线或法线方程，则应将曲线方程改写成参数方程形式，用参数方程求导法求出相应点处的切线的斜率.

例 23　设 $f(x)=\lim\limits_{n\to\infty}\frac{x^2e^{n(x-1)}+ax+b}{1+e^{n(x-1)}}$，求 $f(x)$，并讨论 $f(x)$ 的连续性和可导性.

解　根据题意，有 $f(1)=\frac{1}{2}(1+a+b)$，且当 $x>1$ 时 $f(x)=x^2$，当 $x<1$ 时 $f(x)=ax+b$. 于是得

$$f(x)=\begin{cases}\frac{1}{2}(1+a+b), & x=1,\\ ax+b, & x<1,\\ x^2, & x>1,\end{cases}$$

且 $f(1-0)=a+b$，$f(1+0)=1$. 故当 $a+b=\frac{1}{2}(1+a+b)=1$ 时，$f(x)$ 在 $x=1$ 处连续，且 $f(1)=1$.

若 $f(x)$ 在 $x=1$ 处可导，则 $f'_-(1)=f'_+(1)$.

$$f'_-(1)=\lim_{x\to1^-}\frac{f(x)-f(1)}{x-1}=\lim_{x\to1^-}\frac{ax+b-1}{x-1}=\lim_{x\to1^-}\frac{ax-a}{x-1}=a,$$

$$f'_+(1)=\lim_{x\to1^+}\frac{f(x)-f(1)}{x-1}=\lim_{x\to1^-}\frac{x^2-1}{x-1}=2,$$

于是当 $a=2$，$b=-1$ 时，$f(x)$ 在 $x=1$ 处可导.

例 24　设

$$f(x)=\begin{cases}ax^2+b\sin x+c, & x\leqslant0,\\ \ln(1+x), & x>0.\end{cases}$$

试问 a,b,c 为何值时，$f(x)$ 在 $x=0$ 处一阶导数连续，但二阶导数不存在？

解　因 $f(0-0)=c$，$f(0+0)=0$，$f(0)=c$，若要使 $f(x)$ 在 $x=0$ 处连续，则 $c=0$. 由于

$$f'_-(0)=\lim_{x\to0^-}\frac{f(x)-f(0)}{x}=\lim_{x\to0^-}\frac{ax^2+b\sin x-0}{x}=b,$$

$$f'_+(0)=\lim_{x\to0^+}\frac{f(x)-f(0)}{x}=\lim_{x\to0^+}\frac{\ln(1+x)-0}{x}=1,$$

要使 $f(x)$ 在 $x=0$ 处可导，则 $b=1$. 于是得

$$f'(x)=\begin{cases}2ax+\cos x, & x<0,\\ 1, & x=0,\\ \dfrac{1}{1+x}, & x>0.\end{cases}$$

因为 $f'_-(0)=1, f'_+(0)=1, f'(0)=1$,所以当 $b=1, c=0$ 时,$f'(x)$ 在 $x=0$ 处连续.

由于

$$f''_-(0)=\lim_{x\to 0^-}\frac{f'(x)-f'(0)}{x}=\lim_{x\to 0^-}\frac{2ax+\cos x-1}{x}=2a,$$

$$f''_+(0)=\lim_{x\to 0^+}\frac{f'(x)-f'(0)}{x}=\lim_{x\to 0^+}\frac{\dfrac{1}{1+x}-1}{x}=\lim_{x\to 0^+}\frac{-x}{x(1+x)}=-1,$$

于是当 $2a\neq -1$,即 $a\neq -\dfrac{1}{2}$ 时,$f(x)$ 在 $x=0$ 处二阶导数不存在.

综上,$a\neq -\dfrac{1}{2}, b=1, c=0$ 为所求之值.

例 25 证明:(1) 可导的偶函数,其导数为奇函数;

(2) 可导的奇函数,其导数为偶函数;

(3) 可导的周期函数,其导数仍为周期函数.

证 (1) 设 $f(x)$ 是可导的偶函数,则有 $f(-x)=f(x)$,两边对 x 求导,得

$$f'(-x)(-x)'=f'(x)\Rightarrow f'(-x)=-f'(x),$$

所以 $f'(x)$ 是奇函数.

(2) 设 $f(x)$ 是可导的奇函数,则有 $f(-x)=-f(x)$,两边对 x 求导,得

$$f'(-x)(-x)'=-f'(x)\Rightarrow f'(-x)=f'(x),$$

所以 $f'(x)$ 是偶函数.

(3) 设 $f(x)$ 是可导的周期函数,T 是它的一个周期,则有 $f(x+T)=f(x)$,两边对 x 求导得

$$f'(x+T)(x+T)'=f'(x)\Rightarrow f'(x+T)=f'(x),$$

所以 $f'(x)$ 是周期函数.

例 26 已知 $y=f^2\left(\dfrac{3x-2}{3x+2}\right), f(x)=\ln(1+x^2)$. 求 $\left.\dfrac{\mathrm{d}y}{\mathrm{d}x}\right|_{x=0}$.

解

$$\begin{aligned}\frac{\mathrm{d}y}{\mathrm{d}x}&=2f\left(\frac{3x-2}{3x+2}\right)\cdot f'\left(\frac{3x-2}{3x+2}\right)\cdot\left(\frac{3x-2}{3x+2}\right)'\\&=2f\left(\frac{3x-2}{3x+2}\right)\cdot f'\left(\frac{3x-2}{3x+2}\right)\cdot\frac{12}{(3x+2)^2}.\end{aligned}$$

$$\left.\frac{\mathrm{d}y}{\mathrm{d}x}\right|_{x=0}=2f(-1)f'(-1)\cdot\frac{12}{4}=6f(-1)f'(-1).$$

由 $f(x)=\ln(1+x^2)$,可得 $f(-1)=\ln 2, f'(-1)=\left.\dfrac{2x}{1+x^2}\right|_{x=-1}=-1$,所以

$$\left.\frac{\mathrm{d}y}{\mathrm{d}x}\right|_{x=0}=-6\ln 2.$$

例 27 设 $\Delta y=\dfrac{y}{1+x}\Delta x+\alpha(\Delta x)$,其中 $\alpha(\Delta x)$ 满足 $\lim\limits_{\Delta x\to 0}\dfrac{\alpha(\Delta x)}{\Delta x}=0$,若已知 $y(2)=5$,求 $y'(2)$.

解　由 $\Delta y=\frac{y}{1+x}\Delta x+\alpha(\Delta x)$ 看出函数增量已经表达为 Δx 的线性函数与比 Δx 高阶的无穷小之和，由微分定义知，$y=y(x)$在 $x=2$ 处可微，从而可导，且

$$y'(2)=\frac{y}{1+x}\bigg|_{x=2}=\frac{1}{3}y(2)=\frac{5}{3}.$$

例 28　已知 $f(x)$是周期为 5 的连续函数，它在 $x=0$ 的某个邻域内满足关系式

$$f(1+\sin x)-3f(1-\sin x)=8x+\alpha(x),$$

其中 $\alpha(x)$是当 $x\to0$ 时比 x 高阶的无穷小，且 $f(x)$在 $x=1$ 处可导，求曲线 $y=f(x)$在点$(6,f(6))$处的切线方程.

解　由 $\lim\limits_{x\to0}[f(1+\sin x)-3f(1-\sin x)]=\lim\limits_{x\to0}[8x+\alpha(x)]$，得

$$f(1)-3f(1)=0\Rightarrow f(1)=0.$$

又

$$\lim_{x\to0}\frac{f(1+\sin x)-3f(1-\sin x)}{\sin x}=\lim_{x\to0}\frac{8x+\alpha(x)}{\sin x}=8,$$

设 $t=\sin x$，得

$$\begin{aligned}\lim_{x\to0}\frac{f(1+\sin x)-3f(1-\sin x)}{\sin x}&=\lim_{t\to0}\frac{f(1+t)-3f(1-t)}{t}\\&=\lim_{t\to0}\frac{f(1+t)-f(1)}{t}+3\lim_{t\to0}\frac{f(1-t)-f(1)}{-t}\\&=4f'(1),\end{aligned}$$

所以 $f'(1)=2$. 又由 $f(x+5)=f(x)\Rightarrow f(6)=f(1)=0,f'(6)=f'(1)=2$，
故所求切线方程为 $y=2(x-6)$.

例 29　设 $f(x)$为单调可导函数，其反函数为 $g(x)$. 已知 $f(1)=2,f'(1)=-\frac{1}{\sqrt{3}}$，$f''(1)=1$. 求 $g''(2)$.

解　首先注意到 $y=f(x)$的反函数记为 $g(x)$，实际上是 $x=f(y)$的反函数为 $y=g(x)$，由此得 $x=f(y)=f(g(x))$. 此等式两端对 x 求导得

$$1=\frac{\mathrm{d}}{\mathrm{d}x}[f(y)]=f'(y)g'(x)\Rightarrow g'(x)|_{x=2}=\frac{1}{f'(1)}=-\sqrt{3}=g'(2).$$

对等式 $1=f'(y)g'(x)$两边再关于 x 求导得

$$f''(y)[g'(x)]^2+f'(y)g''(x)=0\Rightarrow g''(x)=-\frac{f''(y)[g'(x)]^2}{f'(y)},$$

令 $x=2,y=1$，代入上式得

$$g''(2)=-\frac{f''(1)[g'(2)]^2}{f'(1)}=-\frac{f''(1)(-\sqrt{3})^2}{-\frac{1}{\sqrt{3}}}=3\sqrt{3}.$$

例 30　设 $f'(0)=1,f''(0)=0$，求证：在 $x=0$ 处，有

$$\frac{\mathrm{d}^2}{\mathrm{d}x^2}f(x^2)=\frac{\mathrm{d}^2}{\mathrm{d}x^2}f^2(x).$$

解　应用复合函数的求导法则，有

$$\frac{\mathrm{d}}{\mathrm{d}x}f(x^2)=2xf'(x^2),\quad \frac{\mathrm{d}^2}{\mathrm{d}x^2}f(x^2)=2f'(x^2)+4x^2f''(x^2),$$

于是得
$$\frac{\mathrm{d}^2}{\mathrm{d}x^2}f(x^2)\bigg|_{x=0}=2f'(0)=2,$$
而
$$\frac{\mathrm{d}}{\mathrm{d}x}f^2(x)=2f(x)f'(x),$$
$$\frac{\mathrm{d}^2}{\mathrm{d}x^2}f^2(x)=2[f'(x)]^2+2f(x)f''(x),$$
所以
$$\frac{\mathrm{d}^2}{\mathrm{d}x^2}f^2(x)\bigg|_{x=0}=2[f'(0)]^2+2f(0)f''(0)=2.$$

综上得
$$\frac{\mathrm{d}^2}{\mathrm{d}x^2}f(x^2)\bigg|_{x=0}=\frac{\mathrm{d}^2}{\mathrm{d}x^2}f^2(x)\bigg|_{x=0}.$$

例 31 设函数 $y=y(x)$ 由方程 $x\mathrm{e}^{f(y)}=\mathrm{e}^y$ 确定，其中 f 具有二阶导数，且 $f'\neq1$，求$\frac{\mathrm{d}^2y}{\mathrm{d}x^2}$.

解 方程两边取对数，得 $\ln x+f(y)=y$，两边再关于 x 求导，得 $\frac{1}{x}+f'(y)y'=y'$，从而
$$\frac{\mathrm{d}y}{\mathrm{d}x}=\frac{1}{x[1-f'(y)]},$$
$$\frac{\mathrm{d}^2y}{\mathrm{d}x^2}=-\frac{1-f'(y)-xf''(y)\cdot\frac{\mathrm{d}y}{\mathrm{d}x}}{x^2[1-f'(y)]^2}=-\frac{[1-f'(y)]^2-f''(y)}{x^2[1-f'(y)]^3}.$$

评注 求$\frac{\mathrm{d}^2y}{\mathrm{d}x^2}$时，也可以对$\frac{1}{x}+f'(y)y'=y'$两边继续关于 x 求导，得
$$\frac{1}{x}+f'(y)y'=y'\Rightarrow-\frac{1}{x^2}+f''(y)(y')^2+f'(y)y''=y''\Rightarrow$$
$$y''=\frac{-\frac{1}{x^2}+f''(y)(y')^2}{1-f'(y)}=-\frac{1-x^2f''(y)(y')^2}{x^2[1-f'(y)]}$$
$$=-\frac{[1-f'(y)]^2-f''(y)}{x^2[1-f'(y)]^3}.$$

例 32 设方程 $x^3+y^3-3x+6y=2$，求：(1) $\frac{\mathrm{d}^2y}{\mathrm{d}x^2}\bigg|_{x=2}$；(2) $\frac{\mathrm{d}^2x}{\mathrm{d}y^2}\bigg|_{x=2}$.

解 (1) 方程两边同时关于 x 求导，得
$$3x^2+3y^2y'-3+6y'=0\Rightarrow y'=\frac{1-x^2}{2+y^2}, \tag{1}$$
故有
$$y''=\frac{(-2x)(2+y^2)-(1-x^2)2yy'}{(2+y^2)^2},$$
由原方程可知，$x=2$ 时，$y=0$，由此可得$y'|_{x=2}=-\frac{3}{2}$.

将 $x=2,y=0$ 及$y'|_{x=2}=-\frac{3}{2}$代入 y''的表达式，可得$\frac{\mathrm{d}^2y}{\mathrm{d}x^2}\bigg|_{x=2}=-2$.

评注　求 y''时，也可以对式(1)中的方程两边继续关于 x 求导.

(2) 方程两边关于 y 求导，注意 $x=x(y)$，得

$$3x^2x'+3y^2-3x'+6=0,$$

再关于 y 求导，得

$$6x(x')^2+3x^2x''+6y-3x''=0,$$

将 $x=2, y=0, x'|_{x=2}=-\frac{2}{3}$代入上式可得$\left.\frac{d^2x}{dy^2}\right|_{x=2}=-\frac{16}{27}$.

例 33　设函数 $y=y(x)$由参数方程$\begin{cases}x=\ln(1+t^2),\\ y=\arctan t\end{cases}$确定，求$\left.\frac{d^2y}{dx^2}\right|_{t=-1}$.

解　应用参数方程的求导公式，得

$$\frac{dy}{dx}=\frac{dy}{dt}\Big/\frac{dx}{dt}=\frac{1}{1+t^2}\Big/\frac{2t}{1+t^2}=\frac{1}{2t},$$

$$\begin{aligned}\frac{d^2y}{dx^2}&=\frac{d}{dx}\left(\frac{dy}{dx}\right)=\frac{d}{dt}\left(\frac{dy}{dx}\right)\frac{dt}{dx}=\frac{d}{dt}\left(\frac{dy}{dx}\right)\frac{1}{\frac{dx}{dt}}\\&=\frac{d}{dt}\left(\frac{1}{2t}\right)\cdot\frac{1+t^2}{2t}=-\frac{1}{2t^2}\cdot\frac{1+t^2}{2t}=-\frac{1+t^2}{4t^3},\end{aligned}$$

所以$\left.\frac{d^2y}{dx^2}\right|_{t=-1}=\frac{1}{2}$.

例 34　设 $y=\sqrt[3]{\frac{(x+1)^4(x+3)^5}{x(x-2)^2}}$，当 $x>2$ 时，求 y'.

解　取对数得

$$\begin{aligned}\ln y&=\ln(x+1)^{\frac{4}{3}}+\ln(x+3)^{\frac{5}{3}}+\ln x^{-\frac{1}{3}}+\ln(x-2)^{-\frac{2}{3}}\\&=\frac{4}{3}\ln(x+1)+\frac{5}{3}\ln(x+3)-\frac{1}{3}\ln x-\frac{2}{3}\ln(x-2),\end{aligned}$$

两边关于 x 求导，得

$$\frac{1}{y}y'=\frac{4}{3(x+1)}+\frac{5}{3(x+3)}-\frac{1}{3x}-\frac{2}{3(x-2)},$$

故

$$\begin{aligned}y'&=\frac{1}{3}y\left(\frac{4}{x+1}+\frac{5}{x+3}-\frac{1}{x}-\frac{2}{x-2}\right)\\&=\frac{1}{3}\sqrt[3]{\frac{(x+1)^4(x+3)^5}{x(x-2)^2}}\left(\frac{4}{x+1}+\frac{5}{x+3}-\frac{1}{x}-\frac{2}{x-2}\right).\end{aligned}$$

例 35　设 $f(x)=\frac{1}{x^2+5x+6}$，求 $f^{(n)}(2)$.

解　将 $f(x)$拆成部分分式的和，得

$$f(x)=\frac{1}{(x+2)(x+3)}=\frac{1}{x+2}-\frac{1}{x+3},$$

利用公式$\left(\frac{1}{x+a}\right)^{(n)}=(-1)^n\frac{n!}{(x+a)^{n+1}}$，得

$$f^{(n)}(x)=\left(\frac{1}{x+2}\right)^{(n)}-\left(\frac{1}{x+3}\right)^{(n)}=(-1)^n\frac{n!}{(x+2)^{n+1}}-(-1)^n\frac{n!}{(x+3)^{n+1}}$$

$$=(-1)^n n!\left[\frac{1}{(x+2)^{n+1}}-\frac{1}{(x+3)^{n+1}}\right],$$

令 $x=2$,得
$$f^{(n)}(2)=(-1)^n n!\left(\frac{1}{4^{n+1}}-\frac{1}{5^{n+1}}\right).$$

例 36 设函数 $f(x)$在 $x=2$ 的某邻域内可导,且 $f'(x)=\mathrm{e}^{f(x)}$,$f(2)=1$,求 $f^{(n)}(2)$.

解 由 $f'(x)=\mathrm{e}^{f(x)}$,得

$$f''(x)=(\mathrm{e}^{f(x)})'=\mathrm{e}^{f(x)}f'(x)=[\mathrm{e}^{f(x)}]^2=\mathrm{e}^{2f(x)},$$

$$f'''(x)=(\mathrm{e}^{2f(x)})'=\mathrm{e}^{2f(x)}2f'(x)=2\mathrm{e}^{3f(x)},$$

$$f^{(4)}(x)=(2\mathrm{e}^{3f(x)})'=2\cdot 3\mathrm{e}^{3f(x)}f'(x)=3!\ \mathrm{e}^{4f(x)}.$$

一般地,由数学归纳法可得

$$f^{(n)}(x)=(n-1)!\ \mathrm{e}^{nf(x)}\ (n\in\mathbf{Z}_+),$$

从而 $f^{(n)}(2)=(n-1)!\ \mathrm{e}^n(n\in\mathbf{Z}_+)$.

例 37 设 $y=\mathrm{e}^x\cos x$,求 $y^{(n)}(x)$.

解
$$y'=\mathrm{e}^x\cos x-\mathrm{e}^x\sin x=\mathrm{e}^x(\cos x-\sin x)=\sqrt{2}\mathrm{e}^x\cos\left(x+\frac{\pi}{4}\right),$$

$$y''=\sqrt{2}\left[\mathrm{e}^x\cos\left(x+\frac{\pi}{4}\right)-\mathrm{e}^x\sin\left(x+\frac{\pi}{4}\right)\right]=(\sqrt{2})^2\mathrm{e}^x\cos\left(x+2\cdot\frac{\pi}{4}\right),$$

$$y'''=(\sqrt{2})^2\left[\mathrm{e}^x\cos\left(x+2\cdot\frac{\pi}{4}\right)-\mathrm{e}^x\sin\left(x+2\cdot\frac{\pi}{4}\right)\right]$$

$$=(\sqrt{2})^3\mathrm{e}^x\cos\left(x+3\cdot\frac{\pi}{4}\right).$$

应用数学归纳法可得

$$y^{(n)}=(\sqrt{2})^n\mathrm{e}^x\cos\left(x+n\cdot\frac{\pi}{4}\right).$$

例 38 求下列函数的 n 阶导数:

(1) $y=\dfrac{x^n}{1-x}$;　　　　(2) $y=\mathrm{e}^{ax}\sin bx$(a,b 均为实数).

解 (1) 构造等比数列 $1,x,x^2,\cdots,x^{n-1}$,则其前 n 项的和为

$$1+x+x^2+\cdots+x^{n-1}=\frac{1-x^n}{1-x}=\frac{1}{1-x}-\frac{x^n}{1-x},$$

故 $y=\dfrac{x^n}{1-x}=\dfrac{1}{1-x}-\sum\limits_{k=0}^{n-1}x^k$,于是

$$y^{(n)}=\left(\frac{1}{1-x}-\sum_{k=0}^{n-1}x^k\right)^{(n)}=-\left(\frac{1}{x-1}\right)^{(n)}=(-1)^{n-1}\frac{n!}{(x-1)^{n+1}}.$$

(2) $y'=\mathrm{e}^{ax}\cdot\cos bx\cdot b+\mathrm{e}^{ax}\cdot\sin bx\cdot a=\mathrm{e}^{ax}(\cos bx\cdot b+\sin bx\cdot a)$

$$=\sqrt{a^2+b^2}\mathrm{e}^{ax}\left(\frac{a}{\sqrt{a^2+b^2}}\sin bx+\cos bx\frac{b}{\sqrt{a^2+b^2}}\right)$$

$$=\sqrt{a^2+b^2}\mathrm{e}^{ax}\sin(bx+\varphi),$$

其中 $\sin\varphi=\dfrac{b}{\sqrt{a^2+b^2}}$，$\cos\varphi=\dfrac{a}{\sqrt{a^2+b^2}}$，用数学归纳法可得

$$y^{(n)}=(a^2+b^2)^{\frac{n}{2}}e^{ax}\sin(bx+n\varphi).$$

例 39　设 $f(x)=(x^2-3x+2)^n\cos\dfrac{\pi x^2}{16}$，求 $f^{(n)}(2)$.

解　由 $f(x)=(x-2)^n(x-1)^n\cos\dfrac{\pi x^2}{16}$，令 $u(x)=(x-2)^n$，$v(x)=(x-1)^n\cos\dfrac{\pi x^2}{16}$.

由于 $u(2)=u'(2)=\cdots=u^{(n-1)}(2)=0$，$u^{(n)}(2)=n!$，应用莱布尼茨公式得

$$f^{(n)}(x)=C_n^0u^{(n)}(x)v(x)+C_n^1u^{(n-1)}(x)v'(x)+\cdots+C_n^nu(x)v^{(n)}(x),$$

所以

$$\begin{aligned}f^{(n)}(2)&=C_n^0u^{(n)}(2)v(2)+C_n^1u^{(n-1)}(2)v'(2)+\cdots+C_n^nu(2)v^{(n)}(2)\\&=u^{(n)}(2)v(2)=n!\ \cos\frac{4\pi}{16}=\frac{\sqrt{2}}{2}n!\end{aligned}$$

例 40　求函数 $f(x)=x^2\ln(1+x)$ 在 $x=0$ 处的 n 阶导数 $f^{(n)}(0)(n\geqslant 3)$.

解　由莱布尼茨公式

$$(uv)^{(n)}=C_n^0u^{(n)}v^{(0)}+C_n^1u^{(n-1)}v'+C_n^2u^{(n-2)}v''+\cdots+C_n^nu^{(0)}v^{(n)}$$

及

$$[\ln(1+x)]^{(k)}=\left(\frac{1}{1+x}\right)^{(k-1)}=(-1)^{k-1}\frac{(k-1)!}{(1+x)^k}(k\in\mathbf{Z}_+),$$

得

$$f^{(n)}(x)=x^2\frac{(-1)^{n-1}(n-1)!}{(1+x)^n}+2nx\frac{(-1)^{n-2}(n-2)!}{(1+x)^{n-1}}+n(n-1)\frac{(-1)^{n-3}(n-3)!}{(1+x)^{n-2}},$$

所以 $f^{(n)}(0)=(-1)^{n-3}n(n-1)(n-3)!\ =(-1)^{n-1}\dfrac{n!}{n-2}$.

例 41　设 $f(x)=\arctan\dfrac{1-x}{1+x}$，求 $f^{(n)}(0)$.

解

$$f'(x)=\frac{1}{1+\left(\dfrac{1-x}{1+x}\right)^2}\cdot\left(\frac{1-x}{1+x}\right)'=-\frac{1}{1+x^2},$$

即 $(1+x^2)f'(x)=-1$，等式两边对 x 求 $(n-1)$ 阶导数，应用莱布尼茨公式，得

$$(1+x^2)f^{(n)}(x)+C_{n-1}^1 2xf^{(n-1)}(x)+C_{n-1}^2 2f^{(n-2)}(x)=0.$$

令 $x=0$，得

$$f^{(n)}(0)=-(n-1)(n-2)f^{(n-2)}(0).$$

而 $f'(x)=-\dfrac{1}{1+x^2}$，$f''(x)=\dfrac{2x}{(1+x^2)^2}\Rightarrow f'(0)=-1$，$f''(0)=0$. 所以当 n 为偶数时，$f^{(n)}(0)=0$；当 n 为奇数时，$f^{(n)}(0)=(-1)^{\frac{n-1}{2}}\cdot(n-1)(n-2)\cdot\cdots\cdot2\cdot1\cdot f'(0)=(-1)^{\frac{n+1}{2}}\cdot(n-1)!$.

综上得

$$f^{(n)}(0)=\begin{cases}0, & n=2k,\\(-1)^{\frac{n+1}{2}}(n-1)!, & n=2k-1,\end{cases}\quad k=1,2,\cdots.$$

第三部分 练 习 题

一、填空题

1. 若函数 $y=f\left(\frac{x+1}{x-1}\right)$满足 $f'(x)=\arctan\sqrt{x}$,则$\left.\frac{\mathrm{d}y}{\mathrm{d}x}\right|_{x=2}=$________.

2. 若 $f(t)=\lim\limits_{x\to 0}t(1+2x)^{\frac{t}{x}}$,则 $f'(t)=$________.

3. 已知 $f'(3)=2$,则$\lim\limits_{h\to 0}\frac{f(3-h)-f(3)}{2h}=$________.

4. 设 $f(x)=\begin{cases}\frac{1}{x}, & 1\leqslant x<+\infty,\\ ax^2+bx+c, & 0<x<1,\\ \mathrm{e}^x, & x\leqslant 0\end{cases}$ 在$(-\infty,+\infty)$内可导,则$(a,b,c)=$________.

5. 设 $\tan y=x+y$,则 $\mathrm{d}y=$________.

6. 函数 $y=y(x)$由方程 $\sin(x^2+y^2)+\mathrm{e}^x-xy^2=0$ 所确定,则$\frac{\mathrm{d}y}{\mathrm{d}x}=$________.

7. 对数螺线 $\rho=\mathrm{e}^\theta$ 在点$(\rho,\theta)=(\mathrm{e}^{\pi/2},\pi/2)$处的切线的直角坐标方程为________.

8. 设 $f(x)=\frac{x}{2x^2-3x+1}$,则 $f^{(n)}(0)=$________$(n\geqslant 1)$.

二、选择题

9. 设 $f(x)$在点 $x=a$ 处可导,则$\lim\limits_{x\to 0}\frac{f(a+x)-f(a-x)}{x}$等于( ).

A. $f'(a)$ B. $2f'(a)$ C. 0 D. $f'(2a)$

10. 设 $f(0)=0$,则 $f(x)$在点 $x=0$ 可导的充分必要条件为( ).

A. $\lim\limits_{h\to 0}\frac{1}{h^2}f(1-\cos h)$存在

B. $\lim\limits_{h\to 0}\frac{1}{h}f(1-\mathrm{e}^h)$存在

C. $\lim\limits_{h\to 0}\frac{1}{h^2}f(1-\sin h)$存在

D. $\lim\limits_{h\to 0}\frac{1}{h}[f(2h)-f(h)]$存在

11. 设 $F(x)=\begin{cases}\frac{f(x)}{x}, & x\neq 0,\\ f(0), & x=0,\end{cases}$其中 $f(x)$在 $x=0$ 处可导,$f'(0)\neq 0$,$f(0)=0$,则 $x=0$ 是 $F(x)$的( ).

A. 连续点 B. 第一类间断点

C. 第二类间断点 D. 连续点或间断点不能由此确定

12. 设 $f(x)=\begin{cases}\frac{2}{3}x^3, & x\leqslant 1,\\ x^2, & x>1,\end{cases}$则 $f(x)$在 $x=1$ 处的( ).

A. 左、右导数都存在 B. 左导数存在,但右导数不存在

C. 左导数不存在,但右导数存在 D. 左、右导数都不存在

13. 设函数 $f(x)$在区间$(-\delta,+\delta)$内有定义,若当 $x\in(-\delta,+\delta)$时,恒有$|f(x)|\leqslant x^2$,则$x=0$必是( ).

A. 间断点　　B. 连续但不可导的点

C. 可导的点，且 $f'(0)=0$　　D. 可导的点，且 $f'(0)\neq 0$

14. 设 $f(x)=\begin{cases}\dfrac{1-\cos x}{\sqrt{x}}, & x>0,\\ x^2 g(x), & x\leqslant 0,\end{cases}$ 其中 $g(x)$ 是有界函数，则 $f(x)$ 在 $x=0$ 处(　　).

A. 极限不存在　　B. 极限存在，但不连续

C. 连续，但不可导　　D. 可导

15. 设函数 $f(u)$ 可导，$y=f(x^2)$，当自变量 x 在 $x=-1$ 处取得增量 $\Delta x=-0.1$ 时，相应的函数增量 Δy 的线性主部为 0.1，则 $f'(1)=$(　　).

A. -1　　B. 0.1　　C. 1　　D. 0.5

16. 设曲线 $y=x^3+ax$ 与曲线 $y=bx^2+c$ 在点 $(-1,0)$ 处相切，其中 a,b,c 为常数，则(　　).

A. $a=b=-1, c=1$　　B. $a=-1, b=2, c=-2$

C. $a=1, b=-2, c=2$　　D. $a=c=1, b=-1$

三、解答与证明题

17. 设 $f(x)=\mathrm{e}^{\sin \pi x}$，求 $\lim\limits_{x\to 1}\dfrac{f(2-x)-f(1)}{x-1}$.

18. 设函数 $f(x)$ 在点 $x=1$ 处可导，求 $\lim\limits_{x\to 0}\dfrac{f(1+x)+f(1+2\sin x)-2f(1-3\tan x)}{x}$.

19. 设 $f(x)$ 在 $x=1$ 处可导，且 $\lim\limits_{x\to 1}\dfrac{f(x)}{x-1}=2$，求 $f'(1)$.

20. 设 $f(x)=\begin{cases}x^2, & x\geqslant 3,\\ ax+b, & x<3.\end{cases}$ 试确定 a,b 的值，使 $f(x)$ 在 $x=3$ 处可导.

21. 设 $g(0)=g'(0)=0$，$f(x)=\begin{cases}g(x)\sin\dfrac{1}{x}, & x\neq 0,\\ 0, & x=0,\end{cases}$ 求 $f'(0)$.

22. 设 $\varphi(x)$ 在点 a 处连续，$f(x)=|x-a|\varphi(x)$，求 $f'_-(a)$ 和 $f'_+(a)$，并问在什么条件下 $f'(a)$ 存在.

23. 求下列函数的导数：

(1) $y=\arcsin(\sin x)$；　　(2) $y=\arctan\dfrac{1+x}{1-x}$；

(3) $y=\ln\tan\dfrac{x}{2}-\cos x\ln\tan x$；　　(4) $y=x^{\tan x}+x^x+2^{\sin x}$.

24. 设 $y=\dfrac{2x+6}{x^2+6x+8}$，求 $y^{(n)}$.

25. 求下列函数的高阶导数 $y^{(n)}$：

(1) $y=\sin^4 x-\cos^4 x$；　　(2) $y=\sin^3 x+\sin x\cos x$.

26. 设函数 $y=y(x)$ 由参数方程 $\begin{cases}x=a\left(\ln\tan\dfrac{t}{2}+\cos t\right),\\ y=a\sin t\end{cases}$ 所确定，求 $\dfrac{\mathrm{d}^2y}{\mathrm{d}x^2}$.

27. 求由参数方程$\begin{cases} x=e^t\cos t, \\ y=e^t\sin t \end{cases}$所确定的函数的二阶导数$\dfrac{d^2y}{dx^2}$.

28. 设 $y=\sin[f(x^2)]$,其中 f 具有二阶导数,求$\dfrac{d^2y}{dx^2}$.

29. 设 φ,ϕ 均为可导函数,求 y':

(1) $y=\sqrt{(\varphi(x))^2+(\phi(x))^2}$;　(2) $y=\arctan\dfrac{\varphi(x)}{\phi(x)}$;

(3) $y=\log_{\varphi(x)}\phi(x)(\varphi,\phi>0,\varphi\neq1)$.

30. 设曲线 $y=x^n$(n 为整数)上点(1,1)处的切线交 x 轴于$(\xi_n,0)$,求$\lim\limits_{n\to\infty}y(\xi_n)$.

31. 设 $f(x)$可导,且满足

(1) $f(x+y)=f(x)f(y),\forall x,y\in\mathbf{R}$;

(2) $f(x)=1+xg(x)$;

(3) $\lim\limits_{x\to0}g(x)=1$.

证明:$f'(x)=f(x)$.

习题答案、简答或提示

一、填空题

1. $-\dfrac{2}{3}\pi$.　2. $(1+2t)e^{2t}$.　3. -1.　4. $(a,b,c)=(-1,1,1)$.

5. $\cot^2 y\,dx$.　6. $\dfrac{y^2-e^x-2x\cos(x^2+y^2)}{2y\cos(x^2+y^2)-2xy}$　7. $y=-x+e^{\frac{\pi}{2}}$.

8. $f^{(n)}(0)=n!\,(2^n-1)\quad(n\geqslant1)$.

二、选择题

9. B.　10. B.　11. B.　12. B.

13. C.　14. D.　15. D.　16. A.

三、解答与证明题

17. 提示:转化为求 $f(x)=e^{\sin\pi x}$在 $x=1$ 处的导数 $f'(1)$.

$$\lim_{x\to1}\frac{f(2-x)-f(1)}{x-1}=-f'(1)=\cdots=\pi.$$

18. $9f'(1)$. 提示:

$$原式=\lim_{x\to0}\frac{[f(1+x)-f(1)]+[f(1+2\sin x)-f(1)]-2[f(1-3\tan x)-f(1)]}{x}.$$

19. 2.

20. $a=6,b=-9$.

21. $f'(0)=0$.

22. $f'_-(a)=-\varphi(a),f'_+(a)=\varphi(a)$,当 $\varphi(a)=0$ 时,$f'(a)$存在.

23. (1) $y'=\dfrac{1}{\sqrt{1-\sin^2x}}(\sin x)'=\dfrac{1}{|\cos x|}\cdot\cos x=\pm1(x\neq k\pi+\dfrac{\pi}{2},k\in\mathbf{Z})$;

(2) 当 $x\neq1$ 时,$y'=\dfrac{1}{1+x^2}$;

(3) $y'=\sin x\cdot\ln\tan x$;

(4) $y'=x^{\tan x}\left(\sec^2 x\cdot\ln x+\dfrac{\tan x}{x}\right)+x^x(\ln x+1)+2^{\sin x}\cdot\ln 2\cdot\cos x$.

24. $y^{(n)}=(-1)^n n!\left[\dfrac{1}{(x+2)^{n+1}}+\dfrac{1}{(x+4)^{n+1}}\right]$.

25. (1) $y^{(n)}=-2^n\cos\left(2x+\dfrac{n\pi}{2}\right)$;

(2) $y^{(n)}=\dfrac{3}{4}\sin\left(x+\dfrac{n\pi}{2}\right)-\dfrac{3^n}{4}\sin\left(3x+\dfrac{n\pi}{2}\right)+2^{n-1}\sin\left(2x+\dfrac{n\pi}{2}\right)$.

26. $\dfrac{\mathrm{d}^2 y}{\mathrm{d}x^2}=\dfrac{1}{a}\sin t\cdot\sec^4 t$.

27. $y''=\dfrac{2}{\mathrm{e}^t(\cos t-\sin t)^3}$.

28. $\dfrac{\mathrm{d}y}{\mathrm{d}x}=\cos[f(x^2)]\cdot f'(x^2)\cdot 2x$;

$$\frac{\mathrm{d}^2 y}{\mathrm{d}x^2}=-4x^2\cdot[f'(x^2)]^2\cdot\sin[f(x^2)]+4x^2\cdot f''(x^2)\cdot\cos[f(x^2)]+2f'(x^2)\cdot\cos[f(x^2)].$$

29. (1) $y'=\dfrac{\varphi(x)\cdot\varphi'(x)+\phi(x)\cdot\phi'(x)}{\sqrt{\varphi^2(x)+\phi^2(x)}}$;

(2) $y'=\dfrac{\varphi'(x)\cdot\phi(x)-\varphi(x)\cdot\phi'(x)}{\varphi^2(x)+\phi^2(x)}$;

(3) $y'=\dfrac{\varphi(x)\phi'(x)\ln\varphi(x)-\varphi'(x)\phi(x)\ln\phi(x)}{\varphi(x)\phi(x)\ln^2\varphi(x)}$.

30. $\lim\limits_{n\to\infty}y(\xi_n)=\mathrm{e}^{-1}$.

31. 提示：$f'(x)=\lim\limits_{h\to 0}\dfrac{f(x+h)-f(x)}{h}=\lim\limits_{h\to 0}\dfrac{f(x)f(h)-f(x)}{h}$

$$=\lim_{h\to 0}f(x)\frac{f(h)-1}{h}=\lim_{h\to 0}f(x)\frac{hg(h)}{h}=f(x)\lim_{h\to 0}g(h)=f(x).$$

第四章

微分中值定理及导数应用

第一部分　内　容　综　述

一、微分中值定理

1. 罗尔(Rolle)定理

设函数 $f(x)$ 在闭区间 $[a,b]$ 上连续，在开区间 (a,b) 内可导，并且 $f(a)=f(b)$，则 $\exists\xi\in(a,b)$，使得 $f'(\xi)=0$.

2. 拉格朗日(Lagrange)中值定理

设函数 $f(x)$ 在闭区间 $[a,b]$ 上连续，在开区间 (a,b) 内可导，则 $\exists\xi\in(a,b)$，使得 $f(b)-f(a)=f'(\xi)(b-a)$.

3. 柯西(Cauchy)中值定理

设函数 $f(x)$ 和 $g(x)$ 都在闭区间 $[a,b]$ 上连续，在开区间 (a,b) 内可导，且 $\forall x\in(a,b)$，$g'(x)\neq0$，则 $\exists\xi\in(a,b)$，使得 $\dfrac{f(b)-f(a)}{g(b)-g(a)}=\dfrac{f'(\xi)}{g'(\xi)}$.

4. 泰勒(Taylor)公式

(1) 带有 Peano 型余项的泰勒公式

设函数 $f(x)$ 在 x_0 处有 n 阶导数，则在 x_0 的某邻域内有

$$f(x)=\sum_{k=0}^{n}\frac{f^{(k)}(x_0)}{k!}(x-x_0)^k+o((x-x_0)^n).$$

(2) 带有 Lagrange 型余项的泰勒公式

设函数 $f(x)$ 在含有 x_0 的开区间 (a,b) 内具有直到 $(n+1)$ 阶的导数，则对于 $x\in(a,b)$，有

$$f(x)=\sum_{k=0}^{n}\frac{f^{(k)}(x_0)}{k!}(x-x_0)^k+\frac{f^{(n+1)}(\xi)}{(n+1)!}(x-x_0)^{n+1},\ \xi\text{ 介于 }x\text{ 与 }x_0\text{ 之间}.$$

注: 当 $x_0=0$ 时，以上两个公式称为麦克劳林(Maclaurin)公式，即

$$f(x)=f(0)+f'(0)x+\frac{f''(0)}{2!}x^2+\cdots+\frac{f^{(n)}(0)}{n!}x^n+o(x^n),$$

$$f(x)=f(0)+f'(0)x+\frac{f''(0)}{2!}x^2+\cdots+\frac{f^{(n)}(0)}{n!}x^n+\frac{f^{(n+1)}(\theta x)}{(n+1)!}x^{n+1}\ (0<\theta<1).$$

(3) 几个常见函数的泰勒展开式

$$e^x=1+x+\frac{x^2}{2!}+\cdots+\frac{x^n}{n!}+o(x^n),$$

$$\sin x=x-\frac{x^3}{3!}+\frac{x^5}{5!}-\cdots+(-1)^n\frac{x^{2n+1}}{(2n+1)!}+o(x^{2n+1}),$$

$$\cos x=1-\frac{x^2}{2!}+\frac{x^4}{4!}-\frac{x^6}{6!}+\cdots+(-1)^n\frac{x^{2n}}{(2n)!}+o(x^{2n}),$$

$$\ln(1+x)=x-\frac{x^2}{2}+\frac{x^3}{3}-\cdots+(-1)^{n-1}\frac{x^n}{n}+o(x^n),$$

$$\frac{1}{1-x}=1+x+x^2+\cdots+x^n+o(x^n),$$

$$(1+x)^m=1+mx+\frac{m(m-1)}{2!}x^2+\cdots+\frac{m(m-1)\cdots(m-n+1)}{n!}x^n+o(x^n).$$

二、洛必达法则

1. $\left(\frac{0}{0}\right)$型

设 $f(x)$，$g(x)$在$\mathring{U}(x_0)$内可导，$g'(x)\neq 0$，若$\lim\limits_{x\to x_0}f(x)=\lim\limits_{x\to x_0}g(x)=0$，且$\lim\limits_{x\to x_0}\frac{f'(x)}{g'(x)}$存在或为$\infty$，则有$\lim\limits_{x\to x_0}\frac{f(x)}{g(x)}=\lim\limits_{x\to x_0}\frac{f'(x)}{g'(x)}$.

2. $\left(\frac{\infty}{\infty}\right)$型

设 $f(x)$，$g(x)$在$\mathring{U}(x_0)$内可导，$g'(x)\neq 0$，若$\lim\limits_{x\to x_0}f(x)=\infty$，$\lim\limits_{x\to x_0}g(x)=\infty$，且$\lim\limits_{x\to x_0}\frac{f'(x)}{g'(x)}$存在或为$\infty$，则有$\lim\limits_{x\to x_0}\frac{f(x)}{g(x)}=\lim\limits_{x\to x_0}\frac{f'(x)}{g'(x)}$.

评注 以上 $x\to x_0$ 的极限过程改为 $x\to x_0^-$，$x\to x_0^+$，$x\to-\infty$，$x\to+\infty$，$x\to\infty$时，公式仍然成立.

三、导数的应用

1. 单调性判别

设函数 $f(x)$在$[a,b]$上连续，在(a,b)内可导，若$\forall x\in(a,b)$，有 $f'(x)\geqslant 0(\leqslant 0)$，则$f(x)$在$[a,b]$上单调递增(递减). 当上述不等式为 $f'(x)>0(<0)$时，则 $f(x)$在$[a,b]$上严格单调递增(递减).

2. 函数的极值及判别

(1) 定义

设函数 $f(x)$ 在 x_0 的某个邻域内有定义，若对于该邻域内异于 x_0 的点 x 都有$f(x)<f(x_0)$(或 $f(x)>f(x_0)$)，则称 $f(x_0)$为 $f(x)$的极大值(或极小值)，而 x_0 称为 $f(x)$的极大值点(或极小值点). 函数的极大值和极小值统称为函数的极值.

(2) 极值的必要条件

设 $f(x)$在 x_0 点可导,且取得极值,则 $f'(x_0)=0$. 满足条件 $f'(x_0)=0$ 的点 x_0 称为 $f(x)$的驻点.

定理 1(判别极值的第一充分条件) 设函数 $f(x)$在 x_0 的某个邻域内可导,且 $f'(x_0)=0$. 那么

(1) 若当 $x<x_0$ 时,$f'(x)\geqslant 0$;当 $x>x_0$ 时,$f'(x)\leqslant 0$,则 $f(x_0)$是 $f(x)$的极大值.

(2) 若当 $x<x_0$ 时,$f'(x)\leqslant 0$;当 $x>x_0$ 时,$f'(x)\geqslant 0$,则 $f(x_0)$是 $f(x)$的极小值.

(3) 若在 x_0 两侧,$f'(x)$不改变符号,则 $f(x_0)$不是极值.

定理 2(判别极值的第二充分条件) 设函数 $f(x)$在 x_0 点处有二阶导数,且 $f'(x_0)=0$, $f''(x_0)\neq 0$,则

(1) 当 $f''(x_0)<0$ 时,函数 $f(x)$在 x_0 点处取得极大值;

(2) 当 $f''(x_0)>0$ 时,函数 $f(x)$在 x_0 点处取得极小值.

函数的最大值与最小值的一个判别法:设函数 $f(x)$在$[a,b]$上连续,在(a,b)内有唯一的驻点 x_0,若 x_0 是 $f(x)$的极大值点,则 x_0 是 $f(x)$在$[a,b]$上的最大值点;若 x_0 是 $f(x)$的极小值点,则 x_0 是 $f(x)$在$[a,b]$上的最小值点.

3. 函数曲线的凹凸性判别

若函数 $f(x)$在区间 I 上有 $f''(x)>0(<0)$,则曲线 $y=f(x)$在 I 是凹(或凸)的.

在连续曲线 $y=f(x)$上,凹凸部分的分界点$(x_0,f(x_0))$称为曲线的拐点.

评注 要特别注意,拐点是曲线上的点,不是单指其横坐标.

4. 曲线的渐近线

(1)若$\lim\limits_{x\to\infty}f(x)=A$,则 $y=A$ 是曲线 $y=f(x)$的一条水平渐近线;

(2)若$\lim\limits_{x\to x_0}f(x)=\infty$,则 $x=x_0$ 是曲线 $y=f(x)$的一条铅直渐近线;

(3)若$\lim\limits_{x\to\infty}\dfrac{f(x)}{x}=a\neq 0$,$\lim\limits_{x\to\infty}[f(x)-ax]=b$,则 $y=ax+b$ 是曲线 $y=f(x)$的斜渐近线.

评注 (1) 上面的极限过程 $x\to x_0$ 换成 $x\to x_0^-$ 或 $x\to x_0^+$,$x\to\infty$换成$x\to-\infty$或 $x\to+\infty$时结论仍然成立.

(2) 求水平渐近线时,常先分别求极限 $\lim\limits_{x\to-\infty}f(x)=A$ 和 $\lim\limits_{x\to+\infty}f(x)=B$,因为可能$A\neq B$,从而对应有两条不同的渐近线.

5. 曲线的曲率

(1) 定义

设在曲线 L 上有 M 和 N 两个不同的点,弧$\widehat{MN}$的长为 Δs,当 N 点沿曲线趋于 M 点时, N 点处的切线相对 M 点处的切线所转过的角度为 $\Delta\theta$,若极限 $\kappa=\lim\limits_{\Delta s\to 0}\left|\dfrac{\Delta\theta}{\Delta s}\right|$ 存在,则称此极限为曲线在 M 处的曲率.

(2) 曲率的计算公式

若曲线方程为 $y=f(x)$,则 $\kappa=\dfrac{|y''|}{(1+y'^2)^{3/2}}$.

若曲线方程为$\begin{cases}x=x(t),\\ y=y(t),\end{cases}$ 则 $\kappa=\dfrac{|x''_t y'_t-x'_t y''_t|}{(1+y'^2)^{3/2}}$.

第二部分 典型例题

例 1 设函数 $f(x)$在$[0,1]$上连续,在$(0,1)$内可导,且 $0<f(x)<1$,$f'(x)\neq 1$. 证明在$(0,1)$内存在唯一的点 ξ,使得 $f(\xi)=\xi$.

证 设 $F(x)=f(x)-x$,由题设 $0<f(x)<1$ 有

$$F(0)=f(0)>0,\quad F(1)=f(1)-1<0.$$

由闭区间上连续函数的零点定理知,$\exists\,\xi\in(0,1)$,使得 $F(\xi)=f(\xi)-\xi=0$,即 $f(\xi)=\xi$.

若又有 $\eta\in(0,1)$,$\eta\neq\xi$ 使得 $f(\eta)=\eta$,则由罗尔定理知,$\exists\,x_0$ 介于 ξ 与 η 之间,使得 $F'(x_0)=f'(x_0)-1=0\Rightarrow f'(x_0)=1$. 与假设 $f'(x)\neq 1$ 矛盾.

例 2 设 $f(x)\in C[0,1]$,在$(0,1)$内可导,且 $f(1)=0$. 试证:至少存在一点 $\xi\in(0,1)$,使得 $f'(\xi)=-\dfrac{2f(\xi)}{\xi}$.

分析 考虑下述方程及其变形,并由此作出需要的辅助函数:

$$f'(x)=-\frac{2f(x)}{x}\Leftrightarrow xf'(x)+2f(x)=0\Leftrightarrow x^2f'(x)+2xf(x)=0\Leftrightarrow[x^2f(x)]'=0.$$

由此看出,要证明存在一点 $\xi\in(0,1)$,使得 $f'(\xi)=-\dfrac{2f(\xi)}{\xi}$,就是要证明函数 $G(x)=x^2f(x)$的导数在$(0,1)$内有零点.

由上述分析看出,构造辅助函数时,用的是分析法. 先把要证明的等式中的中值 ξ 改为 x,得方程 $f'(x)=-\dfrac{2f(x)}{x}$,通过一系列形式上的变形又得方程 $x^2f'(x)+2xf(x)=0$,若令 $h(x)=x^2f'(x)+2xf(x)$,则要构造的辅助函数 $G(x)$即为 $h(x)$的"原函数",因此这种方法不妨称为"**原函数**"法.

证 作辅助函数 $G(x)=x^2f(x)$,由题设知 $G(x)$在$[0,1]$上连续,在$(0,1)$内可导,且 $G(0)=0$,$G(1)=f(1)=0$. 由罗尔定理知,$\exists\,\xi\in(0,1)$使得 $G'(\xi)=0$.

因为 $G'(x)=2xf(x)+x^2f'(x)$,所以 $2\xi f(\xi)+\xi^2f'(\xi)=0$,即 $f'(\xi)=-\dfrac{2f(\xi)}{\xi}$.

例 3 若函数 $f(x)$在(a,b)内具有二阶导数,且 $f(x_1)=f(x_2)=f(x_3)$,其中 $a<x_1<x_2<x_3<b$,证明:$\exists\,\xi\in(x_1,x_3)$,使得 $f''(\xi)=0$.

证 由于 $f(x)$在(a,b)内具有二阶导数,所以 $f(x)$在$[x_1,x_2]$上连续,在(x_1,x_2)内可导. 又有 $f(x_1)=f(x_2)$,由罗尔定理知,$\exists\,\xi_1\in(x_1,x_2)$,使得 $f'(\xi_1)=0$.

同理,对 $f(x)$在$[x_2,x_3]$上应用罗尔定理知,$\exists\,\xi_2\in(x_2,x_3)$,使得 $f'(\xi_2)=0$.

对函数 $f'(x)$,由已知条件,$f'(x)$在$[\xi_1,\xi_2]$上连续,在(ξ_1,ξ_2)内可导,且 $f'(\xi_1)=f'(\xi_2)=0$,由罗尔定理知,$\exists\,\xi\in(\xi_1,\xi_2)$,使 $f''(\xi)=0$.

由于$(\xi_1,\xi_2)\subset(x_1,x_2)$,所以 $\exists\,\xi\in(x_1,x_2)$,使 $f''(\xi)=0$.

例 4 设函数 $f(x)$,$g(x)\in C[0,1]$,在$(0,1)$内可导,$f(0)=g(1)=0$,证明 $\exists\,\xi,\eta\in(0,1)$,使得

(1) $f'(\xi)g(\xi)+f(\xi)g'(\xi)=0$;

(2) $\eta f'(\eta)+kf(\eta)=f'(\eta)$,这里 k 是正整数.

证 (1) 由原函数法知,可作辅助函数 $F(x)=f(x)g(x)$. 由题设条件知,$F(x)$在$[0,1]$上连续,在$(0,1)$内可导,且 $F(0)=F(1)=0$. 由罗尔定理知,$\exists\xi\in(0,1)$,使得 $F'(\xi)=0$,而 $F'(x)=f'(x)g(x)+f(x)g'(x)$,即得 $f'(\xi)g(\xi)+f(\xi)g'(\xi)=0$.

(2) 要证的结论等价于证明$(x-1)f'(x)+kf(x)=0$ 在$(0,1)$内有解,也等价于证明$(x-1)^kf'(x)+k(x-1)^{k-1}f(x)=0$ 在$(0,1)$内有解. 作辅助函数 $F(x)=(x-1)^kf(x)$,对 $F(\eta)$在$[0,1]$应用罗尔定理即得结论.

例 5 设 $f(x)$在区间$[a,b]$上连续,在(a,b)内可导. 证明$\exists\xi\in(a,b)$,使得

$$\frac{bf(b)-af(a)}{b-a}=f(\xi)+\xi f'(\xi).$$

证 将等式右边 $f(\xi)+\xi f'(\xi)$改写成 $f(x)+xf'(x)$,看出可作辅助函数 $F(x)=xf(x)$.

由题设条件知,$F(x)$在$[a,b]$上连续,在(a,b)内可导. 由拉格朗日中值定理知,$\exists\xi\in(a,b)$,使得$\dfrac{F(b)-F(a)}{b-a}=F'(\xi)$,即

$$\frac{bf(b)-af(a)}{b-a}=f(\xi)+\xi f'(\xi).$$

例 6 设 $f(x),g(x)$在$[a,b]$上连续,在(a,b)内可导,且 $g'(x)\neq0$. 证明:$\exists\xi\in(a,b)$,使得等式 $\dfrac{f(\xi)-f(a)}{g(b)-g(\xi)}=\dfrac{f'(\xi)}{g'(\xi)}$成立.

证 因 $g'(x)\neq0,x\in(a,b)$,所以$\forall x_1,x_2\in(a,b)$且 $x_1\neq x_2$,都有 $g(x_1)\neq g(x_2)$.

作辅助函数 $F(x)=f(x)g(x)-f(a)g(x)-g(b)f(x)$,则 $F(x)\in C[a,b]$,$F(x)$在(a,b)内可导,且 $F(a)=F(b)=-f(a)g(b)$. 由罗尔定理知,$\exists\xi\in(a,b)$使 $F'(\xi)=0$.

由于 $F'(x)=f'(x)g(x)+f(x)g'(x)-f(a)g'(x)-g(b)f'(x)$,于是有

$$f'(\xi)g(\xi)+f(\xi)g'(\xi)-f(a)g'(\xi)-g(b)f'(\xi)=0,$$

即

$$\frac{f(\xi)-f(a)}{g(b)-g(\xi)}=\frac{f'(\xi)}{g'(\xi)}.$$

例 7 设函数 $f(x)$在$[a,b]$上连续,在(a,b)内二阶可导,过点 $A(a,f(a))$与点 $B(b,f(b))$的直线与曲线 $y=f(x)$相交于点 $C(c,f(c))$,$a<c<b$,证明:在(a,b)内至少存在一点 ξ,使 $f''(\xi)=0$.

证 因为 $f(x)$在$[a,c]$上满足拉格朗日中值定理条件,故存在 $\xi_1\in(a,c)$,使

$$f'(\xi_1)=\frac{f(c)-f(a)}{c-a}.$$

同理,存在 $\xi_2\in(c,b)$,使 $f'(\xi_2)=\dfrac{f(b)-f(c)}{b-c}$.

由于$\dfrac{f(c)-f(a)}{c-a}$与$\dfrac{f(b)-f(c)}{b-c}$都是 A,B 所确定的直线的斜率,所以

$$f'(\xi_1)=f'(\xi_2).$$

因为 $f(x)$在(a,b)内二阶可导,且$[\xi_1,\xi_2]\subset(a,b)$,可知 $f'(x)$在区间$[\xi_1,\xi_2]$上满足罗尔中值定理条件,所以存在 $\xi\in(\xi_1,\xi_2)$使得 $f''(\xi)=0$.

例 8 设 $x_1,x_2>0$,证明:$x_1e^{x_1}-x_2e^{x_2}=(1-\xi)e^{\xi}(x_1-x_2)$,其中 ξ 介于 x_1 与 x_2 之间.

分析 欲证等式可改写为

$$\frac{\frac{e^{x_2}}{x_2}-\frac{e^{x_1}}{x_1}}{\frac{1}{x_2}-\frac{1}{x_1}}=(1-\xi)e^{\xi},$$

因此可对 $f(x)=\frac{e^x}{x}, g(x)=\frac{1}{x}$ 在 $[x_1,x_2]$(或 $[x_2,x_1]$)上用柯西中值定理.

证　不妨设 $0<x_1<x_2$. 令 $f(x)=\frac{e^x}{x}, g(x)=\frac{1}{x}$，则 $f(x), g(x)$ 在 $[x_1,x_2]$ 上连续，在 (x_1,x_2) 内可导，且 $g'(x)\neq 0$，由柯西中值定理知 $\exists\, \xi\in(x_1,x_2)$，使

$$\frac{f(x_2)-f(x_1)}{g(x_2)-g(x_1)}=\frac{f'(\xi)}{g'(\xi)},$$

即

$$\frac{\frac{e^{x_2}}{x_2}-\frac{e^{x_1}}{x_1}}{\frac{1}{x_2}-\frac{1}{x_1}}=(1-\xi)e^{\xi},$$

亦即

$$x_1e^{x_1}-x_2e^{x_2}=(1-\xi)e^{\xi}(x_1-x_2).$$

例 9　设函数 $f(x)$ 在 $[a,b]$ 上连续，在 (a,b) 内可导，且 $f'(x)\neq 0$. 证明 $\exists\, \xi,\eta\in(a,b)$，使得

$$\frac{f'(\xi)}{f'(\eta)}=\frac{e^b-e^a}{b-a}\cdot e^{-\eta}.$$

分析　要证的等式中含有两个中值 ξ,η，为此先分离中值，将要证的等式变形为：$f'(\xi)=\frac{e^b-e^a}{b-a}\cdot f'(\eta)e^{-\eta}$. 把 $f'(\xi)$ 写成 $f'(\xi)=\frac{f(b)-f(a)}{b-a}$，则要证 $\exists\, \eta\in(a,b)$，使得 $\frac{f(b)-f(a)}{b-a}=\frac{e^b-e^a}{b-a}\cdot f'(\eta)e^{-\eta}\Leftrightarrow\frac{f(b)-f(a)}{e^b-e^a}=\frac{f(\eta)}{e^{\eta}}$. 因此可考虑对函数 $f(x)$ 和 $g(x)=e^x$ 在 $[a,b]$ 上用柯西中值定理.

证　因为 $f(x)$ 在 $[a,b]$ 上连续，在 (a,b) 内可导，由拉格朗日中值定理知，$\exists\, \xi\in(a,b)$，使得

$$f'(\xi)=\frac{f(b)-f(a)}{b-a}.$$

令 $g(x)=e^x$，则 $f(x)$ 与 $g(x)$ 在 $[a,b]$ 上满足柯西中值定理条件，于是存在 $\eta\in(a,b)$，使得

$$\frac{f(b)-f(a)}{e^b-e^a}=\frac{f'(\eta)}{e^{\eta}}.$$

综合上述两式得

$$\frac{f'(\xi)}{f'(\eta)}=\frac{e^b-e^a}{b-a}\cdot e^{-\eta}.$$

例 10　设 $f(x)$ 在 $[a,b]$ 上连续，在 (a,b) 内可导，$0<a<b$，证明：存在 $\xi_1,\xi_2\in(a,b)$，使得

$$\frac{f(b)-f(a)}{b-a}=(a^2+ab+b^2)\frac{f'(\xi_1)}{3\xi_1^2}=\frac{\ln(b/a)}{b-a}\cdot\xi_2 f'(\xi_2).$$

证　令 $g(x)=x^3$，知 $f(x), g(x)$ 在 $[a,b]$ 上满足柯西中值定理条件，于是存在 $\xi_1\in(a,b)$，使

$$\frac{f(b)-f(a)}{g(b)-g(a)}=\frac{f'(\xi_1)}{g'(\xi_1)}\Leftrightarrow\frac{f(b)-f(a)}{b^3-a^3}=\frac{f'(\xi_1)}{3\xi_1^2},\tag{1}$$

即

$$\frac{f(b)-f(a)}{b-a}=(a^2+ab+b^2)\frac{f'(\xi_1)}{3\xi_1^2}.$$

令 $h(x)=\ln x$，则 $f(x),h(x)$ 在 $[a,b]$ 上满足柯西中值定理条件，于是 $\exists\,\xi_2\in(a,b)$，使

$$\frac{f(b)-f(a)}{\ln b-\ln a}=\frac{f'(\xi_2)}{1/\xi_2}\Rightarrow\frac{f(b)-f(a)}{b-a}=\frac{\ln(b/a)}{b-a}\cdot\xi_2 f'(\xi_2).\tag{2}$$

由式(1)，式(2)即得所欲证的结论.

评注 本例证明的关键是把 $\frac{f(b)-f(a)}{b-a}$ 作为进行比较的“不变量”，若题中要证的等式含有多个中值，本题方法适用.

例 11 当 $x\geqslant 0$ 时，求证：$\exists\,\theta(x)\in(0,1)$，使得 $\sqrt{x+1}-\sqrt{x}=\frac{1}{2\sqrt{x+\theta(x)}}$，并求 $\lim\limits_{x\to 0^+}\theta(x)$ 和 $\lim\limits_{x\to+\infty}\theta(x)$.

解 设 $f(t)=\sqrt{t}$，对函数 $f(t)$ 在 $[x,x+1]\,(x\geqslant 0)$ 上使用拉格朗日中值定理知，$\exists\,\theta(x)\in(0,1)$，使得

$$f(x+1)-f(x)=f'(\xi)[(x+1)-x]=f'(\xi),$$

其中 $\xi=x+\theta(x)$，所以

$$\sqrt{x+1}-\sqrt{x}=\frac{1}{2\sqrt{\xi}}=\frac{1}{2\sqrt{x+\theta(x)}}.$$

由上式解得 $\theta(x)=\frac{1}{4}\left(\frac{1}{\sqrt{x+1}-\sqrt{x}}\right)^2-x$，于是 $\lim\limits_{x\to 0^+}\theta(x)=\frac{1}{4}$.

$$\begin{aligned}\lim_{x\to+\infty}\theta(x)&=\lim_{x\to+\infty}\left[\frac{1}{4}(\sqrt{x+1}+\sqrt{x})^2-x\right]\\&=\lim_{x\to+\infty}\left[\frac{1}{4}+\frac{1}{2}(\sqrt{x(x+1)}-x)\right]\\&=\frac{1}{4}+\frac{1}{2}\lim_{x\to+\infty}\frac{x}{\sqrt{x(x+1)}+x}=\frac{1}{4}+\frac{1}{4}=\frac{1}{2}.\end{aligned}$$

例 12 已知当 $x\to 0$ 时，$e^x+\ln(1-x)-1$ 与 x^n 是同阶无穷小，求 n 的值.

解
$$e^x=1+x+\frac{1}{2!}x^2+\frac{1}{3!}x^3+o(x^3)=1+x+\frac{1}{2}x^2+\frac{1}{6}x^3+o(x^3),$$

$$\ln(1-x)=-x-\frac{1}{2}x^2-\frac{1}{3}x^3+o(x^3),$$

于是

$$\begin{aligned}e^x+\ln(1-x)-1&=1+x+\frac{1}{2}x^2+\frac{1}{6}x^3-x-\frac{1}{2}x^2-\frac{1}{3}x^3-1+o(x^3)\\&=-\frac{1}{6}x^3+o(x^3),\end{aligned}$$

所以 $e^x+\ln(1-x)-1$ 是 x 的 3 阶无穷小，即 $n=3$.

例 13 已知当 $x\to 0$ 时 $x-(a+be^{x^2})\sin x$ 是关于 x 的 5 阶无穷小，求常数 a 和 b 的值.

分析　令 $f(x)=x-(a+be^{x^2})\sin x$，则问题化为求 a,b 的值，使得 $f(x)$ 具有形式 $f(x)=cx^5+o(x^5)$. 可利用泰勒公式求解.

解　由 $e^{x^2}=1+x^2+\dfrac{x^4}{2}+o(x^5)$，$\sin x=x-\dfrac{x^3}{6}+\dfrac{x^5}{120}+o(x^5)$，得

$$f(x)=x-\left(a+b+bx^2+\frac{b}{2}x^4+o(x^5)\right)\left(x-\frac{x^3}{6}+\frac{x^5}{120}+o(x^5)\right)$$

$$=(1-a-b)x+\left(\frac{a+b}{6}-b\right)x^3-\left(\frac{a+b}{120}-\frac{b}{6}+\frac{b}{2}\right)x^5+o(x^5).$$

于是 a 和 b 应满足方程组

$$\begin{cases}a+b=1,\\ a-5b=0.\end{cases}$$

解得 $a=\dfrac{5}{6}$，$b=\dfrac{1}{6}$. 这时 $c=-\left(\dfrac{a+b}{120}-\dfrac{b}{6}+\dfrac{b}{2}\right)=-\dfrac{23}{360}$，从而 $f(x)=-\dfrac{23}{360}x^5+o(x^5)$.

例 14　已知函数 $f(x)$ 在 $x=0$ 的某个邻域内有连续导数，且

$$\lim_{x\to 0}\left(\frac{\sin x}{x^2}+\frac{f(x)}{x}\right)=2,$$

求 $f(0)$ 及 $f'(0)$.

解　当 $x\to 0$ 时，应用麦克劳林公式，有

$$f(x)=f(0)+f'(0)x+o(x),\quad \sin x=x+o(x^2),$$

代入原式得

$$\lim_{x\to 0}\left(\frac{\sin x}{x^2}+\frac{f(x)}{x}\right)=\lim_{x\to 0}\frac{x+o(x^2)+f(0)x+f'(0)x^2+o(x^2)}{x^2}$$

$$=\lim_{x\to 0}\frac{[1+f(0)]x+f'(0)x^2+o(x^2)}{x^2}=2,$$

所以 $f(0)=-1$，$f'(0)=2$.

例 15　试证明：若 $f(x)$ 在 $[a,b]$ 上二阶可导，且 $f'(a)=f'(b)=0$，则存在 $\xi\in(a,b)$，使

$$|f''(\xi)|\geqslant\frac{4}{(b-a)^2}|f(b)-f(a)|.$$

证　将 $f\left(\dfrac{a+b}{2}\right)$ 分别在点 a 和点 b 处展开为泰勒公式，得

$$f\left(\frac{a+b}{2}\right)=f(a)+f'(a)\left(\frac{a+b}{2}-a\right)+\frac{f''(\xi_1)}{2}\left(\frac{a+b}{2}-a\right)^2$$

$$=f(a)+\frac{f''(\xi_1)}{2}\left(\frac{b-a}{2}\right)^2\quad \xi_1\in\left(a,\frac{a+b}{2}\right).$$

同理存在 $\xi_2\in\left(\dfrac{a+b}{2},b\right)$，使得

$$f\left(\frac{a+b}{2}\right)=f(b)+\frac{f''(\xi_2)}{2}\left(\frac{b-a}{2}\right)^2.$$

令 $|f''(\xi)|=\max\{|f''(\xi_1)|,|f''(\xi_2)|\}$，则

$$|f(b)-f(a)|=\left|\frac{f''(\xi_1)}{2}-\frac{f''(\xi_2)}{2}\right|\cdot\frac{(b-a)^2}{4}\leqslant|f''(\xi)|\cdot\frac{(b-a)^2}{4},$$

即$\exists\xi\in(a,b)$，使$|f''(\xi)|\geqslant\frac{4}{(b-a)^2}|f(b)-f(a)|$.

例 16 设$f(x)$在$[0,1]$上二阶可导，且$f(0)=f(1)=0$，$f(x)$上的最小值为-1，试证：至少存在一点$\xi\in(0,1)$，使$f''(\xi)\geqslant 8$.

证 由题设知存在$a\in(0,1)$，使$f(a)=-1$，$f'(a)=0$. 利用泰勒公式：

$$f(x)=f(a)+f'(a)(x-a)+\frac{f''(\xi)}{2!}(x-a)^2=-1+\frac{f''(\xi)}{2!}(x-a)^2.$$

分别令$x=0$，$x=1$，得

$$0=-1+\frac{f''(\xi_1)}{2!}a^2,\quad 0<\xi_1<a, \tag{1}$$

$$0=-1+\frac{f''(\xi_2)}{2!}(1-a)^2,\quad a<\xi_2<1. \tag{2}$$

若$0<a<\frac{1}{2}$，由式(1)得$f''(\xi_1)>8$；若$\frac{1}{2}\leqslant a<1$，由式(2)得$f''(\xi_2)\geqslant 8$，故结论成立.

例 17 已知$f(x)$具有$n+1$阶连续导数，$f(a+h)=f(a)+hf'(a)+\frac{h^2}{2!}f''(a)+\cdots+\frac{h^n}{n!}f^{(n)}(a+\theta h)(0<\theta<1)$，且$f^{(n+1)}(a)\neq 0$，试证明：$\lim\limits_{h\to 0}\theta=\frac{1}{n+1}$.

证 由题设知$f(x)$在$x=a$处有$n+1$阶导数，故$f(x)$在$x=a$处可展成n阶拉格朗日型余项泰勒公式

$$f(a+h)=f(a)+hf'(a)+\frac{h^2}{2!}f''(a)+\cdots+\frac{h^n}{n!}f^{(n)}(a)+\frac{h^{n+1}}{(n+1)!}f^{(n+1)}(a+\theta_1 h),$$

其中$(0<\theta_1<1)$. 与式

$$f(a+h)=f(a)+hf'(a)+\frac{h^2}{2!}f''(a)+\cdots+\frac{h^n}{n!}f^{(n)}(a+\theta h)$$

比较得

$$\frac{h^n}{n!}f^{(n)}(a+\theta h)=\frac{h^n}{n!}f^{(n)}(a)+\frac{h^{n+1}}{(n+1)!}f^{(n+1)}(a+\theta_1 h),$$

于是

$$f^{(n)}(a+\theta h)-f^{(n)}(a)=\frac{f^{(n+1)}(a+\theta_1 h)}{n+1}h,$$

$$\frac{f^{(n)}(a+\theta h)-f^{(n)}(a)}{h\theta}\cdot\theta=\frac{f^{(n+1)}(a+\theta_1 h)}{n+1}.$$

由于$f^{(n+1)}(x)$连续且$f^{(n+1)}(a)\neq 0$，上式两边令$h\to 0$，取极限得

$$f^{(n+1)}(a)\cdot\lim_{h\to 0}\theta=f^{(n+1)}(a)\cdot\frac{1}{n+1},$$

所以$\lim\limits_{h\to 0}\theta=\frac{1}{n+1}$.

例 18 求下列极限：

(1) $\lim\limits_{x\to 0}\frac{(1-\cos x)[x-\ln(1+\tan x)]}{\sin^4 x}$； (2) $\lim\limits_{x\to 0^+}x\ln x$； (3) $\lim\limits_{x\to 1}\left(\frac{x}{x-1}-\frac{1}{\ln x}\right)$.

解　(1) $\lim\limits_{x\to 0}\dfrac{(1-\cos x)[x-\ln(1+\tan x)]}{\sin^4 x}=\lim\limits_{x\to 0}\dfrac{x^2[x-\ln(1+\tan x)]}{2x^4}$

$$=\lim_{x\to 0}\frac{x-\ln(1+\tan x)}{2x^2}=\lim_{x\to 0}\frac{1-\dfrac{\sec^2 x}{1+\tan x}}{4x}$$

$$=\lim_{x\to 0}\frac{1+\tan x-\sec^2 x}{4x(1+\tan x)}$$

$$=\lim_{x\to 0}\frac{1+\tan x-\sec^2 x}{4x}$$

$$=\lim_{x\to 0}\frac{\sec^2 x-2\sec^2 x\tan x}{4}=\frac{1}{4}.$$

(2) $\lim\limits_{x\to 0^+}x\ln x=\lim\limits_{x\to 0^+}\dfrac{\ln x}{1/x}=\lim\limits_{x\to 0^+}\dfrac{1/x}{-1/x^2}=\lim\limits_{x\to 0^+}(-x)=0.$

(3) $\lim\limits_{x\to 1}\left(\dfrac{x}{x-1}-\dfrac{1}{\ln x}\right)=\lim\limits_{x\to 1}\dfrac{x\ln x-x+1}{(x-1)\ln x}=\lim\limits_{x\to 1}\dfrac{x\ln x-x+1}{(x-1)\ln[1+(x-1)]}$

$$=\lim_{x\to 1}\frac{x\ln x-x+1}{(x-1)^2}=\lim_{x\to 1}\frac{\ln x+1-1}{2(x-1)}=\frac{1}{2}\lim_{x\to 1}\frac{\ln x}{x-1}=\frac{1}{2}\lim_{x\to 1}\frac{1}{x}=\frac{1}{2}.$$

评注　求某些较复杂的极限时，常综合运用洛必达法则和等价无穷小替换定理.

例 19　用泰勒公式求下列极限：

(1) $\lim\limits_{x\to 0}\dfrac{x\ln(1+x)}{e^x-x-1}$；　　(2) $\lim\limits_{x\to 0}\dfrac{\cos x-e^{-\frac{x^2}{2}}}{x^4}$.

解　(1) 因为 $e^x=1+x+\dfrac{x^2}{2!}+o(x^2)$，且当 $x\to 0$ 时，$\ln(1+x)\sim x$，所以

$$\lim_{x\to 0}\frac{x\ln(1+x)}{e^x-x-1}=\lim_{x\to 0}\frac{x^2}{\frac{1}{2!}x^2+o(x^2)}=2.$$

(2) 因为 $\cos x=1-\dfrac{x^2}{2!}+\dfrac{x^4}{4!}+o(x^4)$，　$e^{-\frac{x^2}{2}}=1-\dfrac{x^2}{2}+\dfrac{1}{2!}\left(-\dfrac{x^2}{2}\right)^2+o(x^4)$，

所以

$$\lim_{x\to 0}\frac{\cos x-e^{-\frac{x^2}{2}}}{x^4}=\lim_{x\to 0}\frac{\left(1-\frac{x^2}{2!}+\frac{x^4}{4!}+o(x^4)\right)-\left(1-\frac{x^2}{2}+\frac{1}{2!}\left(-\frac{x^2}{2}\right)^2+o(x^4)\right)}{x^4}$$

$$=\lim_{x\to 0}\frac{\left(\frac{1}{24}-\frac{1}{8}\right)x^4+o(x^4)}{x^4}=-\frac{1}{12}.$$

例 20　设 $f(x)$ 在 $[0,1]$ 上二阶可导，且满足条件 $|f(x)|\leqslant a$，$|f''(x)|\leqslant b$，其中 a,b 都是非负常数，c 是 $(0,1)$ 内任意一点.

(1) 写出 $f(x)$ 在点 $x=c$ 处带拉格朗日型余项的一阶泰勒公式；

(2) 证明 $|f'(x)|\leqslant 2a+b/2$.

解　(1)　$f(x)=f(c)+f'(c)(x-c)+\dfrac{f''(\xi)}{2!}(x-c)^2$，$\xi$ 介于 x 与 c 之间；

(2) 在上面的一阶泰勒公式中，分别令 $x=0$ 和 $x=1$，则有

$$f(0)=f(c)-f'(c)c+\frac{f''(\xi_1)}{2!}c^2,\ 0<\xi_1<c<1,$$

$$f(1)=f(c)+f'(c)(1-c)+\frac{f''(\xi_2)}{2!}(1-c)^2,0<c<\xi_2<1.$$

两式相减得

$$f(1)-f(0)=f'(c)+\frac{1}{2!}[f''(\xi_2)(1-c)^2-f''(\xi_1)c^2],$$

因此
$$|f'(c)|\leqslant|f(1)|+|f(0)|+\frac{1}{2}[|f''(\xi_2)|(1-c)^2+|f''(\xi_1)|c^2]$$
$$\leqslant a+a+\frac{b}{2}[(1-c)^2+c^2],$$

又因 $c\in(0,1)$，$(1-c)^2+c^2\leqslant 1$，故 $|f'(c)|\leqslant 2a+b/2$.

例 21 设函数 $f(x)$ 在闭区间 $[-1,1]$ 上具有三阶连续导数，且 $f(-1)=0$，$f(1)=1$，$f'(0)=0$，证明：$\exists\xi\in(-1,1)$，使得 $f'''(\xi)=3$.

证 将 $f(x)$ 在 $x=0$ 处展开为二阶麦克劳林公式，得

$$f(x)=f(0)+f'(0)x+\frac{f''(0)}{2}x^2+\frac{1}{6}f'''(\eta)x^3,$$

其中 η 介于 0 与 x 之间，$x\in[-1,1]$.

分别令 $x=-1$ 和 $x=1$ 并代入上式，得

$$f(-1)=f(0)-f'(0)x+\frac{f''(0)}{2}-\frac{1}{6}f'''(\xi_1),-1<\xi_1<0,$$

$$f(1)=f(0)+f'(0)x+\frac{f''(0)}{2}+\frac{1}{6}f'''(\xi_2),0<\xi_2<1.$$

由条件 $f(-1)=0,f(1)=1,f'(0)=0$，得

$$0=f(0)+\frac{f''(0)}{2}-\frac{1}{6}f'''(\xi_1), \tag{1}$$

$$1=f(0)+\frac{f''(0)}{2}+\frac{1}{6}f'''(\xi_2), \tag{2}$$

式(2)－式(1)并整理得 $$f'''(\xi_1)+f'''(\xi_2)=6.$$

若 $f'''(\xi_1)=3,f'''(\xi_2)=3$，则结论成立.

若 $f'''(\xi_1)\neq 3$，不妨设 $f'''(\xi_1)<3$，则 $f'''(\xi_2)>3$. 由于 $f'''(x)\in C[-1,1]$，从而 $f'''(x)\in C[\xi_1,\xi_2]$，由介值定理知，$\exists\xi\in(\xi_1,\xi_2)\in(-1,1)$，使得 $f'''(\xi)=3$.

例 22 证明函数 $f(x)=\left(1+\frac{1}{x}\right)^{x+1}$ 在区间 $(0,+\infty)$ 上单调递减.

证 要证 $f(x)$ 单调递减，只要证明当 $x>0$ 时，$f'(x)<0$. 由于 $f(x)=\left(1+\frac{1}{x}\right)^{x+1}=\mathrm{e}^{(x+1)[\ln(x+1)-\ln x]}$，于是

$$f'(x)=\mathrm{e}^{(x+1)[\ln(x+1)-\ln x]}\{(x+1)[\ln(x+1)-\ln x]\}',$$

因此只要证明 $g(x)=(x+1)[\ln(x+1)-\ln x]$ 的导数小于零即可.

$$g'(x)=\{(x+1)[\ln(x+1)-\ln x]\}'=\ln(x+1)-\ln x+(x+1)\left(\frac{1}{x+1}-\frac{1}{x}\right)$$
$$=\ln(x+1)-\ln x+1-\frac{x+1}{x}=[\ln(x+1)-\ln x]-\frac{1}{x}$$
$$=\frac{1}{\xi}-\frac{1}{x}<0\quad(x<\xi<x+1),$$

所以当 $x>0$ 时，$f'(x)<0$，从而 $f(x)$ 在区间 $(0,+\infty)$ 上单调递减.

评注　同样可以证明函数 $g(x)=\left(1+\frac{1}{x}\right)^x$ 在区间 $(0,+\infty)$ 上单调递增，由此知数列 $\left(1+\frac{1}{n}\right)^n$ 单调递增，而数列 $\left(1+\frac{1}{n}\right)^{n+1}$ 单调递减.

例 23　已知函数 $f(x)$ 在 $[0,+\infty)$ 上连续，$f(0)=0$，$f'(x)$ 在 $(0,+\infty)$ 内存在且递增，令 $g(x)=\frac{f(x)}{x}(x>0)$. 证明函数 $g(x)$ 在区间 $(0,+\infty)$ 上单调递增.

证

$$g'(x)=\frac{xf'(x)-f(x)}{x^2}=\frac{xf'(x)-[f(x)-f(0)]}{x^2}$$

$$=\frac{xf'(x)-xf'(\xi)}{x^2}=\frac{f'(x)-f'(\xi)}{x}\quad(0<\xi<x).$$

因为 $f'(x)$ 递增，所以 $f'(x)\geqslant f'(\xi)$，从而 $g'(x)\geqslant 0$，$x\in(0,+\infty)$，故 $g(x)$ 在区间 $(0,+\infty)$ 上单调递增.

例 24　设 $f(x)$ 有二阶连续导数，且 $f'(0)=0$，$\lim\limits_{x\to 0}\frac{f''(x)}{|x|}=1$，则(　　).

A. $f(0)$ 是 $f(x)$ 的极大值

B. $f(0)$ 是 $f(x)$ 的极小值

C. $(0,f(0))$ 是曲线 $y=f(x)$ 的拐点

D. $f(0)$ 不是 $f(x)$ 的极值，$(0,f(0))$ 也不是曲线 $y=f(x)$ 的拐点

解　由于 $\lim\limits_{x\to 0}\frac{f''(x)}{|x|}=1$，存在 $\delta>0$，使得当 $0<|x|<\delta$ 时，$f''(x)>0$，所以 $(0,f(0))$ 不是曲线 $y=f(x)$ 的拐点，排除 C.

由 $f''(x)>0$，知当 $|x|<\delta$ 时 $f'(x)$ 单调递增. 又因为 $f'(0)=0$，所以当 $-\delta<x<0$ 时 $f'(x)<0$，当 $0<x<\delta$ 时，$f'(x)>0$，于是 $f(0)$ 是 $f(x)$ 的极小值.

选 B.

例 25　设 $f(x)$ 在 $[a,b]$ 上可导，且 $f'_+(a)$ 与 $f'_-(b)$ 异号，证明在 (a,b) 内至少存在一点 ξ，使 $f'(\xi)=0$.

分析　这里是证函数的一阶导数有零点的问题，常用罗尔定理及可导函数取得极值的必要条件来解决.

证　不妨设 $f'_+(a)>0$，$f'_-(b)<0$. 因为 $f(x)$ 在 $[a,b]$ 上连续，所以可以取到最大值和最小值.

由于 $f'_+(a)=\lim\limits_{x\to a^+}\frac{f(x)-f(a)}{x-a}>0$，所以在 a 的右侧充分小的邻域内有

$$\frac{f(x)-f(a)}{x-a}>0\Rightarrow f(x)>f(a),\tag{1}$$

又由于 $f'_-(b)=\lim\limits_{x\to b^-}\frac{f(x)-f(b)}{x-b}<0$，所以在 b 的左侧充分小的邻域内有

$$\frac{f(x)-f(b)}{x-b}<0\Rightarrow f(x)>f(b),\tag{2}$$

由式(1)，式(2)知，$f(x)$ 在 $[a,b]$ 上的最大值点 ξ 必属于 (a,b)，从而它也是极大值点，所以必有 $f'(\xi)=0$.

例 26 设函数 $f(x)$ 在 $[a,b]$ 上可导，且 $|f'(x)|<1$，又对任意的 $x\in(a,b)$，有 $a<f(x)<b$，证明函数 $g(x)=\frac{1}{2}(x+f(x))$ 在区间 (a,b) 内存在唯一的不动点 x^*，即存在 $x^*\in(a,b)$，满足 $g(x^*)=x^*$.

证 设 $\varphi(x)=g(x)-x$，要证 $g(x)$ 在 (a,b) 内存在唯一的不动点，只需证明 $\varphi(x)$ 在 (a,b) 内有唯一的零点.

由题设

$$\varphi(a)=g(a)-a=\frac{1}{2}(a+f(a))-a=\frac{1}{2}(f(a)-a)>0,$$

同理 $\varphi(b)<0$，所以存在 $x^*\in(a,b)$，使 $\varphi(x^*)=0$.

又 $\varphi'(x)=g'(x)-1=\frac{1}{2}(f'(x)-1)$，由于 $|f'(x)|<1$，所以 $\varphi'(x)<0$，即 $\varphi'(x)$ 在 (a,b) 内严格单调递减，因此 $\varphi(x)$ 的零点唯一，即 $g(x)$ 在 (a,b) 内存在唯一的不动点 x^*.

例 27 讨论方程 $\ln x=ax(a>0)$ 的实根的个数.

解 设 $f(x)=\ln x-ax(x>0)$，则 $f'(x)=\frac{1}{x}-a$. 令 $f'(x)=0$，得驻点 $x_0=\frac{1}{a}$. 当 $x\in\left(0,\frac{1}{a}\right)$ 时，$f'(x)>0$；当 $x\in\left(\frac{1}{a},+\infty\right)$ 时，$f'(x)<0$，于是可知 $x_0=\frac{1}{a}$ 是 $f(x)$ 的最大值点，最大值为

$$f\left(\frac{1}{a}\right)=\ln\frac{1}{a}-1=-\ln a-1.$$

当 $-\ln a-1>0$，即 $0<a<\frac{1}{\mathrm{e}}$ 时，由 $\lim\limits_{x\to0^+}f(x)=-\infty$，$\lim\limits_{x\to+\infty}f(x)=-\infty$，知 $f(x)=0$ 有两个实根.

当 $-\ln a-1=0$，即 $a=\frac{1}{\mathrm{e}}$ 时，$f(x)=0$ 有一个实根.

当 $-\ln a-1<0$，即 $a>\frac{1}{\mathrm{e}}$ 时，$f(x)=0$ 无实根.

故当 $0<a<\frac{1}{\mathrm{e}}$ 时，方程 $\ln x=ax$ 有两个实根；当 $a=\frac{1}{\mathrm{e}}$ 时，方程有一个实根；当 $a>\frac{1}{\mathrm{e}}$ 时，方程无实根.

例 28 设方程 $x^3-3x+A=0$，试讨论 A 取何值时

(1) 方程有 1 个实根；(2) 方程有两个不同的实根；(3) 方程有 3 个不同的实根.

解 设 $f(x)=x^3-3x+A$，则问题转化为讨论 $f(x)$ 的零点的个数.

$$f'(x)=3x^2-3=3(x+1)(x-1),$$

$$\lim_{x\to-\infty}f(x)=-\infty,\quad \lim_{x\to+\infty}f(x)=+\infty.$$

令 $f'(x)=0$，得驻点 $x_1=-1,x_2=1$. 用 $x_1=-1,x_2=1$ 将 $f(x)$ 的定义域分为 3 部分：$(-\infty,-1]$，$(-1,1)$，$[1,+\infty)$.

当 $x\in(-\infty,-1)$ 时，$f'(x)>0$，函数单调递增；当 $x\in(-1,1)$ 时，$f'(x)<0$，函数单调递减；当 $x\in(1,+\infty)$ 时，$f'(x)>0$，函数单调递增. 因此 $x_1=-1$ 是极大值点，$x_2=1$ 是极小值点；$f(-1)=A+2$ 为极大值，$f(1)=A-2$ 为极小值. 考察

$$f(-1)\cdot f(1)=(A+2)(A-2)=A^2-4.$$

(1) 根据 $f(x)$ 的单调区间可判断：当 $f(-1)=A+2<0$ 时，有 $A<-2$，从而 $f(1)=A-2<0$；当 $f(1)=A-2>0$ 时，有 $A>2$，从而 $f(-1)=A+2>0$. 总之，当 $f(-1)<0$ 或 $f(1)>0$ 时，$f(-1)$ 与 $f(1)$ 同号. 由此知，$f(x)$ 有唯一的零点 $x_0\in(-\infty,-1)$ 或 $x_0\in(1,+\infty)$，这时 $|A|>2$.

(2) 当 $A^2-4=0$，即 $A=\pm 2$ 时，$x_1=-1$ 及 $x_2=1$ 中有一个是 $f(x)$ 的零点，此时 $f(x)$ 有两个不同的零点.

(3) 当 $f(-1)$ 与 $f(1)$ 异号时，$f(x)$ 有一个零点 $x_0\in(-1,1)$，且在 $(-\infty,-1)$ 和 $(1,+\infty)$ 中各有一个零点，即 $f(x)$ 共有 3 个零点，此时 $A^2-4<0$，即 $|A|<2$.

例 29　确定常数 A 的取值范围，使得函数 $f(x)=x^2+\dfrac{A}{x^4}\geqslant 6$ 对任意 $x\neq 0$ 均成立.

解　对任意 $x\neq 0$

$$f(x)=x^2+\frac{A}{x^4}\geqslant 6\Leftrightarrow\frac{x^6+A-6x^4}{x^4}\geqslant 0\Leftrightarrow A\geqslant 6x^4-x^6,$$

令 $g(x)=6x^4-x^6$，下面只要求出 $g(x)$ 在 $(0,+\infty)$ 的最大值即可.

$$g'(x)=24x^3-6x^5=6x^3(4-x^2)\begin{cases}>0, & 0<x<2,\\ =0, & x=2,\\ <0, & 2<x<+\infty,\end{cases}$$

所以 $g(x)$ 在 $(0,+\infty)$ 的最大值为 $g(2)=32$. 故当 $A\in[32,+\infty)$ 时，$f(x)=x^2+\dfrac{A}{x^4}\geqslant 6$ 对任意 $x\neq 0$ 均成立.

例 30　设 $f(x)$ 在 $[0,+\infty)$ 上可导，且 $\lim\limits_{x\to+\infty}f'(x)=0$，试证 $\lim\limits_{x\to+\infty}\dfrac{f(x)}{x}=0$.

证　$\forall\varepsilon>0$，$\exists X_1>0$，使得当 $x>X_1$ 时，$|f'(x)|<\dfrac{\varepsilon}{2}$.

任取 $x_0>X_1$，由于 $\lim\limits_{x\to+\infty}\dfrac{f(x_0)}{x}=0$，$\exists X>X_1$，使得当 $x>X$ 时有 $\left|\dfrac{f(x_0)}{x}\right|<\dfrac{\varepsilon}{2}$. 对 $f(x)$ 在 $[x_0,x]$ 内应用拉格朗日中值定理有

$$\frac{f(x)-f(x_0)}{x-x_0}=f'(x_0+\theta(x-x_0)),\quad(0<\theta<1),$$

$$\begin{aligned}\frac{f(x)}{x}&=\frac{f(x)-f(x_0)}{x}+\frac{f(x_0)}{x}=\frac{f(x)-f(x_0)}{x-x_0}\cdot\frac{x-x_0}{x}+\frac{f(x_0)}{x}\\&=f'(x_0+\theta(x-x_0))\cdot\frac{x-x_0}{x}+\frac{f(x_0)}{x},\end{aligned}$$

推得

$$0\leqslant\left|\frac{f(x)}{x}\right|=|f'(x_0+\theta(x-x_0))|\cdot\left|\frac{x-x_0}{x}\right|+\left|\frac{f(x_0)}{x}\right|<\frac{\varepsilon}{2}+\frac{\varepsilon}{2}=\varepsilon,$$

所以 $\lim\limits_{x\to+\infty}\dfrac{f(x)}{x}=0$.

例 31　设函数 $y=y(x)$ 由方程 $2y^3-2y^2+2xy-x^2=1$ 所确定，试求 $y=y(x)$ 的驻点，并判断它是否为极值点.

解 方程两边对 x 求导，得

$$6y^2y'-4yy'+2y+2xy'-2x=0. \tag{1}$$

令 $y'=0$，得 $y=x$，代入所给方程，解得驻点为 $x_0=1$，对应的 $y_0=1$.

式(1)两边再对 x 求导，整理得

$$(6y^2-4y+2x)y''+12yy'^2-4y'^2+4y'-2=0,$$

注意到 $y'(x_0)=0$，得 $y''(x_0)=\dfrac{1}{2}>0$，故 $x_0=1$ 是 $y=y(x)$ 的极小值点，且极小值为$y(x_0)=y_0=1$.

例 32 设 $x<1$ 且 $x\neq0$，证明不等式 $\dfrac{1}{x}+\dfrac{1}{\ln(1-x)}<1$.

证 不等式即$\dfrac{1}{x}+\dfrac{1}{\ln(1-x)}-1<0\Leftrightarrow\dfrac{\ln(1-x)+x-x\ln(1-x)}{x\ln(1-x)}<0$.

令 $f(x)=\ln(1-x)+x-x\ln(1-x)(x<1)$，则

(1) 当 $0<x<1$ 时，$f'(x)=-\ln(1-x)>0$，故 $f(x)$ 在 $(0,1)$ 内单调递增，且 $\lim\limits_{x\to0^+}f(x)=0=f(0)$，所以 $f(x)>0$；而分母 $x\ln(1-x)<0$，从而不等式成立.

(2) 当 $x<0$ 时，$f'(x)=-\ln(1-x)<0$，故 $f(x)$ 在 $(-\infty,0)$ 内单调递减，且 $\lim\limits_{x\to0^-}f(x)=0=f(0)$，所以 $f(x)>0$；又 $x\ln(1-x)<0$，从而不等式成立.

例 33 证明不等式$\dfrac{1}{\ln2}-1<\dfrac{1}{\ln(1+x)}-\dfrac{1}{x}<\dfrac{1}{2}$，$0<x<1$.

证 设 $f(x)=\dfrac{1}{\ln(1+x)}-\dfrac{1}{x}$，则

$$f'(x)=-\frac{1}{\ln^2(1+x)}\cdot\frac{1}{1+x}+\frac{1}{x^2}=-\frac{x^2-(1+x)\ln^2(1+x)}{x^2(1+x)\ln^2(1+x)}.$$

令

$$g(x)=x^2-(1+x)\ln^2(1+x),x\geqslant0,$$

则

$$g(0)=0.$$

$$g'(x)=2x-\ln^2(1+x)-2\ln(1+x)\Rightarrow g'(0)=0,$$

$$g''(x)=2-2\ln(1+x)\cdot\frac{1}{1+x}-2\,\frac{1}{1+x}=\frac{2[x-\ln(1+x)]}{1+x}>0\quad(0<x<1),$$

所以 $g'(x)$单调递增，推得 $g'(x)\geqslant g'(0)=0$；由此又知 $g(x)$单调递增，推得 $g(x)\geqslant g(0)=0$，从而 $f'(x)\leqslant0$，因此 $f(x)$在$(0,1)$单调递减，从而

$$f(x)>f(1)=\frac{1}{\ln2}-1. \tag{1}$$

又

$$\lim_{x\to0^+}f(x)=\lim_{x\to0^+}\left[\frac{1}{\ln(1+x)}-\frac{1}{x}\right]=\lim_{x\to0^+}\frac{x-\ln(1+x)}{x\ln(1+x)}=\lim_{x\to0^+}\frac{x-\ln(1+x)}{x^2}$$

$$=\lim_{x\to0^+}\frac{1-\dfrac{1}{1+x}}{2x}=\lim_{x\to0^+}\frac{x}{2x\cdot(1+x)}=\frac{1}{2},$$

于是

$$f(x)<\lim_{x\to 0^+}f(x)=\frac{1}{2}. \tag{2}$$

由式(1),式(2)得
$$\frac{1}{\ln 2}-1<\frac{1}{\ln(1+x)}-\frac{1}{x}<\frac{1}{2}.$$

例 34　当 $0<x<2$ 时,证明不等式 $4x\ln x\geqslant x^2+2x-3$.

证　要证的不等式等价于 $4x\ln x-x^2-2x+3\geqslant 0$.

设 $f(x)=4x\ln x-x^2-2x+3$,则 $f'(x)=4\ln x-2x+2$,令 $f'(x)=0$,得唯一的驻点 $x_0=1$. 因 $f''(x)=\dfrac{4}{x}-2$,$f''(1)=2>0$,所以 $f(1)=0$ 为 $f(x)$的极小值,也是最小值. 因而在$(0,2)$内 $f(x)\geqslant f(1)$,即 $4x\ln x-x^2-2x+3\geqslant 0$,亦即 $4x\ln x\geqslant x^2+2x-3$.

例 35　设 $f(x)$在$[a,b]$上二次可导且曲线 $y=f(x)$是凸的. 若 $f(a)\geqslant 0$,$f(b)\geqslant 0$,求证:$f(x)>0(x\in(a,b))$.

证　由 $f(x)$在$[a,b]$上二次可导且曲线 $y=f(x)$是凸的,知 $f''(x)\leqslant 0$,从而 $f'(x)$在(a,b)上单调递减.

若$\exists c\in(a,b)$,使 $f'(c)=0$,则当 $x\in(a,c)$时,$f'(x)>0$;当 $x\in(c,b)$时,$f'(x)<0$. 因此 $f(x)$在$[a,c]$上单调递增,得 $f(x)>f(a)\geqslant 0$,$x\in(a,c]$;$f(x)$在$[c,b]$上单调递减,得 $f(x)>f(b)\geqslant 0$, $x\in[c,b)$. 所以 $f(x)>0$,$x\in(a,b)$.

若不存在 $c\in(a,b)$使 $f'(c)=0$,则 $f'(x)$不变号,推得 $f(x)$在$[a,b]$上严格单调递增或严格单调递减,从而有
$$f(x)>f(a)\geqslant 0,x\in(a,b),$$
或
$$f(x)>f(b)\geqslant 0,x\in(a,b).$$

例 36　证明:当 $0<x<\pi$ 时,有 $\sin\dfrac{x}{2}>\dfrac{x}{\pi}$.

证　设 $f(x)=\sin\dfrac{x}{2}-\dfrac{x}{\pi}$,则当 $0<x<\pi$ 时,有
$$f'(x)=\frac{1}{2}\cos\frac{x}{2}-\frac{1}{\pi},\quad f''(x)=-\frac{1}{4}\sin\frac{x}{2}<0,$$
所以函数 $y=f(x)$的曲线在区间$(0,\pi)$内是上凸的.

由于 $f(0)=f(\pi)=0$,可见,当 $0<x<\pi$ 时,$f(x)>0$,即 $\sin\dfrac{x}{2}>\dfrac{x}{\pi}$.

评注　若曲线在$[a,b]$是上凸的,则曲线在弦的上方,在其上任一点切线的下方;若曲线在$[a,b]$是下凸的,则曲线在弦的下方,在其上任一点切线的上方. 据此可利用函数的凸凹性证明一些不等式.

例 37　设 $0<a<b$,证明不等式 $\ln\dfrac{b}{a}>\dfrac{2(b-a)}{a+b}$.

分析　常数不等式往往可以通过适当的参数化,变成函数不等式来证明.

证　$\ln\dfrac{b}{a}>\dfrac{2(b-a)}{a+b}\Leftrightarrow\ln\dfrac{b}{a}>\dfrac{2(b/a-1)}{b/a+1}$,令 $x=\dfrac{b}{a}$,若要证明题中的不等式,则只要证明当 $x>1$ 时,有
$$\ln x>\frac{2(x-1)}{x+1}$$

或

$$(x+1)\ln x-2(x-1)>0.$$

令

$$F(x)=(x+1)\ln x-2(x-1),$$

则

$$F(1)=0.$$

$$F'(x)=\ln x+\frac{1}{x}-1,\quad F'(1)=0,$$

$$F''(x)=\frac{1}{x}-\frac{1}{x^2}=\frac{x-1}{x^2}>0,\quad x>1,$$

因而 $F'(x)$ 在 $[1,+\infty)$ 上单调递增，从而 $F'(x)>F'(1)=0$，又推得 $F(x)$ 在 $(1,+\infty)$ 上单调递增，所以 $F(x)>F(1)=0$，即 $(x+1)\ln x-2(x-1)>0$.

例 38 设 $0<a<b$，证明不等式 $\frac{2a}{a^2+b^2}<\frac{\ln b-\ln a}{b-a}<\frac{1}{\sqrt{ab}}$.

证 先证左边的不等式. 设 $f(x)=\ln x(x>a>0)$，由拉格朗日中值定理知，至少存在一点 $\xi\in(a,b)$，使

$$\frac{\ln b-\ln a}{b-a}=(\ln(x))'|_{x=\xi}=\frac{1}{\xi}.$$

由于 $0<a<\xi<b$，故 $\frac{1}{\xi}>\frac{1}{b}>\frac{2a}{a^2+b^2}$，从而 $\frac{2a}{a^2+b^2}<\frac{\ln b-\ln a}{b-a}$.

再证右边的不等式. 设 $\varphi(x)=\ln x-\ln a-\frac{x-a}{\sqrt{ax}}(x>a>0)$，因为

$$\varphi'(x)=\frac{1}{x}-\frac{1}{\sqrt{a}}\left(\frac{1}{2\sqrt{x}}+\frac{a}{2x\sqrt{x}}\right)=-\frac{(\sqrt{x}-\sqrt{a})^2}{2x\sqrt{ax}}<0,$$

故当 $x>a$ 时，$\varphi(x)$ 单调递减. 又 $\varphi(a)=0$，所以当 $x>a$ 时，$\varphi(x)<\varphi(a)=0$，即

$$\ln x-\ln a<\frac{x-a}{\sqrt{ax}}.$$

从而当 $0<a<b$ 时，$\ln b-\ln a<\frac{b-a}{\sqrt{ab}}$，即 $\frac{\ln b-\ln a}{b-a}<\frac{1}{\sqrt{ab}}$.

例 39 在椭圆 $\frac{x^2}{a^2}+\frac{y^2}{b^2}=1$ 的第一象限部分上求一点 P，使该点处的切线、椭圆及两坐标轴所围图形的面积为最小（其中 $a>0,b>0$）.

解 设所求点为 $P(x_0,y_0)$，则该点处的切线方程为 $\frac{x_0x}{a^2}+\frac{y_0y}{b^2}=1$.

该切线与两坐标轴的交点分别为 $A\left(\frac{a^2}{x_0},0\right)$ 和 $B\left(0,\frac{b^2}{y_0}\right)$，即切线在 x 轴和 y 轴上的截距分别为 $\frac{a^2}{x_0}$ 和 $\frac{b^2}{y_0}$. 于是所围图形的面积为 $S=\frac{1}{2}\frac{a^2b^2}{x_0y_0}-\frac{1}{4}\pi ab,x_0\in(0,a)$.

设 $T=x_0y_0=\frac{b}{a}x_0\sqrt{a^2-x_0^2}$，可得 $x_0=\frac{a}{\sqrt{2}}$ 为 T 的极大值点，即 S 的极小值点，也是 S 的最小值点，此时 $y_0=\frac{b}{\sqrt{2}}$，即所求点为 $P\left(\frac{a}{\sqrt{2}},\frac{b}{\sqrt{2}}\right)$ 时，所围图形的面积最小.

例 40　求曲线 $y=\ln(x^2+1)$ 的凹凸区间和拐点.

解

$$y'=\frac{2x}{x^2+1},$$

$$y''=\frac{2(x^2+1)-2x\cdot 2x}{(x^2+1)^2}=\frac{2(1-x^2)}{(x^2+1)^2},$$

令 $y''=0$，得 $1-x^2=0$，解得 $x=\pm 1$. 函数无二阶导数不存在的点.

利用 $x=-1$ 和 $x=1$ 把 $(-\infty,+\infty)$ 分成 3 部分：$(-\infty,-1)$，$[-1,1]$，$(1,+\infty)$. 在 $(-\infty,-1)\cup(1,+\infty)$ 上，$y''<0$，曲线上凸；在 $[-1,1]$ 内，$y''>0$，曲线上凹.

当 $x=\pm 1$ 时，$y=\ln 2$. 故点 $(-1,\ln 2)$ 和点 $(1,\ln 2)$ 是曲线的拐点.

例 41　求曲线 $y=(2x-1)\mathrm{e}^{\frac{1}{x}}$ 的渐近线.

解　由于 $\lim\limits_{x\to-\infty}y=\lim\limits_{x\to-\infty}(2x-1)\mathrm{e}^{\frac{1}{x}}=-\infty$，$\lim\limits_{x\to+\infty}y=\lim\limits_{x\to+\infty}(2x-1)\mathrm{e}^{\frac{1}{x}}=+\infty$，所以曲线无水平渐近线.

由于 $\lim\limits_{x\to 0^+}y=\lim\limits_{x\to 0^+}(2x-1)\mathrm{e}^{\frac{1}{x}}=-\infty$，所以曲线有铅直渐近线 $x=0$.

由于

$$\lim_{x\to\infty}\frac{y}{x}=\lim_{x\to\infty}\frac{(2x-1)\mathrm{e}^{\frac{1}{x}}}{x}=\lim_{x\to\infty}\left(2-\frac{1}{x}\right)\mathrm{e}^{\frac{1}{x}}=2,$$

$$\begin{aligned}\lim_{x\to\infty}(y-ax)&=\lim_{x\to\infty}(y-2x)=\lim_{x\to\infty}\left[(2x-1)\mathrm{e}^{\frac{1}{x}}-2x\right]\\&=\lim_{t\to 0}\frac{(2-t)\mathrm{e}^t-2}{t}=\lim_{t\to 0}\frac{-\mathrm{e}^t+(2-t)\mathrm{e}^t}{1}=1,\end{aligned}$$

所以曲线有斜渐近线 $y=2x+1$.

例 42　已知曲线的方程为 $x^3+y^3-3axy=0$，求该曲线的斜渐近线的方程.

解　$k=\lim\limits_{x\to\infty}\frac{y}{x}$，$b=\lim\limits_{x\to\infty}(y-kx)$. 令 $y=xt$，代入方程得

$$x^3+x^3t^3=3ax^2t,$$

即

$$x(1+t^3)=3at,$$

得曲线的参数方程 $\begin{cases}x=\dfrac{3at}{1+t^3},\\ y=\dfrac{3at^2}{1+t^3}.\end{cases}$

$$k=\lim_{x\to\infty}\frac{y}{x}=\lim_{t\to-1}t=-1,$$

$$b=\lim_{x\to\infty}(y-kx)=\lim_{t\to-1}\left(\frac{3at^2}{1+t^3}+\frac{3at}{1+t^3}\right)=\lim_{t\to-1}\frac{3at(t+1)}{(1+t)(t^2-t+1)}=-a,$$

所以斜渐近线方程为 $y=-x-a$.

例 43　设 $y=\dfrac{x^4+4}{x^2}$，求：

(1) 函数的增减区间和极值；

(2) 函数图像的凹凸区间和拐点；

(3) 函数曲线的渐近线.

解 （1）当 $x\neq 0$ 时，对 $y=x^2+\dfrac{4}{x^2}$ 求一阶导数，得

$$y'=2x-\frac{8}{x^3}=2\,\frac{x^4-4}{x^3}=\frac{2}{x^3}(x^2+2)(x+\sqrt{2})(x-\sqrt{2}).$$

令 $y'=0$，得驻点 $x_1=-\sqrt{2}$，$x_2=\sqrt{2}$.

当 $x<-\sqrt{2}$ 时，$y'<0$；当 $-\sqrt{2}<x<0$ 时，$y'>0$；当 $0<x<\sqrt{2}$ 时，$y'<0$；当 $x>\sqrt{2}$ 时，$y'>0$. 所以，y 在 $(-\infty,-\sqrt{2})$ 内递减，在 $(-\sqrt{2},0)$ 内递增，在 $(0,\sqrt{2})$ 内递减，在 $(\sqrt{2},+\sqrt{\infty})$ 内递增. 因此函数的单调递增区间为 $(-\sqrt{2},0)$ 和 $(\sqrt{2},+\infty)$，单调递减区间为 $(-\infty,-\sqrt{2})$ 和 $(0,\sqrt{2})$，且在 $x_1=-\sqrt{2}$ 和 $x_2=\sqrt{2}$ 处都取得极小值，极小值为 $y(\pm\sqrt{2})=4$.

（2）$y''=2+\dfrac{24}{x^4}>0(x\neq 0)$，故曲线在 $(-\infty,0)$ 和 $(0,+\infty)$ 上都是上凹的，曲线无拐点.

（3）由于 $\lim\limits_{x\to\pm\infty}y=\infty$，故曲线无水平渐近线；由 $\lim\limits_{x\to 0}y=+\infty$，知 $x=0$ 是曲线的铅直渐近线；由于 $\lim\limits_{x\to\infty}\dfrac{y}{x}=\infty$，故曲线无斜渐近线.

例 44 设 $f(x)$，$g(x)$ 在点 x_0 的某邻域内具有二阶连续导数，曲线 $y=f(x)$ 和 $y=g(x)$ 具有相同的凹凸性. 证明：曲线 $y=f(x)$ 与 $y=g(x)$ 在点 (x_0,y_0) 处相切且有相同的曲率的充要条件是，当 $x\to x_0$ 时，$f(x)-g(x)$ 是比 $(x-x_0)^2$ 高阶的无穷小.

证 先证必要性. 由曲线 $y=f(x)$ 与 $y=g(x)$ 在点 (x_0,y_0) 处相切知，$f(x_0)=g(x_0)$，$f'(x_0)=g'(x_0)$. 又由两曲线在 (x_0,y_0) 处有相同的凹凸性和相同的曲率，知 $f''(x_0)$ 与 $g''(x_0)$ 同号，且

$$\frac{|f''(x_0)|}{(1+f'^2(x_0))^{3/2}}=\frac{|g''(x_0)|}{(1+g'^2(x_0))^{3/2}},$$

从而

$$f''(x_0)=g''(x_0),$$

于是

$$\lim_{x\to x_0}\frac{f(x)-g(x)}{(x-x_0)^2}=\lim_{x\to x_0}\frac{f'(x)-g'(x)}{2(x-x_0)}=\frac{1}{2}\lim_{x\to x_0}(f''(x)-g''(x))=0,$$

即当 $x\to x_0$ 时，$f(x)-g(x)$ 是比 $(x-x_0)^2$ 高阶的无穷小.

再证充分性. 由于 $\lim\limits_{x\to x_0}\dfrac{f(x)-g(x)}{(x-x_0)^2}=0$，可推得 $\lim\limits_{x\to x_0}(f(x)-g(x))=0\Rightarrow f(x_0)=g(x_0)$，即曲线 $y=f(x)$ 与 $y=g(x)$ 在点 (x_0,y_0) 处相交.

又

$$\lim_{x\to x_0}\frac{f(x)-g(x)}{(x-x_0)^2}=\lim_{x\to x_0}\frac{(f(x)-f(x_0))-(g(x)-g(x_0))}{(x-x_0)^2}$$

$$=\lim_{x\to x_0}\frac{\dfrac{f(x)-f(x_0)}{x-x_0}-\dfrac{g(x)-g(x_0)}{x-x_0}}{x-x_0}=0,$$

可推知

$$\lim_{x\to x_0}\left(\frac{f(x)-f(x_0)}{x-x_0}-\frac{g(x)-g(x_0)}{x-x_0}\right)=0\Rightarrow f'(x_0)=g'(x_0),$$

故曲线 $y=f(x)$ 与 $y=g(x)$ 在点 (x_0,y_0) 处相切.

利用泰勒公式得

$$\lim_{x\to x_0}\frac{f(x)-g(x)}{(x-x_0)^2}=\lim_{x\to x_0}\left[\frac{f(x_0)+f'(x_0)(x-x_0)+\frac{f''(\xi_2)}{2!}(x-x_0)^2}{(x-x_0)^2}-\frac{g(x_0)+g'(x_0)(x-x_0)+\frac{g''(\xi_2)}{2!}(x-x_0)^2}{(x-x_0)^2}\right]$$

$$=\frac{1}{2}\lim_{x\to x_0}(f''(\xi_1)-g''(\xi_2))\quad(\xi_1,\xi_2\text{ 介于 }x\text{ 与 }x_0\text{ 之间})$$

$$=f''(x_0)-g''(x_0)=0,$$

即 $f''(x_0)=g''(x_0)$，所以曲线 $y=f(x)$ 与 $y=g(x)$ 在点 (x_0,y_0) 处有相同的凹向和曲率.

第三部分　练　习　题

一、填空题

1. 函数 $f(x)=\dfrac{x^2+x+2}{x-1}$ 的单调递增区间为________.

2. 函数 $y=x2^x$ 取得极小值的点是 $x=$________.

3. 函数 $y=x+2\cos x$ 在区间 $\left[0,\dfrac{\pi}{2}\right]$ 上的最大值为________.

4. 曲线 $y=x\ln\left(e+\dfrac{1}{x}\right)(x>0)$ 的渐近线为________.

5. 数列 $\sqrt[n]{n}\ (n=1,2,3,\cdots)$ 的最大项为________.

6. 设 $f(x)=xe^x$，则 $f^{(n)}(x)$ 在 $x=$________处取得极小值________.

7. 设常数 $k>0$，函数 $f(x)=\ln x-\dfrac{x}{e}+k$ 在 $(0,+\infty)$ 内零点的个数为________.

8. 函数 $y=\sqrt[3]{x}+2$ 的上凹区间为________.

9. 曲线 $y=3x^4-4x^3+1$ 的拐点的个数为________.

二、选择题

10. 设函数 $f(x)$ 在 $x=0$ 的某邻域内连续，且满足 $\lim\limits_{x\to 0}\dfrac{f(x)}{x(1-\cos x)}=-1$，则 $x=0$(　　).

A. 是 $f(x)$ 的驻点，且为极大值点　　B. 是 $f(x)$ 的驻点，且为极小值点

C. 是 $f(x)$ 的驻点，但不是极值点　　D. 不是 $f(x)$ 的驻点

11. 设 $f(x)$ 在 $(-\infty,+\infty)$ 内可导，$x_0\neq 0$，$(x_0,f(x_0))$ 是 $y=f(x)$ 的拐点，则(　　).

A. x_0 必是 $f'(x)$ 的驻点

B. $(-x_0,-f(x_0))$ 必是 $y=-f(-x)$ 的拐点

C. $(-x_0,-f(-x_0))$ 必是 $y=-f(x)$ 的拐点

D. $\forall x>x_0$ 与 $x<x_0$，$y=f(x)$ 的凹凸性相反

12. 设 $f(x)=\left(1+x+\dfrac{x^2}{2!}+\cdots+\dfrac{x^n}{n!}\right)e^{-x}$，$n$ 为正整数，则函数 $f(x)$(　　).

A. 必有极小值　　B. 必有极大值

C. 既无极小值也无极大值　　D. 是否有极值依赖于 n 的取值

13. 设定义在 $(-\infty,+\infty)$ 内的函数 $f(x)$ 是奇函数，且在 $(-\infty,0)$ 内有 $f'(x)<0$，$f''(x)<0$，则 $f(x)$ 在 $(0,+\infty)$ 内必有(　　).

A. $f'(x)<0, f''(x)<0$　　B. $f'(x)<0, f''(x)>0$

C. $f'(x)>0, f''(x)<0$　　D. $f'(x)>0, f''(x)>0$

14. 设函数 $f(x)$ 在 $x=0$ 处满足 $f'(0)=f''(0)=\cdots=f^{(n)}(0)=0, f^{(n+1)}(0)>0$，则(　　).

A. 当 n 为偶数时，$x=0$ 是 $f(x)$ 的极大值点

B. 当 n 为偶数时，$x=0$ 是 $f(x)$ 的极小值点

C. 当 n 为奇数时，$x=0$ 是 $f(x)$ 的极大值点

D. 当 n 为奇数时，$x=0$ 是 $f(x)$ 的极小值点

15. 设在 $[0,1]$ 上 $f''(x)>0$，则 $f'(0), f'(1), f(1)-f(0), f(0)-f(1)$ 几个数的大小顺序为(　　).

A. $f'(1)>f'(0)>f(1)-f(0)$　　B. $f'(1)>f(1)-f(0)>f'(0)$

C. $f(1)-f(0)>f'(1)>f'(0)$　　D. $f'(1)>f(0)-f(1)>f'(0)$

16. 设 $\lim\limits_{x\to a}\dfrac{f(x)-f(a)}{(x-a)^2}=-1$，则在点 $x=a$ 处(　　).

A. $f(x)$ 的导数存在，且 $f'(a)\neq 0$　　B. $f(x)$ 取得极大值

C. $f(x)$ 取得极小值　　D. $f(x)$ 的导数不存在

17. 曲线 $y=(x-1)^2(x-2)^2$ 的拐点的个数为(　　).

A. 0　　B. 1　　C. 2　　D. 3

18. 曲线 $y=e^{\frac{1}{x^2}}\arctan\dfrac{x^2+x+1}{(x-1)(x+2)}$ 的渐近线有(　　).

A. 1 条　　B. 2 条　　C. 3 条　　D. 4 条

三、计算与证明题

19. 已知函数 $f(x)=\begin{cases} x\sin\dfrac{1}{x}, & 0<x\leqslant\dfrac{1}{\pi}, \\ 0, & x=0, \end{cases}$ 讨论是否存在一点 $\xi\in\left(0,\dfrac{1}{\pi}\right)$，使 $f'(\xi)=0$.

20. 已知函数 $f(x)$ 在 $[0,1]$ 上有 3 阶导数，且 $f(0)=f(1)=0$，设 $F(x)=x^2f(x)$，试证：在 $(0,1)$ 内存在一点 ξ，使得 $F'''(\xi)=0$.

21. 设函数 $f(x)$ 在 (a,b) 内有二阶导数，且 $f(x_1)=f(x_2)=f(x_3)=0$，其中 $a<x_1<x_2<x_3<b$，证明 $\exists\,\xi\in(a,b)$，使 $f''(\xi)=0$.

22. 设 $f(x)$ 为 n 阶可导函数，证明：若方程 $f(x)=0$ 有 $n+1$ 个相异的实根，则方程 $f^{(n)}(x)=0$ 至少有一个实根.

23. 证明方程 x^3-3x+c（c 为常数）在区间 $[0,1]$ 上不可能有两个不同的根.

24. 证明：若函数 $f(x)$ 与 $g(x)$ 均在区间 I 上可导，且 $f'(x)\equiv g'(x), x\in I$，则存在常数 c，使得 $f(x)=g(x)+c, x\in I$.

25. 证明：(1) 若函数 $f(x)$ 在 $[a,b]$ 上可导，且 $f'(x)\geqslant m$，则 $f(b)\geqslant f(a)+m(b-a)$；

(2) 若函数 $f(x)$ 在 $[a,b]$ 上可导，且 $|f'(x)|\leqslant M$，则 $|f(b)-f(a)|\leqslant M(b-a)$.

26. 证明：当 $x\geqslant 1$ 时，$2\arctan x+\arcsin\dfrac{2x}{1+x^2}$ 为一常数，并求此常数.

27. 设 $f(x)$ 在 $[a,b]$ 上有二阶导数，$f(a)=f(b)=0$，又 $\exists c\in(a,b)$，使得 $f(c)>0$，证明至少存在一点 $\xi\in(a,b)$，使得 $f''(\xi)<0$.

28. 设 $f(x)$ 在 $[0,a]$ 上连续，在 $(0,a)$ 内可导，且 $f(a)=0$. 证明存在一点 $\xi\in(0,a)$，使 $f(\xi)+\xi f'(\xi)=0$.

29. 设 $f(x)$ 在 $[a,b]$ 上连续，在 (a,b) 内可导，且 $f(a)=f(b)=0$. 证明：对任意常数 $\alpha\neq 0$，都存在一点 $\xi\in(a,b)$，使得 $f(\xi)+\alpha f'(\xi)=0$.

30. 设 $f(x)$ 在 $[0,1]$ 上连续，在 $(0,1)$ 内二阶可导，且 $f''(x)\leqslant 0$，又 $f(0)=0$，证明对于 $[0,1]$ 中的任意一点 a 都有 $f(a)\leqslant 2f(a/2)$.

31. 设 $f(x)$ 在点 $x=0$ 的某个邻域内有二阶导数，且 $\lim\limits_{x\to 0}\dfrac{\sin x+xf(x)}{x^3}=\dfrac{1}{2}$，试求 $f(0)$，$f'(0)$，$f''(0)$.

32. 设函数 $f(x)$ 在 $[a,b]$ $(a>0)$ 上可导，证明：存在 $\xi\in(a,b)$，使得

$$2\xi(f(b)-f(a))=(b^2-a^2)f'(\xi).$$

33. 利用泰勒展开式求下列极限：

(1) $\lim\limits_{x\to 0}\dfrac{\cos x-e^{-\frac{x^2}{2}}}{(e^{x^2}-1)^2}$；　　(2) $\lim\limits_{x\to\infty}\left[x-x^2\ln\left(1+\dfrac{1}{x}\right)\right]$.

34. 求下列极限：

(1) $\lim\limits_{x\to 0}\dfrac{\ln(1+x^2)}{\sec x-\cos x}$；　　(2) $\lim\limits_{x\to 0}\dfrac{\arctan x-x}{\ln(1+2x^2)}$；

(3) $\lim\limits_{x\to 0}\dfrac{\sin^2 x-x^2\cos^2 x}{(e^{2x}-1)\ln(1+\tan^2 x)}$；　　(4) $\lim\limits_{x\to\frac{\pi}{2}^-}\dfrac{\ln\cot x}{\tan x}$；

(5) $\lim\limits_{n\to\infty}n^3\left(a^{\frac{1}{n}}-a^{\sin\frac{1}{n}}\right)(a>0)$；　　(6) $\lim\limits_{x\to 0}\left(\dfrac{1+x}{1-e^{-x}}-\dfrac{1}{x}\right)$；

(7) $\lim\limits_{x\to 0}\left[\dfrac{a}{x}-\left(\dfrac{1}{x^2}-a^2\right)\ln(1+ax)\right]$　$(a\neq 0)$.

35. 求函数 $y=(x-2)\sqrt[3]{(x+1)^2}$，$|x|<2$ 时的极值点和极值.

36. 求使不等式 $5x^2+Ax^{-5}\geqslant 24(x>0)$ 成立的最小正数 A.

37. 已知当 $x\to 0$ 时，$f(x)=x-(a+b\cos x)\sin x$ 为关于 x 的 5 阶无穷小，求 a,b 的值.

38. 设 $x\in(0,1)$，证明：$(1+x)\ln^2(1+x)<x^2$.

39. 设 $f(x+h)=f(x)+f'(x)h+\dfrac{f''(x+h\theta)}{2!}h^2$，其中 $0<h<1$，且 $f'''(x)\neq 0$. 证明 $\lim\limits_{h\to 0}\theta=\dfrac{1}{3}$.

习题答案、简答或提示

一、填空题

1. $(-\infty,-1)\cup(3,+\infty)$.　2. $-\dfrac{1}{\ln 2}$.　3. $\sqrt{3}+\dfrac{\pi}{6}$.　4. $y=x+\dfrac{1}{e}$.

5. $\sqrt[3]{3}$.　6. $-(n+1)$；$-1/e^{n+1}$.　7. 2.　8. $(-\infty,0)$.　9. 2.

二、选择题

10. C.　11. B.　12. D　13. B.　14. D.

15. B.　　16. B.　　17. C　　18. B.

三、计算与证明题

19. 存在满足要求的点 ξ.

20. 提示：由罗尔定理知 $\exists \xi_1$，使得 $F'(\xi_1)=0$；对 $F'(x)$ 在 $[0,\xi_1]$ 上用罗尔定理知，$\exists \xi_2\in(0,\xi_1)$，使得 $F''(\xi_2)=0$，类似地继续下去.

21. 提示：利用多次罗尔定理.

22. 提示：利用罗尔定理.

23. 略.

24. 提示：区间 I 上的函数 $F(x)=c \Leftrightarrow F'(x)=0$.

25. 提示：利用拉格朗日中值定理.

26. 提示：设 $f(x)=2\arctan x+\arcsin\dfrac{2x}{1+x^2}$，$x\geqslant 1$，则 $f'(x)=0$.

27. 提示：$\exists \xi_1\in(a,c)$，使得 $f'(\xi_1)>0$；$\exists \xi_2\in(a,c)$，使得 $f'(\xi_2)<0$.

28. 提示：作辅助函数 $F(x)=xf(x)$，$x\in[0,a]$.

29. 提示：作辅助函数 $F(x)=e^{\frac{x}{a}}f(x)$，$x\in[a,b]$.

30. 提示：在 $[0,a/2]$，$[a/2,a]$ 上分别使用拉格朗日中值定理.

31. $f(0)=-1$，$f'(0)=0$，$f''(0)=\dfrac{1}{2}$.

32. 提示：对 $f(x)$，$g(x)=x^2$ 在 $[a,b]$ 上使用柯西中值定理.

33. (1) $-\dfrac{1}{12}$；(2) $\dfrac{1}{2}$.

34. (1) 1；　(2) $-\dfrac{1}{6}$；　(3) $\dfrac{1}{3}$；　(4) 0；　(5) $\dfrac{1}{6}\ln a$；　(6) $\dfrac{3}{2}$；　(7) $\dfrac{a^2}{2}$.

35. $x=-1$ 是函数的连续但不可导点，是极大值点，极大值为 $y(-1)=0$；$x_0=\dfrac{1}{5}$ 是函数的极小值点，极小值为 $y\left(\dfrac{1}{5}\right)=-\dfrac{9}{5}\sqrt[3]{\dfrac{36}{25}}$.

36. 提示：设 $f(x)=5x^2+Ax^{-5}-24\ (x>0)$，求得驻点 $x_0=\sqrt[7]{\dfrac{A}{2}}$，判别出 x_0 是 $f(x)$ 的最小值点，最小值为 $f\left(\sqrt[7]{\dfrac{A}{2}}\right)=5\cdot\sqrt[7]{\left(\dfrac{A}{2}\right)^2}+A\cdot\sqrt[7]{\left(\dfrac{A}{2}\right)^{-5}}-24=7\cdot\sqrt[7]{\left(\dfrac{A}{2}\right)^2}-24$.

令 $f\left(\sqrt[7]{\dfrac{A}{2}}\right)\geqslant 0$，解出满足条件的最小正数为 $A=2\left(\dfrac{24}{7}\right)^{\frac{7}{2}}$.

37. 提示：
$$f(x)=x-\left[a+b\left(1-\frac{x^2}{2!}+\frac{x^4}{4!}-\frac{x^6}{6!}+o(x^6)\right)\right]\left(x-\frac{x^3}{3!}+\frac{x^5}{5!}+o(x^5)\right)$$
$$=\cdots=(1-a-b)x+\frac{1}{6}(a+4b)x^3-\frac{1}{120}(a+16b)x^5+o(x^5),$$
欲使 $f(x)$ 为 x 的 5 阶无穷小量，则必须 $\begin{cases}1-a-b=0,\\ a+4b=0,\end{cases}$ 故 $a=\dfrac{5}{3}$，$b=-\dfrac{1}{3}$.

38. 提示：设 $f(x)=x^2-(1+x)\ln^2(1+x)$，则 $f(0)=0$，证明 $f(x)$ 单调递增.

39. 略.

第五章

不定积分

第一部分　内容综述

一、基本概念

1. 原函数

设函数 $f(x)$在区间 I 上有定义,若存在 I 上的可导函数 $F(x)$,使得 $F'(x)=f(x)$,则称 $F(x)$是 $f(x)$的一个原函数.

若 $F(x)$是 $f(x)$的一个原函数,则对任意常数 C,$F(x)+C$ 也是 $f(x)$的原函数,且$f(x)$的任意两个原函数之间只差一个常数.

2. 不定积分

若区间 I 上的函数 $f(x)$存在原函数,则其所有原函数的集合称为 $f(x)$的不定积分,记为 $\int f(x)\mathrm{d}x$.

设 $F(x)$是 $f(x)$的任意一个原函数,则 $\int f(x)\mathrm{d}x = F(x)+C$.

评注　求 $f(x)$的不定积分时,若求出了一个原函数 $F(x)$,则必须加上任意常数 C,即写成 $F(x)+C$ 的形式,才是 $f(x)$的不定积分.

二、基本性质

1. $\left(\int f(x)\mathrm{d}x\right)' = f(x)$ 或 $\mathrm{d}\int f(x)\mathrm{d}x = f(x)\mathrm{d}x$;

2. $\int F'(x)\mathrm{d}x = F(x)+C$ 或 $\int \mathrm{d}F(x) = F(x)+C$;

3. $\int (kf(x)+lg(x))\mathrm{d}x = k\int f(x)\mathrm{d}x + l\int g(x)\mathrm{d}x$,$k$,$l$ 为任意常数.

三、基本积分公式

1. $\int x^\mu \mathrm{d}x = \dfrac{x^{\mu+1}}{\mu+1} + C(\mu \neq -1)$，$\int \dfrac{1}{2\sqrt{x}}\mathrm{d}x = \sqrt{x} + C$；

2. $\int \dfrac{1}{x}\mathrm{d}x = \ln|x| + C$；

3. $\int a^x \mathrm{d}x = \dfrac{a^x}{\ln a} + C$，$\int \mathrm{e}^x \mathrm{d}x = \mathrm{e}^x + C$；

4. $\int \cos x\mathrm{d}x = \sin x + C$，$\int \sin x\mathrm{d}x = -\cos x + C$；

5. $\int \dfrac{1}{\cos^2 x}\mathrm{d}x = \int \sec^2 x\mathrm{d}x = \tan x + C$，

6. $\int \dfrac{1}{\sin^2 x}\mathrm{d}x = \int \csc^2 x\mathrm{d}x = -\cot x + C$；

7. $\int \sec x\tan x\mathrm{d}x = \sec x + C$，$\int \csc x\cot x\mathrm{d}x = -\csc x + C$；

8. $\int \dfrac{1}{\cos x}\mathrm{d}x = \int \sec x\mathrm{d}x = \ln|\sec x + \tan x| + C$；

9. $\int \dfrac{1}{\sin x}\mathrm{d}x = \int \csc x\mathrm{d}x = \ln|\csc x - \cot x| + C$；

10. $\int \dfrac{1}{a^2+x^2}\mathrm{d}x = \dfrac{1}{a}\arctan\dfrac{x}{a} + C$，$\int \dfrac{1}{1+x^2}\mathrm{d}x = \arctan x + C$；

11. $\int \dfrac{1}{\sqrt{a^2-x^2}}\mathrm{d}x = \dfrac{1}{a}\arcsin\dfrac{x}{a} + C$，$\int \dfrac{1}{\sqrt{1-x^2}}\mathrm{d}x = \arcsin x + C$；

12. $\int \dfrac{1}{a^2-x^2}\mathrm{d}x = \dfrac{1}{2a}\ln\left|\dfrac{a+x}{a-x}\right| + C$；

13. $\int \dfrac{1}{\sqrt{x^2\pm a^2}}\mathrm{d}x = \ln\left|x + \sqrt{x^2 \pm a^2}\right| + C$.

四、基本积分法

1. 第一类换元积分法(凑微分法)

设 $f(u)$具有原函数 $F(u)$，$u=\varphi(x)$可导，则有换元公式

$$\int f(\varphi(x))\varphi'(x)\mathrm{d}x = \int f(\varphi(x))\mathrm{d}\varphi(x) = \int f(u)\mathrm{d}u = F(\varphi(x)) + C.$$

2. 第二类换元积分法

设函数 $x=\varphi(t)$有连续导数，且 $\varphi'(t)\neq 0$，又设 $f(\varphi(t))\varphi'(t)$具有原函数 $\Phi(t)$，则有

$$\int f(x)\mathrm{d}x = \int f(\varphi(t))\varphi'(t)\mathrm{d}t = \Phi(t) + C = \Phi(\varphi^{-1}(t)) + C.$$

评注 (1) 由两类换元法看出，当 $f(u)$的原函数 $F(u)$易求出时，采用第一类换元法；当 $f(u)$的原函数不易求出，而 $f(\varphi(t))\varphi'(t)$的原函数 $\Phi(t)$易求出时，采用第二类换元法.

(2) 当被积函数含根式 $\sqrt{a^2-x^2}$时，作变换 $x=a\sin t$，含根式 $\sqrt{a^2+x^2}$时，作变换

$x=a\tan t$，含根式 $\sqrt{x^2-a^2}$ 时，作变换 $x=a\sec t$.

(3) 某些被积函数是商的形式，且分母的次数高于分子次数时，可考虑倒代换 $x=\frac{1}{t}$.

(4) 当被积函数是由 a^x 或 e^x 构成的代数式时，可作指数代换 $t=a^x$ 或 $t=e^x$.

3. 分部积分法

设 $u(x)$，$v(x)$ 具有连续的导数，则有分部积分公式

$$\int uv'\mathrm{d}x = uv-\int u'v\mathrm{d}x \quad 或 \quad \int u\mathrm{d}v = uv-\int v\mathrm{d}u.$$

当被积函数为两个或两个以上函数的乘积时，常用分部积分公式. 用分部积分公式的关键是适当地选择 u 和 v.

一般地，形如 $\int x^n e^{kx}\mathrm{d}x$，$\int x^n\sin ax\mathrm{d}x$，$\int x^n\cos ax\mathrm{d}x$ 的积分，选取 $u=x^n$，$v=\frac{1}{k}e^{kx}$，$-\frac{1}{a}\cos ax$，$\frac{1}{a}\sin ax$.

形如 $\int x^n\ln x\mathrm{d}x$，$\int x^n\arcsin \mathrm{d}x$，$\int x^n\arccos x\mathrm{d}x$，$\int x^n\arctan x\mathrm{d}x$ 的积分，选取 $u=\ln x$，$\arcsin x$，$\arccos x$，$\arctan x$，选取 $v=\frac{x^{n+1}}{n+1}$. 这里的原则是利用分部积分公式后，公式中 $\int u'v\mathrm{d}x$ 这个积分易求出.

形如 $\int e^{kx}\sin(ax+b)\mathrm{d}x$，$\int e^{kx}\cos(ax+b)\mathrm{d}x$ 的积分，选取 u 为指数函数或选取 u 为三角函数都可以，但在积分过程中，u 选取的函数类型不能变.

五、几类特殊函数的不定积分

1. 有理函数的积分

两个多项式函数的商为有理函数，即有理函数具有形式 $f(x)=\frac{P_n(x)}{P_m(x)}$，其中 $P_n(x)$ 和 $P_m(x)$ 分别是 n 次和 m 次多项式. 因为通过把有理函数化成一个多项式(含零多项式)和若干个部分分式之和，有理函数的不定积分都可以化为以下 4 种类型的积分后求出，所以有理函数的不定积分总是存在的.

(1) $\int\frac{A}{x-a}\mathrm{d}x = A\ln|x-a|+C$；

(2) $\int\frac{A}{(x-a)^n}\mathrm{d}x = -\frac{A}{n-1}\frac{1}{(x-a)^{n-1}}+C(n\neq 1)$；

(3) $$\int\frac{\mathrm{d}x}{(x^2+px+q)^n} = \int\frac{1}{[(x+p/2)^2+(4q-p^2)/4]^n}\mathrm{d}x$$
$$= \int\frac{\mathrm{d}u}{(u^2+a^2)^n}，其中 u=x+p/2，a=\sqrt{4q-p^2}/2；$$

(4) $$\int\frac{x}{(x^2+px+q)^n}\mathrm{d}x = \frac{1}{2}\int\frac{(x^2+px+q)'-p}{(x^2+px+q)^n}\mathrm{d}x$$
$$= \frac{1}{2}\int\frac{(x^2+px+q)'}{(x^2+px+q)^n}\mathrm{d}x-\frac{1}{2}\int\frac{p}{(u^2+a^2)^n}\mathrm{d}x$$

$$=\begin{cases}\dfrac{1}{2}\ln(x^2+px+q)-\dfrac{P}{2}\displaystyle\int\dfrac{1}{u^2+a^2}\mathrm{d}x, & n=1,\\ -\dfrac{1}{2(n-1)}\dfrac{1}{(x^2+px+q)^{n-1}}-\dfrac{P}{2}\displaystyle\int\dfrac{1}{(u^2+a^2)^n}\mathrm{d}x, & n\neq 1,\end{cases}$$

其中 $u=x+p/2, a=\sqrt{4q-p^2}/2$.

2. 三角函数有理式的积分

由 $\sin x$ 和 $\cos x$ 经过有限次四则运算所构成的函数称为三角函数有理式，记为 $R(\sin x,\cos x)$，积分 $\int R(\sin x,\cos x)\mathrm{d}x$ 称为三角函数有理式的积分.

由万能公式 $\sin x=\dfrac{2\tan\frac{x}{2}}{1+\tan^2\frac{x}{2}}$, $\cos x=\dfrac{1-\cot^2\frac{x}{2}}{1+\tan^2\frac{x}{2}}$，作变换 $u=\tan\dfrac{x}{2}$，则可得

$$\int R(\sin x,\cos x)\mathrm{d}x=\int R\left(\frac{2u}{1+u^2},\frac{1-u^2}{1+u^2}\right)\frac{2u}{1+u^2}\mathrm{d}u.$$

上式说明三角函数有理式的积分可化为有理函数的积分，因而理论上三角函数有理式的积分也总是存在的，但解题时，要根据具体题目探索解法，一味地用万能公式往往很复杂.

3. 简单无理函数的积分

形如 $\sqrt[n]{\dfrac{ax+b}{cx+\mathrm{d}}}(ad-bc\neq 0)$ 的函数式称为简单无理式，一般地作变换 $t=\sqrt[n]{\dfrac{ax+b}{cx+d}}$，可求出形如 $\int R\left(x,\sqrt[n]{\dfrac{ax+b}{cx+d}}\right)\mathrm{d}x$ 的不定积分.

第二部分　典型例题

例 1　若 $F'(x)=\dfrac{1}{\sqrt{1-x^2}}$, $F(1)=\dfrac{3}{2}\pi$，则 $F(x)=$________.

解　依题意得 $F(x)=\int\dfrac{\mathrm{d}x}{\sqrt{1-x^2}}=\arcsin x+C$，由于 $F(1)=\dfrac{3}{2}\pi$，有

$$\arcsin 1+C=\frac{\pi}{2}+C=\frac{3\pi}{2}\Rightarrow C=\pi.$$

故应填：$\arcsin x+\pi$.

例 2　设 $\int f(x)\mathrm{e}^{\frac{1}{x}}\mathrm{d}x=\mathrm{e}^{\frac{1}{x}}+C$，则 $f(x)=$________.

解　$\left(\int f(x)\mathrm{e}^{\frac{1}{x}}\mathrm{d}x\right)'=(\mathrm{e}^{\frac{1}{x}}+C)'\Rightarrow f(x)\mathrm{e}^{\frac{1}{x}}=-\dfrac{1}{x^2}\mathrm{e}^{\frac{1}{x}}\Rightarrow f(x)=-\dfrac{1}{x^2}$.

应填：$-\dfrac{1}{x^2}$.

例 3　设 $\int xf(x)\mathrm{d}x=\arcsin x+C$，则 $\int\dfrac{1}{f(x)}\mathrm{d}x=$________.

解　由于 $\left(\int xf(x)\mathrm{d}x\right)'=(\arcsin x+C)'\Rightarrow xf(x)=\dfrac{1}{\sqrt{1-x^2}}$，所以 $\dfrac{1}{f(x)}=x\sqrt{1-x^2}$，

从而

$$\int \frac{1}{f(x)}\mathrm{d}x=\int x\sqrt{1-x^2}\mathrm{d}x=-\frac{1}{2}\int\sqrt{1-x^2}\mathrm{d}(1-x^2)=-\frac{1}{3}(1-x^2)^{\frac{3}{2}}+C.$$

应填：$-\frac{1}{3}(1-x^2)^{\frac{3}{2}}+C$.

例 4 设$\int f(x)\mathrm{e}^{-\frac{1}{x}}\mathrm{d}x=-\mathrm{e}^{-\frac{1}{x}}+C$,则$\int f(x)\mathrm{d}x=$________.

解 对$\int f(x)\mathrm{e}^{-\frac{1}{x}}\mathrm{d}x=-\mathrm{e}^{-\frac{1}{x}}+C$两边关于$x$求导,得

$$f(x)\mathrm{e}^{-\frac{1}{x}}=-\mathrm{e}^{-\frac{1}{x}}\cdot\frac{1}{x^2}\Rightarrow f(x)=-\frac{1}{x^2}\Rightarrow\int f(x)\mathrm{d}x=\int-\frac{1}{x^2}\mathrm{d}x=\frac{1}{x}+C.$$

应填：$\frac{1}{x}+C$.

例 5 已知$f'(\mathrm{e}^x)=3x\mathrm{e}^{2x}$,且$f(1)=0$,则$f(x)=$________.

解 由$f'(\mathrm{e}^x)=3x\mathrm{e}^{2x}$,得$f'(t)=3t^2\ln t$,故

$$f(t)=\int 3t^2\ln t\mathrm{d}t=\int(t^3)'\ln t\mathrm{d}t=t^3\ln t-\int t^2\mathrm{d}t=t^3\ln t-\frac{1}{3}t^3+C.$$

由$f(1)=0$,得$C=0$,所以$f(t)=t^3\ln t-\frac{1}{3}t^3$,即$f(x)=x^3\ln x-\frac{1}{3}x^3$.

应填：$x^3\ln x-\frac{1}{3}x^3$.

例 6 设$f(x)=|x|+2$,则$\int f(x)\mathrm{d}x=$________.

解

$$f(x)=\begin{cases}x+2, & x>0,\\ -x+2, & x\leqslant 0.\end{cases}$$

当$x>0$时,$\int f(x)\mathrm{d}x=\int(x+2)\mathrm{d}x=\frac{1}{2}x^2+2x+C_1$;当$x\leqslant 0$时,$\int f(x)\mathrm{d}x=\int(-x+2)\mathrm{d}x=-\frac{1}{2}x^2+2x+C_2$.

因为$f(x)$的原函数在$x=0$点处连续,$\frac{1}{2}\cdot 0^2+2\cdot 0+C_1=-\frac{1}{2}\cdot 0^2+2\cdot 0+C_2\Rightarrow C_1=C_2$,故

$$\int f(x)\mathrm{d}x=\int f(x)\mathrm{d}x=\begin{cases}\frac{1}{2}x^2+2x+C, & x>0,\\ -\frac{1}{2}x^2+2x+C, & x\leqslant 0.\end{cases}$$

例 7 已知非负函数$F(x)$是$f(x)$的原函数,且$F(0)=1$,$f(x)F(x)=\mathrm{e}^{-2x}$,求$f(x)$.

解 由$\int f(x)F(x)\mathrm{d}x=\int\mathrm{e}^{-2x}\mathrm{d}x$,得

$$\frac{1}{2}F^2(x)=-\frac{1}{2}\mathrm{e}^{-2x}+C.$$

由$F(0)=1$得$C=1$,因此$F^2(x)=2-\mathrm{e}^{-2x}$,从而$F(x)=\pm\sqrt{2-\mathrm{e}^{-2x}}$.又由$F(0)=1$知,$F(x)=\sqrt{2-\mathrm{e}^{-2x}}$,故

$$f(x)=F'(x)=(\sqrt{2-e^{-2x}})'=\frac{2e^{-2x}}{2\sqrt{2-e^{-2x}}}=\frac{e^{-2x}}{\sqrt{2-e^{-2x}}}.$$

例 8 求下列不定积分：

(1) $\int x^2(\sqrt{x}+1)^2\mathrm{d}x$；　(2) $\int\frac{(x+2)^2}{\sqrt{x}}\mathrm{d}x$；　(3) $\int(2^x+3^x)^2\mathrm{d}x$.

解 (1) $\int x^2(\sqrt{x}+1)^2\mathrm{d}x=\int(x^3+2x^{5/2}+x^2)\mathrm{d}x=\frac{1}{4}x^4+\frac{4}{7}x^{7/2}+\frac{1}{3}x^3+C$；

(2) $\int\frac{(x+1)^2}{\sqrt{x}}\mathrm{d}x=\int\frac{x^2+2x+1}{\sqrt{x}}\mathrm{d}x=\int\left(x^{\frac{3}{2}}+2\sqrt{x}+\frac{1}{\sqrt{x}}\right)\mathrm{d}x$

$$=\frac{2}{5}x^{\frac{5}{2}}+\frac{4}{3}x^{\frac{3}{2}}+2\sqrt{x}+C;$$

(3) $\int(2^x+3^x)^2\mathrm{d}x=\int(4^x+2\cdot6^x+9^x)\mathrm{d}x=\frac{4^x}{\ln 4}+2\cdot\frac{6^x}{\ln 6}+\frac{9^x}{\ln 9}+C.$

例 9 求下列不定积分：

(1) $\int xf(x^2)f'(x^2)\mathrm{d}x$；　(2) $\int\frac{f'(\ln x)}{x}\mathrm{d}x$.

解 (1) 设 $u=x^2$，则

$$xf'(x^2)\mathrm{d}x=\frac{1}{2}f'(x^2)\mathrm{d}x^2=\frac{1}{2}f'(u)\mathrm{d}u=\frac{1}{2}\mathrm{d}f(u),$$

所以 $\int xf(x^2)f'(x^2)\mathrm{d}x=\frac{1}{2}\int f(u)\mathrm{d}f(u)=\frac{1}{4}(f(u))^2+C=\frac{1}{4}(f(x^2))^2+C.$

(2) 设 $v=\ln x$，则

$$\frac{f'(\ln x)}{x}\mathrm{d}x=f'(\ln x)\mathrm{d}\ln x=f'(v)\mathrm{d}v,$$

所以 $$\int\frac{f'(\ln x)}{x}\mathrm{d}x\int f'(v)\mathrm{d}v=f(v)+C=f(\ln x)+C.$$

例 10 求下列不定积分：

(1) $\int\frac{\mathrm{d}x}{\sqrt{1-4x^2}}$；　(2) $\int\frac{\mathrm{d}x}{\sqrt{x(6-x)}}$；

(3) $\int\frac{\mathrm{d}x}{x\sqrt{1-\ln^2 x}}$；　(4) $\int\frac{\mathrm{d}x}{\sqrt{5-4x-x^2}}$.

解 (1) $\int\frac{\mathrm{d}x}{\sqrt{1-4x^2}}=\int\frac{\mathrm{d}x}{\sqrt{1-(2x)^2}}=\frac{1}{2}\int\frac{\mathrm{d}(2x)}{\sqrt{1-(2x)^2}}=\frac{1}{2}\arcsin(2x)+C$；

(2) $\int\frac{\mathrm{d}x}{\sqrt{x(6-x)}}=\int\frac{\mathrm{d}x}{\sqrt{9-(9-6x+x^2)}}=\int\frac{\mathrm{d}x}{\sqrt{9-(x-3)^2}}$

$$=\int\frac{\mathrm{d}\left(\frac{x-3}{3}\right)}{\sqrt{1-\left(\frac{x-3}{3}\right)^2}}=\arcsin\frac{x-3}{3}+C;$$

(3) $\int\frac{\mathrm{d}x}{x\sqrt{1-\ln^2 x}}=\int\frac{\mathrm{d}\ln x}{\sqrt{1-\ln^2 x}}=\arcsin(\ln x)+C$；

(4) $\int \frac{dx}{\sqrt{5-4x-x^2}}=\int \frac{dx}{\sqrt{9-(x+2)^2}}=\int \frac{d\left(\frac{x+2}{3}\right)}{\sqrt{1-\left(\frac{x+2}{3}\right)^2}}=\arcsin \frac{x+2}{3}+C.$

例 11 求下列不定积分：

(1) $\int \frac{x+2}{x^2+2x+4}dx$；　　(2) $\int \frac{x+5}{x^2-6x+13}dx$.

解 (1) $\int \frac{x+2}{x^2+2x+4}dx=\frac{1}{2}\int \frac{2x+4}{x^2+2x+4}dx=\frac{1}{2}\int \frac{(x^2+2x+4)'+2}{x^2+2x+4}dx$

$$=\frac{1}{2}\ln(x^2+2x+4)+\int \frac{dx}{x^2+2x+4}$$

$$=\frac{1}{2}\ln(x^2+2x+4)+\int \frac{dx}{3+(x+1)^2}$$

$$=\frac{1}{2}\ln(x^2+2x+4)+\frac{1}{\sqrt{3}}\arctan \frac{x+1}{\sqrt{3}}+C;$$

(2) $\int \frac{x+5}{x^2-6x+13}dx=\frac{1}{2}\int \frac{2x+10}{x^2-6x+13}dx=\frac{1}{2}\int \frac{(2x-6)+16}{x^2-6x+13}dx$

$$=\frac{1}{2}\int \frac{2x-6}{x^2-6x+13}dx+\int \frac{8}{x^2-6x+13}dx$$

$$=\frac{1}{2}\int \frac{(x^2-6x+13)'}{x^2-6x+13}dx+\int \frac{8}{4+(x-3)^2}dx$$

$$=\frac{1}{2}\ln(x^2-6x+13)+4\arctan \frac{x-3}{2}+C.$$

例 12 求不定积分：(1) $\int \frac{1+\ln x}{1+x\ln x}dx$；　　(2) $\int \frac{\sqrt{1+2\arctan x}}{1+x^2}dx$.

解 (1) $\int \frac{1+\ln x}{1+x\ln x}dx=\int \frac{(1+x\ln x)'}{1+x\ln x}dx=\ln|1+x\ln x|+C$；

(2) $\int \frac{\sqrt{1+2\arctan x}}{1+x^2}dx=\frac{1}{2}\int \sqrt{1+2\arctan x}\,d(1+2\arctan x)$

$$=\frac{1}{3}(1+2\arctan x)^{\frac{3}{2}}+C.$$

例 13 计算 $\int \frac{dx}{x\sqrt{\ln x(1-\ln x)}}$.

解 $\int \frac{dx}{x\sqrt{\ln x(1-\ln x)}}=\int \frac{d\ln x}{\sqrt{\ln x(1-\ln x)}}=\int \frac{d\ln x}{\sqrt{\ln x}\cdot\sqrt{(1-\ln x)}}$

$$=\int \frac{d\ln x}{\sqrt{\ln x}\cdot\sqrt{(1-\ln x)}}=2\int \frac{d\sqrt{\ln x}}{\sqrt{1-\ln x}}$$

$$=2\int \frac{d\sqrt{\ln x}}{\sqrt{1-(\sqrt{\ln x})^2}}$$

$$=2\arcsin\sqrt{\ln x}+C.$$

例 14 求 $\int \frac{dx}{(2x^2+1)\sqrt{x^2+1}}$.

解 令 $x=\tan t$,则 $dx=\sec^2 t dt$,于是

$$\int \frac{dx}{(2x^2+1)\sqrt{x^2+1}} = \int \frac{\sec^2 t dt}{(2\tan^2 t+1)\sec t} = \int \frac{dt}{(2\tan^2 t+1)\cos t}$$
$$= \int \frac{\cos t dt}{2\sin^2 t+\cos t} = \int \frac{d\sin t}{1+\sin^2 t}$$
$$= \arctan(\sin t)+C$$
$$= \arctan \frac{x}{\sqrt{1+x^2}}+C.$$

例 15 计算 $\int \frac{xe^x dx}{\sqrt{1+e^x}}$.

解 令 $t=\sqrt{1+e^x}$,则 $x=\ln(t^2-1)$,$dx=\frac{2t}{t^2-1}dt$,于是

$$\int \frac{xe^x dx}{\sqrt{1+e^x}} = 2\int \ln(t^2-1)dt = 2\int[\ln(t+1)+\ln(t-1)]dt$$
$$= 2[(t+1)\ln(t+1)-(t+1)+(t-1)\ln(t-1)-(t-1)]+C$$
$$= 2\left[t\ln(t^2-1)+\ln\left|\frac{t+1}{t-1}\right|-2t\right]+C$$
$$= 2x\sqrt{1+e^x}-4\sqrt{1+e^x}+2\ln\frac{\sqrt{1+e^x}+1}{\sqrt{1+e^x}-1}+C.$$

例 16 求 $\int \frac{xe^x}{\sqrt{e^x-1}}dx$.

解
$$\int \frac{xe^x}{\sqrt{e^x-1}}dx = 2\int x(\sqrt{e^x-1})'dx = 2x\sqrt{e^x-1}-2\int \sqrt{e^x-1}dx, \tag{1}$$
$$\int \sqrt{e^x-1}dx \xlongequal{t=\sqrt{e^x-1}} \int t\cdot\frac{2t}{1+t^2}dt = 2\int\left(1-\frac{1}{1+t^2}\right)dt = 2(t-\arctan t)+C$$
$$= 2(\sqrt{e^x-1}-\arctan\sqrt{e^x-1})+C, \tag{2}$$

由式(1)和式(2)得 $\int \frac{xe^x}{\sqrt{e^x-1}}dx = 2(x-2)\sqrt{e^x-1}+4\arctan\sqrt{e^x-1}+C$.

例 17 求下列不定积分:

(1) $\int \frac{xdx}{(x^2+1)\sqrt{1-x^2}}$;　　(2) $\int \frac{\sqrt{x^2-a^2}}{x^4}dx(a>0)$;

(3) $\int \frac{x^2}{(1+x^2)^2}dx$;　　(4) $\int \frac{1}{1+\sqrt{1-x^2}}dx$.

解 (1) 令 $x=\sin t$,则 $dx=\cos t dt$,于是

$$\int \frac{x\mathrm{d}x}{(x^2+1)\sqrt{1-x^2}} = \int \frac{\sin t\cos t}{(\sin^2 t+1)\cos t}\mathrm{d}t = -\int \frac{\mathrm{d}(\cos t)}{2-\cos^2 t}$$

$$= -\frac{1}{2\sqrt{2}}\int\left(\frac{1}{\sqrt{2}-\cos t}+\frac{1}{\sqrt{2}+\cos t}\right)\mathrm{d}(\cos t)$$

$$= -\frac{1}{2\sqrt{2}}\ln\left(\frac{\sqrt{2}+\cos t}{\sqrt{2}-\cos t}\right)+C$$

$$= -\frac{1}{2\sqrt{2}}\ln\left(\frac{\sqrt{2}+\sqrt{1-x^2}}{\sqrt{2}-\sqrt{1-x^2}}\right)+C.$$

(2) 令 $x=a\sec t \Rightarrow \mathrm{d}x=a\sec t\cdot\tan t\mathrm{d}t$,于是

$$\int \frac{\sqrt{x^2-a^2}}{x^4}\mathrm{d}x = \int \frac{a\tan t}{a^4\sec^4 t}\cdot a\sec t\cdot\tan t\mathrm{d}t = \frac{1}{a^2}\int \frac{\tan^2 t}{\sec^3 t}\mathrm{d}t$$

$$= \frac{1}{a^2}\int \sin^2 t\cos t\mathrm{d}t = \frac{1}{3a^2}\sin^3 t + C$$

$$= \frac{1}{3a^2}\left(\frac{\sqrt{x^2-a^2}}{x}\right)^3 + C.$$

(3) 令 $x=\tan t \Rightarrow \mathrm{d}x=\sec^2 t\mathrm{d}t$,于是

$$\int \frac{x^2}{(1+x^2)^2}\mathrm{d}x = \int \frac{\tan^2 t}{(1+\tan^2)^2}\sec^2 t\mathrm{d}t = \int \sin^2 t\mathrm{d}t$$

$$= \int \frac{1-\cos 2t}{2}\mathrm{d}t = \frac{t}{2}-\frac{\sin 2t}{4}+C$$

$$= \frac{1}{2}\arctan x - \frac{1}{2}\frac{x}{1+x^2}+C.$$

(4) 令 $x=\sin t$,则 $\mathrm{d}x=\cos t\mathrm{d}t$,于是

$$\int \frac{1}{1+\sqrt{1-x^2}}\mathrm{d}x = \int \frac{\cos t}{1+\cos t}\mathrm{d}t = \int \frac{\cos t-\cos^2 t}{1-\cos^2 t}\mathrm{d}t$$

$$= \int \frac{\mathrm{d}(\sin t)}{\sin^2 t} - \int \frac{1-\sin^2 t}{\sin^2 t}\mathrm{d}t$$

$$= -\frac{1}{\sin t}+\cot t + t + C$$

$$= -\frac{1}{x}+\frac{\sqrt{1-x^2}}{x}+\arcsin x + C.$$

例 18 求不定积分 $\int \frac{\mathrm{d}x}{x\sqrt{x^2+1}}$.

解 令 $\frac{1}{x}=t$,则

$$\int \frac{\mathrm{d}x}{x\sqrt{x^2+1}} = \int \frac{-\frac{1}{t^2}}{\frac{1}{t}\sqrt{\frac{1}{t^2}+1}}\mathrm{d}t = -\int \frac{\mathrm{d}t}{\sqrt{1+t^2}} = -\ln\left(t+\sqrt{1+t^2}\right)+C$$

$$= -\ln\left(\frac{1}{x}+\sqrt{1+\frac{1}{x^2}}\right)+C = -\ln\frac{1+\sqrt{1+x^2}}{x}+C.$$

例 19 求$\int \frac{1}{(1+x+x^2)^{3/2}}\mathrm{d}x$.

解 $$\int \frac{1}{(1+x+x^2)^{3/2}}\mathrm{d}x=\int \frac{1}{\left[\left(\frac{\sqrt{3}}{2}\right)^2+\left(x+\frac{1}{2}\right)^2\right]^{\frac{3}{2}}}\mathrm{d}x.$$

令 $x+\frac{1}{2}=\frac{\sqrt{3}}{2}\tan t$，则

$$\int \frac{1}{(1+x+x^2)^{3/2}}\mathrm{d}x=\int \frac{\frac{\sqrt{3}}{2}\sec^2 t}{\left(\frac{\sqrt{3}}{2}\right)^3\sec^3 t}\mathrm{d}t=\frac{2}{3}\int \cos t\mathrm{d}t=\frac{2}{3}\sin t+C,$$

$$\int \frac{1}{(1+x+x^2)^{3/2}}\mathrm{d}x=\frac{1}{3}\ \frac{2x+1}{\sqrt{1+x+x^2}}+C.$$

例 20 求$\int \frac{\sqrt{a^2-x^2}}{x^4}\mathrm{d}x$.

解 设 $x=\frac{1}{t}\Rightarrow \mathrm{d}x=-\frac{1}{t^2}\mathrm{d}t$，于是

$$\int \frac{\sqrt{a^2-x^2}}{x^4}\mathrm{d}x=\int \frac{\sqrt{a^2-\frac{1}{t^2}}\cdot\left(-\frac{\mathrm{d}t}{t^2}\right)}{\frac{1}{t^4}}=-\int (a^2t^2-1)^{\frac{1}{2}}\ |t|\ \mathrm{d}t.$$

当 $x>0$ 时，有

$$\begin{aligned}\int \frac{\sqrt{a^2-x^2}}{x^4}\mathrm{d}x&=-\frac{1}{2a^2}\int (a^2t^2-1)^{\frac{1}{2}}\mathrm{d}(a^2t^2-1)\\&=-\frac{(a^2t^2-1)^{\frac{3}{2}}}{3a^2}+C\\&=-\frac{(a^2-x^2)^{\frac{3}{2}}}{3a^2x^3}+C.\end{aligned}$$

当 $x<0$ 时，有相同的结果，故无论何种情形，总有

$$\int \frac{\sqrt{a^2-x^2}}{x^4}\mathrm{d}x=-\frac{(a^2-x^2)^{\frac{3}{2}}}{3a^2x^3}+C.$$

例 21 求$\int \ln(x+\sqrt{x^2+1})\mathrm{d}x$.

解 $$\begin{aligned}\int \ln(x+\sqrt{x^2+1})\mathrm{d}x&=\int x'\cdot\ln(x+\sqrt{x^2+1})\mathrm{d}x\\&=x\ln(x+\sqrt{x^2+1})-\int \frac{x}{\sqrt{x^2+1}}\mathrm{d}x\\&=x\ln(x+\sqrt{x^2+1})-\sqrt{x^2+1}+C.\end{aligned}$$

例 22 求$\int \frac{x+\ln^3 x}{(x\ln x)^2}\mathrm{d}x$.

解 $$\int \frac{x+\ln^3 x}{(x\ln x)^2}\mathrm{d}x=\int \frac{1}{x\ln^2 x}\mathrm{d}x+\int \frac{\ln x}{x^2}\mathrm{d}x=\int \frac{1}{\ln^2 x}\mathrm{d}(\ln x)+\int \left(-\frac{1}{x}\right)'\ln x\mathrm{d}x$$

$$=-\frac{1}{\ln x}-\frac{\ln x}{x}-\frac{1}{x}+C.$$

例 23　求下列不定积分：

(1) $\int \arcsin x\mathrm{d}x$；　　(2) $\int \arctan x\mathrm{d}x$；

(3) $\int \ln(1+x)\mathrm{d}x$；　　(4) $\int \sqrt{1+x^2}\mathrm{d}x$.

解　(1) $\int \arcsin x\mathrm{d}x=\int x'\arcsin x\mathrm{d}x=x\arcsin x-\int \frac{x}{\sqrt{1-x^2}}\mathrm{d}x$

$$=x\arcsin x+\sqrt{1-x^2}+C;$$

(2) $\int \arctan x\mathrm{d}x=\int x'\arctan x\mathrm{d}x=x\arctan x-\int \frac{x}{1+x^2}\mathrm{d}x$

$$=x\arctan x-\frac{1}{2}\ln(1+x^2)+C;$$

(3) $\int \ln(1+x)\mathrm{d}x=\int (x+1)'\ln(1+x)\mathrm{d}x=(x+1)\ln(1+x)-\int \mathrm{d}x$

$$=(x+1)\ln(1+x)-x+C;$$

(4) $\int \sqrt{1+x^2}\mathrm{d}x=\int x'\sqrt{1+x^2}\mathrm{d}x=x\sqrt{1+x^2}-\int \frac{x^2}{\sqrt{1+x^2}}\mathrm{d}x$

$$=x\sqrt{1+x^2}-\int \frac{(1+x^2)-1}{\sqrt{1+x^2}}\mathrm{d}x$$

$$=x\sqrt{1+x^2}-\int \sqrt{1+x^2}\mathrm{d}x+\int \frac{1}{\sqrt{1+x^2}}\mathrm{d}x$$

$$=x\sqrt{1+x^2}-\int \sqrt{1+x^2}\mathrm{d}x+\ln(x+\sqrt{1+x^2}),$$

故
$$\int \sqrt{1+x^2}\mathrm{d}x=\frac{1}{2}x\sqrt{1+x^2}+\frac{1}{2}\ln(x+\sqrt{1+x^2})+C.$$

例 24　求 $\int x^2\arccos x\mathrm{d}x$.

解
$$\int x^2\arccos x\mathrm{d}x=\int\left(\frac{1}{3}x^3\right)'\arccos x\mathrm{d}x$$

$$=\frac{1}{3}x^3\arccos x+\int \frac{1}{3}x^3\frac{1}{\sqrt{1-x^2}}\mathrm{d}x. \tag{1}$$

令 $x=\sin t$，则

$$\int \frac{x^3}{\sqrt{1-x^2}}\mathrm{d}x=\int \sin^3 t\frac{1}{\cos t}\cos t\mathrm{d}t=-\int (1-\cos^2 t)\mathrm{d}(\cos t)$$

$$=-\cos t+\frac{1}{3}\cos^3 t+C$$

$$=-\sqrt{1-x^2}+\frac{1}{3}\sqrt{(1-x^2)^3}+C. \tag{2}$$

由式(1)和式(2)得 $\int x^2\arccos x\mathrm{d}x=\frac{1}{3}x^3\arccos x-\frac{1}{3}\sqrt{1-x^2}+\frac{1}{9}\sqrt{(1-x^2)^3}+C.$

例 25 求不定积分$\int(\arcsin x)^2\mathrm{d}x$.

解 令$t=\arcsin x\Rightarrow x=\sin t\Rightarrow \mathrm{d}x=\cos t\mathrm{d}t$. 于是

$$\begin{aligned}\int(\arcsin x)^2\mathrm{d}x &= \int t^2\cos t\mathrm{d}t = t^2\sin t-2\int t\sin t\mathrm{d}t\\&= t^2\sin t+2\int t(\cos t)'\mathrm{d}t = t^2\sin t+2t\cos t-2\sin t+C\\&= x(\arcsin x)^2+2\sqrt{1-x^2}\arcsin x-2x+C.\end{aligned}$$

例 26 求$\int\sin(\ln x)\mathrm{d}x$.

解
$$\begin{aligned}\int\sin(\ln x)\mathrm{d}x &= \int x'\sin(\ln x)\mathrm{d}x = x\sin(\ln x)-\int x\cos(\ln x)\cdot\frac{1}{x}\mathrm{d}x\\&= x\sin(\ln x)-\int x'\cos(\ln x)\mathrm{d}x\\&= x\sin(\ln x)-x\cos(\ln x)+\int x\left[-\sin(\ln x)\cdot\frac{1}{x}\right]\mathrm{d}x,\end{aligned}$$

于是
$$\int\sin(\ln x)\mathrm{d}x=\frac{1}{2}x[\sin(\ln x)-\cos(\ln x)]+C.$$

例 27 求下列不定积分：

(1)$\int\sec^3x\mathrm{d}x$； (2)$\int\frac{1+\sin x}{1+\cos x}\mathrm{e}^x\mathrm{d}x$.

解 (1)
$$\begin{aligned}\int\sec^3x\mathrm{d}x &= \int\sec x\cdot\sec^2x\mathrm{d}x = \int\sec x\cdot(\tan x)'\mathrm{d}x\\&= \sec x\tan x-\int\sec x\tan x\cdot\tan x\mathrm{d}x\\&= \sec x\tan x-\int\sec x(\sec^2t-1)\mathrm{d}x\\&= \sec x\tan x-\int\sec^3x\mathrm{d}x+\int\sec x\mathrm{d}x\\&= \sec x\tan x-\int\sec^3x\mathrm{d}x+\ln|\sec x+\tan x|,\end{aligned}$$

故
$$\int\sec^3x\mathrm{d}x=\frac{1}{2}\sec x\tan x+\frac{1}{2}\ln|\sec x+\tan x|+C.$$

(2)
$$\begin{aligned}\int\frac{1+\sin x}{1+\cos x}\mathrm{e}^x\mathrm{d}x &= \int\frac{1+\sin x}{2\cos^2\frac{x}{2}}\mathrm{e}^x\mathrm{d}x = \int\left(\tan\frac{x}{2}\right)'\mathrm{e}^x\mathrm{d}x+\int\tan\frac{x}{2}\mathrm{e}^x\mathrm{d}x\\&= \int\left(\tan\frac{x}{2}\right)'\mathrm{e}^x\mathrm{d}x+\int\tan\frac{x}{2}\mathrm{e}^x\mathrm{d}x\\&= \tan\frac{x}{2}\mathrm{e}^x-\int\tan\frac{x}{2}\mathrm{e}^x\mathrm{d}x+\int\tan\frac{x}{2}\mathrm{e}^x\mathrm{d}x\\&= \mathrm{e}^x\tan\frac{x}{2}+C.\end{aligned}$$

例 28 求不定积分 $\int x(\arcsin x)^2 \mathrm{d}x$.

解 设 $t=\arcsin x \Rightarrow x=\sin t \Rightarrow \mathrm{d}x=\cos t\mathrm{d}t$，于是

$$\begin{aligned}
\int x(\arcsin x)^2 \mathrm{d}x &= \int t^2 \sin t\cos t\mathrm{d}t = \frac{1}{2}\int t^2 \sin 2t\mathrm{d}t = -\frac{1}{4}\int t^2(\cos 2t)'\mathrm{d}t \\
&= -\frac{1}{4}\left(t^2\cos 2t - \int 2t\cos 2t\mathrm{d}t\right) \\
&= -\frac{1}{4}t^2\cos 2t + \frac{1}{4}\int t(\sin 2t)'\mathrm{d}t \\
&= -\frac{1}{4}t^2\cos 2t + \frac{1}{4}t\sin 2t - \frac{1}{4}\int \sin 2t\mathrm{d}t \\
&= -\frac{1}{4}t^2\cos 2t + \frac{1}{4}t\sin 2t + \frac{1}{8}\cos 2t + C \\
&= -\frac{1}{4}(1-2x^2)(\arcsin x)^2 + \frac{1}{2}x\sqrt{1-x^2}\arcsin x - \frac{1}{4}x^2 + C.
\end{aligned}$$

例 29 求 $\int \mathrm{e}^{2x}(\tan x+1)^2 \mathrm{d}x$.

解

$$\begin{aligned}
\int \mathrm{e}^{2x}(\tan x+1)^2 \mathrm{d}x &= \int \mathrm{e}^{2x}(\tan^2 x+2\tan x+1)\mathrm{d}x \\
&= \int \mathrm{e}^{2x}\sec^2 x\mathrm{d}x + 2\int \mathrm{e}^{2x}\tan x\mathrm{d}x \\
&= \int \mathrm{e}^{2x}(\tan x)'\mathrm{d}x + 2\int \mathrm{e}^{2x}\tan x\mathrm{d}x \\
&= \mathrm{e}^{2x}\tan x - 2\int \mathrm{e}^{2x}\tan x\mathrm{d}x + 2\int \mathrm{e}^{2x}\tan x\mathrm{d}x \\
&= \mathrm{e}^{2x}\tan x + C.
\end{aligned}$$

例 30 求 $\int \frac{\arctan x}{x^2(1+x^2)}\mathrm{d}x$.

解

$$\begin{aligned}
\int \frac{\arctan x}{x^2(1+x^2)}\mathrm{d}x &= \int \left(\frac{1}{x^2} - \frac{1}{1+x^2}\right)\arctan x\mathrm{d}x \\
&= \int \left(-\frac{1}{x}\right)'\arctan x\mathrm{d}x - \int \arctan x\mathrm{d}(\arctan x) \\
&= -\frac{1}{x}\arctan x + \int \frac{\mathrm{d}x}{x(1+x^2)} - \frac{1}{2}(\arctan x)^2 \\
&= -\frac{1}{x}\arctan x + \frac{1}{2}(\arctan x)^2 + \int \left(\frac{1}{x} - \frac{x}{1+x^2}\right)\mathrm{d}x \\
&= -\frac{1}{x}\arctan x + \frac{1}{2}(\arctan x)^2 + \ln|x| - \frac{1}{2}\ln(1+x^2) + C.
\end{aligned}$$

例 31 求不定积分 $\int \frac{x^2+1}{x\sqrt{x^4+1}}\mathrm{d}x$.

解 令 $t=x^2 \Rightarrow \mathrm{d}t=2x\mathrm{d}x$，于是

$$\int \frac{x^2+1}{x\sqrt{x^4+1}}\mathrm{d}x = \frac{1}{2}\int \frac{x^2+1}{\sqrt{x^4+1}}\cdot\frac{1}{x^2}\cdot 2x\mathrm{d}x = \frac{1}{2}\int \frac{t+1}{\sqrt{t^2+1}}\cdot\frac{1}{t}\mathrm{d}t$$

$$= \frac{1}{2}\left(\int \frac{\mathrm{d}t}{\sqrt{t^2+1}} + \int \frac{\mathrm{d}t}{t\sqrt{t^2+1}}\right)$$

$$= \frac{1}{2}\ln(t+\sqrt{t^2+1}) + \frac{1}{2}\int \frac{\mathrm{d}t}{t^2\sqrt{1+1/t^2}}$$

$$= \frac{1}{2}\ln(t+\sqrt{t^2+1}) - \frac{1}{2}\int \frac{\mathrm{d}(1/t)}{\sqrt{1+1/t^2}}$$

$$= \frac{1}{2}\ln(t+\sqrt{t^2+1}) - \frac{1}{2}\ln\left(\frac{1}{t}+\sqrt{\frac{1}{t^2}+1}\right)+C$$

$$= \frac{1}{2}\ln(x^2+\sqrt{x^4+1}) - \frac{1}{2}\ln(1+\sqrt{1+x^4}) + \frac{1}{2}\ln x^2 + C.$$

例 32 求下列不定积分：

(1) $\int \frac{x^3+4x^2}{x^2+3x+2}\mathrm{d}x$； (2) $\int \frac{\mathrm{d}x}{1+x^3}$； (3) $\int \frac{\mathrm{d}x}{1+x^4}$.

解 (1) $\int \frac{x^3+4x^2}{x^2+3x+2}\mathrm{d}x = \int\left(x+1-\frac{5x+2}{x^2+3x+2}\right)\mathrm{d}x$

$$= \int\left(x+1-\frac{3}{x+1}+\frac{8}{x+2}\right)\mathrm{d}x$$

$$= \frac{1}{2}x^2+x-3\ln|x+1|+8\ln|x+2|+C.$$

(2) 设$\frac{1}{1+x^3}=\frac{1}{(x+1)(x^2-x+1)}=\frac{A}{x+1}+\frac{Bx+C}{x^2-x+1}$，则

$$A(x^2-x+1)+(Bx+C)(x+1)=1,$$

即$(A+B)x^2+(-A+B+C)x+A+C=1$，比较系数得

$$\begin{cases} A+B=0, \\ -A+B+C=0, \\ A+C=1. \end{cases}$$

解得 $A=\frac{1}{3}, B=-\frac{1}{3}, C=\frac{2}{3}$. 于是

$$\int \frac{\mathrm{d}x}{1+x^3} = \frac{1}{3}\int\left(\frac{1}{x+1}-\frac{x-2}{x^2-x+1}\right)\mathrm{d}x$$

$$= \frac{1}{3}\int \frac{1}{x+1}\mathrm{d}x - \frac{1}{3}\int \frac{x-2}{x^2-x+1}\mathrm{d}x$$

$$= \frac{1}{3}\int \frac{1}{x+1}\mathrm{d}(x+1) - \frac{1}{3}\int \frac{\frac{2x-1}{\sqrt{3}}}{\left(\frac{2x-1}{\sqrt{3}}\right)^2+1}\mathrm{d}\left(\frac{2x-1}{\sqrt{3}}\right)+$$

$$\frac{\sqrt{3}}{3}\int \frac{1}{\left(\frac{2x-1}{\sqrt{3}}\right)^2+1}\mathrm{d}\left(\frac{2x-1}{\sqrt{3}}\right)$$

$$= \frac{1}{3}\ln(1+x) - \frac{1}{6}\ln\left[\left(\frac{2x-1}{\sqrt{3}}\right)^2+1\right] + \frac{1}{\sqrt{3}}\arctan\frac{2x-1}{\sqrt{3}} + C$$

$$= \frac{1}{6}\ln\frac{(1+x)^2}{x^2-x+1} + \frac{1}{\sqrt{3}}\arctan\frac{2x-1}{\sqrt{3}} + C.$$

(3) $$\int\frac{x^2+1}{1+x^4}\mathrm{d}x = \int\frac{1+\frac{1}{x^2}}{x^2+\frac{1}{x^2}}\mathrm{d}x = \int\frac{1}{\left(\frac{x-\frac{1}{x}}{\sqrt{2}}\right)^2+2}\mathrm{d}\left(\frac{x-\frac{1}{x}}{\sqrt{2}}\right)$$

$$= \frac{1}{\sqrt{2}}\arctan\left(\frac{x-\frac{1}{x}}{\sqrt{2}}\right) + C_1,$$

$$\int\frac{x^2-1}{1+x^4}\mathrm{d}x = \int\frac{1-\frac{1}{x^2}}{x^2+\frac{1}{x^2}}\mathrm{d}x = \int\frac{1}{\left(x+\frac{1}{x}\right)^2-2}\mathrm{d}\left(x+\frac{1}{x}\right)$$

$$= \frac{1}{2\sqrt{2}}\ln\left|\frac{x^2-\sqrt{2}x+1}{x^2+\sqrt{2}x+1}\right| + C_2,$$

$$\int\frac{\mathrm{d}x}{1+x^4} = \frac{1}{2}\int\frac{x^2+1}{1+x^4}\mathrm{d}x - \frac{1}{2}\int\frac{x^2-1}{1+x^4}\mathrm{d}x$$

$$= \frac{\sqrt{2}}{4}\arctan\frac{\sqrt{2}x}{1-x^2} + \frac{\sqrt{2}}{8}\ln\left|\frac{x^2-\sqrt{2}x+1}{x^2+\sqrt{2}x+1}\right| + C.$$

例 33 求不定积分 $\int\frac{5x^3+7x^2-6x-2}{x(x+1)^2(x-2)}\mathrm{d}x$.

解 用待定系数法把被积函数化成部分分式的和. 令

$$\frac{5x^3+7x^2-6x-2}{x(x+1)^2(x-2)} = \frac{a}{x} + \frac{b}{x+1} + \frac{c}{(x+1)^2} + \frac{d}{x-2},$$

右边通分得

$$\frac{5x^3+7x^2-6x-2}{x(x+1)^2(x-2)} = \frac{a(x+1)^2(x-2)+bx(x+1)(x-2)+cx(x-2)+dx(x+1)^2}{x(x+1)^2(x-2)}$$

$$= \frac{(a+b+d)x^3+(-b+c+2d)x^2+(-3a-2b-2c+d)x-2a}{x(x+1)^2(x-2)},$$

于是得

$$\begin{cases} a+b+d=5, \\ -b+c+2d=7, \\ -3a-2b-2c+d=-6, \\ -2a=-2. \end{cases}$$

解方程组得

$$\begin{cases} a=1, \\ b=1, \\ c=2, \\ d=3. \end{cases}$$

故

$$\int \frac{5x^3+7x^2-6x-2}{x(x+1)^2(x-2)}dx=\int\left(\frac{1}{x}+\frac{1}{x+1}+\frac{2}{(x+1)^2}+\frac{3}{x-2}\right)dx$$

$$=\ln|x(x+1)(x-2)^3|-\frac{2}{x+1}+C.$$

例 34 求不定积分 $\int \frac{\sin x}{\sin x+\cos x}dx$.

解 令 $I_1=\int \frac{\sin x}{\sin x+\cos x}dx$, $I_2=\int \frac{\cos x}{\sin x+\cos x}dx$,则

$$I_1+I_2=\int dx=x+C_1,$$

$$-I_1+I_2=\int \frac{\cos x-\sin x}{\sin x+\cos x}dx=\int \frac{(\sin x+\cos x)'}{\sin x+\cos x}dx=\ln|\sin x+\cos x|+C_2.$$

由上述两式得

$$I_1=\frac{1}{2}x-\ln|\sin x+\cos x|+\frac{1}{2}C_1-\frac{1}{2}C_2.$$

记 $C=\frac{1}{2}(C_1-C_2)$,得

$$\int \frac{\sin x}{\sin x+\cos x}dx=\frac{1}{2}x-\ln|\sin x+\cos x|+C.$$

例 35 求 $\int \frac{1}{\sin 2x+2\sin x}dx$.

解

$$\int \frac{1}{\sin 2x+2\sin x}dx=\int \frac{1}{2\sin x\cos x+2\sin x}dx$$

$$=\int \frac{\sin x}{2\sin^2 x(1+\cos x)}dx$$

$$=-\frac{1}{2}\int \frac{d(\cos x)}{(1-\cos^2 x)(1+\cos x)}$$

$$\xlongequal{t=\cos x}-\frac{1}{2}\int \frac{dt}{(1-t^2)(1+t)}$$

$$=-\frac{1}{2}\int\left(\frac{1}{4(1+t)}+\frac{1}{2(1+t)^2}+\frac{1}{4(1-t)}\right)dt$$

$$=-\frac{1}{8}\ln|1+t|+\frac{1}{4(1+t)}+\frac{1}{8}\ln|1-t|+C$$

$$=\frac{1}{8}\ln\left|\frac{1-t}{1+t}\right|+\frac{1}{4(1+t)}+C,$$

所以

$$\text{原积分}=\frac{1}{8}\ln\left|\frac{1-\cos x}{1+\cos x}\right|+\frac{1}{4(1+\cos x)}+C$$

$$=\frac{1}{4}\ln|\sin x|-\frac{1}{4}\ln(1+\cos x)+\frac{1}{4(1+\cos x)}+C.$$

例 36 求下列不定积分:

(1) $\int \tan^3 x dx$;　(2) $\int \frac{dx}{\sin^2 x+6\cos^2 x}$;　(3) $\int \frac{1-\sin x}{x+\cos x}dx$;

(4) $\int \frac{1}{1+\sin x}dx$;　(5) $\int \frac{1}{1+\cos x}dx$.

解 (1) $\int \tan^3 x\mathrm{d}x = \int \tan^2 x \cdot \tan x\mathrm{d}x = \int (\sec^2 x - 1)\tan x\mathrm{d}x$

$$= \int \sec^2 x \cdot \tan x\mathrm{d}x - \int \tan x\mathrm{d}x$$

$$= \int \tan x\mathrm{d}(\tan x) - \int \frac{\sin x}{\cos x}\mathrm{d}x$$

$$= \frac{1}{2}(\tan x)^2 + \ln|\cos x| + C;$$

(2) $\int \frac{\mathrm{d}x}{\sin^2 x + 6\cos^2 x} = \int \frac{1}{\tan^2 x + 6} \cdot \frac{1}{\cos^2 x}\mathrm{d}x$

$$= \int \frac{1}{\tan^2 x + 6}\mathrm{d}(\tan x) = \frac{1}{\sqrt{6}}\arctan\left(\frac{\tan x}{\sqrt{6}}\right) + C;$$

(3) $\int \frac{1 - \sin x}{x + \cos x}\mathrm{d}x = \int \frac{(x + \cos x)'}{x + \cos x}\mathrm{d}x = \ln|x + \cos x| + C;$

(4) $\int \frac{1}{1 + \sin x}\mathrm{d}x = \int \frac{1 - \sin x}{\cos^2 x}\mathrm{d}x = \tan x - \frac{1}{\cos x} + C;$

(5) $\int \frac{1}{1 + \cos x}\mathrm{d}x = \int \frac{1}{2\cos^2 \frac{x}{2}}\mathrm{d}x = \tan\frac{x}{2} + C.$

例 37 求下列不定积分：

(1) $\int \frac{\sin x\cos x}{\sin x + \cos x}\mathrm{d}x$；　　(2) $\int \frac{x + \sin x}{1 + \cos x}\mathrm{d}x$.

解 (1) $\int \frac{\sin x\cos x}{\sin x + \cos x}\mathrm{d}x = \frac{1}{2}\int \frac{(\sin x + \cos x)^2 - 1}{\sin x + \cos x}\mathrm{d}x$

$$= \frac{1}{2}\int (\sin x + \cos x)\mathrm{d}x - \frac{1}{2}\int \frac{1}{\sin x + \cos x}\mathrm{d}x$$

$$= \frac{1}{2}(-\cos x + \sin x) - \frac{1}{2\sqrt{2}}\int \frac{1}{\sin(x + \pi/4)}\mathrm{d}x$$

$$= \frac{1}{2}(\sin x - \cos x) - \frac{1}{2\sqrt{2}}\ln|\csc(x + \pi/4) - \cot(x + \pi/4)| + C;$$

(2) $\int \frac{x + \sin x}{1 + \cos x}\mathrm{d}x = \int \frac{x + 2\sin\frac{x}{2}\cos\frac{x}{2}}{2\cos^2\frac{x}{2}}\mathrm{d}x = \int \frac{x}{2\cos^2\frac{x}{2}}\mathrm{d}x + \int \tan\frac{x}{2}\mathrm{d}x$

$$= \int x\left(\tan\frac{x}{2}\right)'\mathrm{d}x + \int \tan\frac{x}{2}\mathrm{d}x$$

$$= x\tan\frac{x}{2} - \int \tan\frac{x}{2}\mathrm{d}x + \int \tan\frac{x}{2}\mathrm{d}x$$

$$= x\tan\frac{x}{2} + C.$$

例 38 求 $\int \frac{\mathrm{d}x}{\sqrt[3]{(x + 1)^2(x - 1)^4}}$.

解 先把被积函数化成简单无理式.

$$\int\frac{\mathrm{d}x}{\sqrt[3]{(x+1)^2(x-1)^4}}=\int\frac{1}{(x+1)(x-1)}\sqrt[3]{\frac{x+1}{x-1}}\mathrm{d}x,$$

令$\sqrt[3]{\frac{x+1}{x-1}}=t\Rightarrow x=\frac{t^3+1}{t^3-1},\mathrm{d}x=\frac{-6t^2}{(t^3-1)^2}\mathrm{d}t$，于是得

$$\int\frac{\mathrm{d}x}{\sqrt[3]{(x+1)^2(x-1)^4}}=\int\frac{t}{4t^3/(t^3-1)^2}\cdot\frac{-6t^2}{(t^3-1)^2}\mathrm{d}t=-\frac{3}{2}\int\mathrm{d}t$$

$$=-\frac{3}{2}t+C=-\frac{3}{2}\sqrt[3]{\frac{x+1}{x-1}}+C.$$

例 39 计算$\int\frac{(x-1)}{\sqrt{x}+\sqrt[3]{x^2}}\mathrm{d}x$.

解 令$t=\sqrt[6]{x}$，则$x=t^6\Rightarrow\mathrm{d}x=6t^5\mathrm{d}t$，于是

$$\int\frac{(x-1)}{\sqrt{x}+\sqrt[3]{x^2}}\mathrm{d}x=6\int\frac{(t^6-1)t^5}{t^3+t^4}\mathrm{d}t=6\int\frac{(t^6-1)t^2}{1+t}\mathrm{d}t$$

$$=6\int t^2(t^5-t^4+t^3-t^2+t-1)\mathrm{d}t$$

$$=6\left(\frac{1}{8}t^8-\frac{1}{7}t^7+\frac{1}{6}t^6-\frac{1}{5}t^5+\frac{1}{4}t^4-\frac{1}{3}t^3\right)+C$$

$$=6\left(\frac{1}{8}x^{\frac{4}{3}}-\frac{1}{7}x^{\frac{7}{6}}+\frac{1}{6}x-\frac{1}{5}x^{\frac{5}{6}}+\frac{1}{4}x^{\frac{2}{3}}-\frac{1}{3}x^{\frac{1}{2}}\right)+C.$$

例 40 求$\int\frac{\mathrm{d}x}{\sqrt{x+1}-\sqrt[3]{x+1}}$.

解 令$\sqrt[6]{x+1}=t\Rightarrow x=t^6-1\Rightarrow\mathrm{d}x=6t^5\mathrm{d}t$，

$$\text{原式}=\int\frac{6t^5}{t^3-t^2}\mathrm{d}t=6\int\frac{t^3}{t-1}\mathrm{d}t=6\int\frac{t^3-1+1}{t-1}\mathrm{d}t$$

$$=6\int\left(t^2+t+1+\frac{1}{t-1}\right)\mathrm{d}t$$

$$=2t^3+3t^2+6t+6\ln|t-1|+C$$

$$=2\sqrt{x+1}+3\sqrt[3]{x+1}+6\sqrt[6]{x+1}+6\ln|\sqrt[6]{x+1}-1|+C.$$

例 41 求$\int\max(1,x^2)\mathrm{d}x$.

解 由$\max(1,x^2)=\begin{cases}x^2, & |x|\geqslant 1,\\ 1, & -1<x<1\end{cases}$分段积分得

$$\int\max(1,x^2)\mathrm{d}x=\begin{cases}x^3/3+C_1, & x\leqslant -1,\\ x+C_2, & -1<x<1,\\ x^3/3+C_3, & x\geqslant 1.\end{cases}$$

由于$f(x)=\max(1,x^2)$在$(-\infty,+\infty)$上连续，其原函数在$(-\infty,+\infty)$内也必连续，因而在点$x=\pm 1$处的左右极限应相等，于是得$C_2=C_1+2/3,C_3=C_2+2/3=C_1+4/3$.

令$C_1=C$，则
$$\int\max(1,x^2)\mathrm{d}x=\begin{cases}x^3/3+C, & x\leqslant -1,\\ x+C+2/3, & -1<x<1,\\ x^3/3+C+4/3, & x\geqslant 1.\end{cases}$$

第三部分 练 习 题

一、填空题

1. 已知 $f(x)$的一个原函数为$(1+\sin x)\ln x$，则$\int xf'(x)\mathrm{d}x =$ ________.

2. 若 e^{-x}是 $f(x)$的一个原函数，$\int x^2 f(\ln x)\mathrm{d}x =$ ________.

3. $\int x^3 \mathrm{e}^{x^2}\mathrm{d}x =$ ________.

4. $\int \mathrm{e}^{\mathrm{e}^x+x}\mathrm{d}x =$ ________.

5. $\int \frac{\ln \sin x}{\sin^2 x}\mathrm{d}x =$ ________.

6. 已知 $\int f'(x^3)\mathrm{d}x = x^3 + C$($C$ 为任意常数)，则 $f(x) =$ ________.

7. 已知 $f'(\mathrm{e}^x)=x\mathrm{e}^{-x}$，且 $f(1)=0$，则 $f(x)=$________.

8. 设 $f(x)=\begin{cases}\mathrm{e}^x, & x\geqslant 0,\\ 1+x, & x<0,\end{cases}$则 $\int f(x-1)\mathrm{d}x =$ ________.

9. $\int \frac{\mathrm{d}x}{x(x-1)^2} =$ ________.

10. $\int \frac{x+5}{x^2-6x+13}\mathrm{d}x =$ ________.

二、选择题

11. 设函数 $f(x)$在$(-\infty,+\infty)$上连续，则 $\mathrm{d}\left(\int f(x)\mathrm{d}x\right)$等于(　　).

A. $f(x)$　　B. $f(x)\mathrm{d}x$　　C. $f(x)+C$　　D. $f'(x)\mathrm{d}x$

12. 在下列等式中，结果正确的是(　　).

A. $\int f'(x)\mathrm{d}x = f(x)$　　B. $\int \mathrm{d}f(x) = f(x)$

C. $\frac{\mathrm{d}}{\mathrm{d}x}\int f(x)\mathrm{d}x = f(x)$　　D. $\mathrm{d}\int f(x) = f(x)$

13. 若 $f(x)$的导数是 $\sin x$，则 $f(x)$的一个原函数是(　　).

A. $1+\sin x$　　B. $1-\sin x$　　C. $1+\cos x$　　D. $1-\cos x$

14. 设 $f(x)$的导数为 $\ln x$，则 $f(x)$的原函数为(　　).

A. $\frac{1}{2}x^2\ln x-\frac{3}{4}x^2+x+C$　　B. $\frac{1}{x}+C$

C. $x\ln x-x+C$　　D. $\frac{1}{x}+x+C$

15. 设 $y=f(x)$在点 x 处的改变量 $\Delta y=\frac{x\Delta x}{\sqrt{1+x^2}}+o(\Delta x)$，其中 $o(\Delta x)$是当 $\Delta x\to 0$ 时比 Δx 高阶的无穷小量，且 $f(0)=1$，则 $f(2)=$(　　).

A. 0　　B. 1　　C. $\sqrt{5}$　　D. $\sqrt{5}+1$

16. 设 $f'(\cos^2 x)=\sin^2 x$，且 $f(0)=0$，则 $f(x)=($　　$)$.

A. $\cos x+\frac{1}{2}\cos^2 x$　　　　B. $\cos^2 x-\frac{1}{2}\cos^4 x$

C. $\frac{1}{2}x^2+x$　　　　D. $-\frac{1}{2}x^2+x$

三、计算题

17. 已知 e^{x^2} 是 $f(x)$的一个原函数，求不定积分 $\int(x+1)f'(x)dx$.

18. 求 $\int\frac{x+\ln(1-x)}{x^2}dx$.

19. 求 $\int e^{e^x\cos x}(\cos x-\sin x)e^x dx$.

20. 求 $\int\frac{1}{\sqrt{1+12x-9x^2}}dx$.

21. 求 $\int\frac{1}{x^2\sqrt{x^2-4}}dx$.

22. 求 $\int\frac{x+1}{x^2\sqrt{x^2-1}}dx$.

23. 求 $\int\frac{f(x)f'(x)}{1+f^4(x)}dx$.

24. 求 $\int\frac{x^2}{1+x^2}\arctan x dx$.

25. 设 $f(\ln x)=\frac{\ln(1+x)}{x}$，计算 $\int f(x)dx$.

26. 设 $f(x^2-1)=\ln\frac{x^2}{x^2-2}$，且 $f(\varphi(x))=\ln x$，求 $\int\varphi(x)dx$.

27. 求 $\int x^3\sqrt{1+x^2}dx$.

28. $\int\frac{x^2e^x}{(x+2)^2}dx$.

29. 求下列不定积分：

(1) $\int\frac{dx}{(x-1)(x^2+1)^2}$；　　　　(2) $\int\frac{x-2}{(2x^2+2x+1)^2}dx$.

30. 求 $\int\frac{x\cos^4\frac{x}{2}}{\sin^3 x}dx$.

31. 求 $\int\frac{1}{1+\sin x}dx$.

32. 求 $\int e^{\sqrt{2x-1}}dx$.

33. 求 $\int\sqrt{\frac{1-x}{1+x}}dx$.

34. 求下列不定积分：

(1) $\int \frac{1}{x^2}\sqrt{\frac{1-x}{1+x}}\mathrm{d}x$;　　(2) $\int \frac{\mathrm{d}x}{\sqrt{x^2+x}}$.

习题答案、简答或提示

一、填空题

1. $1+\sin x+(x\cos x-\sin x-1)\ln x+C$，$C$ 为任意常数.

2. $-\frac{1}{2}x^2+C$.　　3. $\frac{1}{2}(x^2-1)\mathrm{e}^{x^2}+C$.　　4. $\mathrm{e}^{\mathrm{e}^x}+C$.

5. $-\cot x\cdot\ln\sin x-\cot x-x+C$.

6. $\frac{9}{5}x^{\frac{5}{3}}+C$，$C$ 为任意常数.

7. $f(x)=\frac{1}{2}(\ln x)^2$.

8. $\begin{cases}\mathrm{e}^{x-1}+C, & x\geqslant 1,\\ x^2/2+1/2+C, & x<1.\end{cases}$

9. $\ln\left|\frac{x}{x-1}\right|-\frac{1}{x-1}+C$.

10. $\frac{1}{2}\ln(x^2-6x+13)+4\arctan\frac{x-3}{2}+C$.

二、选择题

11. B.　12. C.　13. B.　14. A.　15. C.　16. D.

三、计算题

17. $\mathrm{e}^{x^2}(2x^2+2x-1)+C$.

18. $\left(1-\frac{1}{x}\right)\ln(1-x)+C$.

19. $\mathrm{e}^{\mathrm{e}^x\cos x}+C$.

20. $-\frac{1}{3}\arcsin\left(\frac{2-3x}{\sqrt{5}}\right)+C$.

21. $\frac{1}{2}\frac{\sqrt{x^2-4}}{x}+C$.

22. $\arccos\frac{1}{x}+\frac{\sqrt{x^2-1}}{x}+C$.

23. $\int\frac{f(x)f'(x)}{1+f^4(x)}\mathrm{d}x=\frac{1}{2}\int\frac{1}{1+(f^2(x))^2}\mathrm{d}(f(x))^2=\frac{1}{2}\arctan(f(x))+C$.

24. $x\arctan x-\frac{1}{2}\ln(1+x^2)-\frac{1}{2}(\arctan x)^2+C$.

25. $x-(1+\mathrm{e}^{-x})\ln(1+\mathrm{e}^x)+C$.

提示：作变换 $\ln x=t\Rightarrow x=\mathrm{e}^t\Rightarrow f(t)=\frac{\ln(1+\mathrm{e}^t)}{\mathrm{e}^t}$，即 $f(x)=\mathrm{e}^{-x}\ln(1+\mathrm{e}^x)$.

26. $\int\varphi(x)\mathrm{d}x=2\ln|x-1|+x+C$.

提示：由 $f(x^2-1)=\ln\dfrac{(x^2-1)+1}{(x^2-1)-1}\Rightarrow f(x)=\ln\dfrac{x+1}{x-1}$，又由 $f(\varphi(x))=\ln\dfrac{\varphi(x)+1}{\varphi(x)-1}=\ln x\Rightarrow\varphi(x)=\dfrac{x+1}{x-1}$.

27. $\dfrac{1}{15}(3x^4+x^2-2)\sqrt{1+x^2}+C$.

28. $-\dfrac{x^2\mathrm{e}^x}{x+2}+x\mathrm{e}^x-\mathrm{e}^x+C$.

29. (1) $\dfrac{1}{4}\ln|x-1|-\dfrac{1}{8}\ln(x^2+1)-\dfrac{1}{2}\arctan x+\dfrac{1}{4(x^2+1)}-\dfrac{x}{4(x^2+1)}+C$；

(2) $-\dfrac{5x+3}{2(2x^2+2x+1)}-\dfrac{5}{2}\arctan(2x+1)+C$.

30. $-\dfrac{1}{8}x\csc^2\dfrac{x}{2}-\dfrac{1}{4}\cot\dfrac{x}{2}+C$.

31. $\displaystyle\int\frac{1}{1+\sin x}\mathrm{d}x=\int\frac{1-\sin x}{\cos^2 x}\mathrm{d}x=\tan x-\sec x+C$.

32. $(\sqrt{2x-1}-1)\mathrm{e}^{\sqrt{2x-1}}+C$.

33. $\arcsin x-\sqrt{1-x^2}+C$.

34. (1) $-\dfrac{\sqrt{1-x^2}}{x}+\ln\left|\dfrac{1+\sqrt{1-x^2}}{x}\right|+C$；

(2) $\ln|(2x+1)+2\sqrt{x^2+x}|+C$.

第六章

定积分及其应用

第一部分　内容综述

一、定积分的概念

1. 定积分的定义

设函数 $f(x)$在$[a,b]$上有界,任取分点

$$a=x_0<x_1<x_2<\cdots<x_{n-1}<x_n=b,$$

将$[a,b]$分成 n 个子区间$[x_{i-1},x_i]$,记 $\Delta x_i=x_i-x_{i-1}(i=1,2,\cdots,n)$. 又在每个子区间中任取一点 $\xi_i\in[x_{i-1},x_i]$,作乘积 $f(\xi_i)\Delta x_i$,并作和式 $\sum\limits_{i=1}^{n}f(\xi_i)\Delta x_i$. 令 $\lambda=\max\limits_{1\leqslant i\leqslant n}\{\Delta x_i\}$,若不论对区间$[a,b]$如何分法以及 ξ_i 在子区间$[x_{i-1},x_i]$上如何取法,极限$\lim\limits_{\lambda\to 0}\sum\limits_{i=1}^{n}f(\xi_i)\Delta x_i$ 都存在,则称此极限为 $f(x)$在$[a,b]$上的定积分,记为

$$\int_a^b f(x)\mathrm{d}x=\lim_{\lambda\to 0}\sum_{i=1}^{n}f(\xi_i)\Delta x_i,$$

此时也称 $f(x)$在$[a,b]$上可积分. $[a,b]$上可积函数的全体构成的集合记为 $\mathbf{R}[a,b]$.

特别地,若 $f(x)\in\mathbf{R}[a,b]$,把$[a,b]$分为 n 等份,取 ξ_i 为每个小区间的右端点,则有

$$\lim_{n\to\infty}\frac{b-a}{n}\sum_{i=1}^{n}f\left(a+\frac{(b-a)i}{n}\right)=\int_a^b f(x)\mathrm{d}x.$$

当 $a=0,b=1$ 时得

$$\lim_{n\to\infty}\frac{1}{n}\sum_{i=1}^{n}f\left(\frac{i}{n}\right)=\int_0^1 f(x)\mathrm{d}x.$$

以上两公式可以用来计算某些极限.

2. 可积的充分条件

(1) 设 $f(x)$在区间$[a,b]$上连续,则 $f(x)$在$[a,b]$上可积.

(2) 设 $f(x)$在$[a,b]$上有界,且只有有限个第一类间断点,则 $f(x)$在$[a,b]$上可积.

(3) 设 $f(x)$在区间$[a,b]$上单调有界,则 $f(x)$在$[a,b]$上可积.

二、基本性质

1. 定积分只与被积函数和积分区间有关,而与积分变量的符号无关,即

$$\int_a^b f(x)\mathrm{d}x=\int_a^b f(s)\mathrm{d}s=\int_a^b f(t)\mathrm{d}t=\cdots.$$

2. $\int_a^b f(x)\mathrm{d}x=-\int_b^a f(x)\mathrm{d}x$,　$\int_a^a f(x)\mathrm{d}x=0$.

3. 若 $f(x)$ 在$[a,b]$ 上可积,k 是任意常数,则$\int_a^b kf(x)\mathrm{d}x=k\int_a^b f(x)\mathrm{d}x$.

4. 若 $f(x)$,$g(x)$在$[a,b]$上可积,则

$$\int_a^b (f(x)\pm g(x))\mathrm{d}x=\int_a^b f(x)\mathrm{d}x\pm\int_a^b g(x)\mathrm{d}x.$$

5. 设函数 $f(x)$ 在$[a,b]$ 上可积,则$\int_a^b f(x)\mathrm{d}x=\int_a^c f(x)\mathrm{d}x+\int_c^b f(x)\mathrm{d}x$.

6. 设 $f(x)$,$g(x)$均在$[a,b]$上可积,且 $f(x)\leqslant g(x)$,$\forall x\in[a,b]$,则

$$\int_a^b f(x)\mathrm{d}x\leqslant\int_a^b g(x)\mathrm{d}x.$$

推论Ⅰ　若 $f(x)$在$[a,b]$上可积,且 $f(x)\geqslant 0$,$\forall x\in[a,b]$,则$\int_a^b f(x)\mathrm{d}x\geqslant 0$.

推论Ⅱ　若 $f(x)$在$[a,b]$上可积,则$\left|\int_a^b f(x)\mathrm{d}x\right|\leqslant\int_a^b |f(x)|\mathrm{d}x$.

7. **估值定理**　设 $m\leqslant f(x)\leqslant M$,$x\in[a,b]$,其中 m,M 为常数,则

$$m(b-a)\leqslant\int_a^b f(x)\mathrm{d}x\leqslant M(b-a).$$

8. **积分中值定理**　若 $f(x)\in C[a,b]$,则$\exists\xi\in[a,b]$,使得

$$\int_a^b f(x)\mathrm{d}x=f(\xi)(b-a).$$

三、微积分基本公式

定理 1　设函数 $f(x)$在$[a,b]$上连续,则变上限积分函数 $\Phi(x)=\int_a^x f(t)\mathrm{d}t$ 在$[a,b]$ 上可导,且 $\Phi'(x)=\frac{\mathrm{d}}{\mathrm{d}x}\int_a^x f(t)\mathrm{d}t=f(x)$.

定理 2　若函数 $f(x)$在$[a,b]$上连续,则函数 $\Phi(x)=\int_a^x f(t)\mathrm{d}t$是$f(x)$ 在$[a,b]$ 上的一个原函数.

定理 3(牛顿-莱布尼茨公式)　设函数 $F(x)$是连续函数 $f(x)$在$[a,b]$上的一个原函数,则

$$\int_a^b f(x)\mathrm{d}x=F(x)\Big|_a^b=F(b)-F(a).$$

四、定积分的计算

1. 牛顿-莱布尼茨公式

$$\int_a^b f(x)\mathrm{d}x = F(x)\Big|_a^b = F(b) - F(a).$$

2. 定积分的换元法

设函数 $f(x)$在$[a,b]$上连续，函数 $x=\varphi(t)$满足

(1) $x=\varphi(t)$在$[\alpha,\beta]$(或$[\beta,\alpha]$)上具有连续的导数；

(2) $\varphi([a,b])\subset[a,b]$；

(3) $\varphi(\alpha)=a,\varphi(\beta)=b$，则

$$\int_a^b f(x)\mathrm{d}x = \int_\alpha^\beta f(\varphi(t))\varphi'(t)\mathrm{d}t.$$

3. 分部积分法

设函数 $u(x),v(x)$均在$[a,b]$上有连续的导数，则

$$\int_a^b u'(x)v(x)\mathrm{d}x = u(x)v(x)\Big|_a^b - \int_a^b u(x)v'(x)\mathrm{d}x.$$

五、定积分的应用

1. 平面图形的面积

(1) 设平面图形 D 由直线 $x=a,x=b$ 和曲线 $y=f(x),y=g(x)(f(x)\leqslant g(x))$所围成，则 D 的面积为

$$S = \int_a^b (g(x)-f(x))\mathrm{d}x.$$

(2) 若平面图形 D 由曲线 $r=r_1(\theta),r=r_2(\theta)(r_1(\theta)\leqslant r_2(\theta),\alpha\leqslant\theta\leqslant\beta)$所围成，则 D 的面积为

$$S = \frac{1}{2}\int_\alpha^\beta (r_2^2(\theta)-r_1^2(\theta))\mathrm{d}\theta.$$

2. 空间立体 Ω 的体积

(1) 若垂直于 x 轴的平面截立体 Ω 所得截面的面积是 x 的连续函数 $A(x)(a\leqslant x\leqslant b)$，则 Ω 的体积为

$$V = \int_a^b A(x)\mathrm{d}x.$$

(2) 若 Ω 是由直线 $x=a,x=b,x$ 轴以及曲线 $y=f(x)$所围的平面图形绕 x 轴旋转一周而成的旋转体，则 Ω 的体积为

$$V = \pi\int_a^b (f(x))^2\mathrm{d}x.$$

3. 平面曲线的弧长

(1) 设曲线弧由直角坐标方程 $y=f(x)(a\leqslant x\leqslant b)$给出，其中 $f(x)$在$[a,b]$上的一阶导连续，则曲线的弧长为

$$s = \int_a^b \sqrt{1+f'^2(x)}\mathrm{d}x.$$

(2) 设曲线弧由参数方程$\begin{cases}x=\varphi(t),\\ y=\phi(t)\end{cases}$$(\alpha\leqslant t\leqslant\beta)$给出,其中$\varphi(t)$,$\phi(t)$具有一阶连续导数,则曲线的弧长为

$$s=\int_{\alpha}^{\beta}\sqrt{\varphi'^2(t)+\phi'^2(t)}\,\mathrm{d}t.$$

(3) 设曲线弧由极坐标方程$r=r(\theta)(\alpha\leqslant\theta\leqslant\beta)$给出,其中$r=r(\theta)$在$[\alpha,\beta]$上具有连续导数,则曲线的弧长为

$$s=\int_{\alpha}^{\beta}\sqrt{r^2(\theta)+r'^2(\theta)}\,\mathrm{d}\theta.$$

4. 变力作功

质点在平行于x轴的力$F(x)$的作用下,沿x轴从a点移到b点,则力$F(x)$所作的功为

$$W=\int_{a}^{b}F(x)\mathrm{d}x.$$

六、广义积分

1. 无穷区间上的广义积分

定义 1 设函数$f(x)$在$[a,+\infty)$上连续,对$\forall b>a$,$f(x)$在$[a,b]$上可积,若极限

$$\lim_{b\to+\infty}\int_{a}^{b}f(x)\mathrm{d}x$$

存在,则称此极限为$f(x)$在$[a,+\infty)$上的广义积分,记作$\int_{a}^{+\infty}f(x)\mathrm{d}x$,即

$$\int_{a}^{+\infty}f(x)\mathrm{d}x=\lim_{b\to+\infty}\int_{a}^{b}f(x)\mathrm{d}x,$$

这时称广义积分$\int_{a}^{+\infty}f(x)\mathrm{d}x$收敛.若上述极限不存在,则称广义积分$\int_{a}^{+\infty}f(x)\mathrm{d}x$发散.

定义 2 设函数$f(x)$在$(-\infty,b]$上连续,对$\forall a<b$,$f(x)$在$[a,b]$上可积,若极限

$$\lim_{a\to-\infty}\int_{a}^{b}f(x)\mathrm{d}x$$

存在,则称此极限为$f(x)$在$(-\infty,b]$上的广义积分,记作$\int_{-\infty}^{b}f(x)\mathrm{d}x$,即

$$\int_{-\infty}^{b}f(x)\mathrm{d}x=\lim_{a\to-\infty}\int_{a}^{b}f(x)\mathrm{d}x,$$

这时称广义积分$\int_{-\infty}^{b}f(x)\mathrm{d}x$收敛.若上述极限不存在,则称广义积分$\int_{-\infty}^{b}f(x)\mathrm{d}x$发散.

设函数$f(x)$在$(-\infty,+\infty)$上连续,如果广义积分

$$\int_{-\infty}^{c}f(x)\mathrm{d}x\ 和\ \int_{c}^{+\infty}f(x)\mathrm{d}x$$

都收敛,则称$f(x)$在$(-\infty,+\infty)$上的广义积分收敛,记作$\int_{-\infty}^{+\infty}f(x)\mathrm{d}x$,且

$$\begin{aligned}\int_{-\infty}^{+\infty}f(x)\mathrm{d}x&=\int_{-\infty}^{c}f(x)\mathrm{d}x+\int_{c}^{+\infty}f(x)\mathrm{d}x\\&=\lim_{a\to-\infty}\int_{a}^{c}f(x)\mathrm{d}x+\lim_{b\to+\infty}\int_{c}^{b}f(x)\mathrm{d}x.\end{aligned}$$

若$\int_{-\infty}^{c} f(x)\mathrm{d}x$和$\int_{c}^{+\infty} f(x)\mathrm{d}x$二者至少有一个发散，则广义积分$\int_{-\infty}^{+\infty} f(x)\mathrm{d}x$发散.

2. 无界函数的广义积分

定义 3　设函数$f(x)$在$[a,b)$上连续，$\lim\limits_{x\to b^-} f(x)=\infty$，如果极限

$$\lim_{\varepsilon\to 0^+}\int_a^{b-\varepsilon} f(x)\mathrm{d}x$$

存在，则称此极限为函数$f(x)$在$[a,b)$上的广义积分，记作$\int_a^b f(x)\mathrm{d}x$，即

$$\int_a^b f(x)\mathrm{d}x=\lim_{\varepsilon\to 0^+}\int_a^{b-\varepsilon} f(x)\mathrm{d}x,$$

此时也称广义积分$\int_a^b f(x)\mathrm{d}x$收敛. 如果上述极限不存在，就称广义积分$\int_a^b f(x)\mathrm{d}x$发散.

定义 4　设函数$f(x)$在$(a,b]$上连续，$\lim\limits_{x\to a^+} f(x)=\infty$，如果极限

$$\lim_{\varepsilon\to 0^+}\int_{a+\varepsilon}^{b} f(x)\mathrm{d}x$$

存在，则称此极限为函数$f(x)$在$[a,b)$上的广义积分，记作$\int_a^b f(x)\mathrm{d}x$，即

$$\int_a^b f(x)\mathrm{d}x=\lim_{\varepsilon\to 0^+}\int_{a+\varepsilon}^{b} f(x)\mathrm{d}x,$$

此时也称广义积分$\int_a^b f(x)\mathrm{d}x$收敛. 如果上述极限不存在，就称广义积分$\int_a^b f(x)\mathrm{d}x$发散.

定义 5　设函数$f(x)$在$[a,b]$上除点$c(a<c<b)$外连续，$\lim\limits_{x\to c} f(x)=\infty$，如果两个广义积分

$$\int_a^c f(x)\mathrm{d}x \quad 和 \quad \int_c^b f(x)\mathrm{d}x$$

都收敛，则称$f(x)$在$[a,b]$上的广义积分收敛，记作$\int_a^b f(x)\mathrm{d}x$，且

$$\int_a^b f(x)\mathrm{d}x=\int_a^c f(x)\mathrm{d}x+\int_c^b f(x)\mathrm{d}x=\lim_{\varepsilon_1\to 0^+}\int_a^{c-\varepsilon_1} f(x)\mathrm{d}x+\lim_{\varepsilon_2\to 0^+}\int_{c+\varepsilon_2}^{b} f(x)\mathrm{d}x.$$

若$\int_a^c f(x)\mathrm{d}x$和$\int_c^b f(x)\mathrm{d}x$二者至少有一个发散，则称广义积分$\int_a^b f(x)\mathrm{d}x$发散.

3. *p*-积分的收敛性

(1) $\int_a^{+\infty}\frac{\mathrm{d}x}{x^p}=\begin{cases}\frac{1}{p-1}, p>1,\\ +\infty, p\leqslant 1.\end{cases}$　　(2) $\int_0^1\frac{\mathrm{d}x}{x^p}=\begin{cases}\frac{1}{1-p}, p<1,\\ +\infty, p\geqslant 1.\end{cases}$

第二部分　典 型 例 题

例 1　估计积分$I=\int_{\frac{\sqrt{3}}{3}}^{\sqrt{3}} x\arctan x\mathrm{d}x$的值.

分析　估计积分值往往通过放缩，求两个函数$h(x)$和$g(x)$，满足$h(x)\leqslant f(x)\leqslant g(x)$，然后用定积分不等式. 特别是求出被积函数的最大值M和最小值m，取$h(x)=m$，$g(x)=M$.

解 令 $f(x)=x\arctan x, x\in[\sqrt{3}/3,\sqrt{3}]$.

因为 $f'(x)=\arctan x+\dfrac{x}{1+x^2}>0$，所以 $f(x)$ 在 $[\sqrt{3}/3,\sqrt{3}]$ 上单调递增，从而 $f(x)$ 的最大值为 $f(\sqrt{3})=\dfrac{\pi}{\sqrt{3}}$，最小值为 $f(\sqrt{3}/3)=\dfrac{\sqrt{3}}{18}\pi$. 由估值定理得

$$\frac{\pi}{9}\leqslant\int_{\frac{\sqrt{3}}{3}}^{\sqrt{3}}x\arctan x\,\mathrm{d}x\leqslant\frac{2}{3}\pi.$$

例 2 设 $f(x)$ 在 $[a,b]$ 上可积，证明 $F(x)=\int_a^x f(t)\mathrm{d}t$ 在 $[a,b]$ 上连续.

证 任取 $x_0, x_0+\Delta x\in[a,b]$，有

$$\Delta F(x_0)=F(x_0+\Delta x)-F(x_0)=\int_a^{x_0+\Delta x}f(t)\mathrm{d}t-\int_a^{x_0}f(t)\mathrm{d}t=\int_{x_0}^{x_0+\Delta x}f(t)\mathrm{d}t.$$

$f(x)$ 在 $[a,b]$ 上可积，从而有界，设 $M>0$，使得 $|f(x)|\leqslant M$. 于是

$$|\Delta F(x_0)|=\left|\int_{x_0}^{x_0+\Delta x}f(t)\mathrm{d}t\right|\leqslant\left|\int_{x_0}^{x_0+\Delta x}|f(t)|\mathrm{d}t\right|\leqslant M|\Delta x|\Rightarrow\lim_{\Delta x\to 0}|\Delta F(x_0)|=0,$$

所以 $F(x)$ 在 $[a,b]$ 上连续.

例 3 设 $f(x)$ 在 $[a,b]$ 上可积，在点 $x_0\in(a,b)$ 处连续，证明函数 $F(x)=\int_a^x f(t)\mathrm{d}t$ 在 $x=x_0$ 处可导，且 $F'(x_0)=f(x_0)$.

证 $\forall\, x_0+\Delta x\in(a,b)$，有 $\Delta F=\int_{x_0}^{x_0+\Delta x}f(t)\mathrm{d}t$.

由于 $f(x)$ 在 x_0 点连续，$\forall\,\varepsilon>0$，$\exists\,\delta>0$，使得当 $|x-x_0|<\delta$ 时，有 $|f(x)-f(x_0)|<\varepsilon$.

$$\begin{aligned}\left|\frac{\Delta F}{\Delta x}-f(x_0)\right|&=\left|\frac{1}{\Delta x}\int_{x_0}^{x_0+\Delta x}f(x)\mathrm{d}x-f(x_0)\right|\\&=\left|\frac{1}{\Delta x}\int_{x_0}^{x_0+\Delta x}(f(x)-f(x_0))\mathrm{d}x\right|\\&<\frac{1}{|\Delta x|}|\Delta x|\cdot\varepsilon=\varepsilon,\end{aligned}$$

所以在 x_0 处极限 $\lim\limits_{\Delta x\to 0}\dfrac{\Delta F}{\Delta x}$ 存在且 $\lim\limits_{\Delta x\to 0}\dfrac{\Delta F}{\Delta x}=f(x_0)$，即 $F(x)$ 在 $x=x_0$ 处可导，且 $F'(x_0)=f(x_0)$.

例 4 设 $f(x)=\dfrac{1}{1+x^2}+\sqrt{1-x^2}\int_0^1 f(x)\mathrm{d}x$，则 $\int_0^1 f(x)\mathrm{d}x=$ ________.

分析 注意到 $\int_0^1 f(x)\mathrm{d}x$ 是一个常数，令 $\int_0^1 f(x)\mathrm{d}x=a$，则 $f(x)=\dfrac{1}{1+x^2}+a\sqrt{1-x^2}$，对 $f(x)$ 从 0 到 1 求定积分，得 $\int_0^1 f(x)\mathrm{d}x=\int_0^1\dfrac{1}{1+x^2}\mathrm{d}x+a\int_0^1\sqrt{1-x^2}\mathrm{d}x$，即

$$a=\arctan x\Big|_0^1+a\int_0^1\sqrt{1-x^2}\mathrm{d}x\Rightarrow a=\frac{\pi}{4}+\frac{\pi}{4}a\Rightarrow a=\frac{\pi}{4-\pi}.$$

应填：$\dfrac{\pi}{4-\pi}$.

例 5 设 $f(x)=\begin{cases}x^2+1, & -1\leqslant x<0,\\ \mathrm{e}^x-1, & 0\leqslant x<1.\end{cases}$ 求 $F(x)=\int_{-1}^x f(t)\mathrm{d}t$.

解　被积函数是分段函数,要分段求积分.

当$-1\leqslant x<0$时,

$$F(x)=\int_{-1}^{x}(t^2+1)\mathrm{d}t=\frac{1}{3}x^3+x+\frac{4}{3}.$$

当$0\leqslant x<1$时,

$$F(x)=\int_{-1}^{x}(t^2+1)\mathrm{d}t=\int_{-1}^{0}(t^2+1)\mathrm{d}t+\int_{0}^{x}(\mathrm{e}^t-1)\mathrm{d}t=\frac{4}{3}+\mathrm{e}^x-x-1.$$

所以

$$F(x)=\begin{cases}\dfrac{1}{3}x^3+x+\dfrac{4}{3}, & -1\leqslant x<0,\\ \mathrm{e}^x-x+\dfrac{1}{3}, & 0\leqslant x\leqslant 1.\end{cases}$$

评注　可以验证$F(x)$在$x=0$点处不可导,因而$F(x)$不是$f(x)$的原函数.

例 6　求极限$\lim\limits_{n\to\infty}\int_0^1\dfrac{x^n\mathrm{e}^x}{1+x^2}\mathrm{d}x$.

分析　求本题型的极限一般不能直接交换极限号与积分号,而应先对积分形式的数列$a_n=\int_0^1\dfrac{x^n\mathrm{e}^x}{1+x^2}\mathrm{d}x$进行放缩,然后用夹逼准则等方法求出极限.

解　因为$0\leqslant\dfrac{x^n\mathrm{e}^x}{1+x^2}\leqslant\mathrm{e}x^n$,$\forall x\in[0,1]$,所以

$$0\leqslant\int_0^1\frac{x^n\mathrm{e}^x}{1+x^2}\mathrm{d}x\leqslant\int_0^1\mathrm{e}x^n\mathrm{d}x=\frac{\mathrm{e}}{n+1}\Rightarrow$$

$$0\leqslant\lim_{n\to\infty}\int_0^1\frac{x^n\mathrm{e}^x}{1+x^2}\mathrm{d}x\leqslant\lim_{n\to\infty}\frac{\mathrm{e}}{n+1}=0,$$

由夹逼准则知$\lim\limits_{n\to\infty}\int_0^1\dfrac{x^n\mathrm{e}^x}{1+x^2}\mathrm{d}x=0$.

例 7　求极限$\lim\limits_{n\to\infty}\dfrac{1}{n}\sqrt[n]{n(n+1)(n+2)\cdots(2n-1)}$.

解

$$\begin{aligned}\lim_{n\to\infty}\frac{1}{n}\sqrt[n]{n(n+1)(n+2)\cdots(2n-1)}&=\lim_{n\to\infty}\sqrt[n]{\frac{n(n+1)(n+2)\cdots(2n-1)}{n^n}}\\&=\lim_{n\to\infty}\sqrt[n]{\left(1+\frac{1}{n}\right)\left(1+\frac{2}{n}\right)\cdots\left(1+\frac{n-1}{n}\right)}\\&=\lim_{n\to\infty}\mathrm{e}^{\frac{1}{n}\sum\limits_{i=1}^{n-1}\ln\left(1+\frac{i}{n}\right)}=\mathrm{e}^{\int_0^1\ln(1+x)\mathrm{d}x}.\end{aligned}$$

因为

$$\begin{aligned}\int_0^1\ln(1+x)\mathrm{d}x&=\int_0^1(x+1)'\ln(1+x)\mathrm{d}x\\&=(x+1)\ln(1+x)\Big|_0^1-\int_0^1\mathrm{d}x=2\ln 2-1,\end{aligned}$$

所以原极限$=\mathrm{e}^{2\ln 2-1}=4\mathrm{e}^{-1}$.

例 8　求$\lim\limits_{n\to\infty}\left[\dfrac{\sin\frac{\pi}{n}}{n+1}+\dfrac{\sin\frac{2\pi}{n}}{n+\frac{1}{2}}+\dfrac{\sin\frac{3\pi}{n}}{n+\frac{1}{3}}+\cdots+\dfrac{\sin\pi}{n+\frac{1}{n}}\right]$.

解 令
$$x_n=\frac{\sin\frac{\pi}{n}}{n+1}+\frac{\sin\frac{2\pi}{n}}{n+\frac{1}{2}}+\frac{\sin\frac{3\pi}{n}}{n+\frac{1}{3}}+\cdots+\frac{\sin\pi}{n+\frac{1}{n}},$$
$$z_n=\frac{\sin\frac{\pi}{n}}{n}+\frac{\sin\frac{2\pi}{n}}{n}+\frac{\sin\frac{3\pi}{n}}{n}+\cdots+\frac{\sin\pi}{n},$$
$$y_n=\frac{\sin\frac{\pi}{n}}{n+1}+\frac{\sin\frac{2\pi}{n}}{n+1}+\frac{\sin\frac{3\pi}{n}}{n+1}+\cdots+\frac{\sin\pi}{n+1},$$
则 $y_n<x_n<z_n$，且
$$\lim_{n\to\infty}z_n=\lim_{n\to\infty}\frac{1}{n}\sum_{i=1}^{n}\sin\frac{i\pi}{n}=\int_0^1\sin\pi x\mathrm{d}x=\frac{2}{\pi},$$
$$\lim_{n\to\infty}y_n=\lim_{n\to\infty}\frac{n}{n+1}\cdot\frac{1}{n}\sum_{i=1}^{n}\sin\frac{i\pi}{n}=\lim_{n\to\infty}\frac{n}{n+1}\cdot\lim_{n\to\infty}\int_0^1\sin\pi x\mathrm{d}x=\frac{2}{\pi},$$
由夹逼准则知所求极限为$\lim\limits_{n\to\infty}x_n=\dfrac{2}{\pi}$.

例 9 设 $f(x)$在$[a,b]$上连续，且 $f(x)\geqslant0$，$M=\max\limits_{x\in[a,b]}f(x)$，证明
$$\lim_{n\to\infty}\sqrt[n]{\int_a^b(f(x))^n\mathrm{d}x}=M.$$

证 由积分不等式，一方面有
$$\sqrt[n]{\int_a^b(f(x))^n\mathrm{d}x}\leqslant M\sqrt[n]{b-a};\tag{1}$$
另一方面，由于 $f(x)$在$[a,b]$上连续，故知存在 $x_0\in[a,b]$使 $f(x_0)=M$.

若 $x_0\in(a,b)$，取充分大的 n 使$\left[x_0-\frac{1}{n},x_0+\frac{1}{n}\right]\subset(a,b)$，于是由 $f(x)\geqslant0$，得
$$\int_a^b(f(x))^n\mathrm{d}x>\int_{x_0-1/n}^{x_0+1/n}(f(x))^n\mathrm{d}x=\frac{2}{n}(f(\xi_n))^n,\tag{2}$$
其中，后一个等式利用了积分中值定理，$\xi_n\in\left[x_0-\frac{1}{n},x_0+\frac{1}{n}\right]$，由(1)，(2)两个不等式，得
$$\sqrt[n]{\frac{2}{n}}f(\xi_n)<\sqrt[n]{\int_a^b(f(x))^n\mathrm{d}x}\leqslant M\sqrt[n]{b-a}.$$
令 $n\to\infty$，有$\sqrt[n]{n}\to1$，$f(\xi_n)\to f(x_0)=M$，$\sqrt[n]{2}\to1$，$\sqrt[n]{b-a}\to1$. 于是由夹逼准则，得
$$\lim_{n\to\infty}\sqrt[n]{\int_a^b(f(x))^n\mathrm{d}x}=M.$$

若 $x_0=a$ 或 $x_0=b$，则分别取区间$\left[x_0,x_0+\frac{1}{n}\right]$或$\left[x_0-\frac{1}{n},x_0\right]$，同样可证明结论.

例 10 设 $f(x)$ 连续，且 $f(0)\neq0$，求极限$\lim\limits_{x\to0}\dfrac{\int_0^x(x-t)f(t)\mathrm{d}t}{x\int_0^x f(x-t)\mathrm{d}t}$.

解　原式 $=\lim\limits_{x\to 0}\dfrac{x\int_0^x f(t)\mathrm{d}t-\int_0^x tf(t)\mathrm{d}t}{x\int_0^x f(x-t)\mathrm{d}t}\underline{\underline{x-t=u}}\lim\limits_{x\to 0}\dfrac{x\int_0^x f(t)\mathrm{d}t-\int_0^x tf(t)\mathrm{d}t}{x\int_0^x f(u)\mathrm{d}u}$

$$=\lim_{x\to 0}\frac{\int_0^x f(t)\mathrm{d}t+xf(x)-xf(x)}{\int_0^x f(u)\mathrm{d}u+xf(x)}\text{（洛必达法则）}$$

$$=\lim_{x\to 0}\frac{\int_0^x f(t)\mathrm{d}t}{\int_0^x f(u)\mathrm{d}u+xf(x)}\quad\text{（此处不能用洛必达法则，}f(x)\text{ 未必可导）}$$

$$=\lim_{\substack{x\to 0\\(\xi\to 0)}}\frac{xf(\xi)}{xf(\xi)+xf(x)}=\lim_{\substack{x\to 0\\(\xi\to 0)}}\frac{f(\xi)}{f(\xi)+f(x)}=\frac{1}{2}.$$

例 11　设 $f(x)=\begin{cases}\dfrac{2}{x^2}(1-\cos x), & x<0,\\ 1, & x=0,\\ \dfrac{1}{x}\int_0^x\cos t^2\mathrm{d}t, & x>0,\end{cases}$ 试讨论 $f(x)$ 在 $x=0$ 处的连续性与可导性.

解　(1) 由于

$$\lim_{x\to 0^-}f(x)=\lim_{x\to 0^-}\frac{2(1-\cos x)}{x^2}=\lim_{x\to 0^-}\frac{\sin x}{x}=1,$$

$$\lim_{x\to 0^+}f(x)=\lim_{x\to 0^+}\frac{1}{x}\int_0^x\cos t^2\mathrm{d}t=\lim_{x\to 0^+}\frac{\cos x^2}{1}=1,$$

所以函数 $f(x)$ 在 $x=0$ 处连续.

(2) $f'_-(0)=\lim\limits_{x\to 0^-}\dfrac{\dfrac{2}{x^2}(1-\cos x)-1}{x}=\lim\limits_{x\to 0^-}\dfrac{2(1-\cos x)-x^2}{x^3}$

$$=\lim_{x\to 0^-}\frac{2\sin x-2x}{3x^2}=\lim_{x\to 0^-}\frac{2\cos x-2}{6x}=\frac{1}{3}\lim_{x\to 0^-}\frac{-\sin x}{1}=0,$$

$$f'_+(0)=\lim_{x\to 0^+}\frac{\dfrac{1}{x}\int_0^x\cos t^2\mathrm{d}t-1}{x}=\lim_{x\to 0^+}\frac{\int_0^x\cos t^2\mathrm{d}t-x}{x^2}$$

$$=\lim_{x\to 0^+}\frac{\cos x^2-1}{2x}=\lim_{x\to 0^+}\frac{-2x\sin x^2}{2}=0.$$

由于左、右导数均存在且相等，所以 $f(x)$ 在 $x=0$ 处可导，且 $f'(0)=0$.

评注　讨论分段函数在分段点处的连续性和可导性时，应利用左、右连续与连续的关系和左、右导数与可导的关系进行讨论.

例 12　计算定积分 $\int_1^{\sqrt{2}}\dfrac{x^2}{(4-x^2)^{\frac{3}{2}}}\mathrm{d}x$.

解　令 $x=2\sin t$，则 $x=1\to t=\dfrac{\pi}{6}$，$x=\sqrt{2}\to t=\dfrac{\pi}{4}$，于是

$$\int_1^{\sqrt{2}} \frac{x^2}{(4-x^2)^{\frac{3}{2}}}dx = \int_{\frac{\pi}{6}}^{\frac{\pi}{4}} \frac{4\sin^2 t}{(4-4\sin^2 t)^{\frac{3}{2}}} 2\cos t dt$$
$$= \int_{\frac{\pi}{6}}^{\frac{\pi}{4}} \tan^2 t dt = \int_{\frac{\pi}{6}}^{\frac{\pi}{4}} (\sec^2 t - 1)dt$$
$$= \int_{\frac{\pi}{6}}^{\frac{\pi}{4}} (\sec^2 t - 1)dt = (\tan t - t)\Big|_{\frac{\pi}{6}}^{\frac{\pi}{4}} = 1 - \frac{\sqrt{3}}{3} - \frac{\pi}{12}.$$

例 13 计算积分 $\int_0^1 x(1-x^4)^{\frac{3}{2}}dx$.

分析 被积函数有类似 $(1-x^2)^{\frac{3}{2}}$ 的无理式 $(1-x^4)^{\frac{3}{2}}$，考虑用正弦函数作变换，把根号去掉.

解 令 $x^2=\sin t$，则当 $x=0$ 时，$t=0$；当 $x=1$ 时，$t=\frac{\pi}{2}$，且 $2xdx=\cos tdt$. 于是

$$\int_0^1 x(1-x^4)^{\frac{3}{2}}dx = \frac{1}{2}\int_0^{\frac{\pi}{2}} \cos^4 t dt = \frac{1}{2}\cdot\frac{3}{4}\cdot\frac{1}{2}\cdot\frac{\pi}{2} = \frac{3\pi}{32}.$$

例 14 计算定积分 $\int_1^5 \frac{x-1}{1+\sqrt{2x-1}}dx$.

分析 被积函数含简单无理式 $\sqrt{2x-1}$，令 $t=\sqrt{2x-1}$.

解 令 $t=\sqrt{2x-1} \Rightarrow x=\frac{1}{2}(t^2+1)$，$dx=tdt$，于是

$$\int_1^5 \frac{x-1}{1+\sqrt{2x-1}}dx = \int_1^3 \frac{\frac{1}{2}(t^2+1)-1}{1+t} t dt = \frac{1}{2}\int_1^3 \frac{t^2-1}{1+t} t dt$$
$$= \frac{1}{2}\int_1^3 (t^2-t)dt = \frac{1}{2}\left(\frac{1}{3}t^3 - \frac{1}{2}t^2\right)\Big|_1^3 = \frac{7}{3}.$$

例 15 证明 $\int_0^{\frac{\pi}{2}} \frac{\sin x}{\sin x+\cos x}dx = \int_0^{\frac{\pi}{2}} \frac{\cos x}{\sin x+\cos x}dx$，并求出积分值.

证 令 $x=\frac{\pi}{2}-t$，则

$$\int_0^{\frac{\pi}{2}} \frac{\sin x}{\sin x+\cos x}dx = \int_{\frac{\pi}{2}}^0 \frac{\sin\left(\frac{\pi}{2}-t\right)}{\sin\left(\frac{\pi}{2}-t\right)+\cos\left(\frac{\pi}{2}-t\right)}(-dt)$$
$$= \int_0^{\frac{\pi}{2}} \frac{\cos t}{\cos t+\sin t}dt = \int_0^{\frac{\pi}{2}} \frac{\cos x}{\sin x+\cos x}dx.$$
$$\int_0^{\frac{\pi}{2}} \frac{\sin x}{\sin x+\cos x}dx = \frac{1}{2}\left(\int_0^{\frac{\pi}{2}} \frac{\sin x}{\sin x+\cos x}dx + \int_0^{\frac{\pi}{2}} \frac{\cos x}{\sin x+\cos x}dx\right) = \frac{\pi}{4}.$$

例 16 设 $f(x)$ 在 $(-\infty,+\infty)$ 上连续，且是周期为 T 的周期函数，证明：

$$\int_a^{a+T} f(x)dx = \int_0^T f(x)dx.$$

证
$$\int_a^{a+T} f(x)dx = \int_a^0 f(x)dx + \int_0^T f(x)dx + \int_T^{a+T} f(x)dx, \tag{1}$$

对 $\int_T^{a+T} f(x)dx$ 作变换 $x=T+t$，则

$$\int_T^{a+T} f(x)\mathrm{d}x = \int_0^a f(T+t)\mathrm{d}t = \int_0^a f(t)\mathrm{d}t = \int_0^a f(x)\mathrm{d}x. \tag{2}$$

由式(1)和式(2),得

$$\begin{aligned}\int_a^{a+T} f(x)\mathrm{d}x &= \int_a^0 f(x)\mathrm{d}x + \int_0^T f(x)\mathrm{d}x + \int_0^a f(x)\mathrm{d}x \\ &= -\int_0^a f(x)\mathrm{d}x + \int_0^T f(x)\mathrm{d}x + \int_0^a f(x)\mathrm{d}x = \int_0^T f(x)\mathrm{d}x.\end{aligned}$$

例 17　设 $f(x)$在$(-\infty,+\infty)$上连续,证明:$f(x)$是以正常数 l 为周期的周期函数的充分必要条件是积分 $\int_0^l f(x+y)\mathrm{d}x$ 与 y 无关,其中 $y\in(-\infty,+\infty)$.

分析　由定义知,若对任意 $x\in(-\infty,+\infty)$,都有 $f(x+l)=f(x)$,则 $f(x)$是以 l 为周期的周期函数. 又当 $f(x)$连续时,例 16 已证明了 $\int_a^{a+l} f(x)\mathrm{d}x = \int_0^l f(x)\mathrm{d}x$,据此可证必要性. 要证充分性,需要利用函数 $F(y) = \int_0^l f(x+y)\mathrm{d}x$ 与 y 无关的条件.

证　先证必要性. 令 $F(y) = \int_0^l f(x+y)\mathrm{d}x$,则由例 16,得

$$F(y) = \int_0^l f(x+y)\mathrm{d}x \xlongequal{t=x+y} \int_y^{l+y} f(t)\mathrm{d}t = \int_0^l f(t)\mathrm{d}t = \int_0^l f(x)\mathrm{d}x,$$

所以 $F(y) = \int_0^l f(x+y)\mathrm{d}x$ 与 y 无关.

再证充分性. 由于 $F(y) = \int_0^l f(x+y)\mathrm{d}x$ 与 y 无关,所以$\frac{\mathrm{d}F}{\mathrm{d}y}=0$,则

$$\frac{\mathrm{d}F}{\mathrm{d}y} = \frac{\mathrm{d}}{\mathrm{d}y}\left(\int_y^{l+y} f(t)\mathrm{d}t\right) = f(l+y) - f(y) = 0,$$

故 $f(y+l)=f(y)$,即 $f(x+l)=f(x)$,于是 $f(x)$是以 l 为周期的周期函数.

例 18　设 $f(x) = \int_0^x \mathrm{e}^{-y^2+2y}\mathrm{d}y$,求$\int_0^1 (x-1)^2 f(x)\mathrm{d}x$.

分析　被积函数含变上限积分函数 $f(x) = \int_0^x \mathrm{e}^{-y^2+2y}\mathrm{d}y$,该部分不易求出积分值,但易求出导数,如果用分部积分法,则有对其求导的机会.

解

$$\begin{aligned}\int_0^1 (x-1)^2 f(x)\mathrm{d}x &= \int_0^1 (x-1)^2\left(\int_0^x \mathrm{e}^{-y^2+2y}\mathrm{d}y\right)\mathrm{d}x \\ &= \int_0^1 \frac{1}{3}[(x-1)^3]'\left(\int_0^x \mathrm{e}^{-y^2+2y}\mathrm{d}y\right)\mathrm{d}x \\ &= \frac{1}{3}[(x-1)^3]\left(\int_0^x \mathrm{e}^{-y^2+2y}\mathrm{d}y\right)\Big|_0^1 - \int_0^1 \frac{1}{3}(x-1)^3\mathrm{e}^{-x^2+2x}\mathrm{d}x \\ &= -\int_0^1 \frac{1}{3}(x-1)^3\mathrm{e}^{-x^2+2x}\mathrm{d}x \\ &= -\frac{1}{3}\cdot\frac{1}{2}\cdot\mathrm{e}\int_0^1 (x-1)^2\mathrm{e}^{-(x-1)^2}\mathrm{d}(x-1)^2 \\ &\xlongequal{t=(x-1)^2} -\frac{\mathrm{e}}{6}\int_1^0 t\mathrm{e}^{-t}\mathrm{d}t = \frac{\mathrm{e}-2}{6}.\end{aligned}$$

例 19　设 $f(x)$为连续函数,证明:

$$\int_0^x\left(\int_0^u f(t)\mathrm{d}t\right)\mathrm{d}u=\int_0^x(x-u)f(u)\mathrm{d}u.$$

分析 本例的特点是被积函数是一个抽象的变限积分函数，用分部积分法时，变限积分函数要留着求导.

证
$$\begin{aligned}\int_0^x\left(\int_0^u f(t)\mathrm{d}t\right)\mathrm{d}u&=\int_0^x u'\left(\int_0^u f(t)\mathrm{d}t\right)\mathrm{d}u.\\&=u\int_0^u f(t)\mathrm{d}t\Big|_0^x-\int_0^x u\left(\int_0^u f(t)\mathrm{d}t\right)'\mathrm{d}u\\&=x\int_0^x f(t)\mathrm{d}t-\int_0^x uf(u)\mathrm{d}u\\&=x\int_0^x f(u)\mathrm{d}u-\int_0^x uf(u)\mathrm{d}u\\&=\int_0^x(x-u)f(u)\mathrm{d}u.\end{aligned}$$

例 20 求下列积分：

(1) $\int_0^1\ln(1+x)\mathrm{d}x$； (2) $\int_0^1\arccos x\mathrm{d}x$； (3) $\int_0^1(\arcsin x)^2\mathrm{d}x$.

解 (1) $\int_0^1\ln(1+x)\mathrm{d}x=\int_0^1(1+x)'\ln(1+x)\mathrm{d}x$

$$=(1+x)\ln(1+x)\Big|_0^1-\int_0^1(1+x)\cdot\frac{1}{1+x}\mathrm{d}x=2\ln 2-1.$$

(2) $\int_0^1\arccos x\mathrm{d}x=\int_0^1 x'\arccos x\mathrm{d}x=x\arccos x\Big|_0^1+\int_0^1\frac{x}{\sqrt{1-x^2}}\mathrm{d}x$

$$=\int_0^1\frac{x}{\sqrt{1-x^2}}\mathrm{d}x=-\sqrt{1-x^2}\Big|_0^1=1.$$

(3) 令 $t=\arcsin x$，则 $x=\sin t\Rightarrow\mathrm{d}x=\cos t\mathrm{d}t$，于是得

$$\begin{aligned}\int_0^1(\arcsin x)^2\mathrm{d}x&=\int_0^{\frac{\pi}{2}}t^2\cos t\mathrm{d}t=t^2\sin t\Big|_0^{\frac{\pi}{2}}-\int_0^{\frac{\pi}{2}}2t\sin t\mathrm{d}t\\&=\frac{\pi^2}{4}+\int_0^{\frac{\pi}{2}}2t(\cos t)'\mathrm{d}t\\&=\frac{\pi^2}{4}+2t\cos t\Big|_0^{\frac{\pi}{2}}-2\int_0^{\frac{\pi}{2}}\cos t\mathrm{d}t\\&=\frac{\pi^2}{4}-2.\end{aligned}$$

评注 当被积函数是对数函数或反三角函数时，可采用本例(1)和(2)小题的方法求出其积分，特点是1的妙用($x'=1$)；当被积函数为$(\arcsin x)^k$，$(\arccos x)^m$，$k,m\in\mathbf{Z}_+$时，可采用(3)小题的方法作变换；当被积函数为$(\arctan x)^k$，$(\operatorname{arccot} x)^m$，$k,m\in\mathbf{Z}_+$，$k,m>1$时，积分求不出来.

例 21 计算定积分$\int_{-1}^1\frac{x^2+x\ln(\cos x+\sqrt{1+\cos^2 x})}{1+\sqrt{1-x^2}}\mathrm{d}x$.

解
$$\int_{-1}^1\frac{x^2+x\ln(\cos x+\sqrt{1+\cos^2 x})}{1+\sqrt{1-x^2}}\mathrm{d}x$$

$$= \int_{-1}^{1} \frac{x^2}{1+\sqrt{1-x^2}}dx + \int_{-1}^{1} \frac{x\ln(\cos x+\sqrt{1+\cos^2 x})}{1+\sqrt{1-x^2}}dx$$
$$= I_1 + I_2.$$

因为$\dfrac{x\ln(\cos x+\sqrt{1+\cos^2 x})}{1+\sqrt{1-x^2}}$是奇函数，所以 $I_2 = 0$.

$$I_1 = \int_{-1}^{1} \frac{x^2}{1+\sqrt{1-x^2}}dx = 2\int_{0}^{1} \frac{x^2}{1+\sqrt{1-x^2}}dx \xlongequal{x=\sin t} 2\int_{0}^{\frac{\pi}{2}} \frac{\sin^2 t\cos t}{1+\cos t}dt$$

$$= 2\int_{0}^{\frac{\pi}{2}} \frac{4\sin^2\frac{t}{2}\cos^2\frac{t}{2}\cdot\cos t}{2\cos^2\frac{t}{2}}dt = 4\int_{0}^{\frac{\pi}{2}} \sin^2\frac{t}{2}\cdot\cos t dt$$

$$= 2\int_{0}^{\frac{\pi}{2}}(1-\cos t)\cdot\cos t dt = 2\left(\int_{0}^{\frac{\pi}{2}}\cos t dt - \int_{0}^{\frac{\pi}{2}}\cos^2 t dt\right)$$

$$= 2\left(\int_{0}^{\frac{\pi}{2}}\cos t dt - \int_{0}^{\frac{\pi}{2}}\frac{1+\cos 2t}{2}dt\right) = 2 - \frac{\pi}{2}.$$

例 22　设 $\varphi(x) = \int_0^{\sin x} f(tx^2)dt$，其中 $f(x)$ 为连续函数.（1）求 $\varphi'(x)$；（2）讨论 $\varphi'(x)$ 的连续性.

解　（1）由 $\varphi(x)$ 的定义式知 $\varphi(0)=0$. 当 $x\neq 0$ 时，令 $s=tx^2$，则

$$\varphi(x) = \frac{1}{x^2}\int_0^{\sin x} f(tx^2)d(tx^2) = \frac{1}{x^2}\int_0^{x^2\sin x} f(s)ds,$$

$$\varphi'(0) = \lim_{x\to 0}\frac{\varphi(x)-\varphi(0)}{x} = \lim_{x\to 0}\frac{1}{x^3}\int_0^{x^2\sin x} f(s)ds$$
$$= \lim_{x\to 0}\frac{f(x^2\sin x)}{3x^2}(2x\sin x + x^2\cos x)$$
$$= \lim_{x\to 0} f(x^2\sin x)\cdot\frac{2x\sin x + x^2\cos x}{3x^2} = f(0),$$

因此得

$$\varphi'(x) = \begin{cases} -\dfrac{2}{x^3}\displaystyle\int_0^{x^2\sin x} f(s)ds + \dfrac{1}{x^2}f(x^2\sin x)(2x\sin x + x^2\cos x), & x\neq 0, \\ f(0), & x = 0. \end{cases}$$

（2）由变限积分函数的连续性及连续函数的运算法则，知 $x\neq 0$ 时 $\varphi'(x)$ 连续. 又可求得

$$\lim_{x\to 0}\left(-\frac{2}{x^3}\int_0^{x^2\sin x} f(s)dx\right) = -2f(0),$$

$$\lim_{x\to 0}\frac{1}{x^2}f(x^2\sin x)(2x\sin x + x^2\cos x) = 3f(0),$$

所以 $\lim\limits_{x\to 0}\varphi'(x) = f(0) = \varphi'(0)$，故 $\varphi'(x)$ 处处连续.

例 23　计算 $I = \int_0^{\frac{\pi}{2}} \dfrac{dx}{1+(\tan x)^{\sqrt{3}}}$.

解
$$I = \int_0^{\frac{\pi}{2}} \frac{dx}{1+(\tan x)^{\sqrt{3}}} = \int_0^{\frac{\pi}{2}} \frac{(\cos x)^{\sqrt{3}}}{(\cos x)^{\sqrt{3}} + (\sin x)^{\sqrt{3}}}dx$$

$$\xlongequal{x=\pi/2-t}-\int_{\frac{\pi}{2}}^{0}\frac{(\sin t)^{\sqrt{3}}}{(\sin t)^{\sqrt{3}}+(\cos t)^{\sqrt{3}}}(-\mathrm{d}t)$$

$$=\int_{0}^{\frac{\pi}{2}}\frac{(\sin x)^{\sqrt{3}}}{(\sin x)^{\sqrt{3}}+(\cos x)^{\sqrt{3}}}\mathrm{d}t,$$

所以 $2I=\int_{0}^{\frac{\pi}{2}}\mathrm{d}x=\frac{\pi}{2}\Rightarrow I=\frac{\pi}{4}$.

例 24 设 $f(2x-1)=\frac{\ln x}{\sqrt{x}}$,求$\int_{1}^{7}f(x)\mathrm{d}x$.

解 令 $x=2t-1\Rightarrow \mathrm{d}x=2\mathrm{d}t$,且 $x=1$ 时,$t=1$;$x=7$ 时,$t=4$. 于是

$$\int_{1}^{7}f(x)\mathrm{d}x=2\int_{1}^{4}f(2t-1)\mathrm{d}t=2\int_{1}^{4}f(2x-1)\mathrm{d}x=2\int_{1}^{4}\frac{\ln x}{\sqrt{x}}\mathrm{d}x$$

$$=4\int_{1}^{4}(\sqrt{x})'\ln x\mathrm{d}x=4\left(\sqrt{x}\ln x\Big|_{1}^{4}-\int_{1}^{4}\frac{\sqrt{x}}{x}\mathrm{d}x\right)$$

$$=8\left(\ln 4-\sqrt{x}\Big|_{1}^{4}\right)=8(\ln 4-1).$$

评注 本题若令 $t=2x-1$,先求出 $f(t)$的表达式,然后再积分,计算更复杂.

例 25 设函数 $f(x)$ 连续,且$\int_{0}^{x}tf(2x-t)\mathrm{d}t=\frac{1}{2}\arctan x^{2}$,$f(1)=1$,求$\int_{1}^{2}f(x)\mathrm{d}x$ 的值.

解 令 $u=2x-t\Rightarrow t=2x-u$,$\mathrm{d}t=-\mathrm{d}u$,则

$$\int_{0}^{x}tf(2x-t)\mathrm{d}t=-\int_{2x}^{x}(2x-u)f(u)\mathrm{d}u=2x\int_{x}^{2x}f(u)\mathrm{d}u-\int_{x}^{2x}uf(u)\mathrm{d}u,$$

于是

$$2x\int_{x}^{2x}f(u)\mathrm{d}u-\int_{x}^{2x}uf(u)\mathrm{d}u=\frac{1}{2}\arctan x^{2}.$$

上式两边对 x 求导,得

$$2\int_{x}^{2x}f(u)\mathrm{d}u+2x(2f(2x)-f(x))-2\cdot 2xf(2x)+xf(x)=\frac{x}{1+x^{4}},$$

即

$$2\int_{x}^{2x}f(u)\mathrm{d}u=\frac{x}{1+x^{4}}+xf(x).$$

令 $x=1$,并注意到 $f(1)=1$,得$\int_{1}^{2}f(x)\mathrm{d}x=\frac{3}{4}$.

例 26 设函数 $f(x)\in C[0,\pi]$,且$\int_{0}^{\pi}f(x)\mathrm{d}x=0$,$\int_{0}^{\pi}f(x)\cos x\mathrm{d}x=0$. 试证明:在$(0,\pi)$内至少存在两个不同的点 ξ_1 与 ξ_2,使 $f(\xi_1)=f(\xi_2)=0$.

证 令 $F(x)=\int_{0}^{x}f(t)\mathrm{d}t,0\leqslant x\leqslant\pi$,则 $F(0)=0,F(\pi)=0$. 因为

$$\int_{0}^{\pi}f(x)\cos x\mathrm{d}x=\int_{0}^{\pi}\cos x\mathrm{d}F(x)=F(x)\cos x\Big|_{0}^{\pi}+\int_{0}^{\pi}F(x)\sin x\mathrm{d}x$$

$$=\int_{0}^{\pi}F(x)\sin x\mathrm{d}x,$$

于是$\int_{0}^{\pi}F(x)\sin x\mathrm{d}x=0$,所以存在 $\xi\in(0,\pi)$,使 $F(\xi)\sin\xi=0$. 如若不然,则 $F(x)\sin x$ 在

$(0,\pi)$ 内恒为正或恒为负，均与$\int_0^{\pi}F(x)\sin x\mathrm{d}x=0$矛盾. 但当$\xi\in(0,\pi)$时，$\sin\xi\neq 0\Rightarrow F(\xi)=0$.

因此有 $F(0)=F(\xi)=F(\pi)=0$. 分别在$[0,\xi]$和$[\xi,\pi]$上对 $F(x)$用罗尔中值定理，知$\exists\xi_1\in(0,\xi)$，$\xi_2\in(\xi,\pi)$，使得 $F'(\xi_1)=F'(\xi_2)=0$，即 $f(\xi_1)=f(\xi_2)=0$.

例 27　设函数 $S(x)=\int_0^x|\cos t|\mathrm{d}t$.

(1) 证明：当 $n\in\mathbf{Z}_+$，且 $n\pi\leqslant x<(n+1)\pi$ 时，有 $2n\leqslant S(x)<2(n+1)$；

(2) 求 $\lim\limits_{x\to+\infty}\dfrac{S(x)}{x}$.

证　(1) 因为$|\cos x|\geqslant 0$ 且 $n\pi\leqslant x<(n+1)\pi$，所以

$$\int_0^{n\pi}|\cos t|\mathrm{d}t\leqslant\int_0^x|\cos t|\mathrm{d}t<\int_0^{(n+1)\pi}|\cos t|\mathrm{d}t.$$

又因为$|\cos x|$是以 π 为周期的周期函数，在每个周期上的积分值相等，所以

$$\int_0^{n\pi}|\cos t|\mathrm{d}t=n\int_0^{\pi}|\cos t|\mathrm{d}t=2n,$$

$$\int_0^{(n+1)\pi}|\cos t|\mathrm{d}t=(n+1)\int_0^{\pi}|\cos t|\mathrm{d}t=2(n+1),$$

因此当 $n\pi\leqslant x<(n+1)\pi$ 时，$2n\leqslant S(x)<2(n+1)$.

(2) 由(1)知，当 $n\pi\leqslant x<(n+1)\pi$ 时，有$\dfrac{2n}{(n+1)\pi}\leqslant\dfrac{S(x)}{x}<\dfrac{2(n+1)}{n\pi}$. 令 $n\to\infty$，利用夹逼准则得 $\lim\limits_{x\to+\infty}\dfrac{S(x)}{x}=\dfrac{2}{\pi}$.

例 28　设 $f(x)=\int_1^x\dfrac{\ln t}{1+t}\mathrm{d}t$，其中 $x>0$，求 $f(x)+f\left(\dfrac{1}{x}\right)$.

解

$$f(x)+f\left(\frac{1}{x}\right)=\int_1^x\frac{\ln t}{1+t}\mathrm{d}t+\int_1^{\frac{1}{x}}\frac{\ln t}{1+t}\mathrm{d}t,\tag{1}$$

而

$$\int_1^{\frac{1}{x}}\frac{\ln t}{1+t}\mathrm{d}t\xlongequal{u=\frac{1}{t}}\int_1^x\frac{\ln\frac{1}{u}}{1+\frac{1}{u}}\left(-\frac{1}{u^2}\right)\mathrm{d}u=\int_1^x\frac{\ln u}{u+u^2}\mathrm{d}u=\int_1^x\frac{\ln t}{t+t^2}\mathrm{d}t.\tag{2}$$

由式(1)，式(2)得

$$\begin{aligned}f(x)+f\left(\frac{1}{x}\right)&=\int_1^x\frac{\ln t}{1+t}\mathrm{d}t+\int_1^x\frac{\ln t}{t+t^2}\mathrm{d}t\\&=\int_1^x\left[\frac{t\ln t+\ln t}{t(1+t)}\right]\mathrm{d}t=\int_1^x\frac{\ln t}{t}\mathrm{d}t\\&=\int_1^x\ln t\mathrm{d}(\ln t)=\frac{1}{2}(\ln t)^2\Big|_1^x=\frac{1}{2}\ln^2 x.\end{aligned}$$

例 29　设 $f(x)$是以 T 为周期的连续函数. (1) 试证明：可选取适当的常数 k，使$\int_0^x f(t)\mathrm{d}t-kx$ 是以 T 为周期的连续函数，并求出此 k. (2) 求$\lim\limits_{x\to\infty}\dfrac{1}{x}\int_0^x f(t)\mathrm{d}t$.

证　(1) 令 $\varphi(x)=\int_0^x f(t)\mathrm{d}t-kx$，则

$$\begin{aligned}\varphi(x+T)-\varphi(x)&=\left[\int_0^{x+T}f(t)\mathrm{d}t-k(x+T)\right]-\left(\int_0^x f(t)\mathrm{d}t-kx\right)\\&=\int_x^{x+T}f(t)\mathrm{d}t-kT=\int_0^T f(t)\mathrm{d}t-kT.\end{aligned}$$

因为 $\varphi(x)$ 以 T 为周期 $\Leftrightarrow\varphi(x+T)-\varphi(x)=0\Leftrightarrow k=\dfrac{1}{T}\displaystyle\int_0^T f(t)\mathrm{d}t$.

(2)
$$\lim_{x\to\infty}\frac{1}{x}\int_0^x f(t)\mathrm{d}t=\lim_{x\to\infty}\frac{1}{x}(\varphi(x)+kx)=\lim_{x\to\infty}\frac{\varphi(x)}{x}+k.$$

因为 $\varphi(x)$是连续的周期函数,所以 $\varphi(x)$在一个周期段上有界,即在$(-\infty,+\infty)$上有界,所以$\lim\limits_{x\to\infty}\dfrac{\varphi(x)}{x}=0$,从而

$$\lim_{x\to\infty}\frac{1}{x}\int_0^x f(t)\mathrm{d}t=k=\frac{1}{T}\int_0^T f(t)\mathrm{d}t.$$

例 30 设 $f(x)$在$[a,b]$上连续,证明 $\exists\xi\in(a,b)$,使 $\displaystyle\int_a^b f(x)\mathrm{d}x=f(\xi)(b-a)$.

证法一 由积分中值定理,$\exists\xi_1\in[a,b]$,使得$\displaystyle\int_a^b f(x)\mathrm{d}x=f(\xi_1)(b-a)$. 于是

$$\int_a^b f(x)\mathrm{d}x=\int_a^b f(\xi_1)\mathrm{d}x\Rightarrow\int_a^b(f(x)-f(\xi_1))\mathrm{d}x=0.$$

由于 $f(x)-f(\xi_1)\in C[a,b]$,所以若 $\forall x\in(a,b)$,$f(x)-f(\xi_1)\neq0$,则 $\forall x\in(a,b)$,恒有 $f(x)-f(\xi_1)>0$,或恒有 $f(x)-f(\xi_1)<0$,都将推出$\displaystyle\int_a^b(f(x)-f(\xi_1))\mathrm{d}x\neq0$,与上式矛盾. 所以$\exists\xi\in(a,b)$,使 $f(\xi)-f(\xi_1)=0\Rightarrow f(\xi)=f(\xi_1)$.

证法二 $\forall x\in[a,b]$,记 $F(x)=\displaystyle\int_a^x f(t)\mathrm{d}t$,则 $F(x)$ 在$[a,b]$上满足拉格朗日中值定理条件,因此 $\exists\xi\in(a,b)$,使得

$$F(b)-F(a)=F'(\xi)(b-a),$$

即

$$\int_a^b f(x)\mathrm{d}x=f(\xi)(b-a).$$

评注 本例与一般教科书上的积分中值定理有区别,一般教材上的积分中值定理只是说$\exists\xi\in[a,b]$,使$\displaystyle\int_a^b f(x)\mathrm{d}x=f(\xi)(b-a)$成立,本例要求$\xi\in(a,b)$,即$\xi$是开区间$(a,b)$内的点.

例 31 设 $f(x)$在$[a,b]$上连续,在(a,b)内可导,且$\dfrac{1}{b-a}\displaystyle\int_a^b f(x)\mathrm{d}x=f(b)$. 求证$\exists\xi\in(a,b)$,使得 $f'(\xi)=0$.

证 因为 $f(x)$在$[a,b]$上连续,由例 30 可知,$\exists\eta\in(a,b)$,使得

$$\int_a^b f(x)\mathrm{d}x=f(\eta)(b-a)\Rightarrow f(\eta)=\frac{1}{b-a}\int_a^b f(x)\mathrm{d}x=f(b).$$

因为 $f(x)$在$[\eta,b]$上连续,在(η,b)内可导,故由罗尔中值定理知,在(η,b)内至少存在一点ξ使得得 $f'(\xi)=0$,其中$\xi\in(\eta,b)\subset(a,b)$.

例 32 设 $f(x)$在$[0,1]$上可导,$F(x)=\displaystyle\int_0^x t^2f(t)\mathrm{d}t$,且 $F(1)=f(1)$. 证明:在$(0,1)$

内至少存在一点 ξ，使得 $f'(\xi)=-\dfrac{2f(\xi)}{\xi}$.

分析　考察形式：

$$f'(x)=-\frac{2f(x)}{x}\Leftrightarrow xf'(x)=-2f(x)\Leftrightarrow xf'(x)+2f(x)=0$$

$$\Leftrightarrow x^2f'(x)+2xf(x)=0\Leftrightarrow (x^2f(x))'=0.$$

由此看出，若令 $G(x)=x^2f(x)$，则只需要证 $\exists\,\xi\in(0,1)$，使得 $G'(\xi)=0$.

证　令 $G(x)=x^2f(x)$，则 $G(1)=f(1)$. 因为 $G(x)=x^2f(x)$ 在 $[0,1]$ 上连续，由例 30 知，$\exists\,\eta\in(0,1)$，使 $F(1)=\int_0^1 t^2f(t)\mathrm{d}t=\eta^2f(\eta)\Rightarrow G(\eta)=F(1)=f(1)=G(1)$，在区间 $[\eta,1]$ 上用罗尔中值定理知，$\exists\,\xi\in(\eta,1)$ 使得 $G'(\xi)=0$，即得 $f'(\xi)=-\dfrac{2f(\xi)}{\xi}$.

例 33　设 $f(x)$ 在 $(-\infty,+\infty)$ 上有连续的导数，且 $m\leqslant f(x)\leqslant M$.

(1) 求 $\lim\limits_{a\to0^+}\dfrac{1}{4a^2}\int_{-a}^{a}(f(t+a)-f(t-a))\mathrm{d}t$；

(2) 证明 $\left|\dfrac{1}{2a}\int_{-a}^{a}f(t)\mathrm{d}t-f(x)\right|\leqslant M-m\,(a>0)$.

解　(1) 原式

$$\begin{aligned}
&=\lim_{a\to0^+}\frac{1}{4a^2}\left(\int_{-a}^{a}f(t+a)\mathrm{d}t-\int_{-a}^{a}f(t-a)\mathrm{d}t\right)\\
&=\lim_{a\to0^+}\frac{1}{4a^2}\left(\int_{0}^{2a}f(u)\mathrm{d}u-\int_{-2a}^{0}f(u)\mathrm{d}u\right)\\
&=\lim_{a\to0^+}\frac{2f(2a)-2f(-2a)}{8a}=\lim_{a\to0^+}\frac{f(2a)-f(-2a)}{4a}\quad\text{(洛必达法则)}\\
&=\lim_{a\to0^+}\frac{2f'(2a)+2f'(-2a)}{4}=f'(0).
\end{aligned}$$

(2) $\left|\dfrac{1}{2a}\int_{-a}^{a}f(t)\mathrm{d}t-f(x)\right|=\left|\dfrac{1}{2a}\int_{-a}^{a}(f(t)-f(x))\mathrm{d}t\right|\leqslant\dfrac{1}{2a}\int_{-a}^{a}|f(t)-f(x)|\mathrm{d}t.$

因为 $m\leqslant f(x)\leqslant M$，可得 $|f(t)-f(x)|\leqslant M-m$，所以

$$\left|\frac{1}{2a}\int_{-a}^{a}f(t)\mathrm{d}t-f(x)\right|\leqslant\frac{1}{2a}\int_{-a}^{a}|f(t)-f(x)|\mathrm{d}t\leqslant M-m\,(a>0).$$

评注　当定积分中被积函数的自变量位置不是单变量时，常作变换把它化为单变量.

例 34　设 $f(x)$ 在 $[0,1]$ 上连续且递减，证明：当 $0<\lambda<1$ 时，$\int_0^{\lambda}f(x)\mathrm{d}x\geqslant\lambda\int_0^1 f(x)\mathrm{d}x$.

证

$$\begin{aligned}
\int_0^{\lambda}f(x)\mathrm{d}x-\lambda\int_0^1 f(x)\mathrm{d}x&=\int_0^{\lambda}f(x)\mathrm{d}x-\lambda\int_0^{\lambda}f(x)\mathrm{d}x-\lambda\int_{\lambda}^{1}f(x)\mathrm{d}x\\
&=(1-\lambda)\int_0^{\lambda}f(x)\mathrm{d}x-\lambda\int_{\lambda}^{1}f(x)\mathrm{d}x\\
&=(1-\lambda)\lambda f(\xi_1)-\lambda(1-\lambda)f(\xi_2)\\
&=\lambda(1-\lambda)(f(\xi_1)-f(\xi_2)),
\end{aligned}$$

其中 $0\leqslant\xi_1\leqslant\lambda\leqslant\xi_2\leqslant1$.

因为 $f(x)$ 递减，所以 $f(\xi_1)\geqslant f(\xi_2)$，推得 $\lambda(1-\lambda)(f(\xi_1)-f(\xi_2))\geqslant0$，所以 $\int_0^{\lambda}f(x)\mathrm{d}x\geqslant$

$\lambda\int_0^1 f(x)\mathrm{d}x$.

例 35 设非负二阶可导函数 $f(x)$在$[0,+\infty)$上满足 $f''(x)>0$,对常数 $a>0$,试证明 $\int_0^a f(x)\mathrm{d}x > af\left(\frac{a}{2}\right)$.

证法一 令函数 $F(x)=\int_0^x f(t)\mathrm{d}t - xf\left(\frac{x}{2}\right), x\in[0,a]$,显然 $F(0)=0$. 当 $x>0$ 时,有

$$F'(x)=f(x)-f\left(\frac{x}{2}\right)-\frac{x}{2}f'\left(\frac{x}{2}\right)=\frac{x}{2}f'(\xi)-\frac{x}{2}f'\left(\frac{x}{2}\right)$$
$$=\frac{x}{2}\left(f'(\xi)-f'\left(\frac{x}{2}\right)\right)\quad \xi\in\left(\frac{x}{2},x\right),$$

由于 $f''(x)>0$,所以 $f'(x)$严格单调递增,即有 $f'(\xi)>f'\left(\frac{x}{2}\right)\Rightarrow F'(x)>0$. 令 $x=a$,则 $F(a)>0$,即$\int_0^a f(x)\mathrm{d}x > af\left(\frac{a}{2}\right)$.

证法二 应用泰勒公式,得

$$\int_0^a f(x)\mathrm{d}x=\int_0^a\left[f\left(\frac{a}{2}\right)+f'\left(\frac{a}{2}\right)\left(x-\frac{a}{2}\right)+\frac{f''(\xi)}{2!}\left(x-\frac{a}{2}\right)^2\right]\mathrm{d}x.$$

注意到$\int_0^a f'\left(\frac{a}{2}\right)\left(x-\frac{a}{2}\right)\mathrm{d}x=0, f''(x)>0$,可知

$$\int_0^a f(x)\mathrm{d}x > \int_0^a f\left(\frac{a}{2}\right)\mathrm{d}x = af\left(\frac{a}{2}\right).$$

例 36 设 $f(x)$在$[a,b]$上连续,证明:$\left(\int_a^b f(x)\mathrm{d}x\right)^2 \leqslant (b-a)\int_a^b f^2(x)\mathrm{d}x$.

证 令 $F(x)=\left(\int_a^x f(t)\mathrm{d}t\right)^2-(x-a)\int_a^x f^2(t)\mathrm{d}t$,则只需要证 $F(b)\leqslant 0$. 又因 $F(a)=0$,所以只要证明 $F(x)$单调递减即可. 因为

$$F'(x)=2f(x)\int_a^x f(t)\mathrm{d}t-\int_a^x f^2(t)\mathrm{d}t-(x-a)f^2(x)$$
$$=\int_a^x 2f(x)f(t)\mathrm{d}t-\int_a^x f^2(t)\mathrm{d}t-\int_a^x f^2(x)\mathrm{d}t$$
$$=-\int_a^x (f(t)-f(x))^2\mathrm{d}t\leqslant 0,$$

所以 $F(x)$单调递减.

评注 本例构造辅助函数的方法是将积分不等式中积分的上限变成自变量,由辅助函数的导数来确定其单调性,从而证明不等式. 也可以将积分下限参数化,构造辅助函数,用单调性证明积分不等式,这是证明积分不等式常用方法之一.

例 37 设 $f(x)$在区间$[0,1]$上可导,$f(0)=0, 0<f'(x)\leqslant 1$. 求证:

$$\left(\int_0^1 f(x)\mathrm{d}x\right)^2 \geqslant \int_0^1 f^3(x)\mathrm{d}x.$$

证 作辅助函数 $F(x)=\left(\int_0^x f(t)\mathrm{d}t\right)^2-\int_0^x f^3(t)\mathrm{d}t$,则 $F(0)=0$,只需要证 $F(1)\geqslant 0$.

$$F'(x) = 2f(x)\int_0^x f(t)\mathrm{d}t - f^3(x) = f(x)\left(2\int_0^x f(t)\mathrm{d}t - f^2(x)\right).$$

因为 $f(0)=0, 0<f'(x)$，所以 $f(x)$ 严格单调递增，从而 $f(x)>0, x\in(0,1]$.

令 $G(x) = 2\int_0^x f(t)\mathrm{d}t - f^2(x)$，则

$$G'(x)=2f(x)-2f(x)f'(x)=2f(x)(1-f'(x)).$$

因为 $0<f'(x)\leqslant 1$，所以 $G'(x)\geqslant 0$，从而当 $x\in(0,1]$ 时单调递增，即 $G(x)\geqslant 0$，推得 $F'(x)\geqslant 0$，$F(x)$ 单调递增，又 $F(1)\geqslant F(0)=0$，即 $\left(\int_0^1 f(t)\mathrm{d}t\right)^2 - \int_0^1 f^3(t)\mathrm{d}t \geqslant 0$，所以

$$\left(\int_0^1 f(x)\mathrm{d}x\right)^2 \geqslant \int_0^1 f^3(x)\mathrm{d}x.$$

例 38　设 $f(x)$ 在 $[a,b]$ 上可导，且 $f'(x)\leqslant M$，$f(a)=0$，证明：

$$\int_a^b f(x)\mathrm{d}x \leqslant \frac{M}{2}(b-a)^2.$$

证　由题设可知，$f(x)$ 在 $[a,b]$ 上满足拉格朗日中值定理条件，于是有

$$f(x)=f(x)-f(a)=(x-a)f'(\xi)\leqslant M(x-a)\quad a<\xi<x\leqslant 1,$$

所以

$$\int_a^b f(x)\mathrm{d}x \leqslant \int_a^b M(x-a)\mathrm{d}x = \frac{M}{2}(b-a)^2.$$

例 39　设 $f(x)$ 在 $[0,1]$ 上有一阶连续导数，$f(0)=f(1)=0$，求证：

$$\left|\int_0^1 f(x)\mathrm{d}x\right| \leqslant \frac{1}{4}\max_{x\in[0,1]}|f'(x)|.$$

证　由题设可知，$f(x)$ 在 $[0,1]$ 上满足拉格朗日中值定理条件，于是有

$$f(x)=f(x)-f(0)=xf'(\xi_1)\quad \xi_1\in(0,x),$$

$$f(x)=f(x)-f(1)=(x-1)f'(\xi_2)\quad \xi_2\in(x,1).$$

设 $\max\limits_{x\in[0,1]}|f'(x)|=M$，则有 $|f(x)|\leqslant Mx$，$|f(x)|\leqslant M(1-x)$，$x\in[0,1]$. 又由

$$\int_0^1 f(x)\mathrm{d}x = \int_0^x f(t)\mathrm{d}t + \int_x^1 f(t)\mathrm{d}t$$

推得

$$\left|\int_0^1 f(x)\mathrm{d}x\right| \leqslant \left|\int_0^x f(t)\mathrm{d}t\right| + \left|\int_x^1 f(t)\mathrm{d}t\right| \leqslant \int_0^x |f(t)|\mathrm{d}t + \int_x^1 |f(t)|\mathrm{d}t \leqslant$$

$$\int_0^x Mt\mathrm{d}t + \int_x^1 M(1-t)\mathrm{d}t = M\cdot\frac{1}{2}[x^2+(1-x)^2].$$

令 $x=\frac{1}{2}$，即得 $\left|\int_0^1 f(x)\mathrm{d}x\right| \leqslant \frac{1}{4}\max\limits_{x\in[0,1]}|f'(x)|$.

评注　$\left|\int_0^1 f(x)\mathrm{d}x\right| \leqslant M\cdot\frac{1}{2}[x^2+(1-x)^2]$ 对一切 $x\in[0,1]$ 均成立. 当 $x=\frac{1}{2}$ 时，$x^2+(1-x)^2$ 取到最小值 $\frac{1}{2}$，此时不等式仍然成立，但不是将右端放大.

例 40　设 $f(x)$ 在区间 $[-a,a]$ $(a>0)$ 上具有二阶连续导数，$f(0)=0$.

(1) 写出 $f(x)$ 的带拉格朗日余项的一阶麦克劳林公式；

(2) 证明 $\exists\,\eta\in[-a,a]$，使得 $a^3f''(\eta)=3\int_{-a}^a f(x)\mathrm{d}x$.

解 (1) 对任意 $x\in[-a,a]$,有

$$f(x)=f(0)+f'(0)x+\frac{f''(\xi)}{2!}x^2=f'(0)x+\frac{f''(\xi)}{2!}x^2,\xi \text{ 介于 } 0 \text{ 与 } x \text{ 之间}.$$

(2) 因为 $f''(x)$在$[-a,a]$上连续,故 $\forall x\in[-a,a]$,有 $m\leqslant f''(x)\leqslant M$,其中 m,M 分别是 $f''(x)$在$[-a,a]$上的最小值和最大值,所以有

$$f'(0)x+\frac{m}{2!}x^2\leqslant f(x)\leqslant f'(0)x+\frac{M}{2!}x^2,$$

$$\int_{-a}^{a}\left(f'(0)x+\frac{m}{2}x^2\right)\mathrm{d}x\leqslant\int_{-a}^{a}f(x)\mathrm{d}x\leqslant\int_{-a}^{a}\left(f'(0)x+\frac{M}{2}x^2\right)\mathrm{d}x,$$

$$\int_{-a}^{a}\frac{m}{2}x^2\mathrm{d}x\leqslant\int_{-a}^{a}f(x)\mathrm{d}x\leqslant\int_{-a}^{a}\frac{M}{2}x^2\mathrm{d}x,$$

即得 $m\leqslant\frac{3}{a^3}\int_{-a}^{a}f(x)\mathrm{d}x\leqslant M$,又由 $f''(x)\in C[-a,a]$ 知,$\exists\,\eta\in[-a,a]$,使得

$$f''(\eta)=\frac{3}{a^3}\int_{-a}^{a}f(x)\mathrm{d}x\Leftrightarrow a^3f''(\eta)=3\int_{-a}^{a}f(x)\mathrm{d}x.$$

例 41 设函数 $f(x)$在$[a,b]$上具有连续的二阶导数,证明:在(a,b)内存在一点,使得

$$\int_a^b f(x)\mathrm{d}x=(b-a)f\left(\frac{a+b}{2}\right)+\frac{1}{24}(b-a)^3f''(\xi).$$

证 设 $F(x)=\int_a^x f(t)\mathrm{d}t$,则 $F'(x)=f(x)$,$\int_a^b f(x)\mathrm{d}x=F(b)-F(a)$,$\forall x\in[a,b]$,将 $F(x)$ 在 $x_0=\frac{a+b}{2}$ 处展成二阶泰勒公式

$$F(x)=F\left(\frac{a+b}{2}\right)+F'\left(\frac{a+b}{2}\right)\left(x-\frac{a+b}{2}\right)+\frac{1}{2!}F''\left(\frac{a+b}{2}\right)\left(x-\frac{a+b}{2}\right)^2+\frac{1}{3!}F'''(\xi)\left(x-\frac{a+b}{2}\right)^3,$$

其中 ξ 介于 x 与$\frac{a+b}{2}$之间.注意到 $F'(x)=f(x)$,$F''(x)=f'(x)$,$F'''(x)=f''(x)$,将$x=b$,$x=a$ 分别代入上式并相减,得

$$F(b)-F(a)=(b-a)f\left(\frac{a+b}{2}\right)+\frac{1}{24}(b-a)^3\,\frac{f''(\xi_1)+f''(\xi_2)}{2},$$

其中 ξ_1,ξ_2 分别介于$\frac{a+b}{2}$与 b,a 与$\frac{a+b}{2}$之间.

由于 $f''(x)$在$[a,b]$上连续,所以必 $\exists\,\xi\in[a,b]$,使得

$$f''(\xi)=\frac{f''(\xi_1)+f''(\xi_2)}{2},$$

于是

$$\int_a^b f(x)\mathrm{d}x=(b-a)f\left(\frac{a+b}{2}\right)+\frac{1}{24}(b-a)^3f''(\xi).$$

评注 本例的解题技巧在于将 $f(x)$的原函数 $F(x)=\int_a^x f(t)\mathrm{d}t$ 展成二阶泰勒公式.

例 42 计算 $\int_1^{+\infty}\frac{x^2}{(1+x^2)^3}\mathrm{d}x$.

解 令 $x=\tan t$,则

$$\text{原式}=\int_{\frac{\pi}{4}}^{\frac{\pi}{2}}\frac{\tan^2 t}{\sec^6 t}\sec^2 t\mathrm{d}t=\int_{\frac{\pi}{4}}^{\frac{\pi}{2}}\sin^2 t\cos^2 t\mathrm{d}t=\frac{1}{4}\int_{\frac{\pi}{4}}^{\frac{\pi}{2}}\sin^2 2t\mathrm{d}t$$

$$=\frac{1}{8}\int_{\frac{\pi}{4}}^{\frac{\pi}{2}}(1-\cos 4t)\mathrm{d}t=\left(\frac{1}{8}t-\frac{1}{32}\sin 4t\right)\Big|_{\frac{\pi}{4}}^{\frac{\pi}{2}}=\frac{\pi}{32}.$$

例 43　计算 $I=\int_1^{+\infty}\frac{\mathrm{d}x}{\mathrm{e}^{1+x}+\mathrm{e}^{3-x}}$.

解　$I=\int_1^{+\infty}\frac{\mathrm{d}x}{\mathrm{e}^{1+x}+\mathrm{e}^{3-x}}=\int_1^{+\infty}\frac{\mathrm{e}^{x-3}}{\mathrm{e}^{2(x-1)}+1}\mathrm{d}x=\mathrm{e}^{-2}\int_1^{+\infty}\frac{\mathrm{e}^{x-1}}{\mathrm{e}^{2(x-1)}+1}\mathrm{d}x$

$$=\mathrm{e}^{-2}\int_1^{+\infty}\frac{\mathrm{d}(\mathrm{e}^{x-1})}{\mathrm{e}^{2(x-1)}+1}=\mathrm{e}^{-2}\arctan \mathrm{e}^{x-1}\Big|_1^{+\infty}=\mathrm{e}^{-2}\left(\frac{\pi}{2}-\frac{\pi}{4}\right)=\frac{\pi}{4}\mathrm{e}^{-2}.$$

例 44　求 $\int_0^2\sqrt{\frac{x}{2-x}}\mathrm{d}x$.

解法一　令 $\sqrt{\frac{x}{2-x}}=t$，则 $x=2-\frac{2}{1+t^2}$，$\mathrm{d}x=-2\mathrm{d}\left(\frac{1}{1+t^2}\right)$，于是

$$\int_0^2\sqrt{\frac{x}{2-x}}\mathrm{d}x=-2\int_0^{+\infty}t\mathrm{d}\left(\frac{1}{1+t^2}\right)=-2\left(\frac{t}{1+t^2}\Big|_0^{+\infty}-\int_0^{+\infty}\frac{1}{1+t^2}\mathrm{d}t\right)$$

$$=0+2\arctan x\Big|_0^{+\infty}=\pi.$$

解法二　原式 $=\int_0^2\frac{x}{\sqrt{x(2-x)}}\mathrm{d}x$，令 $\sqrt{x(2-x)}=t(2-x)\Rightarrow x=2-\frac{2}{1+t^2}=\frac{2t^2}{1+t^2}$，$\mathrm{d}x=-2\mathrm{d}\left(\frac{1}{1+t^2}\right)$，故

$$\text{原式}=-2\int_0^{+\infty}\frac{2t^2}{1+t^2}\cdot\frac{1+t^2}{2t}\mathrm{d}\left(\frac{1}{1+t^2}\right)=-2\int_0^{+\infty}t\mathrm{d}\left(\frac{1}{1+t^2}\right)$$

$$=-2\left(\frac{t}{1+t^2}\Big|_0^{+\infty}-\int_0^{+\infty}\frac{\mathrm{d}t}{1+t^2}\right)=0+2\arctan t\Big|_0^{+\infty}=\pi.$$

例 45　计算积分 $\int_{\frac{1}{2}}^{\frac{3}{2}}\frac{\mathrm{d}x}{\sqrt{|x-x^2|}}$.

解　注意被积函数含绝对值且 $x=1$ 为其无穷间断点，故

$$\int_{\frac{1}{2}}^{\frac{3}{2}}\frac{\mathrm{d}x}{\sqrt{|x-x^2|}}=\int_{\frac{1}{2}}^{1}\frac{\mathrm{d}x}{\sqrt{x-x^2}}+\int_1^{\frac{3}{2}}\frac{\mathrm{d}x}{\sqrt{x^2-x}},$$

$$\int_{\frac{1}{2}}^{1}\frac{\mathrm{d}x}{\sqrt{|x-x^2|}}=\lim_{\varepsilon_1\to 0^+}\int_{\frac{1}{2}}^{1-\varepsilon_1}\frac{\mathrm{d}x}{\sqrt{\frac{1}{4}-\left(x-\frac{1}{2}\right)^2}}$$

$$=\lim_{\varepsilon_1\to 0^+}\arcsin(2x-1)\Big|_{\frac{1}{2}}^{1-\varepsilon_1}=\frac{\pi}{2},$$

$$\int_1^{\frac{3}{2}}\frac{\mathrm{d}x}{\sqrt{x^2-x}}=\lim_{\varepsilon_2\to 0^+}\int_{1+\varepsilon_2}^{\frac{3}{2}}\frac{\mathrm{d}x}{\sqrt{\left(x-\frac{1}{2}\right)^2-\frac{1}{4}}}$$

$$=\lim_{\varepsilon_2\to 0^+}\ln\left[\left(x-\frac{1}{2}\right)+\sqrt{\left(x-\frac{1}{2}\right)^2-\frac{1}{4}}\right]\Bigg|_{1+\varepsilon_2}^{\frac{3}{2}}$$

$$=\ln(2+\sqrt{3}),$$

因此原式$=\frac{\pi}{2}+\ln(2+\sqrt{3})$.

例 46 求实数 C，使得$\int_0^{+\infty}\left(\frac{Cx}{x^2+1}-\frac{1}{2x+1}\right)\mathrm{d}x$ 收敛；并求出积分值.

解 $$\int_0^{+\infty}\left(\frac{Cx}{x^2+1}-\frac{1}{2x+1}\right)\mathrm{d}x=\lim_{b\to+\infty}\int_0^{b}\left(\frac{Cx}{x^2+1}-\frac{1}{2x+1}\right)\mathrm{d}x$$
$$=\lim_{b\to+\infty}\left[\frac{C}{2}\ln(x^2+1)-\frac{1}{2}\ln(2x+1)\right]\Big|_0^b$$
$$=\lim_{b\to+\infty}\frac{1}{2}\ln\frac{(b^2+1)^C}{2b+1}.$$

要使广义积分收敛，即要求极限$\lim\limits_{b\to+\infty}\frac{(b^2+1)^C}{2b+1}$存在且非零，所以 $2C=1$，即 $C=\frac{1}{2}$. 此时有
$$\int_0^{+\infty}\left(\frac{Cx}{x^2+1}-\frac{1}{2x+1}\right)\mathrm{d}x=\frac{1}{2}\ln\frac{1}{2}=-\frac{1}{2}\ln 2.$$

例 47 求曲线 $y=\sqrt{x}$的一条切线 l，使该曲线与切线 l 及直线 $x=0$，$x=2$ 所围成图形的面积最小.

解 因为 $y'=\frac{1}{2\sqrt{x}}$，所以 $y=\sqrt{x}$在点$(t,\sqrt{t})$处的切线 l 的方程为
$$y-\sqrt{t}=\frac{1}{2\sqrt{t}}(x-t),$$
即
$$y=\frac{1}{2\sqrt{t}}x+\frac{\sqrt{t}}{2}.$$
所围图形的面积为
$$S(t)=\int_0^2\left[\left(\frac{1}{2\sqrt{t}}x+\frac{\sqrt{t}}{2}\right)-\sqrt{x}\right]\mathrm{d}x=\frac{1}{\sqrt{t}}+\sqrt{t}-\frac{4\sqrt{2}}{3},$$
令 $S'(t)=-\frac{1}{2}t^{-\frac{3}{2}}+\frac{1}{2}t^{-\frac{1}{2}}=0$，得 $t=1$. 又 $S''(t)=\frac{3}{4}t^{-\frac{5}{2}}-\frac{1}{4}t^{-\frac{3}{2}}$，得 $S''(1)=\frac{1}{2}>0$，故当 $t=1$时，$S(t)$取最小值，此时 l 的方程为 $y=\frac{1}{2}x+\frac{1}{2}$.

例 48 设函数 $f(x)$在闭区间$[0,1]$上连续，在开区间$(0,1)$内大于零，满足 $xf'(x)=f(x)+\frac{3a}{2}x^2$($a$ 为常数)，且曲线 $y=f(x)$与 $x=1$，$y=0$ 所围图形 S 的面积为 2. 求函数 $y=f(x)$，并问 a 为何值时，图形 S 绕 x 轴旋转一周所得的旋转体的体积最小.

解 由题设，当 $x\neq0$ 时
$$\left(\frac{f(x)}{x}\right)'=\frac{xf'(x)-f(x)}{x^2}=\frac{3a}{2},$$
同时考虑 $f(x)$在点 $x=0$ 处的连续性，得
$$f(x)=\frac{3a}{2}x^2+Cx\quad x\in[0,1].$$

又由已知条件 $2=\int_0^1\left(\frac{3}{2}ax^2+Cx\right)\mathrm{d}x=\left(\frac{1}{2}ax^3+\frac{1}{2}Cx^2\right)\Big|_0^1=\frac{a}{2}+\frac{C}{2}$，得 $C=4-a$，因此 $f(x)=\frac{3}{2}ax^2+(4-a)x$.

旋转体的体积为

$$V(a)=\pi\int_0^1(f(x))^2\mathrm{d}x=\left(\frac{1}{30}a^2+\frac{1}{3}a+\frac{16}{3}\right)\pi.$$

令 $V'(a)=\left(\frac{1}{15}a+\frac{1}{3}\right)\pi=0$，得 $a=-5$，且 $V''(a)=\frac{1}{15}>0$，故当 $a=-5$ 时，旋转体的体积最小.

例 49　求心脏线 $\rho=a(1+\cos\theta)$ 与圆 $\rho=a$ 所围成的各部分图形的面积：

(1) 圆内，心脏线内部分 A_1；

(2) 圆外，心脏线内部分 A_2.

解　用 A_i 表示相应部分的面积.

$$\begin{aligned}(1)\ A_1&=2\int_{\frac{\pi}{2}}^{\pi}\frac{1}{2}\rho^2(\theta)\mathrm{d}\theta+\frac{\pi}{2}a^2\\&=a^2\int_{\frac{\pi}{2}}^{\pi}(1+\cos\theta)^2\mathrm{d}\theta+\frac{\pi}{2}a^2\\&=a^2\int_{\frac{\pi}{2}}^{\pi}(1+2\cos\theta+\cos^2\theta)\mathrm{d}\theta+\frac{\pi}{2}a^2\\&=a^2\int_{\frac{\pi}{2}}^{\pi}\left(1+2\cos\theta+\frac{1+\cos 2\theta}{2}\right)\mathrm{d}\theta+\frac{\pi}{2}a^2\\&=\frac{\pi}{2}a^2+a^2\left(\frac{3}{2}\theta+2\sin\theta+\frac{1}{4}\sin 2\theta\right)\Big|_{\frac{\pi}{2}}^{\pi}\\&=\frac{\pi}{2}a^2+a^2\left(\frac{3}{2}\pi-2\right)=a^2\left(\frac{5}{2}\pi-2\right).\end{aligned}$$

$$\begin{aligned}(2)\ A_2&=2\cdot\frac{1}{2}\int_0^{\frac{\pi}{2}}a^2(1+\cos\theta)^2\mathrm{d}\theta-\frac{1}{2}\pi a^2\\&=\int_0^{\frac{\pi}{2}}a^2(1+2\cos\theta+\cos^2\theta)\mathrm{d}\theta-\frac{1}{2}\pi a^2\\&=\int_0^{\frac{\pi}{2}}a^2\left(1+2\cos\theta+\frac{1+\cos 2\theta}{2}\right)\mathrm{d}\theta-\frac{1}{2}\pi a^2\\&=a^2\left(\frac{3}{2}\theta+2\sin\theta+\frac{1}{4}\sin 2\theta\right)\Big|_0^{\frac{\pi}{2}}-\frac{1}{2}\pi a^2=\left(\frac{\pi}{4}+2\right)a^2.\end{aligned}$$

例 50　已知星形线 L 的表达式为 $\begin{cases}x=a\cos^3 t,\\y=a\sin^3 t\end{cases}(a>0)$，求：

(1) L 所围图形的面积；

(2) L 的弧长；

(3) L 所围图形绕 x 轴旋转一周所得旋转体的体积.

解　(1) 面积为

$$S=4\int_0^a y\mathrm{d}x=4\int_{\frac{\pi}{2}}^0 a\sin^3 t\cdot 3a\cos^2 t(-\sin t)\mathrm{d}t$$

$$=12a^2\int_0^{\frac{\pi}{2}}(\sin^4 t-\sin^6 t)\mathrm{d}t$$

$$=12a^2\left(\frac{3}{4}\cdot\frac{1}{2}\cdot\frac{\pi}{2}-\frac{5}{6}\cdot\frac{3}{4}\cdot\frac{1}{2}\cdot\frac{\pi}{2}\right)$$

$$=\frac{3}{8}\pi a^2.$$

(2) 弧长为

$$l=4\int_0^{\frac{\pi}{2}}\sqrt{(x')^2+(y')^2}\mathrm{d}t=4\int_0^{\frac{\pi}{2}}3a\cos t\sin t\mathrm{d}t=6a\sin^2 t\Big|_0^{\frac{\pi}{2}}=6a.$$

(3) 体积为

$$V=2\pi\int_0^a y^2(x)\mathrm{d}x=2\pi\int_{\frac{\pi}{2}}^0 a^2\sin^6 t\cdot 3a\cos^2 t(-\sin t)\mathrm{d}t$$

$$=6\pi a^3\int_0^{\frac{\pi}{2}}(\sin^7 t-\sin^9 t)\mathrm{d}t=\frac{32}{105}\pi a^3.$$

例 51 一个半球形(直径为 20 m)的容器内盛满了水,试求把容器中的水全部抽出所需作的功(功的单位:kJ).

分析 先建立适当的坐标系,利用元素法求出把深度 x 到 $x+\mathrm{d}x$ 的一层水抽到容器外所作的功 $\mathrm{d}W$.

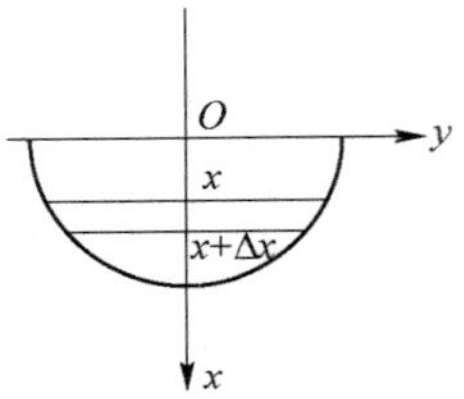

解 建立如图 6-1 所示的坐标系. 取一个对应深度 x 到 $x+\Delta x$ 的小薄层为微元,圆的方程为 $x^2+y^2=R^2$($R=10$ m),于是小薄层的体积近似于

$$\mathrm{d}V=\pi y^2\mathrm{d}x=\pi(R^2-x^2)\mathrm{d}x,$$

图 6-1

把该小薄层水抽到容器外面应作功的元素为

$$\mathrm{d}W=(-x)(-\rho g\mathrm{d}V)=x\cdot\rho g\pi(R^2-x^2)\mathrm{d}x,$$

其中水的密度取 $\rho=1$,重力加速度取 $g=10\ \mathrm{m/s^2}$. 于是所求功为

$$W=\int_0^{10}\mathrm{d}W=\pi g\int_0^{10}x(100-x^2)\mathrm{d}x$$

$$=g\pi\left(\frac{1}{2}\cdot 100\cdot x^2-\frac{1}{4}x^4\right)\Big|_0^{10}=25\,000\pi.$$

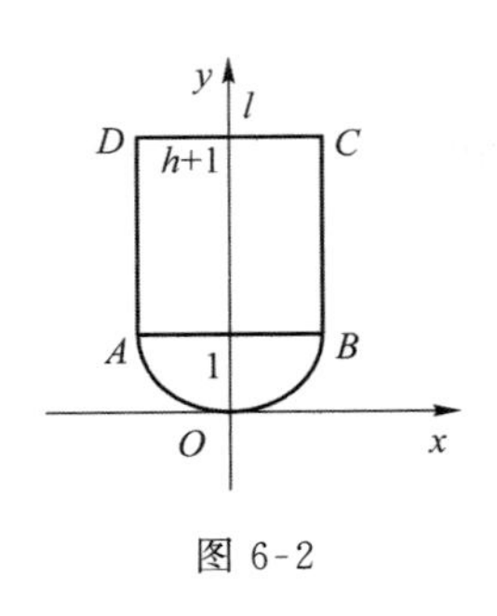

图 6-2

例 52 某闸门的形状与大小如图 6-2 所示,其中直线 l(位于 y 轴,方向向上)为对称轴,闸门的上部为矩形 $ABCD$,下部由二次抛物线与线段 AB 围成. 当水面与闸门的上端相平时,欲使闸门矩形部分承受的水压力与闸门下部承受的水压力之比为 5∶4,闸门矩形部分的高 h 应为多少米?

分析 这是定积分在求水压力方面的应用题,应先建立适当的坐标系,然后分别求出闸门上下两部分分别承受的水压力.

解 建立如图 6-2 所示的坐标系,则抛物线的方程为

$$y=x^2.$$

闸门矩形部分承受的水压力

$$P_1=2\int_1^{h+1}\rho g(h+1-y)\mathrm{d}y=2\rho g\left[(h+1)y-\frac{y^2}{2}\right]\Bigg|_1^{h+1}=\rho g h^2,$$

其中 ρ 为水的密度，g 为重力加速度.

闸门下部承受的水压力

$$\begin{aligned}P_2&=2\int_0^1\rho g(h+1-y)\sqrt{y}\mathrm{d}y\\&=2\rho g\left[\frac{2}{3}(h+1)y^{\frac{3}{2}}-\frac{2}{5}y^{\frac{5}{2}}\right]\Bigg|_0^1=4\rho g\left(\frac{1}{3}h+\frac{2}{15}\right).\end{aligned}$$

由题意知

$$\frac{P_1}{P_2}=\frac{5}{4},$$

即

$$\frac{h^2}{4\left(\frac{1}{3}h+\frac{2}{15}\right)}=\frac{5}{4},$$

解之得 $h=2$，$h=-\frac{1}{3}$（舍去），故 $h=2$，即闸门矩形部分的高应为 2 m.

例 53　计算曲线 $y=\ln(1-x^2)$ 上对应于 $0\leqslant x\leqslant\frac{1}{2}$ 的一段弧的长度.

解　$$\begin{aligned}S&=\int_0^{\frac{1}{2}}\sqrt{1+y'^2}\mathrm{d}x=\int_0^{\frac{1}{2}}\sqrt{1+\left(\frac{-2x}{1-x^2}\right)^2}\mathrm{d}x=\int_0^{\frac{1}{2}}\frac{1+x^2}{1-x^2}\mathrm{d}x\\&=\int_0^{\frac{1}{2}}\left(\frac{1}{1+x}+\frac{1}{1-x}-1\right)\mathrm{d}x=\ln 3-\frac{1}{2}.\end{aligned}$$

例 54　求摆线 $\begin{cases}x=1-\cos t,\\y=t-\sin t\end{cases}$ 一拱（$0\leqslant t\leqslant 2\pi$）的弧长 S.

解　$\frac{\mathrm{d}x}{\mathrm{d}t}=\sin t$，$\frac{\mathrm{d}y}{\mathrm{d}t}=1-\cos t$.

$$\begin{aligned}S&=\int_0^{2\pi}\sqrt{x'^2+y'^2}\mathrm{d}t=\int_0^{2\pi}\sqrt{\sin^2 t+(1-\cos t)^2}\mathrm{d}t\\&=\int_0^{2\pi}\sqrt{2(1-\cos t)}\mathrm{d}t=\int_0^{2\pi}2\sin\frac{t}{2}\mathrm{d}t=8.\end{aligned}$$

例 55　设 $\rho=\rho(x)$ 是抛物线 $y=\sqrt{x}$ 上任一点 $M(x,y)(x\geqslant 1)$ 处的曲率半径，$s=s(x)$ 是该抛物线上介于点 $A(1,1)$ 与 M 之间的弧长，计算 $3\rho\frac{\mathrm{d}^2\rho}{\mathrm{d}s^2}-\left(\frac{\mathrm{d}\rho}{\mathrm{d}s}\right)^2$ 的值$\left(\text{在直角坐标系下曲率公式为 }K=\frac{|y''|}{(1+y'^2)^{\frac{3}{2}}}\right)$.

解　$y'=\frac{1}{2\sqrt{x}}$，$y''=-\frac{1}{4\sqrt{x^3}}$，抛物线在点 $M(x,y)$ 处的曲率半径

$$\rho=\rho(x)=\frac{1}{K}=\frac{(1+y'^2)^{\frac{3}{2}}}{|y''|}=\frac{1}{2}(4x+1)^{\frac{3}{2}}.$$

抛物线上$\widehat{AM}$的弧长$s=s(x)=\int_1^x\sqrt{1+y'^2}\,\mathrm{d}x=\int_1^x\sqrt{1+\frac{1}{4x}}\,\mathrm{d}x$，

故
$$\frac{\mathrm{d}\rho}{\mathrm{d}s}=\frac{\frac{\mathrm{d}\rho}{\mathrm{d}x}}{\frac{\mathrm{d}s}{\mathrm{d}x}}=\frac{\frac{1}{2}\cdot\frac{3}{2}(4x+1)^{\frac{1}{2}}\cdot 4}{\sqrt{1+\frac{1}{4x}}}=6\sqrt{x},$$

$$\frac{\mathrm{d}^2\rho}{\mathrm{d}s^2}=\frac{\mathrm{d}}{\mathrm{d}x}\left(\frac{\mathrm{d}\rho}{\mathrm{d}s}\right)\frac{1}{\frac{\mathrm{d}s}{\mathrm{d}x}}=\frac{6}{2\sqrt{x}}\frac{1}{\sqrt{1+\frac{1}{4x}}}=\frac{6}{\sqrt{4x+1}},$$

因此
$$3\rho\frac{\mathrm{d}^2\rho}{\mathrm{d}s^2}-\left(\frac{\mathrm{d}\rho}{\mathrm{d}s}\right)^2=3\cdot\frac{1}{2}(4x+1)^{\frac{3}{2}}\cdot\frac{6}{\sqrt{4x+1}}-36x=9.$$

第三部分 练 习 题

一、填空题

1. 设 $f(x)$ 是连续函数，且 $f(x)=x+2\int_0^1 f(x)\mathrm{d}x$，则 $f(x)=$________.

2. 曲线 $y=\int_0^x(t-1)(t-2)\mathrm{d}t$ 在点(0,0)处的切线方程是________.

3. 设 $f(x)$ 是连续函数，$F(x)=\int_{x^2}^{\sin x}(x+1)f(t)\mathrm{d}t$，则 $F'(0)=$________.

4. $\int_0^1 x\sqrt{1-x}\,\mathrm{d}x=$________.

5. 设 $f(x)$ 在$[a,b]$上有一阶连续导数，且 $f(a)=f(b)=0$，$\int_a^b f(x)\mathrm{d}x=1$，则 $\int_a^b xf'(x)\mathrm{d}x=$________.

6. 极限$\lim\limits_{n\to\infty}\int_0^{\frac{1}{2}}\frac{x^n}{1+x^4}\mathrm{d}x=$________.

7. 设 $f(x)$ 在$[0,+\infty)$上连续且满足$\int_0^{x^2(1+x)}f(t)\mathrm{d}t=x$，则 $f(2)=$________.

8. 设 $x_n=\frac{2^{\frac{1}{n}}}{n+1}+\frac{2^{\frac{2}{n}}}{n+1/2}+\frac{2^{\frac{3}{n}}}{n+1/3}+\cdots+\frac{2^{\frac{n}{n}}}{n+1/n}$，则$\lim\limits_{n\to\infty}x_n=$________.

9. $\int_1^{+\infty}\frac{\mathrm{d}x}{x\sqrt{2x^2-1}}=$________.

10. $\int_0^{+\infty}\frac{x\mathrm{e}^{-x}}{(1+\mathrm{e}^{-x})^2}\mathrm{d}x=$________.

二、选择题

11. 设 $f(x)$ 有连续导数，且 $f(0)=0$，$f'(0)\neq 0$，$F(x)=\int_0^x(x^2-t^2)f(t)\mathrm{d}t$，当 $x\to 0$ 时，$F'(x)$ 与 x^k 是同阶无穷小量，则 $k=$(　　).

A. 1　　B. 2　　C. 3　　D. 4

12. 若$\int_0^x f(t)\mathrm{d}t=\frac{1}{2}x^4$，则$\int_0^4 \frac{1}{\sqrt{x}}f(\sqrt{x})\mathrm{d}x=$(　　).

A. 2　　B. 4　　C. 8　　D. 16

13. 设$f(x)=\begin{cases}\frac{1}{x^2}\ln(1+x^3)\sin\frac{1}{x}, & x<0,\\ 0, & x=0\\ \frac{1}{x}\int_0^x \sin t^2\mathrm{d}t, & x>0,\end{cases}$，则$f(x)$在$x=0$处(　　).

A. 极限不存在　　B. 极限存在，但不连续

C. 连续，但不可导　　D. 可导

14. 当$x>0$时，$f(\ln x)=\frac{1}{\sqrt{x}}$，则$\int_{-2}^{2} xf'(x)\mathrm{d}x=$(　　).

A. $-\frac{4}{\mathrm{e}}$　　B. $\frac{4}{\mathrm{e}}$　　C. $\frac{2}{\mathrm{e}}$　　D. $-\frac{2}{\mathrm{e}}$

15. 方程$\int_0^x \sqrt{1+t^6}\mathrm{d}t-\int_0^{\cos x}\mathrm{e}^{-t^2}\mathrm{d}t=0$在区间$(0,+\infty)$内的实根的个数为(　　).

A. 3　　B. 2　　C. 1　　D. 0

16. 双纽线$(x^2+y^2)^2=x^2-y^2$所围成区域的面积可用定积分表示为(　　).

A. $2\int_0^{\frac{\pi}{4}}\cos 2\theta\mathrm{d}\theta$　　B. $4\int_0^{\frac{\pi}{4}}\cos 2\theta\mathrm{d}\theta$

C. $2\int_0^{\frac{\pi}{4}}\sqrt{\cos 2\theta}\mathrm{d}\theta$　　D. $\frac{1}{2}\int_0^{\frac{\pi}{2}}(\cos 2\theta)^2\mathrm{d}\theta$

17. 积分$I=\int_0^{a+2\pi}\ln(2+\cos x)\cdot\cos x\mathrm{d}x$的值(　　).

A. 与a无关且恒为正　　B. 与a无关且恒为负

C. 恒为零　　D. 与a有关

三、计算与证明题

18. 设$\begin{cases}x=\cos t^2,\\ y=t\cos t^2-\int_1^{t^2}\frac{1}{2\sqrt{u}}\cos u\mathrm{d}u,\end{cases}$求$\frac{\mathrm{d}y}{\mathrm{d}x},\frac{\mathrm{d}^2y}{\mathrm{d}x^2}$在$t=\sqrt{\frac{\pi}{2}}$时的值.

19. 求极限$\lim\limits_{x\to 0}\frac{\int_0^x\left(3\sin t+t^2\cos\frac{1}{t}\right)\mathrm{d}t}{(1+\cos x)\int_0^x\ln(1+t)\mathrm{d}t}$.

20. 设函数$f(x)$连续，且$f(0)\neq 0$，求极限$\lim\limits_{x\to 0}\frac{\int_0^x(x-t)f(t)\mathrm{d}t}{x\int_0^x f(x-t)\mathrm{d}t}$.

21. 计算定积分$\int_{-2}^{2}(|x|+x^3\cos x)\mathrm{e}^{-|x|}\mathrm{d}x$.

22. 已知$f(2)=\frac{1}{2}$，$f'(2)=0$及$\int_0^2 f(x)\mathrm{d}x=1$，求$\int_0^1 x^2f''(2x)\mathrm{d}x$.

23. 计算下列定积分：

(1) $\int_0^4 \frac{\sqrt{x}}{1+\sqrt{x}}dx$；

(2) $\int_{\ln 2}^{\ln 4} \frac{dx}{\sqrt{e^x-1}}$；

(3) $\int_0^{\frac{\pi}{4}} \frac{x}{1+\cos 2x}dx$；

(4) $\int_0^{\ln 2} \sqrt{1-e^{-2x}}dx$.

24. 计算定积分$\int_{-\frac{\pi}{4}}^{\frac{\pi}{4}} \frac{\sin^2 x}{1+e^{-x}}dx$.

25. 计算定积分$\int_0^a \frac{1}{x+\sqrt{a^2-x^2}}dx$.

26. 求$\int_0^1 \frac{\ln(1+x)}{(2-x)^2}dx$.

27. 设 $f(x)$ 在$[0,1]$上连续，在$(0,1)$内可导，且 $3\int_{\frac{2}{3}}^1 f(x)dx=f(0)$. 证明 $\exists c\in(0,1)$，使得 $f'(c)=0$.

28. 设 $f(x)\in C[a,b]$，且 $f(x)>0$，$F(x)=\int_a^x f(t)dt+\int_b^x \frac{1}{f(t)}dt$，$x\in[a,b]$，证明：(1)$F'(x)\geqslant 2$；(2) 方程 $F(x)=0$ 在区间(a,b)内有且仅有一个实根.

29. 设 λ 为任意实数. 证明

$$I=\int_0^{\frac{\pi}{4}} \frac{dx}{1+(\tan x)^{\lambda}}+\int_0^{\frac{\pi}{4}} \frac{dx}{1+(\cot x)^{\lambda}}=\frac{\pi}{4}.$$

30. 求下列广义积分：

(1) $\int_0^{+\infty} \frac{x}{(1+x)^3}dx$；

(2) $\int_1^{+\infty} \frac{dx}{x\sqrt{x^2-1}}$；

(3) $\int_0^{+\infty} e^{-ax}\cos bx\,dx\,(a>0)$；

(4) $\int_0^{+\infty} \frac{\ln x}{1+x^2}dx$.

31. 求$\int_3^{+\infty} \frac{dx}{(x-1)^4\sqrt{(x-1)^2-1}}$.

32. 求$\int_1^{+\infty} \frac{\arctan x}{x^2}dx$.

33. 已知$\int_1^{+\infty} \left[\frac{2x^2+bx+a}{x(2x+a)}-1\right]dx=1$，求常数 a 和 b 的值.

34. 求心脏线 $\rho=a(1+\cos\theta)$与圆 $\rho=a$ 所围图形的公共部分的面积.

35. 设曲线 $y=ax^2(a>0,x\geqslant 0)$与 $y=1-x^2$ 交于点 A，过坐标原点 O 和点 A 的直线与曲线 $y=ax^2$ 围成一平面图形. 问 a 为何值时，该图形绕 x 轴旋转一周所得的旋转体体积最大？最大体积是多少？

36. 求心脏线 $\rho=a(1+\cos\theta)$的全长，其中 $a>0$ 是常数.

习题答案、简答或提示

一、填空题

1. $x-1$.　　2. $y=2x$.　　3. $f(0)$.　　4. $\frac{4}{15}$.　　5. -1.

6. 0.　　7. $\frac{1}{5}$.　　8. $\frac{1}{\ln 2}$.　　9. $\frac{\pi}{4}$.　　10. $\ln 2$.

二、选择题

11. C.　　12. D.　　13. C.　　14. B.　　15. C.

16. A.　　17. A.

三、计算与证明题

18. $\left.\frac{\mathrm{d}y}{\mathrm{d}x}\right|_{t=\sqrt{\frac{\pi}{2}}}=\sqrt{\frac{\pi}{2}}$；　$\left.\frac{\mathrm{d}^2y}{\mathrm{d}x^2}\right|_{t=\sqrt{\frac{\pi}{2}}}=-\frac{1}{\sqrt{2\pi}}$.

19. $\frac{3}{2}$.

20. $\frac{1}{2}$.

21. 提示：因为$|x|\mathrm{e}^{-|x|}$是偶函数，$x^3\cos x\mathrm{e}^{-|x|}$是奇函数，于是

$$\begin{aligned}\int_{-2}^{2}(|x|+x^3\cos x)\mathrm{e}^{-|x|}\,\mathrm{d}x&=\int_{-2}^{2}|x|\mathrm{e}^{-|x|}\,\mathrm{d}x+\int_{-2}^{2}x^3\cos x\mathrm{e}^{-|x|}\,\mathrm{d}x\\&=2\int_0^2 x\mathrm{e}^{-x}\mathrm{d}x+0\\&=2\int_0^2 x(-\mathrm{e}^{-x})'\mathrm{d}x=\cdots=2(1-3\mathrm{e}^{-2}).\end{aligned}$$

22. 提示：用两次分部积分.

$$\begin{aligned}\int_0^1 x^2f''(2x)\mathrm{d}x&=\int_0^1 x^2\left(\frac{1}{2}f'(2x)\right)'\mathrm{d}x=\frac{1}{2}x^2f'(2x)\Big|_0^1-\frac{1}{2}\int_0^1 2xf'(2x)\mathrm{d}x\\&=\frac{1}{2}f'(2)-\int_0^1 xf'(2x)\mathrm{d}x=-\int_0^1 x\left(\frac{1}{2}f(2x)\right)'\mathrm{d}x\\&=-\frac{1}{2}xf(2x)\Big|_0^1+\frac{1}{2}\int_0^1 f(2x)\mathrm{d}x\\&=-\frac{1}{2}f(2)+\frac{1}{2}\int_0^1 f(2x)\mathrm{d}x\\&=-\frac{1}{4}+\frac{1}{4}\int_0^2 f(x)\mathrm{d}x=-\frac{1}{4}+\frac{1}{4}=0.\end{aligned}$$

23. (1) $2\ln 3$；　(2) $\frac{\pi}{6}$；　(3) $\frac{\pi}{8}-\frac{1}{4}\ln 2$；　(4) $-\frac{\sqrt{3}}{2}+\ln(2+\sqrt{3})$.

24. $\frac{\pi}{8}-\frac{1}{4}$.

提示：

$$\int_{-\frac{\pi}{4}}^{\frac{\pi}{4}}\frac{\sin^2 x}{1+\mathrm{e}^{-x}}\mathrm{d}x=\int_{-\frac{\pi}{4}}^{0}\frac{\sin^2 x}{1+\mathrm{e}^{-x}}\mathrm{d}x+\int_0^{\frac{\pi}{4}}\frac{\sin^2 x}{1+\mathrm{e}^{-x}}\mathrm{d}x,$$

$$\int_{-\frac{\pi}{4}}^{0}\frac{\sin^2 x}{1+\mathrm{e}^{-x}}\mathrm{d}x\xlongequal{t=-x}\int_{\frac{\pi}{4}}^{0}\frac{\sin^2 t}{1+\mathrm{e}^{t}}(-\mathrm{d}t)=\int_0^{\frac{\pi}{4}}\frac{\sin^2 x}{1+\mathrm{e}^{x}}\mathrm{d}x,$$

将上述两式相加.

25. $\frac{\pi}{4}$.

26. 提示：用分部积分法.

$$\int_0^1 \frac{\ln(1+x)}{(2-x)^2}\mathrm{d}x = \int_0^1 \left(\frac{1}{2-x}\right)'\ln(1+x)\mathrm{d}x$$

$$= \frac{1}{2-x}\ln(1+x)\Big|_0^1 - \int_0^1 \frac{1}{2-x}\cdot\frac{1}{1+x}\mathrm{d}x$$

$$= \ln 2 - \frac{1}{3}\int_0^1\left(\frac{1}{2-x}+\frac{1}{1+x}\right)\mathrm{d}x = \frac{1}{3}\ln 2.$$

27. 提示：由积分中值定理知，$\exists\,\eta\in\left(\frac{2}{3},1\right)$，使得 $\int_{\frac{2}{3}}^1 f(x)\mathrm{d}x = \frac{1}{3}f(\eta) \Leftrightarrow 3\int_{\frac{2}{3}}^1 f(x)\mathrm{d}x = f(\eta) \Rightarrow f(\eta) = f(0)$，对 $f(x)$ 在 $[0,\eta]$ 上用罗尔定理.

28. 提示：注意变限积分函数导数求法.

(1) 因 $f(x)\in C[a,b]$，且 $f(x)>0$，所以 $F(x)$ 可导，且

$$F'(x) = \left(\int_a^x f(t)\mathrm{d}t + \int_b^x \frac{1}{f(t)}\mathrm{d}t\right)' = f(x) + \frac{1}{f(x)} \geqslant 2,\ x\in[a,b].$$

(2) $F(x)$ 在 $[a,b]$ 上连续. $F(a) = \int_a^a f(t)\mathrm{d}t + \int_b^a \frac{1}{f(t)}\mathrm{d}t = -\int_a^b \frac{1}{f(t)}\mathrm{d}t < 0$，$F(b) = \int_a^b f(t)\mathrm{d}t + \int_b^b \frac{1}{f(t)}\mathrm{d}t = \int_a^b f(t)\mathrm{d}t > 0$. 由闭区间上连续函数的零点定理知，$\exists\,\xi\in(a,b)$，使得 $F(\xi)=0$. 再由(1)知，$F(x)$ 在 $[a,b]$ 上严格单调递增，故 ξ 是 $F(x)=0$ 在 (a,b) 内唯一的根.

29. $\frac{\pi}{4}$.

提示：

$$\int_0^{\frac{\pi}{4}} \frac{\mathrm{d}x}{1+(\tan x)^\lambda} = \int_0^{\frac{\pi}{4}} \frac{(\cos x)^\lambda}{(\cos x)^\lambda+(\sin x)^\lambda}\mathrm{d}x,$$

$$\int_0^{\frac{\pi}{4}} \frac{\mathrm{d}x}{1+(\cot x)^\lambda} = \int_0^{\frac{\pi}{4}} \frac{(\sin x)^\lambda}{(\cos x)^\lambda+(\sin x)^\lambda}\mathrm{d}x.$$

30. (1) $\frac{1}{2}$；　(2) $\frac{\pi}{2}$；　(3) $\frac{a}{a^2+b^2}$；　(4) 0.

(4) 小题提示：

$$\int_0^{+\infty} \frac{\ln x}{1+x^2}\mathrm{d}x = \int_0^1 \frac{\ln x}{1+x^2}\mathrm{d}x + \int_1^{+\infty} \frac{\ln x}{1+x^2}\mathrm{d}x,$$

令 $x=\frac{1}{t}$，可得

$$\int_1^{+\infty} \frac{\ln x}{1+x^2}\mathrm{d}x = -\int_0^1 \frac{\ln x}{1+x^2}\mathrm{d}x.$$

31. 提示：作变换 $x-1=\sec t$，则

$$\int_3^{+\infty} \frac{\mathrm{d}x}{(x-1)^4\sqrt{(x-1)^2-1}} = \int_{\frac{\pi}{3}}^{\frac{\pi}{2}} \frac{\sec t\cdot\tan t}{\sec^4 t\cdot\tan t}\mathrm{d}t = \int_{\frac{\pi}{3}}^{\frac{\pi}{2}} \cos^3 t\mathrm{d}t = \frac{2}{3} - \frac{3\sqrt{3}}{8}.$$

32. 提示：用分部积分法.

$$\int_1^{+\infty} \frac{\arctan x}{x^2}\mathrm{d}x = \int_1^{+\infty} \left(-\frac{1}{x}\right)'\arctan x\mathrm{d}x$$

$$= -\frac{1}{x}\arctan x\Big|_1^{+\infty} + \int_1^{+\infty} \frac{1}{x(1+x^2)}\mathrm{d}x$$

$$= \frac{\pi}{4} + \int_1^{+\infty}\left(\frac{1}{x} - \frac{x}{1+x^2}\right)\mathrm{d}x = \frac{\pi}{4} + \frac{1}{2}\ln 2.$$

33. 提示：由$\int_1^{+\infty}\left[\frac{2x^2+bx+a}{x(2x+a)}-1\right]\mathrm{d}x=\int_1^{+\infty}\frac{(b-a)x+a}{x(2x+a)}\mathrm{d}x$收敛知必有$b-a=0$，即$b=a$；又$\int_1^{+\infty}\frac{a}{x(2x+a)}\mathrm{d}x=\ln\frac{x}{2x+a}\Big|_1^{+\infty}=\ln\frac{2+a}{2}$，得$\ln\frac{2+a}{2}=1$，即$(2+a)/2=\mathrm{e}$，故$a=b=2\mathrm{e}-2$.

34. 提示：令$a=a(1+\cos\theta)$，得两曲线的交点为$\left(a,-\frac{\pi}{2}\right)$，$\left(a,\frac{\pi}{2}\right)$，两曲线所围图形的面积为

$$S=2\left[\frac{1}{2}\int_0^{\frac{\pi}{2}}a^2\mathrm{d}\theta+\frac{1}{2}\int_{\frac{\pi}{2}}^{\pi}a^2\ (1+\cos\theta)^2\mathrm{d}\theta\right]$$
$$=\frac{\pi}{2}a^2+a^2\int_{\frac{\pi}{2}}^{\pi}\left(1+2\cos\theta+\frac{1+\cos 2\theta}{2}\right)\mathrm{d}\theta=\cdots=\frac{5}{4}\pi a^2.$$

35. $a=4$. 最大体积为$V=\frac{32\sqrt{5}}{1\,875}\pi$.

36. 提示：用极坐标下的弧长公式.

$$\rho'=-a\sin\theta,$$
$$\mathrm{d}S=\sqrt{\rho^2+\rho'^2}\mathrm{d}\theta=a\sqrt{(1+\cos\theta)^2+(-\sin\theta)^2}\mathrm{d}\theta=2a\left|\cos\frac{\theta}{2}\right|\mathrm{d}\theta,$$

由对称性得$S=2\int_0^{\pi}2a\cos\frac{\theta}{2}\mathrm{d}\theta=8a\sin\frac{\theta}{2}\Big|_0^{\pi}=8a$.

第七章

常微分方程

第一部分　内容综述

一、常微分方程概念

含有未知函数的导数(或微分)的方程称为微分方程.

如果方程中的未知函数是一元函数,则称该方程是常微分方程. 微分方程中含有的未知函数的最高阶导数的阶数称为微分方程的阶. 若记自变量为 x,未知函数为 $y=y(x)$,则微分方程的一般形式是

$$F[x,y,y',\cdots,y^{(n)}]=0 \qquad (*)$$

若函数 $f(x)$在 I 上存在 n 阶导数,且满足方程 $F[x,f(x),f'(x),\cdots,f^{(n)}(x)]=0$,则称 $y=f(x)$是微分方程($*$)的一个解.

n 阶微分方程的含有 n 个任意常数的解称为微分方程的通解,不含任意常数的解称为微分方程的特解. 用于确定微分方程的特解的附加条件称为**初始条件**或**定解条件**. 一般地,n 阶微分方程的初始条件由 n 个附加条件组成.

微分方程的解 $y=y(x)$表示的曲线称为微分方程的积分曲线.

二、几类一阶常微分方程

1. 可分离变量的微分方程

(1) 形如$\dfrac{\mathrm{d}y}{\mathrm{d}x}=f(x)g(y)$的一阶微分方程称为可分离变量的微分方程.

(2) **解法**　当 $g(y)\neq 0$ 时,方程可化为$\dfrac{\mathrm{d}y}{g(y)}=f(x)\mathrm{d}x$,然后两边分别积分,得

$$\int\frac{\mathrm{d}y}{g(y)}=\int f(x)\mathrm{d}x,$$

即得微分方程的通解. $\int\dfrac{\mathrm{d}y}{g(y)}$只要取$\dfrac{1}{g(y)}$的一个原函数,$\int f(x)\mathrm{d}x$为$f(x)$的所有原函数的

集合.

2. 齐次微分方程

(1) 形如 $y'=f\left(\frac{y}{x}\right)$的一阶微分方程称为齐次微分方程.

(2) **解法**　令 $u=\frac{y}{x}\Rightarrow y=xu\Rightarrow y'=u+xu'$,代入微分方程 $y'=f\left(\frac{y}{x}\right)$,得 $u+xu'=f(u)$,化为$\frac{\mathrm{d}u}{f(u)-u}=\frac{\mathrm{d}x}{x}$. 先两边分别求不定积分,然后用 $u=\frac{y}{x}$代回还原,即可求出微分方程的通解.

3. 一阶线性微分方程

(1) 形如 $y'+p(x)y=q(x)$的微分方程称为一阶线性微分方程,称 $y'+p(x)y=0$ 为其对应的齐次方程.

(2) **解法**(变易常数法)　先求出对应的齐次方程 $y'+p(x)y=0$ 的通解 $y=C\mathrm{e}^{-\int p(x)\mathrm{d}x}$,其中 C 取任意常数,而$\int p(x)\mathrm{d}x$ 只要取定 $p(x)$ 的一个原函数即可.

设 $y=u(x)\mathrm{e}^{-\int p(x)\mathrm{d}x}$ 是微分方程 $y'+p(x)y=q(x)$ 的解,代入方程整理得 $u'=q(x)\mathrm{e}^{\int p(x)\mathrm{d}x}\Rightarrow u=\int q(x)\mathrm{e}^{\int p(x)\mathrm{d}x}\mathrm{d}x+C$,由此得一阶线性微分方程的通解公式

$$y=\mathrm{e}^{-\int p(x)\mathrm{d}x}\left(\int q(x)\mathrm{e}^{\int p(x)\mathrm{d}x}\mathrm{d}x+C\right).$$

对一阶线性微分方程,可将其化为标准形式 $y'+p(x)y=q(x)$,然后直接用上述公式求其通解.

4. 伯努利(Bernoulli)方程

(1) 形如 $y'+p(x)y=q(x)y^n(n\neq 0,1)$的一阶线性微分方程称为伯努利方程.

(2) **解法**　当 $n\neq 0,1$ 时,$y'+p(x)y=q(x)y^n$化为

$$(1-n)y^{-n}y'+(1-n)p(x)y^{1-n}=(1-n)q(x),$$

令 $u=y^{1-n}$,得

$$u'+(1-n)p(x)u=(1-n)q(x).$$

这是关于未知函数 u 的一阶线性微分方程,用一阶线性微分方程的解法求出其通解后,用 $u=y^{1-n}$ 代回,即可求出伯努利方程的通解.

注:微分方程 $y'+p(x)y=q(x)y^n$,当 $n=0$ 时,即为一阶线性微分方程;当 $n=1$ 时,其变成可分离变量的微分方程.

三、可降阶的微分方程

1. 方程 $y^{(n)}=f(x)$

直接求 n 次不定积分即可求出方程的通解.

2. (不显含 y 的)方程 $y''=f(x,y')$

解法　令 $p=y'$,得 $p'=f(x,p)$,这是关于未知函数 p 的一阶微分方程,用解一阶微分方程的方法求出其通解 $p=F(x,C_1)$,即$\frac{\mathrm{d}y}{\mathrm{d}x}=F(x,C_1)$,两边求不定积分可求出原微分方程

的通解.

3.（不显含 x 的微分）方程 $y''=f(y,y')$

解法 作变换 $y'=p(y)\Rightarrow y''=\frac{\mathrm{d}p}{\mathrm{d}y}\cdot\frac{\mathrm{d}y}{\mathrm{d}x}=p\frac{\mathrm{d}p}{\mathrm{d}y}$，代入 $y''=f(y,y')$，得 $p\frac{\mathrm{d}p}{\mathrm{d}y}=f(y,p)$，这是关于 p 的一阶微分方程，可用一阶微分方程的解法求出其通解 $p=F(y,C_1)$，即 $\frac{\mathrm{d}y}{\mathrm{d}x}=F(y,C_1)$，然后用可分离变量微分方程的解法即可求出微分方程 $y''=f(y,y')$ 的通解.

四、线性微分方程的概念和解的性质

1. 概念

形如 $a_n(x)y^{(n)}+a_{n-1}(x)y^{(n-1)}+\cdots+a_1(x)y'+a_0(x)y=f(x)$ 的微分方程称为 n 阶线性微分方程，其中 $a_n(x),a_{n-1}(x),\cdots,a_0(x)$ 都是自变量 x 的函数. 当 $a_n(x),a_{n-1}(x),\cdots,a_0(x)$ 均为常数时，又称方程为 n 阶线性常系数微分方程. 若 $f(x)\equiv 0$，则称方程为 n 阶线性齐次微分方程.

2. 线性微分方程解的性质

(1) 齐次线性微分方程的叠加原理

若函数 $y_1(x),y_2(x)$ 都是线性齐次微分方程

$$a_ny^{(n)}+a_{n-1}y^{(n-1)}+\cdots+a_1y'+a_0y=0$$

的解，则对任意常数 $\alpha,\beta,\alpha y_1(x)+\beta y_2(x)$ 也是此微分方程的解.

(2) 非齐次线性微分方程的叠加原理

若函数 $y_1(x),y_2(x)$ 分别是线性非齐次方程

$$a_ny^{(n)}+a_{n-1}y^{(n-1)}+\cdots+a_1y'+a_0y=f_i(x)\quad(i=1,2)$$

的解，则 $y_1(x)+y_2(x)$ 是方程

$$a_ny^{(n)}+a_{n-1}y^{(n-1)}+\cdots+a_1y'+a_0y=f_1(x)+f_2(x)$$

的解.

3. 线性微分方程解的结构

定义 设 $y_1(x),y_2(x),\cdots,y_n(x)$ 是定义在 I 上的 n 个函数，若存在不全为零的数 $k_1,k_2,\cdots,k_n$，使得

$$k_1y_1(x)+k_2y_2(x)+\cdots+k_ny_n(x)=0,\quad \forall x\in I,$$

则称 $y_1(x),y_2(x),\cdots,y_n(x)$ 在 I 上线性相关，否则称为线性无关.

两个函数 $y_1(x),y_2(x)$ 在 I 上线性相关 $\Leftrightarrow\frac{y_1(x)}{y_2(x)}\equiv C$ 或 $\Leftrightarrow\frac{y_2(x)}{y_1(x)}\equiv\tilde{C}$ 在 I 上恒成立.

定理 1 若 $y_1(x),y_2(x),\cdots,y_n(x)$ 是线性齐次微分方程

$$a_ny^{(n)}+a_{n-1}y^{(n-1)}+\cdots+a_1y'+a_0y=0$$

的 n 个线性无关的解，则此微分方程的通解为

$$y=C_1y_1(x)+C_2y_2(x)+\cdots+C_ny_n(x)\quad C_1,C_2,\cdots,C_n\text{ 是任意常数.}$$

定理 2 若 $y_1(x),y_2(x),\cdots,y_n(x)$ 是线性齐次微分方程

$$a_ny^{(n)}+a_{n-1}y^{(n-1)}+\cdots+a_1y'+a_0y=0$$

的 n 个线性无关的解，而 $y^*(x)$ 是非齐次线性微分方程

$$a_n y^{(n)}+a_{n-1}y^{(n-1)}+\cdots+a_1 y'+a_0 y=f(x)$$

的一个特解，则此微分方程的通解为

$$y=C_1 y_1(x)+C_2 y_2(x)+\cdots+C_n y_n(x)+y^* \quad C_1, C_2, \cdots, C_n \text{ 是任意常数.}$$

五、二阶线性常系数微分方程的解法

1. 二阶线性常系数齐次微分方程的通解求法

设方程为

$$y''+py'+qy=0, \tag{1}$$

求出其特征方程 $\lambda^2+p\lambda+q=0$ 的两个根 λ_1, λ_2：

(1) 若 λ_1, λ_2 是两个不相等的实数，则式(1)的通解为 $y=C_1 e^{\lambda_1 x}+C_2 e^{\lambda_2 x}$；

(2) 若 λ_1, λ_2 是两个相等的实数，则式(1)的通解为 $y=(C_1+C_2 x)e^{\lambda_1 x}$；

(3) 若 $\lambda_1=\alpha+i\beta, \lambda_2=\alpha-i\beta(\beta\neq 0)$，则式(1)的通解为 $y=e^{\alpha x}(C_1\cos\beta x+C_2\sin\beta x)$.

2. 二阶线性常系数非齐次微分方程的通解求法

设方程为

$$y''+py'+qy=f(x), \tag{2}$$

由通解结构，可以先求出其对应的齐次微分方程的通解 $\bar{y}(x)$，关键是求出特解 $y^*(x)$.

(1) 若 $f(x)$ 形如 $f(x)=P_n(x)e^{\alpha x}$，其中 $P_n(x)$ 是 n 次多项式，α 是常数，则式(2)的特解有形式

$$y^*(x)=x^k Q_n(x)e^{\alpha x}.$$

其中，当 α 不是特征根时，$k=0$；当 α 是单特征根时，$k=1$；当 α 是二重特征根时，$k=2$. 而 $Q_n(x)$ 是与 $P_n(x)$ 同次数的 n 次多项式.

将 $y^*(x)$ 代入式(2)，用待定系数法求出 $Q_n(x)$ 的系数，即求出 $Q_n(x)$，从而也求出 $y^*(x)$，得到式(2)的通解 $y=\bar{y}(x)+y^*(x)$.

(2) 若 $f(x)$ 形如 $f(x)=e^{\alpha x}(P_l(x)\cos\beta x+P_m(x)\sin\beta x)$，其中 $P_l(x), P_m(x)$，分别是 l, m 次多项式，α 是常数，则式(2)的特解有形式

$$y^*(x)=x^k e^{\alpha x}(Q_n^{(1)}(x)\cos\beta x+Q_n^{(2)}(x)\sin\beta x).$$

其中，$Q_n^{(1)}(x), Q_n^{(2)}(x)$ 是两个待定的 n 次多项式，$n=\max\{l,m\}$，且当 $\alpha+i\beta$ 不是特征根时，$k=0$，当 $\alpha+i\beta$ 是特征根时，$k=1$.

将 $y^*(x)=x^k e^{\alpha x}(Q_n^{(1)}(x)\cos\beta x+Q_n^{(2)}(x)\sin\beta x)$ 代入式(2)，用待定系数法求出 $Q_n^{(1)}(x), Q_n^{(2)}(x)$，从而求出 $y^*(x)$，得到式(2)的通解 $y=\bar{y}(x)+y^*(x)$.

3. 欧拉方程

形如

$$x^n y^{(n)}+a_1 x^{n-1}y^{(n-1)}+a_2 x^{n-2}y^{(n-2)}+\cdots+a_{n-1}xy'+a_n y=f(x) \tag{3}$$

的 n 阶线性常系数微分方程称为**欧拉方程**，其中 $a_1, a_2, \cdots, a_n$ 为常数.

解法　作变换 $x=e^t \Rightarrow t=\ln x$.

$$\frac{dy}{dx}=\frac{dy}{dt}\frac{dt}{dx}=\frac{1}{x}\frac{dy}{dt},$$

即

$$xy'=\frac{\mathrm{d}y}{\mathrm{d}t};$$

$$\frac{\mathrm{d}^2y}{\mathrm{d}x^2}=\frac{\mathrm{d}}{\mathrm{d}x}\left(\frac{\mathrm{d}y}{\mathrm{d}x}\right)=\frac{\mathrm{d}}{\mathrm{d}x}\left(\frac{1}{x}\frac{\mathrm{d}y}{\mathrm{d}t}\right)=-\frac{1}{x^2}\frac{\mathrm{d}y}{\mathrm{d}t}+\frac{1}{x}\frac{\mathrm{d}}{\mathrm{d}x}\left(\frac{\mathrm{d}y}{\mathrm{d}t}\right)$$

$$=-\frac{1}{x^2}\frac{\mathrm{d}y}{\mathrm{d}t}+\frac{1}{x}\frac{\mathrm{d}}{\mathrm{d}t}\left(\frac{\mathrm{d}y}{\mathrm{d}t}\right)\frac{\mathrm{d}t}{\mathrm{d}x}=-\frac{1}{x^2}\frac{\mathrm{d}y}{\mathrm{d}t}+\frac{1}{x^2}\frac{\mathrm{d}^2y}{\mathrm{d}t^2}\Rightarrow$$

$$x^2y''=\frac{\mathrm{d}^2y}{\mathrm{d}t^2}-\frac{\mathrm{d}y}{\mathrm{d}t}.$$

引进算子 $D=\frac{\mathrm{d}}{\mathrm{d}t}$,$D^k=\frac{\mathrm{d}^k}{\mathrm{d}t^k}$,即 $Dy=\frac{\mathrm{d}y}{\mathrm{d}t}$,$D^ky=\frac{\mathrm{d}^ky}{\mathrm{d}t^k}$,则有

$$x^ky^{(k)}=D(D-1)\cdots(D-k+1)y,$$

从而把欧拉方程(式(3))化成一个以 t 为自变量的 n 阶线性常系数微分方程,利用求解线性常系数微分方程的方法求出其通解后,把 $t=\ln x$ 代入通解还原,即得欧拉方程(式(3))的通解.

第二部分　典型例题

例 1　求微分方程 $y'=\frac{y(1-x)}{x}$ 的通解.

解　分离变量得 $\frac{\mathrm{d}y}{y}=\left(\frac{1}{x}-1\right)\mathrm{d}x$,两边积分得 $\int\frac{\mathrm{d}y}{y}=\int\left(\frac{1}{x}-1\right)\mathrm{d}x$,即

$$\ln y=\ln x-x+\ln C=\ln Cx-x,$$

整理得 $y=Cx\mathrm{e}^{-x}$.

例 2　已知微分方程 $y'=\frac{y}{x}+\varphi\left(\frac{x}{y}\right)$ 有特解 $y=\frac{x}{\ln|x|}$,求 $\varphi(x)$.

解　对 $y=\frac{x}{\ln|x|}$ 求导得,$y'=\frac{\ln|x|-1}{(\ln|x|)^2}$,代入微分方程得

$$\frac{\ln|x|-1}{(\ln|x|)^2}=\frac{1}{\ln|x|}+\varphi(\ln|x|),$$

令 $t=\ln|x|$,得 $\varphi(t)=\frac{t-1}{t^2}-\frac{1}{t}=-\frac{1}{t^2}$,故 $\varphi(x)=-\frac{1}{x^2}$.

例 3　求微分方程 $(3x^2+2xy-y^2)\mathrm{d}x+(x^2-2xy)\mathrm{d}y=0$ 的通解.

解　微分方程改写为 $\frac{\mathrm{d}y}{\mathrm{d}x}=\frac{3x^2+2xy-y^2}{x^2-2xy}$.

令 $u=\frac{y}{x}$,得

$$\frac{\mathrm{d}y}{\mathrm{d}x}=u+x\frac{\mathrm{d}u}{\mathrm{d}x}=\frac{y^2-2xy-3x^2}{x^2-2xy}=\frac{u^2-2u-3}{1-2u},$$

即

$$x\frac{\mathrm{d}u}{\mathrm{d}x}=-\frac{3(u^2-u-1)}{2u-1},$$

或

$$\frac{2u-1}{u^2-u-1}\mathrm{d}u=-3\,\frac{\mathrm{d}x}{x}.$$

对上式的两边分别积分

$$\int\frac{\mathrm{d}(u^2-u-1)}{u^2-u-1}=\int-3\,\frac{\mathrm{d}x}{x},$$

解得 $u^2-u-1=Cx^{-3}$，即 $y^2-xy-x^2=Cx^{-1}$（或 $xy^2-x^2y-x^3=C$）.

例 4　求微分方程 $(x^2+xy-y^2)\mathrm{d}x+(y^2+2xy-x^2)\mathrm{d}y=0$ 满足 $y|_{x=1}=1$ 的特解.

解　原方程化为 $\dfrac{\mathrm{d}y}{\mathrm{d}x}=\dfrac{\left(\dfrac{y}{x}\right)^2-2\left(\dfrac{y}{x}\right)-1}{\left(\dfrac{y}{x}\right)^2+2\left(\dfrac{y}{x}\right)-1}$. 令 $u=\dfrac{y}{x}$，则方程化为

$$u+x\,\frac{\mathrm{d}u}{\mathrm{d}x}=\frac{u^2-2u-1}{u^2+2u-1},$$

即

$$\frac{\mathrm{d}x}{x}=-\frac{u^2+2u-1}{u^3+u^2+u+1}\mathrm{d}u,$$

亦即

$$\frac{\mathrm{d}x}{x}=\left(\frac{1}{u+1}-\frac{2u}{u^2+1}\right)\mathrm{d}u,$$

积分得 $\ln|x|+\ln|C|=\ln\left|\dfrac{u+1}{u^2+1}\right|$，即 $u+1=Cx(u^2+1)$，代入 $u=\dfrac{y}{x}$，得通解

$$x+y=C(x^2+y^2).$$

由初始条件 $y|_{x=1}=1$ 得 $C=1$，故特解为 $x^2+y^2=x+y$.

例 5　求初值问题 $\begin{cases}(y+\sqrt{x^2+y^2})\mathrm{d}x-x\mathrm{d}y=0\,(x>0),\\ y|_{x=1}=0\end{cases}$ 的解.

解　原方程化为 $\dfrac{\mathrm{d}y}{\mathrm{d}x}=\dfrac{y+\sqrt{x^2+y^2}}{x}$，这是一个齐次方程.

令 $y=xu$，代入方程得 $u+x\,\dfrac{\mathrm{d}u}{\mathrm{d}x}=u+\sqrt{1+u^2}$，即 $\dfrac{\mathrm{d}u}{\sqrt{1+u^2}}=\dfrac{\mathrm{d}x}{x}$，解得 $\ln(u+\sqrt{1+u^2})=\ln(Cx)$，其中 $C>0$ 为任意常数，从而

$$u+\sqrt{1+u^2}=Cx,$$

即

$$\frac{y}{x}+\sqrt{1+\frac{y^2}{x^2}}=Cx.$$

将 $y|_{x=1}=0$ 代入，得 $C=1$. 故初值问题的解为

$$y+\sqrt{x^2+y^2}=x^2\quad\text{或}\quad y=\frac{1}{2}x^2-\frac{1}{2}.$$

例 6　设 $\varphi(x)$ 在 $(-\infty,+\infty)$ 上连续，$\varphi'(0)=2$，且 $\varphi(x+y)=\varphi(x)\varphi(y)$. 求 $\varphi(x)$.

解　在等式 $\varphi(x+y)=\varphi(x)\varphi(y)$ 中，令 $x=y=0$，得 $\varphi(0)(\varphi(0)-1)=0$，于是 $\varphi(0)=0$ 或 $\varphi(0)=1$.

(1) 若 $\varphi(0)=0$，则 $\varphi(x)=\varphi(x+0)=\varphi(x)\varphi(0)=0$；

(2) 若 $\varphi(0)=1$,则由

$$\varphi'(x)=\lim_{h\to 0}\frac{\varphi(x+h)-\varphi(x)}{h}=\lim_{h\to 0}\frac{\varphi(x)(\varphi(h)-1)}{h}=\varphi(x)\varphi'(0)=2\varphi(x)$$

解得 $\varphi(x)=Ce^{2x}$,再由 $\varphi(0)=1$,得 $C=1$,故 $\varphi(x)=e^{2x}$.

例 7 求微分方程 $y^3dx+2(x^2-xy^2)dy=0$ 的通解.

解 令 $x=u^\lambda,y=v^\mu$,则 $dx=\lambda u^{\lambda-1}du,dy=\mu v^{\mu-1}dv$,代入原方程得

$$v^{3\mu}\lambda u^{\lambda-1}du+2(u^{2\lambda}-u^\lambda v^{2\mu})\mu v^{\mu-1}dv=0,$$

即

$$\lambda u^{\lambda-1}v^{3\mu}du+2\mu(u^{2\lambda}v^{\mu-1}-u^\lambda v^{3\mu-1})dv=0.$$

任取 λ,μ 的值使$(\lambda-1)+3\mu=2\lambda+u-1=\lambda+(3\mu-1)$,由此知只要取 $\lambda=2,\mu=1$ 即可.

作变换 $x=u^2,y=v$,原方程化为

$$2v^3udu+2(u^4-u^2v^2)dv=0,$$

即

$$\left(\frac{v}{u}\right)^3du+\left[1-\left(\frac{v}{u}\right)^2\right]dv=0.$$

令 $z=\frac{v}{u}\Rightarrow v=zu\Rightarrow dv=zdu+udz$,上述方程化为

$$z^3du+(1-z^2)(zdu+udz)=0,$$

分离变量得$\frac{z^2-1}{z}dz=\frac{du}{u}$,两边积分得$\frac{1}{2}z^2-\ln|z|=\ln|u|+C_1$,即

$$z^2=\ln(zu)^2+2C_1.$$

将 $z=\frac{v}{u},u=x^2,v=y$ 代入上式,整理得通解

$$y^2=x(\ln y^2+C),其中 C=2C_1.$$

评注 一部分对称式方程可用本例的方法化成齐次微分方程.

例 8 求微分方程$(y^4-3x^2)dy+xydx=0$ 的通解.

解 令 $x=u^2,dx=2udu$,方程化成齐次方程

$$(y^4-3u^4)dy+2u^3ydu=0,$$

即

$$\left[\left(\frac{y}{u}\right)^4-3\right]dy+2\,\frac{y}{u}du=0.$$

令 $z=\frac{y}{u}$,即 $y=zu\Rightarrow dy=zdu+udz$,方程化为$(z^4-3)(zdu+udz)+2zdu=0$. 分离变量得$\frac{3-z^4}{z^5-z}=\frac{du}{u}\Leftrightarrow\left(\frac{2z^3}{z^4-1}-\frac{3}{z}\right)dz=\frac{du}{u}$,两边积分得

$$\frac{1}{2}\ln|z^4-1|-3\ln|z|=\ln|u|+\ln|C_1|,$$

即

$$\ln|z^4-1|=2\ln|C_1z^3u|,$$

亦即

$$z^4-1=Cz^6u^2,\quad C=\pm C_1^2.$$

将 $y=zu,u^2=x$ 代入，得原方程的通解

$$y^4-x^2=Cy^y.$$

例 9　设函数 $f(x)$ 在 $[1,+\infty)$ 上连续，若由曲线 $y=f(x)$，直线 $x=1,x=t(t>1)$ 与 x 轴所围成的平面图形绕 x 轴旋转一周所成的旋转体的体积为

$$V(t)=\frac{\pi}{3}(t^2f(t)-f(1)),$$

试求 $y=f(x)$ 所满足的微分方程，并求该微分方程满足条件 $y|_{x=2}=\frac{2}{9}$ 的解.

解　依题意得 $V(t)=\pi\int_1^t f^2(x)\mathrm{d}x=\frac{\pi}{3}(t^2f(t)-f(1))$，即

$$3\int_1^t f^2(x)\mathrm{d}x=t^2f(t)-f(1),$$

两边对 t 求导，得

$$3f^2(t)=2tf(t)+t^2f'(t).$$

将上式改写成 $x^2y'=3y^2-2xy$，即

$$\frac{\mathrm{d}y}{\mathrm{d}x}=3\left(\frac{y}{x}\right)^2-2\frac{y}{x},\tag{*}$$

令 $u=\frac{y}{x}$，则有 $x\frac{\mathrm{d}u}{\mathrm{d}x}=3u(u-1)$.

当 $u\neq0,u\neq1$ 时，由 $\frac{\mathrm{d}u}{u(u-1)}=\frac{3\mathrm{d}x}{x}$ 两边积分得 $\frac{u-1}{u}=Cx^3$，从而式(*)的通解为

$$y-x=Cx^3y.$$

由已知条件 $y|_{x=2}=\frac{2}{9}$，求得 $C=-1$，从而所求的解为 $y-x=x^3y$.

例 10　求微分方程 $y'+\frac{1}{x}y=\sin x$ 的通解.

解

$$\begin{aligned}y&=\mathrm{e}^{-\int\frac{1}{x}\mathrm{d}x}\left(\int\sin x\mathrm{e}^{\int\frac{1}{x}\mathrm{d}x}\mathrm{d}x+C\right)=\mathrm{e}^{\ln\frac{1}{x}}\left(\int\sin x\mathrm{e}^{\ln x}\mathrm{d}x+C\right)\\&=\frac{1}{x}\left(\int x\sin x\mathrm{d}x+C\right)=\frac{1}{x}\left(\int x\sin x\mathrm{d}x+C\right)\\&=\frac{1}{x}(-x\cos x+\sin x+C)\\&=\frac{\sin x}{x}-\cos x+\frac{C}{x}.\end{aligned}$$

评注　用通解公式求一阶线性微分方程的通解时，对每个不定积分，只要取定被积函数的一个原函数即可.

例 11　求微分方程 $(x-2xy-y^2)\frac{\mathrm{d}y}{\mathrm{d}x}+y^2=0$ 的通解.

分析　把微分方程化成对称式 $(x-2xy-y^2)\mathrm{d}y+y^2\mathrm{d}x=0$，$\mathrm{d}x$ 前面的函数是单项式 y^2，于是可把方程看作以 x 为未知函数，y 为自变量的方程.

解　方程化为 $\frac{\mathrm{d}x}{\mathrm{d}y}=-\frac{x-2xy-y^2}{y^2}=\frac{2y-1}{y^2}x+1$，即

$$\frac{\mathrm{d}x}{\mathrm{d}y}+\frac{1-2y}{y^2}x=1,$$

这是以 x 为未知函数的一阶线性微分方程. 由求解公式得

$$\begin{aligned}x &= \mathrm{e}^{-\int\frac{1-2y}{y^2}\mathrm{d}y}\left(\int \mathrm{e}^{\int\frac{1-2y}{y^2}\mathrm{d}y}\mathrm{d}y+C\right)=\mathrm{e}^{\frac{1}{y}+2\ln y}\left(\int \mathrm{e}^{-\frac{1}{y}-2\ln y}\mathrm{d}y+C\right)\\ &= y^2\mathrm{e}^{\frac{1}{y}}\left(\int\frac{1}{y^2}\mathrm{e}^{-\frac{1}{y}}\mathrm{d}y+C\right)=y^2\mathrm{e}^{\frac{1}{y}}(\mathrm{e}^{-\frac{1}{y}}+C)=y^2+Cy^2\mathrm{e}^{\frac{1}{y}},\end{aligned}$$

故原方程的通解为 $x=y^2+Cy^2\mathrm{e}^{\frac{1}{y}}$.

例 12 求解下列微分方程:

(1) $y'+\sin y+x\cos y+x=0$; (2) $y'=\dfrac{1}{x\cos y+\sin 2y}$.

解 (1) 原方程化为 $y'+2\sin\dfrac{y}{2}\cos\dfrac{y}{2}+2\cos^2\dfrac{y}{2}x=0$,或

$$\frac{1}{2\cos^2\frac{y}{2}}y'+\tan\frac{y}{2}+x=0,$$

即

$$\left(\tan\frac{y}{2}\right)'+\tan\frac{y}{2}+x=0.$$

令 $u=\tan\dfrac{y}{2}$,得 $u'+u=-x$,由求解公式得

$$\begin{aligned}u &= \mathrm{e}^{-\int\mathrm{d}x}\left(\int(-x)\mathrm{e}^{\int\mathrm{d}x}\mathrm{d}x+C\right)=\mathrm{e}^{-x}\left(\int -x\mathrm{e}^{x}\mathrm{d}x+C\right)\\ &= \mathrm{e}^{-x}(-x\mathrm{e}^{x}+\mathrm{e}^{x}+C),\end{aligned}$$

故所求通解为

$$\tan\frac{y}{2}=C\mathrm{e}^{-x}-x+1.$$

(2) 将 x 视为未知函数,y 为自变量,得微分方程

$$\frac{\mathrm{d}x}{\mathrm{d}y}=x\cos y+\sin 2y,$$

即

$$\frac{\mathrm{d}x}{\mathrm{d}y}-x\cos y=\sin 2y,$$

于是

$$\begin{aligned}x &= \mathrm{e}^{-\int-\cos y\mathrm{d}y}\left(\int\sin(2y)\cdot\mathrm{e}^{\int-\cos y\mathrm{d}y}\mathrm{d}y+C\right)\\ &= \mathrm{e}^{\sin y}\left(2\int\sin y\mathrm{e}^{-\sin y}\mathrm{d}\sin y+C\right)\\ &= \mathrm{e}^{\sin y}(-2\sin y\mathrm{e}^{-\sin y}-2\mathrm{e}^{-\sin y}+C)=C\mathrm{e}^{\sin y}-2\sin y-2,\end{aligned}$$

故方程的通解为 $x=C\mathrm{e}^{\sin y}-2\sin y-2$.

例 13 求下列微分方程的通解:

(1) $y'-\dfrac{4}{x}y=x\sqrt{y}$; (2) $xy'+2y=x^2y^3$.

分析　这是伯努利微分方程，可作变换化为一阶线性微分方程求解.

解　(1) 方程化为 $\frac{1}{\sqrt{y}}y'-\frac{4}{x}\sqrt{y}=x$，即 $2(\sqrt{y})'-\frac{4}{x}\sqrt{y}=x$. 令 $u=\sqrt{y}$，得

$$u'-\frac{2}{x}u=\frac{1}{2}x,$$

于是

$$\begin{aligned}u&=\mathrm{e}^{-\int-\frac{2}{x}\mathrm{d}x}\left(\int\frac{x}{2}\mathrm{e}^{\int-\frac{2}{x}\mathrm{d}x}\mathrm{d}x+C\right)=\mathrm{e}^{\ln x^2}\left(\int\frac{x}{2}\mathrm{e}^{\ln x^{-2}}\mathrm{d}x+C\right)\\&=x^2\left(\int\frac{1}{2x}\mathrm{d}x+C\right)=x^2\left(\frac{1}{2}\ln|x|+C\right),\end{aligned}$$

故方程的通解为 $\sqrt{y}=x^2\left(\frac{1}{2}\ln|x|+C\right)$.

(2) 原方程化为 $\frac{1}{y^3}y'+\frac{2}{x}\frac{1}{y^2}=x\Leftrightarrow\left(\frac{1}{y^2}\right)'-\frac{4}{x}\frac{1}{y^2}=-2x$.

令 $u=\frac{1}{y^2}$，得方程 $u'-\frac{4}{x}u=-2x$.

于是

$$\begin{aligned}u&=\mathrm{e}^{-\int-\frac{4}{x}\mathrm{d}x}\left(\int-2x\mathrm{e}^{\int-\frac{4}{x}\mathrm{d}x}\mathrm{d}x+C\right)=\mathrm{e}^{\ln x^4}\left(\int-2x\mathrm{e}^{\ln x^{-4}}\mathrm{d}x+C\right)\\&=\mathrm{e}^{\ln x^4}\left(\int-2x\mathrm{e}^{\ln x^{-4}}\mathrm{d}x+C\right)=x^4\left(\int\frac{-2}{x^3}\mathrm{d}x+C\right)\\&=x^4\left(\frac{1}{x^2}+C\right)=x^2+Cx^4,\end{aligned}$$

故方程的通解为 $\frac{1}{y^2}=x^2+Cx^4$.

例 14　解微分方程 $xy'=y\left(x\ln\frac{x^2}{y}+2\right)$.

解　设 $u=\frac{x^2}{y}\Rightarrow(yu)'=2x\Rightarrow uy'+yu'=2x\Rightarrow y'=\frac{-yu'+2x}{u}$，代入原方程得

$$\frac{-xyu'+2x^2}{u}=y(x\ln u+2),$$

即

$$\frac{-xu'+2\frac{x^2}{y}}{u}=x\ln u+2,$$

整理得 $\frac{\mathrm{d}u}{u\ln u}=-\mathrm{d}x$，两边积分，

$$\int\frac{\mathrm{d}u}{u\ln u}=-\int\mathrm{d}x,$$

得原通解 $\ln|\ln|u||=-x+C$ 或 $x+\ln\left|\ln\frac{x^2}{y}\right|=C$.

评注　方程中有函数式 $\ln\frac{x^2}{y}$，这类函数不宜在解微分方程时改写成 $\ln\frac{x^2}{y}=\ln x^2-\ln y$，这

样求解更麻烦，而应直接作变换 $u=\frac{x^2}{y}$.

例 15 设 $y=e^x$ 是微分方程 $xy'+p(x)y=x$ 的一个解，求出此微分方程满足条件 $y\big|_{x=\ln 2}=0$ 的特解.

解 将 $y=e^x$ 代入原方程，得

$$xe^x+p(x)e^x=x\Rightarrow p(x)=xe^{-x}-x,$$

代入原方程得

$$xy'+(xe^{-x}-x)y=x,$$

即

$$y'+(e^{-x}-1)y=1,$$

$$y=e^{-\int(e^{-x}-1)dx}\left(\int 1\cdot e^{\int(e^{-x}-1)dx}dx+C\right)=e^x+Ce^{x+e^{-x}}.$$

由 $y\big|_{x=\ln 2}=0$，得 $2+2e^{\frac{1}{2}}C=0\Rightarrow C=-e^{-\frac{1}{2}}$，故所求特解为

$$y=e^x-e^{x+e^{-x}-\frac{1}{2}}.$$

例 16 (1)求微分方程 $y'+\sin(x-y)=\sin(x+y)$ 的通解；

(2) 求可微函数 $f(t)$，使之满足 $f(t)=\cos 2t+\int_0^t f(u)\sin du$.

解 (1) 应用三角公式，原方程等价于

$$y'+\sin x\cos y-\cos x\sin y=\sin x\cos y+\cos x\sin y,$$

即 $y'=2\cos x\sin y$，这是可分离变量的微分方程. 分离变量得

$$\frac{dy}{\sin y}=2\cos x dx,$$

两边积分得 $\ln(\csc y-\cot y)=2\sin x+C_1$，即通解为

$$\csc y-\cot y=Ce^{2\sin x}.$$

(2) 等式两边对 t 求导，得

$$f'(t)-\sin t\cdot f(t)=-2\sin 2t,$$

此为一阶线性微分方程，通解为

$$\begin{aligned}f(t)&=e^{\int\sin t dt}\left(-\int 2\sin 2te^{-\int\sin t}+C\right)\\&=e^{-\cos t}(-2\int\sin 2te^{\cos t}dt+C)=4(\cos t-1)+Ce^{-\cos t}.\end{aligned}$$

例 17 求解微分方程 $xy''-y'=x^2$.

解 这是不显含 y 的微分方程. 令 $u=y'(x)$，则原方程化为

$$u'-\frac{1}{x}u=x.$$

这是一个一阶线性微分方程，于是由

$$u=e^{-\int-\frac{1}{x}dx}\left(\int xe^{\int-\frac{1}{x}dx}dx+C\right)=x\left(\int x\cdot\frac{1}{x}dx+\widetilde{C}_1\right)$$

得

$$u=x(\widetilde{C}_1+x),$$

因此 $y'=x(\widetilde{C_1}+x)$，故原方程的通解为

$$y=\frac{1}{3}x^3+\frac{1}{2}\widetilde{C_1}x^2+C_2=\frac{1}{3}x^3+C_1x^2+C_2.$$

例 18　求解下列微分方程：

(1) $y''=\frac{1}{x}y'+xe^x\sin x$；

(2) $(1+x^3)y''=3x^2y'$，满足 $y(0)=1, y'(0)=4$.

解　(1) 这是不显含 y 的方程. 令 $y'=p(x)$，得

$$p'=\frac{1}{x}p+xe^x\sin x,$$

即

$$p'-\frac{1}{x}p=xe^x\sin x.$$

这是一阶线性微分方程，其通解为

$$\begin{aligned}p&=e^{-\int -\frac{1}{x}dx}\left(\int xe^x\sin x e^{\int -\frac{1}{x}dx}dx+\widetilde{C_1}\right)=x\left(\int e^x\sin x dx+\widetilde{C_1}\right)\\&=\frac{1}{2}xe^x(\sin x-\cos x)+\widetilde{C_1}x,\end{aligned}$$

即

$$\frac{dy}{dx}=\frac{1}{2}xe^x(\sin x-\cos x)+\widetilde{C_1}x,$$

原方程的通解为

$$\begin{aligned}y&=\frac{1}{2}\int[xe^x(\sin x-\cos x)+\widetilde{C_1}x]dx\\&=-\frac{1}{2}xe^x\cos x+\frac{1}{4}e^x(\cos x+\sin x)+C_1x^2+C_2,\end{aligned}$$

其中 $C_1=\widetilde{C_1}/2$.

(2) 这是不显含 y 的方程. 令 $y'=p, y''=p'$，代入原方程，得

$$(1+x^3)p'=3x^2p\Rightarrow\frac{dp}{p}=\frac{3x^2}{1+x^3}\Rightarrow\ln p=\ln(1+x^3)+\ln C_1\Rightarrow p=C_1(1+x^3).$$

由 $p|_{x=0}=y'|_{x=0}=4$，得 $C_1=4$，于是 $p=4+4x^3$，即

$$\frac{dy}{dx}=4+4x^3\Rightarrow y=x^4+4x+C_2.$$

由 $y(0)=1$，得 $C_2=1$，故所求解为 $y=x^4+4x+1$.

例 19　求解微分方程 $yy''-(y')^2=y^2\ln y$.

解　这是一个不显含 x 的方程. 令 $y'=u(y)$，则 $y''=u\frac{du}{dy}$，原方程化为

$$yuu'-u^2=y^2\ln y.$$

再令 $p(y)=u^2(y)$，则有

$$p'-\frac{2}{y}p=2y\ln y,$$

这是一个一阶线性微分方程，解之得 $p=y^2(\ln^2y+C_1)$，即 $u^2=y^2(\ln^2y+C_1)$.

所以

$$u=\pm\sqrt{y^2(C_1+\ln^2 y)},$$

即

$$\frac{dy}{dx}=\pm\sqrt{y^2(C_1+\ln^2 y)},$$

这是可分离变量的微分方程,分别求解微分方程

$$\frac{dy}{dx}=\sqrt{y^2(C_1+\ln^2 y)}$$

和

$$\frac{dy}{dx}=-\sqrt{y^2(C_1+\ln^2 y)},$$

通解为

$$\ln(\ln y+\sqrt{C_1+\ln^2 y})=\pm x+C_2.$$

例 20 求微分方程 $2yy''=(y')^2+y^2$ 满足初始条件 $y(0)=1,y'(0)=2$ 的特解.

解 这是不显含 x 的方程. 令 $y'=p(y)\Rightarrow y''=p\frac{dp}{dy}$,代入原方程得

$$2yp\frac{dp}{dy}=p^2+y^2,$$

该方程可变形为$\frac{dp^2}{dy}=\frac{1}{y}p^2+y$. 令 $u=p^2$,得

$$\frac{du}{dy}-\frac{1}{y}u=y,$$

这是一个一阶线性微分方程,其通解为

$$u=e^{-\int-\frac{1}{y}dy}\left(\int ye^{\int-\frac{1}{y}dy}dy+C_1\right)=e^{\ln y}\left(\int ye^{\ln\frac{1}{y}}dy+C_1\right)=y(y+C_1),$$

即

$$\frac{dy}{dx}=\pm\sqrt{y(y+C_1)}.$$

由初始条件知,上式应取正号,且 $C_1=3$,于是有

$$\frac{dy}{dx}=\sqrt{y(3+y)}\Rightarrow\frac{dy}{\sqrt{y(3+y)}}=dx\Rightarrow 2\frac{d\sqrt{y}}{\sqrt{3+(\sqrt{y})^2}}=dx,$$

两边积分得 $2\ln(\sqrt{y}+\sqrt{3+y})=x+C_2$. 由初始条件 $y(0)=1$,得 $C_2=2\ln 3=\ln 9$,从而

$$\ln(\sqrt{y}+\sqrt{3+y})^2=x+\ln 9,$$

整理得所求特解为

$$y+\frac{3}{2}+\sqrt{y(3+y)}=\frac{9}{2}e^x.$$

例 21 解方程 $xyy''+x(y')^2-yy'=0$.

分析 方程中显含 x 和 y,不能用上几例中已有的方法来求解,应试用其他方法求解.

解 原方程改写成

$$x[yy''+(y')^2]=yy',$$

即

$$x(yy')'=yy'.$$

令 $yy'=u$，得 $x\frac{\mathrm{d}u}{\mathrm{d}x}=u$，即$\frac{\mathrm{d}u}{u}=\frac{\mathrm{d}x}{x}$，解之得 $u=C_1x$，即

$$yy'=C_1x,$$

解这个方程得原方程的通解为

$$C_1x^2-y^2=C_2,\quad C_1,C_2\text{ 是任意常数}.$$

例 22* 求解微分方程 $xy''-(1+x)y'+y=x^2$.

解 这是线性非常系数微分方程.

(1) 求对应齐次方程 $xy''-(1+x)y'+y=0$ 的通解.

先观察得一个特解 $y_1(x)=\mathrm{e}^x$.

用刘维尔公式 $y_2(x)=y_1(x)\int\frac{1}{y_1^2(x)}\mathrm{e}^{-\int a_1(x)\mathrm{d}x}\mathrm{d}x$ 求与 $y_1(x)$ 线性无关的特解 $y_2(x)$. $a_1(x)$是齐次方程写成标准式 $y''-\frac{1+x}{x}y'+\frac{1}{x}y=0$ 后 y'的系数，即 $a_1(x)=-\frac{1+x}{x}$.

$$\begin{aligned}y_2(x)&=\mathrm{e}^x\int\frac{1}{\mathrm{e}^{2x}}\mathrm{e}^{-\int-\frac{1+x}{x}\mathrm{d}x}\mathrm{d}x=\mathrm{e}^x\int\frac{1}{\mathrm{e}^{2x}}\mathrm{e}^{x+\ln x}\mathrm{d}x\\&=\mathrm{e}^x\int\frac{1}{\mathrm{e}^{2x}}x\,\mathrm{e}^x\mathrm{d}x=-(x+1),\end{aligned}$$

故齐次方程的通解为 $\bar{y}=C_1\mathrm{e}^x+C_2(x+1)$.

(2) 用常数变易法求原方程的一个特解 $y^*(x)$. 设

$$y^*(x)=v_1(x)y_1(x)+v_2(x)y_2(x),$$

则根据常数变易法，$v_1'(x),v_2'(x)$应满足下面的方程组

$$\begin{cases}v_1'(x)y_1(x)+v_2'(x)y_2(x)=0,\\v_1'(x)y_1'(x)+v_2'(x)y_2'(x)=f(x),\end{cases}\tag{1}$$

其中 $f(x)$是原方程化为标准式 $y''-\frac{1+x}{x}y'+y=x$ 后的右端函数，这里 $f(x)=x$. 将 $y_1(x)=\mathrm{e}^x,y_2(x)=-(x+1),f(x)=x$代入方程组(1)得

$$\begin{cases}\mathrm{e}^xv_1'(x)+(x+1)v_2'(x)=0,\\\mathrm{e}^xv_1'(x)+v_2'(x)=x,\end{cases}$$

解得

$$v_1'(x)=(x+1)\mathrm{e}^{-x},v_2'(x)=-1\Rightarrow v_1(x)=-(x+2)\mathrm{e}^{-x},v_2(x)=-x.$$

于是

$$y^*(x)=-(x+2)\mathrm{e}^{-x}\mathrm{e}^x-x(x+1)=-(x^2+2x+2).$$

故原方程的通解为

$$y=\bar{y}+y^*=C_1\mathrm{e}^x+C_2(x+1)-(x^2+2x+2),\text{其中 }C_1,C_2\text{ 是任意常数}.$$

评注 求特解 $y^*(x)$时，函数 $v_1(x),v_2(x)$的取法有无穷多种，解方程组(1)可得到其中比较简单的一部分. 通常是解方程组(1)，求出 $v_1(x),v_2(x)$就可以了.

例 23 设对于任意 $x>0$，曲线 $y=f(x)$上点$(x,f(x))$处的切线在 y 轴上的截距等于 $\frac{1}{x}\int_0^x f(t)\mathrm{d}t$，求 $f(x)$ 的一般表达式.

解 曲线 $y=f(x)$ 上点 $(x,f(x))$ 处的切线方程为

$$Y-f(x)=f'(x)(X-x).$$

令 $X=0$，得切线在 y 轴上的截距 $Y=f(x)-xf'(x)$. 依题意得

$$\frac{1}{x}\int_0^x f(t)\mathrm{d}t=f(x)-xf'(x),$$

即

$$\int_0^x f(t)\mathrm{d}t=x(f(x)-xf'(x)).$$

上式两边对 x 求导，得

$$xf''(x)+f(x)=0,$$

即

$$\frac{\mathrm{d}}{\mathrm{d}x}(xf'(x))=0,$$

积分得 $xf'(x)=C_1$，因此 $f(x)=C_1\ln x+C_2$，其中 C_1，C_2 为任意常数.

例 24 已知 $yy''-(y')^2=0$ 的一条积分曲线通过点 $(0,1)$ 且在该点与直线 $y=2x+1$ 相切，求此积分曲线的方程.

解 该题即求解初值问题 $\begin{cases}yy''-(y')^2=0,\\ y(0)=1,y'(0)=2.\end{cases}$

方程不显含 x. 令 $y'=p(y)$，则 $y''=p\dfrac{\mathrm{d}p}{\mathrm{d}y}$，代入方程得 $yp\dfrac{\mathrm{d}p}{\mathrm{d}y}-p^2=0$，即

$$p\left(y\frac{\mathrm{d}p}{\mathrm{d}y}-p\right)=0.$$

由于 $p\neq0$（否则与 $y'(0)=2$ 矛盾），于是得

$$\frac{\mathrm{d}p}{p}=\frac{\mathrm{d}y}{y},$$

两边积分得 $\ln p=\ln y+\ln C_1$，从而 $p=C_1y$. 由初始条件知 $C_1=2$，于是

$$p=2y\Rightarrow\frac{\mathrm{d}y}{y}=2\mathrm{d}x.$$

解得 $\ln|y|=2x+\ln|C_2|$，即 $y=C_2\mathrm{e}^{2x}$，再由 $y(0)=0$ 得 $C_2=1$，故所求曲线的方程为 $y=\mathrm{e}^{2x}$.

例 25 求微分方程 $y''-3y'+2y=x\mathrm{e}^x$ 的通解.

解 原方程的特征方程为 $\lambda^2-3\lambda+2=0$，特征根为 $\lambda_1=1$，$\lambda_2=2$. 于是对应齐次方程的通解为

$$\bar{y}=C_1\mathrm{e}^x+C_2\mathrm{e}^{2x}.$$

由于 $\alpha=1$ 是特征方程的单根，故可设原方程的一个特解为

$$y^*=x(ax+b)\mathrm{e}^x,$$

将其代入原方程得 $-2ax+2a-b=x\Rightarrow a=-\dfrac{1}{2}$，$b=-1$. 所以

$$y^*=-\left(\frac{x^2}{2}+x\right)\mathrm{e}^x,$$

故原方程的通解为

$$y=\bar{y}+y^*=C_1\mathrm{e}^x+C_2\mathrm{e}^{2x}-\left(\frac{x^2}{2}+x\right)\mathrm{e}^x.$$

例 26　求微分方程 $y''+y=x+\cos x$ 的通解.

解　原方程的特征方程为 $\lambda^2+1=0$，特征根为 $\lambda_1=\mathrm{i}$，$\lambda_2=-\mathrm{i}$，所以对应齐次方程的通解为

$$\bar{y}=C_1\cos x+C_2\sin x.$$

设 $y''+y=x$ 的特解为 $y_1=Ax+B$，代入方程得：$A=1$，$B=0$. 所以 $y_1=x$.

对于微分方程 $y''+y=\cos x$，由于 $\alpha+\mathrm{i}\beta=\mathrm{i}$ 是特征根，所以设 $y''+y=\cos x$ 的特解为 $y_2=Ex\cos x+Dx\sin x$，则

$$y_2''=-2E\sin x+2D\cos x-Ex\cos x-Dx\sin x,$$

代入原方程，得 $E=0$，$D=\dfrac{1}{2}$，所以 $y_2=\dfrac{1}{2}x\sin x$. 故原方程的通解为

$$y=C_1\cos x+C_2\sin x+x+\frac{1}{2}x\sin x.$$

例 27　解方程 $y''-3y'+2y=2\mathrm{e}^{-x}\cos x+\mathrm{e}^{2x}(4x+5)$.

解　其对应的齐次方程 $y''-3y'+2y=0$ 的特征方程为 $\lambda^2-3\lambda+2=0$，特征根为 $\lambda_1=2$，$\lambda_2=1$，因此通解为 $Y=C_1\mathrm{e}^x+C_2\mathrm{e}^{2x}$. 由于原方程的非齐次项有两项，将其分解为两个方程：

$$y''-3y'+2y=2\mathrm{e}^{-x}\cos x, \tag{1}$$

$$y''-3y'+2y=\mathrm{e}^{2x}(4x+5). \tag{2}$$

式(1)的一个特解可设为 $y_1^*=\mathrm{e}^{-x}(A\cos x+B\sin x)$，将其代入式(1)，可得出 $A=1/5$，$B=-1/5$，所以 $y_1^*=\mathrm{e}^{-x}\left(\dfrac{1}{5}\cos x-\dfrac{1}{5}\sin x\right)$.

式(2)的一个特解可设为 $y_2^*=x\mathrm{e}^{2x}(ax+b)$，代入式(2)可得出 $a=2$，$b=1$，即 $y_2^*=x\mathrm{e}^{2x}(2x+1)$. 因此所求方程的通解为

$$y=Y+y_1^*+y_2^*=C_1\mathrm{e}^x+C_2\mathrm{e}^{2x}+\mathrm{e}^{2x}(2x^2+x)+\mathrm{e}^{-x}\left(\frac{1}{5}\cos x-\frac{1}{5}\sin x\right).$$

例 28　求微分方程 $y''+a^2y=\sin x$ 的通解，其中常数 $a>0$.

解　对应齐次方程的通解为 $y=C_1\cos ax+C_2\sin ax$.

(1) 当 $a\neq1$ 时，设原方程的特解为

$$y^*=A\sin x+B\cos x,$$

代入原方程得

$$A(a^2-1)\sin x+B(a^2-1)\cos x=\sin x,$$

比较等式两端对应项的系数得 $A=\dfrac{1}{a^2-1}$，$B=0$. 所以

$$y^*=\frac{1}{a^2-1}\sin x.$$

(2) 当 $a=1$ 时，设原方程的特解为

$$y^*=x(A\sin x+B\cos x),$$

代入原方程得

$$2A\cos x-2B\sin x=\sin x\Rightarrow A=0,B=-\frac{1}{2}.$$

所以

$$y^*=-\frac{1}{2}x\cos x.$$

综合上述讨论,得:

当 $a\neq1$ 时,通解为 $y=C_1\cos ax+C_2\sin ax+\frac{1}{a^2-1}\sin x$;

当 $a=1$ 时,通解为 $y=C_1\cos ax+C_2\sin ax-\frac{1}{2}x\cos x$.

例 29 已知 $y_1=xe^x+e^{2x}$, $y_2=xe^x+e^{-x}$, $y_3=xe^x+e^{2x}-e^{-x}$ 是某个二阶线性非齐次微分方程的三个解,求此微分方程,并写出其通解.

解 由线性微分方程解的结构定理知 e^{2x} 和 e^{-x} 是相应齐次方程的两个线性无关的解,xe^x 是非齐次方程的一个特解,故可设此方程为

$$y''-y'-2y=f(x).$$

将 $y=xe^x$ 代入上式,得 $f(x)=e^x-2xe^x$,因此所求方程为 $y''-y'-2y=e^x-2xe^x$.

方程的通解为 $y=C_1e^{2x}+C_2e^{-x}+e^x-2xe^x$.

例 30 设二阶常系数线性微分方程 $y''+ay'+by=ce^x$ 的一个特解为 $y=e^{2x}+(1+x)e^x$,试确定常数 a,b,c 的值,并求出该方程的通解.

解 由题设知原方程的特征根为 $\lambda_1=1,\lambda_2=2$,所以特征方程为 $(\lambda-1)(\lambda-2)=0$,即 $\lambda^2-3\lambda+2=0$,于是 $a=-3,b=2$.

将 $y_1=xe^x$ 代入方程得

$$(x+2)e^x-3(x+1)e^x+2xe^x=ce^x,$$

得 $c=-1$,故原方程的通解为 $y=C_1e^x+C_2e^{2x}+xe^x$.

例 31 求微分方程

$$y'''+6y''+(9+a^2)y'=1$$

的通解,其中常数 $a>0$.

解 特征方程

$$\lambda^3+6\lambda^2+(9+a^2)\lambda=0$$

的三个根为 $\lambda_1=0,\lambda_{2,3}=-3\pm ai$,对应齐次方程的通解为

$$\bar{y}=C_1+e^{-3x}(C_2\cos ax+C_3\sin ax),$$

其中 C_1,C_2,C_3 为任意常数.

因为 $\alpha=0$ 是单根,所以可设微分方程的特解为 $y^*=Ax$,代入原方程解得

$$A=\frac{1}{9+a^2},$$

因此 $y^*=\frac{1}{9+a^2}x$,故原方程的通解为

$$y=\bar{y}+y^*=C_1+e^{-3x}(C_2\cos ax+C_3\sin ax)+\frac{1}{9+a^2}x.$$

例 32 设 $f(x)=x\sin x-\int_0^x(x-t)f(t)dt$,其中 $f(x)$ 连续,求 $f(x)$.

解 $f(x)$ 连续,方程右端可导,因而其左端函数 $f(x)$ 也可导,两端对 x 求导,得

$$f'(x)=x\cos x+\sin x-\left(x\int_0^x f(t)dt-\int_0^x tf(t)dt\right)',$$

即

$$f'(x) = x\cos x + \sin x - \int_0^x f(t)\mathrm{d}t. \tag{1}$$

同理，上述方程右端仍可导，$f(x)$存在二阶导数，故

$$f''(x) = -x\sin x + 2\cos x - f(x),$$

即

$$f''(x) + f(x) = -x\sin x + 2\cos x. \tag{2}$$

易求出上述方程对应的齐次方程的通解为 $\bar{y} = C_1\cos x + C_2\sin x$.

因为 $r_{1,2} = \pm \mathrm{i}$ 是特征方程的根，所以式(2)有如下形式的特解

$$y^* = x[(ax+b)\cos x + (cx+d)\sin x],$$

代入式(2)求出系数 $a = \frac{1}{4}, b = 0, c = 0, d = \frac{3}{4}$，于是

$$y^* = \frac{1}{4}x^2\cos x + \frac{3}{4}x\sin x,$$

从而式(2)的通解为

$$y = C_1\cos x + C_2\sin x + \frac{1}{4}x^2\cos x + \frac{3}{4}x\sin x \quad C_1, C_2 \text{ 为任意常数}.$$

在原方程及方程(1)中，令 $x=0$ 得 $f(0)=0, f'(0)=0$. 将 $f(0)=0$ 代入式(2)得到 $C_1=0$，对式(2)求导，将 $f'(0)=0$ 代入，得 $C_2=0$，因而

$$f(x) = \frac{1}{4}x^2\cos x + \frac{3}{4}x\sin x.$$

例 33　设 $f(x)$在$[0,+\infty)$上有连续的二阶导数，且 $f(0)=0$，

$$f'(x) + f(x) - \frac{1}{x+1}\int_0^x f(t)\mathrm{d}t = 1,$$

求 $f(x)$.

解　将所给方程变形得

$$(x+1)f'(x) + (x+1)f(x) - \int_0^x f(t)\mathrm{d}t = x+1,$$

两边求导，得$(x+1)f''(x) + (x+2)f'(x) = 1$，即

$$f''(x) + \frac{x+2}{x+1}f'(x) = \frac{1}{x+1}.$$

于是

$$f'(x) = \mathrm{e}^{-\int\frac{x+2}{x+1}\mathrm{d}x}\left(C_1 + \int\frac{1}{x+1}\mathrm{e}^{\int\frac{x+2}{x+1}\mathrm{d}x}\mathrm{d}x\right) = \frac{C_1}{x+1}\mathrm{e}^{-x} + \frac{1}{x+1}.$$

由题设 $f(0)=0$ 及 $f(x)$所满足的积分关系式知 $f'(0)=1$，代入上式得 $C_1=0$，即 $f'(x) = \frac{1}{1+x} \Rightarrow f(x) = \ln(1+x) + C_2$. 再由 $f(0)=0$，得 $C_2=0$，所以 $f(x)=\ln(1+x)$.

例 34　设函数 $y=y(x)$在$(-\infty,+\infty)$内具有二阶导数，且 $y'\neq 0$，$x=x(y)$是 $y=y(x)$的反函数.(1) 试将 $x=x(y)$所满足的微分方程$\frac{\mathrm{d}^2x}{\mathrm{d}y^2} + (y+\sin x)\left(\frac{\mathrm{d}x}{\mathrm{d}y}\right)^2 = 0$ 变换为 $y=y(x)$满足的微分方程；(2)求变换后的微分方程满足初始条件 $y(0)=0$，$y'(0)=3/2$ 的特解.

解 (1) 由反函数导数公式知 $\frac{\mathrm{d}x}{\mathrm{d}y}=\frac{1}{y'}$,即

$$y'\frac{\mathrm{d}x}{\mathrm{d}y}=1.$$

上式两端关于 x 求导,得 $y''\frac{\mathrm{d}x}{\mathrm{d}y}+\frac{\mathrm{d}^2x}{\mathrm{d}y^2}(y')^2=0$,所以

$$\frac{\mathrm{d}^2x}{\mathrm{d}y^2}=-\left(\frac{\mathrm{d}x}{\mathrm{d}y}y''\right)\Big/(y')^2=-\frac{y''}{(y')^3},$$

代入原微分方程并化简得

$$y''-y=\sin x. \qquad (*)$$

(2) 方程(*)所对应的齐次方程 $y''-y=0$ 的通解为 $Y=C_1\mathrm{e}^x+C_2\mathrm{e}^{-x}$.

设方程(*)的特解为 $y^*=A\cos x+B\sin x$,代入方程(*)求得 $A=0$, $B=-\frac{1}{2}$,故 $y^*=-\frac{1}{2}\sin x$,从而式(*)的通解为

$$y(x)=C_1\mathrm{e}^x+C_2\mathrm{e}^{-x}-\frac{1}{2}\sin x.$$

例 35 设函数 $f(x)$在$[0,+\infty)$上可导,$f(0)=0$,且其反函数为 $g(x)$. 若 $\int_0^{f(x)}g(t)\mathrm{d}t=x^2\mathrm{e}^x$,求 $f(x)$.

解 等式两边对 x 求导,得 $g(f(x))f'(x)=2x\mathrm{e}^x+x^2\mathrm{e}^x$. 由于 $g(f(x))=x$,故有$xf'(x)=2x\mathrm{e}^x+x^2\mathrm{e}^x$.

当 $x\neq0$ 时,$f'(x)=2\mathrm{e}^x+x\mathrm{e}^x$,得 $f(x)=(x+1)\mathrm{e}^x+C$. 由于 $f(x)$在 $x=0$ 处连续,故由 $f(0)=\lim\limits_{x\to0^+}f(x)=\lim\limits_{x\to0^+}[(x+1)\mathrm{e}^x+C]=0$,得 $C=-1$,因此 $f(x)=(x+1)\mathrm{e}^x-1$.

例 36 求解微分方程 $x^2y''-2xy'+2y=x^3\ln x$.

解 这是二阶欧拉方程. 令 $x=\mathrm{e}^t$,得

$$xy'=\frac{\mathrm{d}y}{\mathrm{d}t},\quad x^2y''=\frac{\mathrm{d}^2y}{\mathrm{d}t^2}-\frac{\mathrm{d}y}{\mathrm{d}t}.$$

所以原微分方程化为

$$\frac{\mathrm{d}^2y}{\mathrm{d}t^2}-3\frac{\mathrm{d}y}{\mathrm{d}t}+2y=t\mathrm{e}^{3t},$$

其中 t 是自变量.

这是一个二阶线性常系数非齐次方程,解得

$$y=C_1\mathrm{e}^t+C_2\mathrm{e}^{2t}+\frac{1}{2}\left(t-\frac{3}{2}\right)\mathrm{e}^{3t}.$$

所以原微分方程的通解为

$$y=C_1x+C_2x^2+\frac{1}{2}x^3\left(\ln x-\frac{3}{2}\right).$$

例 37 设 $f(x)$为连续函数,

(1) 求初值问题$\begin{cases}y'+ay=f(x),\\ y|_{x=0}=0\end{cases}$的解 $y(x)$,其中 a 是正常数;

(2) 若 $|f(x)|\leqslant k$(k 为常数),证明当 $x\geqslant 0$ 时,有 $|y(x)|\leqslant \frac{k}{a}(1-\mathrm{e}^{-ax})$.

解　(1)原方程的通解为

$$y(x)=\mathrm{e}^{-\int a\mathrm{d}x}\left(\int f(x)\mathrm{e}^{\int a\mathrm{d}x}\mathrm{d}x+C\right)=\mathrm{e}^{-\int a\mathrm{d}x}\left(\int f(x)\mathrm{e}^{ax}\mathrm{d}x+C\right)$$
$$=\mathrm{e}^{-ax}(F(x)+C),$$

其中 $F(x)$ 是 $f(x)\mathrm{e}^{ax}$ 的任一个原函数.由 $y(0)=0$,得 $C=-F(0)$,故

$$y(x)=\mathrm{e}^{-ax}(F(x)-F(0))=\mathrm{e}^{-ax}\int_0^x f(t)\mathrm{e}^{at}\mathrm{d}t.$$

(2) $|y(x)|\leqslant \mathrm{e}^{-ax}\int_0^x|f(t)|\mathrm{e}^{at}\mathrm{d}t\leqslant k\mathrm{e}^{-ax}\int_0^x\mathrm{e}^{at}\mathrm{d}t=\frac{k}{a}\mathrm{e}^{-ax}(\mathrm{e}^{ax}-1)$

$=\frac{k}{a}(1-\mathrm{e}^{-ax})\quad(x\geqslant 0).$

例 38　在上半平面求一条向上凹的曲线,其上任一点 $P(x,y)$ 处的曲率等于此曲线在该点的法线段 PQ(Q 是法线与 x 轴的交点)长度的倒数,且曲线在点(1,1)处的切线与 x 轴平行.

解　曲线 $y=f(x)$ 在点 (x,y) 处的法线方程是

$$Y-y=-\frac{1}{y'}(X-x)\quad(y'\neq 0),$$

它与 x 轴的交点是 $Q(x+yy',0)$,从而该点到 x 轴的法线段 PQ 的长度是

$$\sqrt{(yy')^2+y^2}=y(1+y'^2)^{\frac{1}{2}}\quad(y'\neq 0).$$

根据题意得微分方程

$$\frac{y''}{(1+y'^2)^{3/2}}=\frac{1}{y(1+y'^2)^{1/2}},$$

即

$$y''=1+y'^2,$$

且当 $x=1$ 时,$y=1$,$y'=0$.

令 $y'=p$,则 $y''=p\frac{\mathrm{d}p}{\mathrm{d}y}=1+p^2$ 或 $\frac{p}{1+p^2}\mathrm{d}p=\frac{\mathrm{d}y}{y}$,积分并注意到 $y=1$ 时,$p=0$,便得 $y=\sqrt{1+p^2}$,代入 $\frac{\mathrm{d}y}{\mathrm{d}x}=p$,得 $y'=\pm\sqrt{y^2-1}$,即

$$\frac{\mathrm{d}y}{\sqrt{y^2-1}}=\pm\mathrm{d}x.$$

对上式积分,并注意到 $y(1)=1$,得

$$\ln(y+\sqrt{y^2-1})=\pm(x-1),$$

因此,所求曲线的方程为

$$y+\sqrt{y^2-1}=\mathrm{e}^{\pm(x-1)},$$

即

$$y=\frac{1}{2}[\mathrm{e}^{x-1}+\mathrm{e}^{-(x-1)}]=\mathrm{ch}(x-1).$$

例 39 设物体 A 从点 $(0,1)$ 出发，以大小为常数 v 的速度沿 y 轴正向运动，物体 B 从点 $(-1,0)$ 与 A 同时出发，其速度大小为 $2v$，方向始终指向 A. 试建立物体 B 的运动轨迹所满足的微分方程，并写出初始条件.

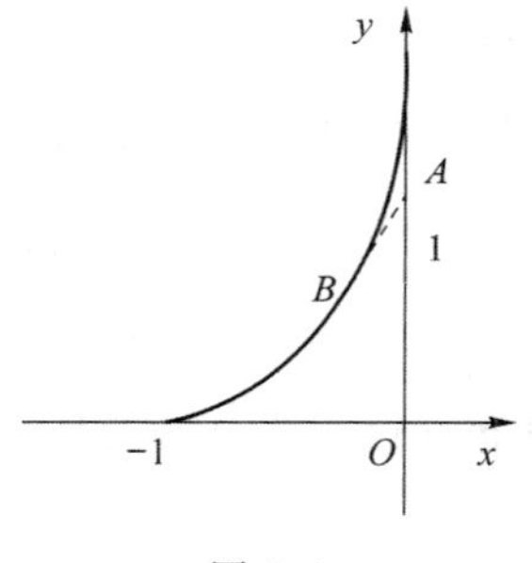

图 7-1

解 轨迹如图 7-1 所示. 设 B 的轨迹方程为 $y=y(x)$，在时刻 t，B 位于点 (x,y) 处，此时 A 位于点 $(0,1+vt)$ 处，则

$$\frac{\mathrm{d}y}{\mathrm{d}x}=\frac{(1+vt)-y}{-x}.$$

两边对 x 求导，得

$$\begin{aligned}\frac{\mathrm{d}^2y}{\mathrm{d}x^2}&=\frac{1}{x^2}-v\frac{x\frac{\mathrm{d}t}{\mathrm{d}x}-t}{x^2}+\frac{x\frac{\mathrm{d}y}{\mathrm{d}x}-y}{x^2}\\&=\frac{1}{x^2}-\frac{v}{x}\frac{\mathrm{d}t}{\mathrm{d}x}+\frac{vt}{x^2}+\frac{1}{x}\frac{(1+vt)-y}{-x}-\frac{y}{x^2}\\&=-\frac{v}{x}\frac{\mathrm{d}t}{\mathrm{d}x}.\end{aligned}\tag{$*$}$$

由于

$$2v=\frac{\mathrm{d}s}{\mathrm{d}t}=\sqrt{1+\left(\frac{\mathrm{d}y}{\mathrm{d}x}\right)^2}\cdot\frac{\mathrm{d}x}{\mathrm{d}t}\Rightarrow\frac{\mathrm{d}t}{\mathrm{d}x}=\frac{1}{2v}\sqrt{1+\left(\frac{\mathrm{d}y}{\mathrm{d}x}\right)^2},$$

代入式$(*)$得到所求的微分方程为

$$x\frac{\mathrm{d}^2y}{\mathrm{d}x^2}+\frac{1}{2}\sqrt{1+\left(\frac{\mathrm{d}y}{\mathrm{d}x}\right)^2}=0,$$

其初始条件为$y|_{x=-1}=0$，$y'|_{x=-1}=1$.

例 40 设曲线 L 经过点 $(0,1)$，且位于 x 轴上方，就数值而言，L 上任意两点之间的弧长都等于以该弧以及它在 x 轴上的投影为边的曲边梯形的面积分，求 L 的方程.

解 设曲线方程为 $y=y(x)$，依题意得

$$\int_0^x\sqrt{1+(y')^2}\,\mathrm{d}x=\int_0^x y(x)\,\mathrm{d}x,\ y(0)=1,$$

两边求导得

$$\sqrt{1+(y')^2}=y\Rightarrow 1+(y')^2=y^2\Rightarrow y'=\pm\sqrt{y^2-1},$$

即

$$\frac{\mathrm{d}y}{\sqrt{y^2-1}}=\pm\mathrm{d}x.$$

于是

$$\ln\left(y+\sqrt{y^2-1}\right)=\pm x+\ln|C|,$$

$$y+\sqrt{y^2-1}=C\mathrm{e}^{\pm x}.$$

由 $y(0)=1\Rightarrow C=1$，故 $y+\sqrt{y^2-1}=\mathrm{e}^{\pm x}\Leftrightarrow\dfrac{1}{y-\sqrt{y^2-1}}=\mathrm{e}^{\pm x}$，所以

$$y+\sqrt{y^2-1}=\mathrm{e}^{\pm x},\quad y-\sqrt{y^2-1}=\mathrm{e}^{\mp x},$$

于是所求曲线方程为

$$y=\frac{e^{x}+e^{-x}}{2}.$$

例 41　设 $p(x)$ 为连续函数，证明齐次方程 $y'+p(x)y=0$ 的所有积分曲线上横坐标相同的点的切线交于一点.

证　齐次方程 $y'+p(x)y=0$ 的积分曲线的方程为

$$y=Ce^{-\int p(x)dx}=Ce^{-P(x)},\tag{1}$$

其中 $P(x)$ 是 $p(x)$ 的任意一个原函数.

曲线 $y=Ce^{-P(x)}$ 上点 $M(x_0,y_0)$ 处的切线为

$$Y-y_0=y'(x_0)(X-x_0),\tag{2}$$

其中 $y_0=Ce^{-P(x_0)}$，$y'(x_0)=-p(x_0)Ce^{-P(x_0)}$，代入式(2)得

$$Y=Ce^{-P(x_0)}[1-p(x)(X-x_0)],$$

当 $C=1$ 时，得一条积分曲线

$$Y=e^{-P(x_0)}[1-p(x)(X-x_0)].$$

解方程组

$$\begin{cases}Y=e^{-P(x_0)}[1-p(x)(X-x_0)],\\Y=Ce^{-P(x_0)}[1-p(x)(X-x_0)]\end{cases}$$

得

$$X=x_0+\frac{1}{p(x_0)},\quad Y=0.$$

所以任一条积分曲线 $y=Ce^{-P(x_0)}$ 在横坐标为 x_0 的点处的切线都过点 $\left(x_0+\frac{1}{p(x_0)},0\right)$，即方程 $y'+p(x)y=0$ 的所有积分曲线上横坐标相同的点处的切线相交于一点.

第三部分　练　习　题

一、填空题

1. 微分方程 $\frac{dy}{dx}+xy-x^3y^3=0$ 的通解为________.

2. 已知曲线 $y=f(x)$ 过点 $\left(0,-\frac{1}{2}\right)$，且其上任一点 (x,y) 处的切线斜率为 $x\ln(1+x^2)$，则 $f(x)=$________.

3. 常微分方程 $ydx+(x^2-4x)dy=0$ 的通解为________.

4. 微分方程 $y'+y\tan x=\cos x$ 的通解为________.

5. 常微分方程 $y''+y'+y=0$ 的通解为________.

6. 常微分方程 $y''-4y=e^{2x}$ 的通解为________.

7. 设 $y=e^x(C_1\sin x+C_2\cos x)$（$C_1,C_2$ 为任意常数）为某二阶常系数线性齐次常微分方程的通解，则该方程为________.

8. 微分方程 $yy''+y'^2=0$ 满足初始条件 $y|_{x=0}=1,y'|_{x=0}=\frac{1}{2}$ 的特解是________.

9. 设函数 $y=y(x)$ 满足 $y''+4y'+4y=0,y(0)=0,y'(0)=1$，则 $\int_0^{+\infty}y(x)dx=$

________.

10. 当 $x\to 0$ 时，方程 $(3x^2+2)y''=6xy'$ 与 e^x-1 为等价无穷小的解是________.

二、选择题

11. 设 $y=f(x)$ 是方程 $y''-2y'+4y=0$ 的一个解，若 $f(x_0)>0$，且 $f'(x_0)=0$，则函数在点 x_0 处(的)(　　).

A. 取得极大值　　B. 取得极小值

C. 某个邻域内单调递增　　D. 某个邻域内单调递减

12. 微分方程 $y''-y=e^x+1$ 的一个特解应具有形式(　　)(式中 a,b 为常数).

A. ae^x+b　　B. axe^x+b　　C. ae^x+bx　　D. axe^x+bx

13. 若连续函数 $f(x)$ 满足关系式 $f(x)=\int_0^{2x} f\left(\frac{t}{2}\right)dt+\ln 2$，则 $f(x)$ 等于(　　).

A. $e^x\ln 2$　　B. $e^{2x}\ln 2$　　C. $e^x+\ln 2$　　D. $e^{2x}+\ln 2$

14. 设 $y=f(x)$ 是微分方程 $y''-y'-e^{\sin x}=0$ 的解，且 $f'(x_0)=0$，则 $f(x)$ 在(　　).

A. x_0 处取得极小值　　B. x_0 处取得极大值

C. x_0 的某个邻域内单调递增　　D. x_0 的某个邻域内单调递减

15. 具有特解 $y_1=e^{-x}$，$y_2=2xe^{-x}$，$y_3=3e^x$ 的三阶常系数齐次线性微分方程是(　).

A. $y'''-y''-y'+y=0$　　B. $y'''+y''-y'-y=0$

C. $y'''-6y''+11y'-6y=0$　　D. $y'''-2y''-y'+2y=0$

16. 设 $y=y(x)$ 是二阶常系数微分方程 $y''+py'+qy=e^{3x}$ 满足初始条件 $y(0)=y'(0)=0$ 的特解，则当 $x\to 0$ 时，函数 $\frac{\ln(1+x^2)}{y(x)}$ 的极限(　　).

A. 不存在　　B. 等于 1　　C. 等于 2　　D. 等于 3

17. 设二阶齐次线性常系数微分方程 $y''+by'+y=0$ 的每一个解 $y(x)$ 都在区间 $(0,+\infty)$ 上有界，则实数 b 的取值范围是(　　).

A. $[0,+\infty)$　　B. $(-\infty,0]$　　C. $(-\infty,4]$　　D. $(-\infty,+\infty)$

三、计算题

18. 求下列微分方程的通解：

(1) $(x^2+y^2+x)dx+ydy=0$；

(2) $(1+e^{\frac{x}{y}})dx+e^{\frac{x}{y}}\left(1-\frac{x}{y}\right)dy=0$.

19. 是否存在区间 $[-a,a]$ 上的连续函数 $p(x)$，$q(x)$，使得 $y=x^2\sin x$ 是微分方程 $y''+p(x)y'+q(x)=0$ 的特解？

20. 解微分方程 $\frac{dy}{dx}=\frac{1}{(x+y)^2}$.

21. 求微分方程 $\frac{dy}{dx}+1=4e^{-y}\sin x$ 的通解.

22. 求解方程 $y'=(x+y+1)^2$.

23. 求微分方程 $x^2y'+xy=y^2$ 满足初始条件 $y(1)=1$ 的特解.

24. 求解微分方程 $xy''=y'\ln y'$.

25. 求微分方程 $yy''=2(y'^2-y')$ 满足初始条件 $y(0)=1$，$y'(0)=2$ 的特解.

26. 求微分方程 $y''-7y'+12y=x$ 满足初始条件 $y(0)=\frac{7}{144}$,$y'(0)=\frac{7}{12}$的特解.

27. 求微分方程 $y''+y'=2x^2+1$ 的通解.

28. 求微分方程 $y''-2y'+y=4xe^x$ 的通解.

29. 求微分方程 $y''+3y'+2y=e^{-x}\cos x$ 的通解.

30. 求微分方程 $y''-y=2x+\sin x+e^{2x}\cos x$ 的通解.

31. 已知方程$(x-1)y''-xy'+y=0$ 有特解 $y=e^x$,求其通解.

32. 设二阶常系数线性非齐次方程 $y''+ay'+by=(cx+d)e^{2x}$有特解 $y=2e^x+(x^2-1)e^{2x}$,不解方程,写出通解(说明理由),并求出常数 a,b,c,d.

33. 利用代换 $y=\frac{u}{\cos x}$将方程 $y''\cos x-2y'\sin x+3y\cos x=e^x$ 化简,并求出原方程的通解.

34. 求微分方程 $x^2y''+4xy'+2y=0\ (x>0)$的通解.

35. 设曲线 L 过点$(0,6)$,$P(x,y)$为 L 上任一点,若曲线 L 在点 P 的切线与 x 轴的交点为A,则点 A 到点 P 的距离与点 A 到原点 O 的距离相等,即$|AP|=|AO|$. 求曲线 L 的方程.

习题答案、简答或提示

一、填空题

1. $\frac{1}{y^2}=x^2+1+Ce^{x^2}$.

2. $\frac{1}{2}[(1+x^2)\ln(1+x^2)-x^2-1]$.

3. $(x-4)y^4=Cx$.

4. $y=(x+C)\cos x$, C 为任意常数.

5. $y=e^{-\frac{1}{2}x}\left(C_1\cos\frac{\sqrt{3}}{2}x+C_2\sin\frac{\sqrt{3}}{2}x\right)$.

6. $y=C_1e^{-2x}+C_2e^{2x}+\frac{1}{4}xe^{2x}$.

7. $y''-2y'+2y=0$.

8. $y=\sqrt{x+1}$ 或 $y^2=x+1$.

9. $\frac{1}{4}$.

10. $y=\frac{1}{2}x^3+x$.

二、选择题

11. A.　12. B.　13. B.　14. A.　15. B.

16. C.　17. A.

三、计算题

18. (1)$y^2=Ce^{-2x}-x^2$;　(2) $x+ye^{\frac{x}{y}}=C$.

19. 不存在. 提示:用反证法,设存在,推出矛盾.

20. 提示:作变换 $u=x+y$,则 $y'=u'-1$,代入方程,得 $u'-1=\frac{1}{u^2}$,即$\frac{du}{dx}=\frac{u^2+1}{u^2}$,亦即$\left(1-\frac{1}{1+u^2}\right)du=dx$. 两边积分得 $u-\arctan u=x+C$,故通解为$(x+y)-\arctan(x+y)=x+C$,即 $y-\arctan(x+y)=C$.

21. 提示：方程化为 $e^y\dfrac{dy}{dx}+e^y=4\sin x$，即 $(e^y)'+e^y=4\sin x$，通解为 $e^y=e^{-\int dx}\left(\int 4\sin x\cdot e^{\int dx}dx+C\right)=Ce^{-x}+2\sin x-2\cos x$.

22. 提示：这是 $y'=f(ax+by+c)$ 型方程. 令 $u=x+y+1$，即 $y=u-x-1$，代入方程，化为可分离变量的方程 $\dfrac{du}{dx}=1+u^2$，求得通解为 $\arctan u=x+C$，将 $u=x+y+1$ 代入，得原方程的通解为 $\arctan(x+y+1)=x+C$.

23. $y=\dfrac{2x}{1+x^2}$.

24. 有通解 $y=\dfrac{1}{C_1}e^{C_1x}+C_2$，其中 $C_1\neq 0$，C_2 为任意常数. 另外还有一组解 $y=x+C_3$，该组解不是通解.

25. 特解为 $y=\tan\left(x+\dfrac{\pi}{4}\right)$.

26. $y=\dfrac{x}{12}+\dfrac{7}{144}+\dfrac{1}{2}(e^{4x}-e^{3x})$.

27. $y=C_1+C_2e^{-x}+\dfrac{2}{3}x^3-2x^2+5x$.

28. $y=(C_1+C_2x)e^x+\dfrac{2}{3}x^3e^x$.

29. $y=C_1e^{-x}+C_2e^{-2x}+\dfrac{1}{2}e^{-x}(-\cos x+\sin x)$，$\forall C_1,C_2\in\mathbf{R}$.

30. $y=C_1e^{-x}+C_2e^x-2x-\dfrac{1}{2}\sin x+\dfrac{1}{10}e^{2x}(\cos x+2\sin x)$.

31. $y=C_1e^x+C_2x$. 提示：作变换 $y=u(x)e^x$，求出微分方程的另一个与 $y=e^x$ 线性无关的特解.

32. 通解为 $y=C_1e^x+C_2e^{2x}+x^2e^{2x}$； $a=-3,b=2,c=2,d=2$.

33. 提示：由 $u=y\cos x$ 两端对 x 求导，得

$$u'=y'\cos x-y\sin x,y''=y''\cos x-2y'\sin x-y\cos x,$$

原方程化为 $u''+4u=e^x$，其通解为 $u=C_1\cos 2x+C_2\sin 2x+\dfrac{e^x}{5}$，从而原方程的通解为 $y=C_1\dfrac{\cos 2x}{\cos x}+C_2\sin x+\dfrac{e^x}{5\cos x}$.

34. $y=\dfrac{C_1}{x}+\dfrac{C_2}{x^2}$.

35. 提示：设曲线 L 的方程为 $y=y(x)$，则曲线上点 $P(x,y)$ 处的切线方程为 $Y-y=y'(X-x)$，切线与 x 轴的交点为 $(x-\dfrac{y}{y'},0)$，依题意有 $|AP|=|AO|$，即

$$\sqrt{\left(x-\frac{y}{y'}-x\right)^2+(0-y)^2}=\left|x-\frac{y}{y'}\right|,$$

也即

$$y'=\frac{2xy}{x^2-y^2}=\frac{2\frac{y}{x}}{1-\left(\frac{y}{x}\right)^2},$$

解此方程得 $y=C(x^2+y^2)$. 又由初始条件 $y(0)=6$,得 $C=\frac{1}{6}$,因此 L 的方程为 $x^2+y^2=6y$.

第八章

无穷级数

第一部分　内容综述

一、常数项级数

（一）常数项级数的概念

定义 1　将数列$\{a_n\}$的项依次相加所得到的表达式$\sum_{n=1}^{\infty} a_n$称为（常数项）无穷级数，a_n称为该级数的通项.

定义 2　给定级数$\sum_{n=1}^{\infty} a_n$，令$S_1=a_1, S_2=a_1+a_2, \cdots, S_n=\sum_{k=1}^{n} a_k$，称$S_n$为级数$\sum_{n=1}^{\infty} a_n$的部分和.

定义 3　设级数$\sum_{n=1}^{\infty} a_n$的部分和数列为$\{S_n\}$，如果$\lim_{n\to\infty} S_n=s$存在，则称级数$\sum_{n=1}^{\infty} a_n$收敛，s称为级数$\sum_{n=1}^{\infty} a_n$的和，记为$\sum_{n=1}^{\infty} a_n=s$，否则称级数$\sum_{n=1}^{\infty} a_n$发散.

定义 4　设$\sum_{n=1}^{\infty} a_n=s$，令$r_1=a_2+a_3+\cdots, r_2=a_3+a_4+\cdots, \cdots, r_n=a_{n+1}+a_{n+2}+\cdots$，称$r_n$为级数$\sum_{n=1}^{\infty} a_n$的余项.（注：$S_n+r_n=s, \lim_{n\to\infty} r_n=0$.）

注：等比级数$\sum_{n=1}^{\infty} q^{n-1}$当$|q|<1$时收敛；当$|q|\geqslant 1$时发散.

（二）常数项级数的性质

性质 1　设$\sum_{n=1}^{\infty} a_n=a, \sum_{n=1}^{\infty} b_n=b$，则

(1) $\sum_{n=1}^{\infty}(a_n \pm b_n) = \sum_{n=1}^{\infty}a_n \pm \sum_{n=1}^{\infty}b_n = a \pm b$;

(2) 对任意常数 k,$\sum_{n=1}^{\infty}ka_n = k\sum_{n=1}^{\infty}a_n = ka$.

注: 如果 $\sum_{n=1}^{\infty}a_n$ 收敛,$\sum_{n=1}^{\infty}b_n$ 发散,则 $\sum_{n=1}^{\infty}(a_n \pm b_n)$ 都发散.

性质 2 改变级数的有限项,不改变级数的敛散性.

性质 3 (级数收敛的必要条件) 若级数 $\sum_{n=1}^{\infty}a_n$ 收敛,则 $\lim_{n\to\infty}a_n=0$.

注: $\lim_{n\to\infty}a_n=0$ 只是级数 $\sum_{n=1}^{\infty}a_n$ 收敛的必要条件,并非充分条件,例如调和级数 $\sum_{n=1}^{\infty}\frac{1}{n}$ 满足 $\lim_{n\to\infty}\frac{1}{n}=0$,但是 $\sum_{n=1}^{\infty}\frac{1}{n}$ 发散.

性质 4 设 $\sum_{n=1}^{\infty}a_n = s$,令 $v_1 = a_1 + a_2 + \cdots + a_{n_1}$,$v_2 = a_{n_1+1} + a_{n_1+2} + \cdots + a_{n_2}$,$\cdots$,$v_k = a_{n_{k-1}+1} + a_{n_{k-1}+2} + \cdots + a_{n_k}$,则级数 $\sum_{n=1}^{\infty}v_n$ 收敛,且 $\sum_{n=1}^{\infty}v_n = s$.

(三) 正项级数的判敛方法(6 个判定定理)

若 $a_n \geqslant 0$,则称 $\sum_{n=1}^{\infty}a_n$ 为正项级数.

定理 1 设正项级数 $\sum_{n=1}^{\infty}a_n$ 的部分和为 S_n,则 $\sum_{n=1}^{\infty}a_n$ 收敛的充分必要条件是数列 $\{S_n\}$ 有上界.

定理 2 (比较判别法) 若 $0 \leqslant a_n \leqslant b_n (n=1,2,\cdots)$,则当 $\sum_{n=1}^{\infty}b_n$ 收敛时,$\sum_{n=1}^{\infty}a_n$ 也收敛;当 $\sum_{n=1}^{\infty}a_n$ 发散时,$\sum_{n=1}^{\infty}b_n$ 也发散.

定理 3 (比较判别法的极限形式) 已知正项级数 $\sum_{n=1}^{\infty}a_n$ 与 $\sum_{n=1}^{\infty}b_n$,$b_n > 0$,且 $\lim_{n\to\infty}\frac{a_n}{b_n} = l$($l$ 有限或为 $+\infty$),则

(1) 当 $0 < l < +\infty$ 时,$\sum_{n=1}^{\infty}a_n$ 与 $\sum_{n=1}^{\infty}b_n$ 同敛散;

(2) 当 $l = 0$ 时,若 $\sum_{n=1}^{\infty}b_n$ 收敛,则 $\sum_{n=1}^{\infty}a_n$ 也收敛;

(3) 当 $l = +\infty$ 时,若 $\sum_{n=1}^{\infty}b_n$ 发散,则 $\sum_{n=1}^{\infty}a_n$ 也发散.

定理 4 (积分判别法) 如果能找到在 $[1,+\infty)$ 上有定义的非负连续单减函数 $f(x)$,使得 $a_n = f(n)(n=1,2,\cdots)$,则 $\sum_{n=1}^{\infty}a_n$ 与广义积分 $\int_1^{+\infty}f(x)\mathrm{d}x$ 同敛散.

注: p- 级数 $\sum_{n=1}^{\infty}\frac{1}{n^p}$，当 $p>1$ 时收敛；当 $p\leqslant 1$ 时发散.

定理 5（比值判别法） 已知正项级数 $\sum_{n=1}^{\infty}a_n, a_n>0$，且 $\lim_{n\to\infty}\frac{a_{n+1}}{a_n}=l$（$l$ 有限或为 $+\infty$），则

(1) 当 $l<1$ 时，$\sum_{n=1}^{\infty}a_n$ 收敛；

(2) 当 $l>1$ 或 $l=+\infty$ 时，$\sum_{n=1}^{\infty}a_n$ 发散；

(3) 当 $l=1$ 时，无法确定 $\sum_{n=1}^{\infty}a_n$ 的敛散性. $\left(\text{如}\sum_{n=1}^{\infty}\frac{1}{n^2}\text{ 收敛；}\sum_{n=1}^{\infty}\frac{1}{n}\text{ 发散.}\right)$

注: 当 $l>1$ 或 $l=+\infty$ 时，$\lim_{n\to\infty}a_n=+\infty$.

定理 6（根值判别法） 已知正项级数 $\sum_{n=1}^{\infty}a_n$，且 $\lim_{n\to\infty}\sqrt[n]{a_n}=l$（$l$ 有限或为 $+\infty$），则

(1) 当 $l<1$ 时，$\sum_{n=1}^{\infty}a_n$ 收敛；

(2) 当 $l>1$ 或 $l=+\infty$ 时，$\sum_{n=1}^{\infty}a_n$ 发散；

(3) 当 $l=1$ 时，无法确定 $\sum_{n=1}^{\infty}a_n$ 的敛散性.（如 $\sum_{n=1}^{\infty}\frac{1}{n^2}$ 收敛；$\sum_{n=1}^{\infty}\frac{1}{n}$ 发散.）

注: 当 $l>1$ 或 $l=+\infty$ 时，$\lim_{n\to\infty}a_n=+\infty$.

（四）任意项级数的判敛

1. 交错级数的判别法

形如 $\pm\sum_{n=1}^{\infty}(-1)^{n-1}a_n(a_n>0)$ 的级数称为交错级数.

定理 7（莱布尼茨判别法） 如果交错级数 $\sum_{n=1}^{\infty}(-1)^{n-1}a_n(a_n>0)$ 满足 $\lim_{n\to\infty}a_n=0$ 且 $a_n\geqslant a_{n+1}(n=1,2,\cdots)$，则 $\sum_{n=1}^{\infty}(-1)^{n-1}a_n$ 收敛，且 $0\leqslant\sum_{n=1}^{\infty}(-1)^{n-1}a_n\leqslant a_1$.

2. 绝对收敛与条件收敛

定理 8（绝对收敛准则） 如果级数 $\sum_{n=1}^{\infty}|a_n|$ 收敛，则 $\sum_{n=1}^{\infty}a_n$ 也收敛.

注: 反之不成立，如 $a_n=(-1)^n\frac{1}{n}$.

定义 5 如果级数 $\sum_{n=1}^{\infty}|a_n|$ 收敛，则称 $\sum_{n=1}^{\infty}a_n$ 绝对收敛；如果级数 $\sum_{n=1}^{\infty}|a_n|$ 发散，但 $\sum_{n=1}^{\infty}a_n$ 收敛，则称 $\sum_{n=1}^{\infty}a_n$ 条件收敛.

3. 绝对收敛级数的性质

性质 5　如果 $\sum_{n=1}^{\infty} a_n$ 绝对收敛，那么任意交换它的各项次序所得到的新级数 $\sum_{n=1}^{\infty} \tilde{a}_n$（称为 $\sum_{n=1}^{\infty} a_n$ 的一个重排级数）也绝对收敛，且 $\sum_{n=1}^{\infty} \tilde{a}_n = \sum_{n=1}^{\infty} a_n$.

性质 6　如果 $\sum_{n=1}^{\infty} a_n = a$ 与 $\sum_{n=1}^{\infty} b_n = b$ 均绝对收敛，则 $\sum_{n=1}^{\infty} c_n = ab$ 也绝对收敛，其中 $c_n = a_1 b_n + a_2 b_{n-1} + \cdots + a_n b_1, n = 1,2,3,\cdots$.

性质 7　$\sum_{n=1}^{\infty} a_n$ 绝对收敛 $\Leftrightarrow \sum_{n=1}^{\infty} a_n^{+}$ 与 $\sum_{n=1}^{\infty} a_n^{-}$ 同时收敛，其中 $a_n^{+} = \frac{|a_n| + a_n}{2}$，$a_n^{-} = \frac{|a_n| - a_n}{2}$.

注： 若 $\sum_{n=1}^{\infty} a_n$ 条件收敛，则 $\sum_{n=1}^{\infty} a_n^{+}$ 与 $\sum_{n=1}^{\infty} a_n^{-}$ 同时发散.

二、函数项级数

（一）函数项级数的概念

定义 6　设 $\{u_n(x)\}$ 是在实数集 A 上有定义的函数列，将 $\{u_n(x)\}$ 的项依次相加所得的表达式 $\sum_{n=1}^{\infty} u_n(x)$ 称为函数项级数，$u_n(x)$ 称为该级数的通项，$S_n(x) = \sum_{k=1}^{n} u_k(x)$ 称为该级数的部分和.

定义 7　任取 $x_0 \in A$，如果函数项级数 $\sum_{n=1}^{\infty} u_n(x_0)$ 收敛，则称点 x_0 为函数项级数 $\sum_{n=1}^{\infty} u_n(x)$ 的收敛点，否则称为发散点；全体收敛（发散）点的集合称为函数项级数 $\sum_{n=1}^{\infty} u_n(x)$ 的收敛（发散）域.

定义 8　设函数项级数 $\sum_{n=1}^{\infty} u_n(x)$ 的收敛域为 D，部分和为 $S_n(x)$，则 $\forall x \in D$，$\lim_{n \to \infty} S_n(x) = S(x)$ 存在，称 $S(x)$ 为函数项级数 $\sum_{n=1}^{\infty} u_n(x)$ 的和函数，称 $R_n(x) = \sum_{k=n+1}^{\infty} u_k(x) = S(x) - S_n(x)(x \in D)$ 为函数项级数 $\sum_{n=1}^{\infty} u_n(x)$ 的余项.

注： 函数项级数 $\sum_{n=1}^{\infty} u_n(x)$ 的收敛域 D 是其和函数 $S(x)$ 的定义域.

（二）函数项级数一致收敛的概念及判别方法

定义 9　设函数项级数 $\sum_{n=1}^{\infty} u_n(x)$ 的收敛域为 D，和函数为 $S(x)$，部分和为 $S_n(x)$，则对任意 $\varepsilon > 0$，任意 $x \in D$，存在正整数 $N(\varepsilon, x)$（$N(\varepsilon, x)$ 同时依赖于 ε, x），使得当 $n > N(\varepsilon, x)$

时，$|S_n(x)-S(x)|<\varepsilon$，称函数项级数 $\sum\limits_{n=1}^{\infty}u_n(x)$ 在 D 上逐点收敛（到 $S(x)$）. 由定义可知，函数项级数 $\sum\limits_{n=1}^{\infty}u_n(x)$ 在其收敛域的任意子集上都逐点收敛.

定义 10 设函数项级数 $\sum\limits_{n=1}^{\infty}u_n(x)$ 的收敛域为 D，和函数为 $S(x)$，部分和为 $S_n(x)$，$I\subseteq D$. 如果对于任意 $\varepsilon>0$，存在正整数 $N(\varepsilon)$（$N(\varepsilon)$只依赖于 ε），使得当 $n>N(\varepsilon)$时，对于任意$x\in I$，有 $|S_n(x)-S(x)|<\varepsilon$，则称函数项级数 $\sum\limits_{n=1}^{\infty}u_n(x)$ 在 I 上一致收敛.

定理 9（优级数判别法） 如果存在收敛的正项级数 $\sum\limits_{n=1}^{\infty}a_n$，使得 $\forall x\in I$，$|u_n(x)|\leqslant a_n$，$n=1,2,\cdots$，则函数项级数$\sum\limits_{n=1}^{\infty}u_n(x)$在 I 上一致收敛.

（三）幂级数

1. 幂级数的收敛域及求法

（1）形如$\sum\limits_{n=0}^{\infty}a_n(x-x_0)^n=a_0+a_1(x-x_0)+a_2(x-x_0)^2+\cdots$ 的级数称为幂级数.

（2）幂级数$\sum\limits_{n=0}^{\infty}a_n(x-x_0)^n$ 的收敛域的求法：先求出收敛半径 R，得到收敛区间(x_0-R,x_0+R)，再讨论当 $x=x_0\pm R$ 时幂级数的敛散性，最后对收敛区间添加收敛的端点即得收敛域.

注：幂级数 $\sum\limits_{n=0}^{\infty}a_n(x-x_0)^n$ 当$|x-x_0|<R$ 时绝对收敛；当$|x-x_0|>R$ 时发散.

（3）求幂级数 $\sum\limits_{n=0}^{\infty}a_n(x-x_0)^n$ 的收敛半径 R 的两个公式：设 $L=\lim\limits_{n\to\infty}\left|\dfrac{a_{n+1}}{a_n}\right|$（$a_n\neq0$，$L$ 有限或为$+\infty$），或 $L=\lim\limits_{n\to\infty}\sqrt[n]{|a_n|}$（$L$ 有限或为$+\infty$），则当 $L=0$ 时，$R=+\infty$；当 $L=+\infty$ 时，$R=0$；当 $0<L<+\infty$时，$R=\dfrac{1}{L}$.

2. 幂级数的性质

性质 8 设幂级数 $\sum\limits_{n=0}^{\infty}a_n(x-x_0)^n$ 与 $\sum\limits_{n=0}^{\infty}b_n(x-x_0)^n$ 的收敛半径分别为R_1，R_2，收敛域分别为 D_1，D_2，则

（1）$\sum\limits_{n=0}^{\infty}(a_n\pm b_n)(x-x_0)^n=\sum\limits_{n=0}^{\infty}a_n(x-x_0)^n\pm\sum\limits_{n=0}^{\infty}b_n(x-x_0)^n$，$\forall x\in D_1\cap D_2$；

（2）当$|x-x_0|<\min\{R_1,R_2\}$时，$\sum\limits_{n=0}^{\infty}c_n(x-x_0)^n=\sum\limits_{n=0}^{\infty}a_n(x-x_0)^n\cdot\sum\limits_{n=0}^{\infty}b_n(x-x_0)^n$ 绝对收敛，其中 $c_n=a_0b_n+a_1b_{n-1}+\cdots+a_nb_0$，$n=0,1,2,3,\cdots$.

性质 9 幂级数$\sum\limits_{n=0}^{\infty}a_n(x-x_0)^n$ 的和函数在其收敛域上连续.

性质 10 设幂级数$\sum\limits_{n=0}^{\infty}a_n(x-x_0)^n$的收敛半径为$R$,和函数为$S(x)$,则

$$S'(x)=\left[\sum_{n=0}^{\infty}a_n(x-x_0)^n\right]'=\sum_{n=0}^{\infty}[a_n(x-x_0)^n]'$$
$$=\sum_{n=1}^{\infty}na_n(x-x_0)^{n-1},\forall x\in(x_0-R,x_0+R).$$

性质 11 设幂级数$\sum\limits_{n=0}^{\infty}a_n(x-x_0)^n$的收敛半径为$R$,和函数为$S(x)$,则

$$\int_{x_0}^{x}S(t)\mathrm{d}t=\int_{x_0}^{x}\sum_{n=0}^{\infty}a_n(t-x_0)^n\mathrm{d}t=\sum_{n=0}^{\infty}\int_{x_0}^{x}a_n(t-x_0)^n\mathrm{d}t$$
$$=\sum_{n=0}^{\infty}\frac{a_n}{n+1}(x-x_0)^{n+1},\forall x\in(x_0-R,x_0+R).$$

3. 将函数展成幂级数

(1) Taylor 级数的概念

定义 11 设函数$f(x)$在点x_0的某邻域内任意阶可导,则称

$$\sum_{n=0}^{\infty}\frac{f^{(n)}(x_0)}{n!}(x-x_0)^n$$

为$f(x)$在点x_0处的 Taylor 级数. 特别地,当$x_0=0$时称其为$f(x)$的 Maclaurin 级数.

(2) 函数展成 Taylor 级数的条件

定理 10 设$f(x)$在(x_0-R,x_0+R)内有任意阶导数,则

$$f(x)=\sum_{n=0}^{\infty}\frac{f^{(n)}(x_0)}{n!}(x-x_0)^n,\ \forall x\in(x_0-R,x_0+R)$$

的充要条件是$\lim\limits_{n\to\infty}R_n(x)=0,\forall x\in(x_0-R,x_0+R)$,其中$R_n(x)$为$f(x)$在$x_0$处的$n$阶 Taylor 公式中的余项.

(3) 函数展成 Taylor 级数的方法:直接展开法与间接展开法.

(4) 七个重要展开式:

① $\mathrm{e}^x=\sum\limits_{n=0}^{\infty}\dfrac{x^n}{n!},x\in(-\infty,+\infty)$;

② $\sin x=\sum\limits_{n=0}^{\infty}\dfrac{(-1)^nx^{2n+1}}{(2n+1)!},x\in(-\infty,+\infty)$;

③ $\cos x=\sum\limits_{n=0}^{\infty}\dfrac{(-1)^nx^{2n}}{(2n)!},x\in(-\infty,+\infty)$;

④ $\dfrac{1}{1+x}=\sum\limits_{n=0}^{\infty}(-1)^nx^n,x\in(-1,1)$;

⑤ $\dfrac{1}{1-x}=\sum\limits_{n=0}^{\infty}x^n,x\in(-1,1)$;

⑥ $\ln(1+x)=\sum\limits_{n=1}^{\infty}\dfrac{(-1)^{n-1}x^n}{n},x\in(-1,1]$;

⑦ $(1+x)^\alpha=1+\sum\limits_{n=1}^{\infty}\dfrac{\alpha(\alpha-1)\cdots(\alpha-n+1)x^n}{n!},x\in(-1,1)$,$\alpha$为任意实数.

（四）Fourier 级数

1. 三角函数系的正交性

定理 11 三角函数系$\{1,\cos\frac{\pi x}{l},\sin\frac{\pi x}{l},\cdots,\cos\frac{n\pi x}{l},\sin\frac{n\pi x}{l},\cdots\}$($n=1,2,3,\cdots$)在$[-l,l]$上是正交的，即以下等式成立：

(1) $\int_{-l}^{l}\cos\frac{n\pi x}{l}\mathrm{d}x=\int_{-l}^{l}\sin\frac{n\pi x}{l}\mathrm{d}x=0,n=1,2,3,\cdots$；

(2) $\int_{-l}^{l}\cos\frac{m\pi x}{l}\sin\frac{n\pi x}{l}\mathrm{d}x=0,m,n=1,2,3,\cdots$；

(3) $\int_{-l}^{l}\cos\frac{m\pi x}{l}\cos\frac{n\pi x}{l}\mathrm{d}x=0,m\neq n,m,n=1,2,3,\cdots$；

(4) $\int_{-l}^{l}\sin\frac{m\pi x}{l}\sin\frac{n\pi x}{l}\mathrm{d}x=0,m\neq n,m,n=1,2,3,\cdots$；

(5) $\int_{-l}^{l}1^2\mathrm{d}x=2l,\int_{-l}^{l}\cos^2\frac{n\pi x}{l}\mathrm{d}x=\int_{-l}^{l}\sin^2\frac{n\pi x}{l}\mathrm{d}x=l,n=1,2,3,\cdots$.

注：区间$[-l,l]$可换成任意长度为$2l$的区间.

2. Fourier 级数的概念

定义 12 给定周期为$2l$的函数$f(x)$，如果积分$a_n=\frac{1}{l}\int_{-l}^{l}f(x)\cos\frac{n\pi x}{l}\mathrm{d}x(n=0,1,2,3,\cdots)$与$b_n=\frac{1}{l}\int_{-l}^{l}f(x)\sin\frac{n\pi x}{l}\mathrm{d}x(n=1,2,3,\cdots)$都存在，则称它们为$f(x)$的 Fourier 系数，称$\frac{a_0}{2}+\sum_{n=1}^{\infty}\left(a_n\cos\frac{n\pi x}{l}+b_n\sin\frac{n\pi x}{l}\right)$为$f(x)$的 Fourier 级数.

注：当$f(x)$在$[-l,l]$上为偶函数时，其 Fourier 级数只含常数项与余弦项，称为余弦级数；当$f(x)$在$[-l,l]$上为奇函数时，其 Fourier 级数只含正弦项，称为正弦级数.

3. 将函数展成 Fourier 级数

定理 12（Dirichlet 收敛定理） 设$f(x)$是周期为$2l$的函数，如果$f(x)$在一个周期内连续或只有有限个第一类间断点，而且$f(x)$在一个周期内分段单调，则$f(x)$的 Fourier 级数收敛，且其和函数为$S(x)=\frac{f(x+0)+f(x-0)}{2}$.

当周期函数$f(x)$满足 Dirichlet 收敛定理的条件时，可利用 Dirichlet 收敛定理将$f(x)$展成 Fourier 级数. 当只在$[0,2l]$上有定义的函数$f(x)$满足 Dirichlet 收敛定理的条件时，可通过将$f(x)$延拓成周期为$2l$的函数，将$f(x)$展成 Fourier 级数. 当只在$[0,l]$上有定义的函数$f(x)$满足 Dirichlet 收敛定理的条件时，可通过将$f(x)$延拓成$[-l,l]$上的奇函数（或偶函数），将$f(x)$展成正弦级数（或余弦级数）.

第二部分　典 型 例 题

例 1 若幂级数$\sum_{n=1}^{\infty}a_n(x+2)^n$当$x=3$时条件收敛，则该级数在$x=-6$时________；

在 $x=-8$ 时________.（填绝对收敛、条件收敛或发散）

解 已知幂级数 $\sum\limits_{n=1}^{\infty} a_n (x+2)^n$ 当 $x=3$ 时条件收敛，所以幂级数 $\sum\limits_{n=1}^{\infty} a_n (x+2)^n$ 的收敛半径为 5，收敛区间为$(-7,3)$，因此该幂级数在 $x=-6$ 时绝对收敛，在 $x=-8$ 时发散.

注：幂级数条件收敛的点必为收敛区间的端点.

例 2 若 $\sum\limits_{n=1}^{\infty} u_n$ 条件收敛，$\sum\limits_{n=1}^{\infty} v_n$ 绝对收敛，则下列结论中正确的是________.

A. $\sum\limits_{n=1}^{\infty}(u_n+v_n)$ 条件收敛

B. $\sum\limits_{n=1}^{\infty}(u_n+v_n)$ 绝对收敛

C. $\sum\limits_{n=1}^{\infty}(u_n+v_n)$ 收敛，但无法确定 $\sum\limits_{n=1}^{\infty}(u_n+v_n)$ 是条件收敛，还是绝对收敛

D. 无法确定 $\sum\limits_{n=1}^{\infty}(u_n+v_n)$ 的敛散性

解 由收敛级数的性质可知 $\sum\limits_{n=1}^{\infty}(u_n+v_n)$ 收敛.

已知 $\sum\limits_{n=1}^{\infty}|u_n|$ 发散，$\sum\limits_{n=1}^{\infty}|v_n|$ 收敛，故 $\sum\limits_{n=1}^{\infty}(|u_n|-|v_n|)$ 发散，从而 $\sum\limits_{n=1}^{\infty}\big||u_n|-|v_n|\big|$ 发散，而 $|u_n+v_n|\geqslant\big||u_n|-|v_n|\big|$，所以 $\sum\limits_{n=1}^{\infty}|u_n+v_n|$ 发散. 正确选项为 A.

例 3 判别级数 $\sum\limits_{n=2}^{\infty}\dfrac{\ln\left(1+\dfrac{1}{n}\right)}{\ln n\ln(1+n)}$ 的敛散性.

解
$$\frac{\ln\left(1+\dfrac{1}{n}\right)}{\ln n\ln(1+n)}=\frac{\ln(n+1)-\ln n}{\ln n\ln(1+n)}=\frac{1}{\ln n}-\frac{1}{\ln(n+1)}.$$

该级数的部分和为

$$\begin{aligned}S_n&=\left(\frac{1}{\ln 2}-\frac{1}{\ln 3}\right)+\left(\frac{1}{\ln 3}-\frac{1}{\ln 4}\right)+\cdots+\left[\frac{1}{\ln(n+1)}-\frac{1}{\ln(n+2)}\right]\\&=\frac{1}{\ln 2}-\frac{1}{\ln(n+2)}\to\frac{1}{\ln 2}\ (n\to\infty),\end{aligned}$$

所以原级数收敛，且和为$\dfrac{1}{\ln 2}$.

例 4 判别下列级数的敛散性：

(1) $\sum\limits_{n=1}^{\infty}\dfrac{n^{n+\frac{1}{n}}}{(n+1)^n}$；

(2) $\sum\limits_{n=1}^{\infty}\dfrac{1}{3^{\ln n}}$；

(3) $\sum\limits_{n=1}^{\infty}\left(\dfrac{1}{n}-\ln\dfrac{n+1}{n}\right)$；

(4) $\sum\limits_{n=1}^{\infty}\left(\dfrac{n}{2n+1}\right)^n$；

(5) $\sum\limits_{n=1}^{\infty}\dfrac{1!+2!+\cdots+n!}{(2n)!}$；

(6) $\sum\limits_{n=1}^{\infty}\dfrac{a^n n!}{3^n n^n}(a>0)$；

(7) $\sum_{n=1}^{\infty}\frac{\sin\frac{1}{n}}{\ln(1+n)}$；　　(8) $\sum_{n=2}^{\infty}\frac{1}{n(\ln n)^p}(p>0)$；

(9) $\sum_{n=2}^{\infty}\frac{\ln n}{n^p}(p>0)$．

解　(1) 因为 $\lim_{n\to\infty}\frac{n^{n+\frac{1}{n}}}{(n+1)^n}=\lim_{n\to\infty}\frac{\sqrt[n]{n}}{\left(1+\frac{1}{n}\right)^n}=\frac{1}{e}\neq 0$，所以原级数发散．

(2) 因为 $\frac{1}{3^{\ln n}}=\frac{1}{e^{\ln n\ln 3}}=\frac{1}{n^{\ln 3}}$，$\ln 3>1$，所以原级数收敛．

(3) 因为 $\frac{1}{n}-\ln\frac{n+1}{n}=\frac{1}{n}-\left(\frac{1}{n}-\frac{1}{2n^2}+o\left(\frac{1}{n^2}\right)\right)=\frac{1}{2n^2}+o\left(\frac{1}{n^2}\right)\sim\frac{1}{2n^2}$ 且 $\sum_{n=1}^{\infty}\frac{1}{n^2}$ 收敛，所以原级数收敛．

(4) 因为 $\lim_{n\to\infty}\sqrt[n]{\left(\frac{n}{2n+1}\right)^n}=\lim_{n\to\infty}\frac{n}{2n+1}=\frac{1}{2}<1$，所以原级数收敛．

(5) $\frac{1!+2!+\cdots+n!}{(2n)!}<\frac{n\cdot n!}{(2n)!}$．令 $a_n=\frac{n\cdot n!}{(2n)!}$，因为 $\lim_{n\to\infty}\frac{a_{n+1}}{a_n}=\lim_{n\to\infty}\frac{n+1}{2n(2n+1)}=0<1$，所以 $\sum_{n=1}^{\infty}\frac{n\cdot n!}{(2n)!}$ 收敛，于是原级数收敛．

(6) 记 $u_n=\frac{a^n n!}{3^n n^n}$，因为 $\lim_{n\to\infty}\frac{u_{n+1}}{u_n}=\lim_{n\to\infty}\frac{a}{3\left(1+\frac{1}{n}\right)^n}=\frac{a}{3e}$，所以当 $a<3e$ 时原级数收敛；当 $a>3e$ 时原级数发散；当 $a=3e$ 时，有

$$\frac{u_{n+1}}{u_n}=\frac{e}{\left(1+\frac{1}{n}\right)^n}>1,\ u_n\not\to 0\text{，原级数发散．}$$

(7) 记 $u_n=\frac{\sin\frac{1}{n}}{\ln(1+n)}$，因为

$$\lim_{n\to\infty}\frac{u_n}{\frac{1}{(n+1)\ln(n+1)}}=\lim_{n\to\infty}\frac{n+1}{n}=1,$$

所以原级数与级数 $\sum_{n=1}^{\infty}\frac{1}{(n+1)\ln(n+1)}$ 的敛散性相同，由积分判别法可知 $\sum_{n=1}^{\infty}\frac{1}{(n+1)\ln(n+1)}$ 与广义积分 $\int_2^{+\infty}\frac{1}{x\ln x}dx$ 同发散，故原级数发散．

(8) 根据积分判别法，原级数与广义积分 $\int_2^{+\infty}\frac{1}{x(\ln x)^p}dx$ 的敛散性相同．令 $u=\ln x$，$\int_2^{+\infty}\frac{1}{x(\ln x)^p}dx=\int_{\ln 2}^{+\infty}\frac{du}{u^p}$，故当 $p>1$ 时，原级数收敛；当 $0<p\leqslant 1$ 时，原级数发散．

(9) 当 $0<p\leqslant 1$ 时，$\frac{\ln n}{n^p}>\frac{1}{n^p}(n\geqslant 3)$，因为 $\sum_{n=2}^{\infty}\frac{1}{n^p}$ 发散，所以 $\sum_{n=2}^{\infty}\frac{\ln n}{n^p}$ 发散；当 $p>1$ 时，

因为$\lim\limits_{n\to\infty}\dfrac{\dfrac{\ln n}{n^p}}{\dfrac{1}{n^{\frac{p+1}{2}}}}=\lim\limits_{n\to\infty}\dfrac{\ln n}{n^{\frac{p-1}{2}}}=0$，而且$\sum\limits_{n=2}^{\infty}\dfrac{1}{n^{\frac{p+1}{2}}}$收敛，所以$\sum\limits_{n=2}^{\infty}\dfrac{\ln n}{n^p}$收敛.

例 5 判断下列级数的敛散性，若收敛，请说明是绝对收敛还是条件收敛.

(1) $\sum\limits_{n=1}^{\infty}\dfrac{a^n}{n}$；

(2) $\sum\limits_{n=1}^{\infty}\dfrac{a^n}{n^b}$；

(3) $\sum\limits_{n=1}^{\infty}(-1)^{n-1}\left(e^{\frac{1}{\sqrt{n}}}-1-\dfrac{1}{\sqrt{n}}\right)$；

(4) $\sum\limits_{n=2}^{\infty}\dfrac{(-1)^n}{\sqrt{n+(-1)^n}}$.

解 (1) 记$u_n=\dfrac{a^n}{n}$，当$a=0$时级数显然绝对收敛.

当$a\neq 0$时，$\lim\limits_{n\to\infty}\dfrac{|u_{n+1}|}{|u_n|}=|a|$，所以当$0<|a|<1$时原级数绝对收敛；当$|a|>1$时，$\lim\limits_{n\to\infty}|u_n|=+\infty$，$\lim\limits_{n\to\infty}u_n\neq 0$，原级数发散；当$a=1$时原级数发散；当$a=-1$时原级数条件收敛.

(2) 记$u_n=\dfrac{a^n}{n^b}$，当$a=0$时级数显然绝对收敛.

当$a\neq 0$时，$\lim\limits_{n\to\infty}\dfrac{|u_{n+1}|}{|u_n|}=\lim\limits_{n\to\infty}\dfrac{|a|^{n+1}}{(n+1)^b}\dfrac{n^b}{|a|^n}=|a|$，所以当$0<|a|<1$时原级数绝对收敛；当$|a|>1$时，$\lim\limits_{n\to\infty}|u_n|=+\infty$，$\lim\limits_{n\to\infty}u_n\neq 0$，原级数发散；当$a=1$时原级数为正项级数$\sum\limits_{n=1}^{\infty}\dfrac{1}{n^b}$，当$b>1$时级数(绝对)收敛，当$b\leqslant 1$时级数发散；当$a=-1$时原级数为交错级数$\sum\limits_{n=1}^{\infty}\dfrac{(-1)^n}{n^b}$，当$b>1$时级数绝对收敛，当$0<b\leqslant 1$时级数条件收敛，当$b\leqslant 0$时级数发散.

(3) 令$u_n=(-1)^{n-1}\left(e^{\frac{1}{\sqrt{n}}}-1-\dfrac{1}{\sqrt{n}}\right)$，则$|u_n|=\left|e^{\frac{1}{\sqrt{n}}}-1-\dfrac{1}{\sqrt{n}}\right|=\dfrac{1}{2n}+o\left(\dfrac{1}{n}\right)\sim\dfrac{1}{2n}$，$\sum\limits_{n=1}^{\infty}|u_n|$发散.

令$f(x)=e^x-1-x$，则原级数为$\sum\limits_{n=1}^{\infty}(-1)^{n-1}f\left(\dfrac{1}{\sqrt{n}}\right)$. 因为$x>0$时，$f'(x)=e^x-1>0$，故$f(x)$在$(0,+\infty)$内严格单增，从而$f\left(\dfrac{1}{\sqrt{n}}\right)>f\left(\dfrac{1}{\sqrt{n+1}}\right)$，又$\lim\limits_{n\to\infty}f\left(\dfrac{1}{\sqrt{n}}\right)=\lim\limits_{x\to 0^+}f(x)=0$，由莱布尼茨判别法可知，原级数收敛，是条件收敛.

(4) 令$u_n=\dfrac{(-1)^n}{\sqrt{n+(-1)^n}}$，则$|u_n|=\dfrac{1}{\sqrt{n+(-1)^n}}\geqslant\dfrac{1}{\sqrt{n+1}}$，$\sum\limits_{n=1}^{\infty}|u_n|$发散. 注意到级数本身不满足莱布尼茨条件，下面用两种方法判断级数的敛散性.

方法 1 $u_n=\dfrac{(-1)^n}{\sqrt{n+(-1)^n}}=\dfrac{(-1)^n}{\sqrt{n}}\dfrac{1}{\sqrt{1+\dfrac{(-1)^n}{n}}}$

$$=\frac{(-1)^n}{\sqrt{n}}\left[1+\frac{(-1)^n}{n}\right]^{-\frac{1}{2}}=\frac{(-1)^n}{\sqrt{n}}\left[1-\frac{(-1)^n}{2n}+o\left(\frac{1}{n}\right)\right]$$

$$=\frac{(-1)^n}{\sqrt{n}}-\frac{1}{2n^{\frac{3}{2}}}+o\left(\frac{1}{n^{\frac{3}{2}}}\right).$$

因为$\sum\limits_{n=1}^{\infty}\frac{(-1)^n}{\sqrt{n}}$条件收敛，正项级数$\sum\limits_{n=1}^{\infty}\frac{1}{n^{\frac{3}{2}}}$收敛，$\sum\limits_{n=1}^{\infty}o\left(\frac{1}{n^{\frac{3}{2}}}\right)$绝对收敛，所以由级数的性质可知原级数$\sum\limits_{n=2}^{\infty}u_n$收敛，是条件收敛.

方法 2 设该级数的部分和为S_n，则

$$S_{2n}=\frac{1}{\sqrt{3}}-\frac{1}{\sqrt{2}}+\frac{1}{\sqrt{5}}-\frac{1}{\sqrt{4}}+\cdots+\frac{1}{\sqrt{2n+1}}-\frac{1}{\sqrt{2n}}$$
$$=\sum_{k=1}^{n}\left(\frac{1}{\sqrt{2k+1}}-\frac{1}{\sqrt{2k}}\right).$$

设$v_k=\frac{1}{\sqrt{2k+1}}-\frac{1}{\sqrt{2k}}$，则$v_k=\frac{\sqrt{2k}-\sqrt{2k+1}}{\sqrt{2k+1}\sqrt{2k}}\sim-\frac{1}{4\sqrt{2}k^{\frac{3}{2}}}$，$\sum\limits_{k=1}^{n}v_k$是收敛的负项级数，故$\lim\limits_{n\to\infty}S_{2n}=\lim\limits_{n\to\infty}\sum\limits_{k=1}^{n}v_k$存在，$\lim\limits_{n\to\infty}S_{2n+1}=\lim\limits_{n\to\infty}\left(S_{2n}+\frac{1}{\sqrt{2n+3}}\right)=\lim\limits_{n\to\infty}S_{2n}$，从而$\lim\limits_{n\to\infty}S_n$存在，原级数收敛，是条件收敛.

例 6 判别级数的敛散性：$\sum\limits_{n=1}^{\infty}\frac{x^n}{(1+x)(1+x^2)\cdots(1+x^n)}(x\geqslant 0)$.

解 令$u_n=\frac{x^n}{(1+x)(1+x^2)\cdots(1+x^n)}$，当$x=0$时级数显然收敛.

当$0<x<1$时，$\lim\limits_{n\to\infty}\frac{u_{n+1}}{u_n}=\lim\limits_{n\to\infty}\frac{x}{1+x^{n+1}}=x$，级数收敛；当$x=1$时，$\lim\limits_{n\to\infty}\frac{u_{n+1}}{u_n}=\lim\limits_{n\to\infty}\frac{x}{1+x^{n+1}}=\frac{1}{2}$，级数收敛；当$x>1$时，$\lim\limits_{n\to\infty}\frac{u_{n+1}}{u_n}=\lim\limits_{n\to\infty}\frac{x}{1+x^{n+1}}=0$，级数收敛.

总之，当$x\geqslant 0$时，级数收敛.

例 7 求下列级数的收敛域：

(1) $\sum\limits_{n=1}^{\infty}\frac{x^n}{n2^n}$； (2) $\sum\limits_{n=2}^{\infty}\left(\sin\frac{1}{2n}\right)\left(\frac{1+2x}{2-x}\right)^n$.

解 (1) 记$a_n=\frac{1}{n2^n}$. 因为$\lim\limits_{n\to\infty}\frac{|a_{n+1}|}{|a_n|}=\lim\limits_{n\to\infty}\frac{n}{2(n+1)}=\frac{1}{2}$，所以该级数的收敛半径为$R=2$，收敛区间为$(-2,2)$.

当$x=2$时，原级数为$\sum\limits_{n=1}^{\infty}\frac{1}{n}$，发散；当$x=-2$时，原级数为$\sum\limits_{n=1}^{\infty}(-1)^n\frac{1}{n}$，收敛. 所求收敛域为$[-2,2)$.

(2) 记$a_n=\sin\frac{1}{2n}$，$t=\frac{1+2x}{2-x}$，因为

$$\lim_{n\to\infty}\frac{|a_{n+1}|}{|a_n|}=\lim_{n\to\infty}\frac{\sin\frac{1}{2(n+1)}}{\sin\frac{1}{2n}}=1,$$

所以级数$\sum\limits_{n=2}^{\infty}a_nt^n$的收敛半径为$R=1$.

当 $t=1$ 时，级数为 $\sum\limits_{n=2}^{\infty}\sin\frac{1}{2n}$，发散；当 $t=-1$ 时，级数为 $\sum\limits_{n=2}^{\infty}(-1)^n\sin\frac{1}{2n}$，由莱布尼茨准则可知其收敛. 故收敛域为 $-1\leqslant t<1$，即 $-1\leqslant\frac{1+2x}{2-x}<1$，由此求得原级数的收敛域为 $-3\leqslant x<\frac{1}{3}$.

例 8 求 $\sum\limits_{n=0}^{\infty}\frac{n^2+n+1}{n+1}x^n$ 的和函数 $S(x)$.

解 经计算，求得该级数的收敛域为 $(-1,1)$.

令 $S(x)=\sum\limits_{n=0}^{\infty}\frac{n^2+n+1}{n+1}x^n$，$|x|<1$，则 $S(0)=1$.

当 $0<|x|<1$ 时，

$$
\begin{aligned}
S(x) &= \sum_{n=0}^{\infty}\frac{(n+1)^2-(n+1)+1}{n+1}x^n \\
&= \sum_{n=0}^{\infty}(n+1)x^n-\sum_{n=0}^{\infty}x^n+\sum_{n=0}^{\infty}\frac{1}{n+1}x^n \\
&= \sum_{n=0}^{\infty}(x^{n+1})'-\sum_{n=0}^{\infty}x^n+\frac{1}{x}\sum_{n=0}^{\infty}\frac{1}{n+1}x^{n+1} \\
&= (\sum_{n=0}^{\infty}x^{n+1})'-\frac{1}{1-x}+\frac{1}{x}\sum_{n=0}^{\infty}\int_0^x t^n\mathrm{d}t \\
&= \left(\frac{x}{1-x}\right)'-\frac{1}{1-x}+\frac{1}{x}\int_0^x(\sum_{n=0}^{\infty}t^n)\mathrm{d}t \\
&= \frac{1}{(1-x)^2}-\frac{1}{1-x}+\frac{1}{x}\int_0^x\frac{1}{1-t}\mathrm{d}t \\
&= \frac{x}{(1-x)^2}-\frac{1}{x}\ln(1-x).
\end{aligned}
$$

所求和函数为 $S(x)=\begin{cases}\frac{x}{(1-x)^2}-\frac{1}{x}\ln(1-x), & 0<|x|<1,\\ 1, & x=0.\end{cases}$

例 9 求下列级数的和函数：

(1) $\sum\limits_{n=0}^{\infty}\frac{2n+1}{n!}x^{2n+1}$； (2) $\sum\limits_{n=0}^{\infty}\frac{(-1)^n(n+1)}{(2n+3)!}x^{2n}$.

解 (1) 记 $u_n(x)=\frac{2n+1}{n!}x^{2n+1}$，当 $x\neq0$ 时，$\lim\limits_{n\to\infty}\frac{|u_{n+1}(x)|}{|u_n(x)|}=\lim\limits_{n\to\infty}\frac{2n+3}{(n+1)!}\frac{n!}{2n+1}x^2=0$，所以收敛半径 $R=\infty$，收敛域为 $(-\infty,+\infty)$.

设

$$S(x)=\sum_{n=0}^{\infty}\frac{2n+1}{n!}x^{2n+1},x\in(-\infty,+\infty),$$

则

$$S(x)=\sum_{n=0}^{\infty}\frac{2n}{n!}x^{2n+1}+\sum_{n=0}^{\infty}\frac{1}{n!}x^{2n+1}$$

$$=2x\sum_{n=0}^{\infty}\frac{n}{n!}(x^2)^n+x\sum_{n=0}^{\infty}\frac{1}{n!}(x^2)^n$$

$$=2x^3\sum_{n=1}^{\infty}\frac{1}{(n-1)!}(x^2)^{n-1}+xe^{x^2}=(2x^3+x)e^{x^2}.$$

(2) 记 $u_n(x)=\dfrac{(-1)^n(n+1)}{(2n+3)!}x^{2n}$. 当 $x\neq0$ 时，$\lim\limits_{n\to\infty}\dfrac{|u_{n+1}(x)|}{|u_n(x)|}=\lim\limits_{n\to\infty}\dfrac{n+2}{(2n+5)!}\dfrac{(2n+3)!}{n+1}x^2=0$，所以收敛半径 $R=\infty$，收敛域为 $(-\infty,+\infty)$.

设

$$S(x)=\sum_{n=0}^{\infty}\frac{(-1)^n(n+1)}{(2n+3)!}x^{2n},x\in(-\infty,+\infty),$$

则

$$S(x)=\frac{1}{2}\sum_{n=0}^{\infty}\frac{(-1)^n(2n+3-1)}{(2n+3)!}x^{2n}$$

$$=\frac{1}{2}\sum_{n=0}^{\infty}\frac{(-1)^n}{(2n+2)!}x^{2n}-\frac{1}{2}\sum_{n=0}^{\infty}\frac{(-1)^n}{(2n+3)!}x^{2n}.$$

(**评注** 右端两个幂级数都是收敛的.)

当 $x\neq0$ 时，

$$\sum_{n=0}^{\infty}\frac{(-1)^n}{(2n+2)!}x^{2n}=\frac{1}{x^2}\sum_{n=0}^{\infty}\frac{(-1)^n}{(2n+2)!}x^{2n+2}=\frac{1}{x^2}(1-\cos x),$$

$$\sum_{n=0}^{\infty}\frac{(-1)^n}{(2n+3)!}x^{2n}=\frac{1}{x^3}\sum_{n=0}^{\infty}\frac{(-1)^n}{(2n+3)!}x^{2n+3}=\frac{1}{x^3}(x-\sin x).$$

所以，当 $x\neq0$ 时，$S(x)=\dfrac{1}{2x^2}(1-\cos x)-\dfrac{1}{2x^3}(x-\sin x)$，$S(0)=\dfrac{1}{6}$，即

$$S(x)=\begin{cases}\dfrac{1}{2x^3}(\sin x-x\cos x), & x\neq0,\\ \dfrac{1}{6}, & x=0.\end{cases}$$

例 10 求和：$\displaystyle\sum_{n=2}^{\infty}\frac{1}{(n^2-1)2^n}$.

解

$$\sum_{n=2}^{\infty}\frac{1}{(n^2-1)2^n}=\sum_{n=2}^{\infty}\frac{1}{(n+1)(n-1)}\left(\frac{1}{2}\right)^n$$

$$=\sum_{n=2}^{\infty}\frac{(n+1)-(n-1)}{(n+1)(n-1)}\left(\frac{1}{2}\right)^{n+1}$$

$$=\sum_{n=2}^{\infty}\left(\frac{1}{n-1}-\frac{1}{n+1}\right)\left(\frac{1}{2}\right)^{n+1}.$$

由

$$\ln(1+x)=\sum_{n=1}^{\infty}\frac{(-1)^{n-1}x^n}{n},-1<x\leqslant1,$$

可得

$$\sum_{n=2}^{\infty}\frac{1}{n-1}\left(\frac{1}{2}\right)^{n+1}=\sum_{n=1}^{\infty}\frac{1}{n}\left(\frac{1}{2}\right)^{n+2}$$
$$=\frac{-1}{4}\sum_{n=1}^{\infty}\frac{(-1)^{n-1}}{n}\left(-\frac{1}{2}\right)^{n}$$
$$=-\frac{1}{4}\ln\left(1-\frac{1}{2}\right)=\frac{\ln 2}{4},$$

$$\sum_{n=2}^{\infty}\frac{1}{n+1}\left(\frac{1}{2}\right)^{n+1}=\sum_{n=3}^{\infty}\frac{1}{n}\left(\frac{1}{2}\right)^{n}$$
$$=-\sum_{n=3}^{\infty}\frac{(-1)^{n-1}}{n}\left(-\frac{1}{2}\right)^{n}$$
$$=-\left(\ln\frac{1}{2}+\frac{1}{2}+\frac{1}{8}\right)=\ln 2-\frac{5}{8},$$

综上，$\sum_{n=2}^{\infty}\frac{1}{(n^2-1)2^n}=\frac{5}{8}-\frac{3}{4}\ln 2$.

例 11 将 $f(x)=\frac{1+x}{(1-x)^3}$ 展成 x 的幂级数.

解
$$f(x)=\frac{1}{2}(1+x)\left(\frac{1}{1-x}\right)''=\frac{1}{2}(1+x)\left(\sum_{n=0}^{\infty}x^n\right)''$$
$$=\frac{1}{2}(1+x)\sum_{n=2}^{\infty}n(n-1)x^{n-2}$$
$$=\frac{1}{2}\sum_{n=2}^{\infty}n(n-1)x^{n-2}+\frac{1}{2}\sum_{n=2}^{\infty}n(n-1)x^{n-1}$$
$$=\frac{1}{2}\sum_{n=0}^{\infty}(n+2)(n+1)x^n+\frac{1}{2}\sum_{n=1}^{\infty}n(n+1)x^n$$
$$=1+\frac{1}{2}\sum_{n=1}^{\infty}[(n+2)(n+1)+n(n+1)]x^n$$
$$=\sum_{n=0}^{\infty}(n+1)^2x^n,\ |x|<1.$$

例 12 将 $f(x)=\frac{1}{4}\ln\frac{1+x}{1-x}+\frac{1}{2}\arctan x$ 展成 x 的幂级数.

解 $f(x)$ 的定义域为 $-1<x<1$，则

$$f'(x)=\frac{1}{4(1+x)}+\frac{1}{4(1-x)}+\frac{1}{2(1+x^2)}$$
$$=\frac{1}{1-x^4}=\sum_{n=0}^{\infty}x^{4n},\ -1<x<1,$$
$$f(x)=f(0)+\int_0^x f'(t)\mathrm{d}t$$
$$=\int_0^x\sum_{n=0}^{\infty}t^{4n}\mathrm{d}t=\sum_{n=0}^{\infty}\frac{1}{4n+1}x^{4n+1},\quad |x|<1.$$

例 13 将 $f(x)=\frac{1}{x^2-5x+6}$ 在 $x_0=1$ 处展成 Taylor 级数.

解
$$\begin{aligned}f(x)&=\frac{1}{(x-2)(x-3)}=\frac{1}{2-x}-\frac{1}{3-x}\\&=\frac{1}{1-(x-1)}-\frac{1}{2}\frac{1}{1-\frac{1}{2}(x-1)}\\&=\sum_{n=0}^{\infty}(x-1)^n-\frac{1}{2}\sum_{n=0}^{\infty}\left(\frac{1}{2}\right)^n(x-1)^n\\&=\sum_{n=0}^{\infty}\left(1-\frac{1}{2^{n+1}}\right)(x-1)^n\quad |x-1|<1.\end{aligned}$$

例 14 已知 $f(x)=x^2(0\leqslant x<2\pi)$是周期为 2π 的函数.

(1) 将 $f(x)$展成 Fourier 级数；

(2) 证明 $\sum_{n=1}^{\infty}\frac{1}{n^2}=\frac{\pi^2}{6}$；

(3) 求积分 $\int_0^1\frac{\ln(1+x)}{x}\mathrm{d}x$ 的值.

解 (1) $f(x)$的间断点为 $x=2k\pi,k\in\mathbf{Z}$，$f(x)$的 Fourier 级数在 $x=2k\pi,k\in\mathbf{Z}$ 处收敛到 $2\pi^2$.

$$a_0=\frac{1}{\pi}\int_{-\pi}^{\pi}f(x)\mathrm{d}x=\frac{1}{\pi}\int_0^{2\pi}f(x)\mathrm{d}x=\frac{1}{\pi}\int_0^{2\pi}x^2\mathrm{d}x=\frac{8\pi^2}{3},$$
$$a_n=\frac{1}{\pi}\int_0^{2\pi}f(x)\cos nx\mathrm{d}x=\frac{1}{\pi}\int_0^{2\pi}x^2\cos nx\mathrm{d}x=\frac{4}{n^2},$$
$$b_n=\frac{1}{\pi}\int_0^{2\pi}f(x)\sin nx\mathrm{d}x=\frac{1}{\pi}\int_0^{2\pi}x^2\sin nx\mathrm{d}x=-\frac{4\pi}{n},n=1,2,\cdots.$$

$$\begin{aligned}f(x)&=\frac{a_0}{2}+\sum_{n=1}^{\infty}(a_n\cos nx+b_n\sin nx)\\&=\frac{4\pi^2}{3}+4\sum_{n=1}^{\infty}\left(\frac{1}{n^2}\cos nx-\frac{\pi}{n}\sin nx\right),\quad x\in(-\infty,+\infty),x\neq 2k\pi,k\in\mathbf{Z}.\end{aligned}$$

取 $x=\pi$，得$\frac{4\pi^2}{3}+4\sum_{n=1}^{\infty}\frac{(-1)^n}{n^2}=\pi^2$，即

$$\sum_{n=1}^{\infty}\frac{(-1)^n}{n^2}=-\frac{\pi^2}{12}.$$

(2) 当 $x=0$ 时，$f(x)$的 Fourier 级数收敛到 $2\pi^2$，即 $\frac{4\pi^2}{3}+4\sum_{n=1}^{\infty}\frac{1}{n^2}=2\pi^2$，亦即$\sum_{n=1}^{\infty}\frac{1}{n^2}=\frac{\pi^2}{6}$.

(3)
$$\begin{aligned}\int_0^1\frac{\ln(1+x)}{x}\mathrm{d}x&=\lim_{\varepsilon\to0^+}\int_{\varepsilon}^1\frac{1}{x}\sum_{n=1}^{\infty}(-1)^{n-1}\frac{x^n}{n}\mathrm{d}x\\&=\lim_{\varepsilon\to0^+}\sum_{n=1}^{\infty}(-1)^{n-1}\frac{x^n}{n^2}\bigg|_{\varepsilon}^{1}=\sum_{n=1}^{\infty}(-1)^{n-1}\frac{1}{n^2}=\frac{\pi^2}{12}.\end{aligned}$$

评注 $S(x)=\sum_{n=1}^{\infty}\frac{(-1)^{n-1}x^n}{n^2}$ 在 $x=0$ 处连续，所以

$$\lim_{\varepsilon\to0^+}\sum_{n=1}^{\infty}(-1)^{n-1}\frac{\varepsilon^n}{n^2}=\lim_{\varepsilon\to0^+}S(\varepsilon)=S(0)=0.$$

例 15 将函数 $f(x)=\begin{cases}\sin 2x, & 0\leqslant x\leqslant \dfrac{\pi}{2},\\ 0, & -\dfrac{\pi}{2}\leqslant x<0\end{cases}$ 展成 Fourier 级数.

解 $f(x)$在$\left[-\dfrac{\pi}{2},\dfrac{\pi}{2}\right]$上满足 Dirichlet 收敛定理条件,将 $f(x)$延拓成周期为 $T=\pi$ 的函数 $F(x)$,$F(x)=f(x)$,$-\dfrac{\pi}{2}\leqslant x\leqslant\dfrac{\pi}{2}$,则 $F(x)$处处连续.

$$a_0=\frac{2}{\pi}\int_{-\frac{\pi}{2}}^{\frac{\pi}{2}}f(x)\mathrm{d}x=\frac{2}{\pi}\int_0^{\frac{\pi}{2}}\sin 2x\mathrm{d}x=\frac{2}{\pi},$$

$$a_n=\frac{2}{\pi}\int_{-\frac{\pi}{2}}^{\frac{\pi}{2}}f(x)\cos 2nx\,\mathrm{d}x=\frac{2}{\pi}\int_0^{\frac{\pi}{2}}\sin 2x\cos 2nx\,\mathrm{d}x$$

$$=-\frac{1+(-1)^n}{\pi(n^2-1)}=\begin{cases}\dfrac{-2}{\pi(4k^2-1)}, & n=2k,\\ 0, & n=2k+1\end{cases}\quad k=1,2,\cdots.$$

另求 a_1:

$$a_1=\frac{2}{\pi}\int_0^{\frac{\pi}{2}}\sin 2x\cos 2x\mathrm{d}x=-\frac{1}{4\pi}\cos 4x\Big|_0^{\frac{\pi}{2}}=0,$$

$$b_n=\frac{2}{\pi}\int_{-\frac{\pi}{2}}^{\frac{\pi}{2}}f(x)\sin 2nx\,\mathrm{d}x=\frac{2}{\pi}\int_0^{\frac{\pi}{2}}\sin 2x\sin 2nx\,\mathrm{d}x=0,n\neq 1.$$

另求 b_1:

$$b_1=\frac{2}{\pi}\int_0^{\frac{\pi}{2}}\sin^2 2x\mathrm{d}x=\frac{1}{2}.$$

$$F(x)=\frac{a_0}{2}+\sum_{n=1}^{\infty}(a_n\cos 2nx+b_n\sin 2nx)$$

$$=\frac{1}{\pi}+\frac{1}{2}\sin 2x-\frac{2}{\pi}\sum_{n=1}^{\infty}\frac{1}{4n^2-1}\cos 4nx,x\in(-\infty,+\infty),$$

$$f(x)=\frac{1}{\pi}+\frac{1}{2}\sin 2x-\frac{2}{\pi}\sum_{n=1}^{\infty}\frac{1}{4n^2-1}\cos 4nx,x\in\left[-\frac{\pi}{2},\frac{\pi}{2}\right].$$

例 16 将 $f(x)=x(0\leqslant x\leqslant 1)$展成正弦级数.

解 $f(x)$在$[0,1]$上满足 Dirichlet 收敛定理条件,将 $f(x)$延拓成在$[-1,1]$上为奇函数,且周期为 $T=2$ 的函数 $F(x)$,$F(x)=f(x)$,$-1<x\leqslant 1$,$F(x)$的间断点为 $x=2k+1$,$k\in\mathbf{Z}$,在间断点上 $F(x)$的 Fourier 级数收敛到 0.

$$a_n=0,n=0,1,2,\cdots.$$

$$b_n=2\int_0^1 f(x)\sin n\pi x\mathrm{d}x=2\int_0^1 x\sin n\pi x\mathrm{d}x=\frac{2(-1)^{n+1}}{n\pi},n=1,2,\cdots.$$

$$F(x)=\sum_{n=1}^{\infty}b_n\sin n\pi x=\sum_{n=1}^{\infty}\frac{2}{n\pi}(-1)^{n+1}\sin n\pi x,x\neq 2k+1,k\in\mathbf{Z}.$$

$$f(x)=\sum_{n=1}^{\infty}\frac{2}{n\pi}(-1)^{n+1}\sin n\pi x,0\leqslant x<1.$$

例 17 设数列 $x_n=na_n$ 收敛,级数$\sum\limits_{n=2}^{\infty}n(a_n-a_{n-1})$收敛. 求证$\sum\limits_{n=1}^{\infty}a_n$ 收敛.

证 分别设 $\sum_{n=2}^{\infty} n(a_n - a_{n-1})$ 与 $\sum_{n=1}^{\infty} a_n$ 的部分和为 σ_n, S_n，则

$$\begin{aligned}\sigma_n &= \sum_{k=2}^{n+1} k(a_k - a_{k-1}) = \sum_{k=2}^{n+1}[ka_k - (k-1)a_{k-1} - a_{k-1}] \\ &= \sum_{k=2}^{n+1}[ka_k - (k-1)a_{k-1}] - \sum_{k=2}^{n+1} a_{k-1} \\ &= (n+1)a_{n+1} - a_1 - S_n,\end{aligned}$$

即

$$S_n = (n+1)a_{n+1} - a_1 - \sigma_n.$$

由题意，$\lim\limits_{n\to\infty}\sigma_n$，$\lim\limits_{n\to\infty}(n+1)a_{n+1}$ 均存在，故 $\lim\limits_{n\to\infty}S_n = \lim\limits_{n\to\infty}(n+1)a_n - a_1 - \lim\limits_{n\to\infty}\sigma_n$ 也存在，从而级数 $\sum_{n=1}^{\infty} a_n$ 收敛.

例 18 已知 $f(x) = \sum_{n=0}^{\infty} a_n x^n$ 在 $[0,1]$ 上收敛，试证：当 $a_0 = a_1 = 0$ 时，级数 $\sum_{n=1}^{\infty} f\left(\frac{1}{n}\right)$ 必收敛.

证 已知 $f(1) = \sum_{n=0}^{\infty} a_n$ 收敛，所以 $\lim\limits_{n\to\infty} a_n = 0$，从而 $\{a_n\}$ 有界，即存在 $M>0$，使得 $|a_n| \leqslant M$ $(n=0,1,2,\cdots)$，所以

$$\left|f\left(\frac{1}{n}\right)\right| = \left|a_0 + \frac{a_1}{n} + \frac{a_2}{n^2} + \cdots\right| \leqslant M\left(\frac{1}{n^2} + \frac{1}{n^3} + \cdots\right)$$

$$= M\frac{\frac{1}{n^2}}{1-\frac{1}{n}} = \frac{M}{n(n-1)}.$$

由比较准则可知级数 $\sum_{n=1}^{\infty} f\left(\frac{1}{n}\right)$ 收敛，且为绝对收敛.

例 19 若级数 $\sum_{n=1}^{\infty} u_n$ 绝对收敛，$\sum_{n=1}^{\infty} a_n$ 收敛，且 $u_n \geqslant a_n$. 问 $\sum_{n=1}^{\infty} a_n$ 是否绝对收敛，证明你的结论.

证 由题意，$\sum_{n=1}^{\infty}(u_n - a_n)$ 是收敛的正项级数. 而 $||u_n| - |a_n|| \leqslant |u_n - a_n| = u_n - a_n$，因此 $\sum_{n=1}^{\infty}(|u_n| - |a_n|)$ 绝对收敛，因而 $\sum_{n=1}^{\infty}(|u_n| - |a_n|)$ 收敛，又 $\sum_{n=1}^{\infty}|u_n|$ 收敛，故 $\sum_{n=1}^{\infty}|a_n|$ 收敛，即 $\sum_{n=1}^{\infty} a_n$ 绝对收敛.

例 20 设 $f(x)$ 在 $x=0$ 处二阶可导，且 $\lim\limits_{x\to 0}\frac{f(x)}{x} = 0$，证明 $\sum_{n=1}^{\infty} f\left(\frac{1}{n}\right)$ 绝对收敛.

证 依题意，$f(x)$ 在 $x=0$ 处连续，故 $f(0) = \lim\limits_{x\to 0} f(x) = 0$，

$$f'(0) = \lim_{x\to 0}\frac{f(x)}{x} = 0,$$

$$f(x)=f(0)+f'(0)x+\frac{f''(0)}{2!}x^2+o(x^2)=\frac{f''(0)}{2!}x^2+o(x^2),$$

$$\lim_{n\to\infty}\left|\frac{f\left(\frac{1}{n}\right)}{\frac{1}{n^2}}\right|=\lim_{n\to\infty}\left|\frac{\frac{f''(0)}{2}\cdot\frac{1}{n^2}+o\left(\frac{1}{n^2}\right)}{\frac{1}{n^2}}\right|=\left|\frac{f''(0)}{2}\right|,$$

故 $\sum_{n=1}^{\infty}\left|f\left(\frac{1}{n}\right)\right|$ 收敛.

例 21 设级数 $\sum_{n=1}^{\infty}u_n^2$ 与 $\sum_{n=1}^{\infty}v_n^2$ 均收敛,求证:对任意的整数 $k\geqslant 2$,$\sum_{n=1}^{\infty}(u_n-v_n)^k$ 收敛.

证 由于

$$|u_n-v_n|^2\leqslant(u_n+v_n)^2+(u_n-v_n)^2=2u_n^2+2v_n^2,$$

故 $\sum_{n=1}^{\infty}|u_n-v_n|^2$ 收敛,于是 $\lim_{n\to\infty}|u_n-v_n|=0$.

因此存在正整数 N,使得当 $n>N$ 时,$|u_n-v_n|<1$. 对任意整数 $k\geqslant 2$,当 $n>N$ 时,$|u_n-v_n|^k\leqslant|u_n-v_n|^2$,所以 $\sum_{n=1}^{\infty}|u_n-v_n|^k$ 收敛,即 $\sum_{n=1}^{\infty}(u_n-v_n)^k$ 绝对收敛.

例 22* 设 $\{u_n\}$ 是单增的正数列,证明级数 $\sum_{k=1}^{\infty}\left(1-\frac{u_k}{u_{k+1}}\right)$ 收敛的充分必要条件是数列 $\{u_n\}$ 有界.

证 充分性:若 $\{u_n\}$ 有界,则 $\lim_{n\to\infty}u_n=M$ 存在,且 $u_n\leqslant M,n=1,2,\cdots$. $\sum_{k=1}^{\infty}\left(1-\frac{u_k}{u_{k+1}}\right)$ 是正项级数,设其部分和为 S_n,则

$$S_n=\sum_{k=1}^{n}\left(1-\frac{u_k}{u_{k+1}}\right)=\sum_{k=1}^{n}\left(\frac{u_{k+1}-u_k}{u_{k+1}}\right)\leqslant\frac{\sum_{k=1}^{n}(u_{k+1}-u_k)}{u_1}$$
$$=\frac{u_{n+1}-u_1}{u_1}\leqslant\frac{M-u_1}{u_1},$$

故级数 $\sum_{k=1}^{\infty}\left(1-\frac{u_k}{u_{k+1}}\right)$ 收敛.

必要性*:若级数 $\sum_{k=1}^{\infty}\left(1-\frac{u_k}{u_{k+1}}\right)$ 收敛,则对于给定的 $\varepsilon=\frac{1}{2}$,$\exists N\in\mathbf{Z}_+$,使得当 $n>N$ 时,$|S_n-S_N|<\frac{1}{2}$,即

$$\frac{1}{2}>\sum_{k=N+1}^{n}\left(1-\frac{u_k}{u_{k+1}}\right)=\sum_{k=N+1}^{n}\left(\frac{u_{k+1}-u_k}{u_{k+1}}\right)\geqslant\frac{u_{n+1}-u_{N+1}}{u_{n+1}}=1-\frac{u_{N+1}}{u_{n+1}},$$

这说明当 $n>N$ 时,$u_{n+1}<2u_{N+1}$,即 $\{u_n\}$ 有界.

例 23 已知 $\lim_{n\to\infty}\frac{a_n}{n}=1$,求证级数 $\sum_{n=1}^{\infty}(-1)^n\left(\frac{1}{a_n}+\frac{1}{a_{n+1}}\right)$ 条件收敛.

证 已知 $\lim_{n\to\infty}\frac{a_n}{n}=1>0$,所以存在正整数 N,使得当 $n>N$ 时,$a_n>0$.

因为 $\lim_{n\to\infty}\frac{n}{a_n}=1$,所以 $\sum_{n=1}^{\infty}\frac{1}{a_n}$ 发散,而且 $\left(\frac{1}{a_n}+\frac{1}{a_{n+1}}\right)>\frac{1}{a_n}$ $(n>N)$,于是

$\sum_{n=1}^{\infty}\left|(-1)^n\left(\frac{1}{a_n}+\frac{1}{a_{n+1}}\right)\right|$也发散. 再由$\lim_{n\to\infty}\frac{n}{a_n}=1$,可知$\lim_{n\to\infty}\frac{1}{a_n}=\lim_{n\to\infty}\left(\frac{n}{a_n}\cdot\frac{1}{n}\right)=0$.

设

$$S_n=\sum_{k=1}^{n}(-1)^k\left(\frac{1}{a_k}+\frac{1}{a_{k+1}}\right),$$

则

$$\begin{aligned}S_n&=\sum_{k=1}^{n}(-1)^k\frac{1}{a_k}+\sum_{k=1}^{n}(-1)^k\frac{1}{a_{k+1}}\\&=\sum_{k=1}^{n}(-1)^k\frac{1}{a_k}-\sum_{k=1}^{n}(-1)^{k+1}\frac{1}{a_{k+1}}\\&=\sum_{k=1}^{n}(-1)^k\frac{1}{a_k}-\sum_{k=2}^{n+1}(-1)^k\frac{1}{a_k}\\&=-\frac{1}{a_1}-(-1)^{n+1}\frac{1}{a_{n+1}}\to-\frac{1}{a_1}(n\to\infty),\end{aligned}$$

故级数$\sum_{n=1}^{\infty}(-1)^n\left(\frac{1}{a_n}+\frac{1}{a_{n+1}}\right)$条件收敛.

第三部分 练 习 题

一、填空题

1. 已知级数$\sum_{n=1}^{\infty}\sin\frac{\pi}{n^k}$收敛,则正实数$k$的取值范围是________.

2. 交错级数$\sum_{n=1}^{\infty}(-1)^{n-1}\frac{n}{2n+1}$是________(填发散或收敛)的.

3. 若级数$\sum_{n=1}^{\infty}(-1)^{n-1}\frac{1}{n^p}$条件收敛,则实数$p$的取值范围是________.

4. 已知级数$\sum_{n=1}^{\infty}(-1)^{n-1}a_n\ (a_n>0)$条件收敛,则$\sum_{n=1}^{\infty}\sqrt[n]{n}a_{2n-1}$________(填收敛或发散).

5. 若幂级数$\sum_{n=0}^{\infty}a_nx^n$的收敛域为$[-8,8)$,则幂级数$\sum_{n=2}^{\infty}\frac{a_nx^n}{n(n-1)}$的收敛半径为________;$\sum_{n=0}^{\infty}a_nx^{3n}$的收敛域为________.

6. 幂级数$\sum_{n=1}^{\infty}\frac{nx^{2n}}{2^n+(-4)^n}$的收敛区间是________.

7. 设$f(x)$是周期为2π的函数,它在$(-\pi,\pi]$上的表达式为$f(x)=x+x^2$,其Fourier级数为$\frac{a_0}{2}+\sum_{n=1}^{\infty}(a_n\cos nx+b_n\sin nx)$,则$b_3=$________;$\frac{a_0}{2}+\sum_{n=1}^{\infty}(a_n\cos n\pi+b_n\sin n\pi)=$________.

8. 设 $f(x)=\begin{cases}x, & 0\leqslant x\leqslant \frac{1}{2},\\ 2-2x, & \frac{1}{2}<x<1,\end{cases}$ $S(x)=\frac{a_0}{2}+\sum\limits_{n=1}^{\infty}a_n\cos n\pi x, a_n=2\int_0^1 f(x)\cos n\pi x\mathrm{d}x$, $n=0,1,2,\cdots$, 则 $S\left(-\frac{5}{2}\right)=$ ________.

二、选择题

9. 设幂级数 $\sum\limits_{n=0}^{\infty}a_n(x+1)^n$ 当 $x=-2$ 时条件收敛,则该级数在点 $x=2$ 处________.

A. 发散　　B. 条件收敛

C. 绝对收敛　　D. 敛散性无法确定

10. 级数 $\sum\limits_{n=1}^{\infty}\frac{(-1)^n n^2}{n!}$ 的和为________.

A. $2\mathrm{e}^{-1}$　　B. 0　　C. e^{-1}　　D. $\mathrm{e}^{-1}-1$

11. 设常数 $\lambda>0$,且级数 $\sum\limits_{n=1}^{\infty}a_n^2$ 收敛,则级数 $\sum\limits_{n=1}^{\infty}(-1)^n\frac{|a_n|}{\sqrt{n^2+\lambda}}$ ________.

A. 发散　　B. 条件收敛

C. 绝对收敛　　D. 敛散性与 λ 有关

12. 下列结论中正确的是________.

A. 若正项级数 $\sum\limits_{n=1}^{\infty}u_n$ 收敛,则 $\lim\limits_{n\to\infty}\frac{u_{n+1}}{u_n}\leqslant 1$

B. 若正项级数 $\sum\limits_{n=1}^{\infty}u_n$ 发散,则 $\lim\limits_{n\to\infty}\frac{u_{n+1}}{u_n}\geqslant 1$

C. 若 $\lim\limits_{n\to\infty}\frac{u_{n+1}}{u_n}<1$,则正项级数 $\sum\limits_{n=1}^{\infty}u_n$ 收敛

D. 若 $\lim\limits_{n\to\infty}\frac{u_{n+1}}{u_n}\geqslant 1$,则正项级数 $\sum\limits_{n=1}^{\infty}u_n$ 发散

13. 下列结论中正确的是________.

A. 若交错级数 $\sum\limits_{n=1}^{\infty}(-1)^n a_n$ 收敛,则它必然满足莱布尼茨判别法的条件

B. 若交错级数 $\sum\limits_{n=1}^{\infty}(-1)^n a_n$ 发散,则它必然不满足莱布尼茨判别法的条件

C. 若交错级数 $\sum\limits_{n=1}^{\infty}(-1)^n a_n$ 满足莱布尼茨判别法的条件,则它必然绝对收敛

D. 若交错级数 $\sum\limits_{n=1}^{\infty}(-1)^n a_n$ 不满足莱布尼茨判别法的条件,则它必然发散

三、解答与证明题

14. 判别下列级数的敛散性:

(1) $\sum\limits_{n=1}^{\infty}(\sqrt{n^2+2n}-n)$;　　(2) $\sum\limits_{n=1}^{\infty}\sin\left(\sqrt{\frac{1}{n^2}+1}-1\right)$;

(3) $\sum\limits_{n=1}^{\infty}\frac{(n+1)!}{n^{n+1}}$;　　(4) $\sum\limits_{n=1}^{\infty}\frac{n^n}{(n!)^2}$.

15. 判断下列级数的敛散性，若收敛，请说明是绝对收敛还是条件收敛.

(1) $\sum_{n=1}^{\infty}(-1)^n\frac{\sqrt{2n}}{n+100}$； (2) $\sum_{n=2}^{\infty}\frac{(\cos n\pi)\ln n}{n}$；

(3) $\sum_{n=1}^{\infty}(-1)^{n-1}\left[\frac{1+(-1)^n}{2^n}+\frac{1-(-1)^n}{3^{n+1}}\right]$； (4) $\sum_{n=2}^{\infty}\sin\left(n\pi+\frac{1}{\ln n}\right)$.

16. 求下列级数的收敛域：

(1) $\sum_{n=1}^{\infty}\frac{x^n}{n(n+1)}$； (2) $\sum_{n=1}^{\infty}\frac{(-1)^{n-1}}{n\cdot 4^n}(x+1)^{2n-1}$.

17. 设有幂级数 $\sum_{n=1}^{\infty}\frac{n(n+1)}{2}x^{n-1}$，试求(1) 该级数的收敛区间；(2) 该级数的和函数；(3) $\sum_{n=1}^{\infty}\frac{n(n+1)}{2^n}$.

18. 求幂级数的收敛域：$\sum_{n=2}^{\infty}\frac{3^n+(-2)^n}{n}(x+1)^n$.

19. 求和函数：$\sum_{n=1}^{\infty}\frac{x^{3n}}{n}$.

20. 求和函数：$\sum_{n=1}^{\infty}\frac{2n-1}{2^n}x^{2n-2}$.

21. 求和函数：$\sum_{n=0}^{\infty}\frac{2n+3}{n!}x^{2n}$.

22. 求和：$\sum_{n=2}^{\infty}\frac{2^n}{n!}$.

23. 将 $f(x)=\sin\frac{x}{2}$ 展成 $x-1$ 的幂级数.

24. 将 $f(x)=\int_0^x\frac{1-\cos\sqrt{x}}{x}\mathrm{d}x\,(x\neq 0)$ 展成 Maclaurin 级数.

25. 将周期为 2π 的函数 $f(x)=\begin{cases}\pi-x, & 0\leqslant x<\pi,\\ x-\pi, & \pi\leqslant x<2\pi\end{cases}$ 展成 Fourier 级数，并给出其 Fourier 级数的和函数 $S(x)$ 在$[0,2\pi]$上的表达式.

26. 将 $f(x)=x^2-x$ 在 $-\pi\leqslant x\leqslant\pi$ 上展成 Fourier 级数.

27. 将 $f(x)=x\,(0\leqslant x\leqslant 2)$ 展成余弦级数.

28. 求证：数列$\{a_n\}$收敛的充要条件是级数 $\sum_{n=1}^{\infty}(a_{n+1}-a_n)$ 收敛.

29. 设 $a_1=1$，且 $\sum_{n=1}^{\infty}\left(a_n-\frac{1}{2}\right)$ 收敛，求证 $\sum_{n=2}^{\infty}(a_n-a_{n-1})$ 收敛并求其和.

30. 设$\{u_n\}$，$\{c_n\}$ 为正实数列. 试证明

(1) 若 $u_nc_n-u_{n+1}c_{n+1}\leqslant 0$，$n=1,2,\cdots$，且级数 $\sum_{n=1}^{\infty}\frac{1}{c_n}$ 发散，则 $\sum_{n=1}^{\infty}u_n$ 也发散.

(2) 若 $\frac{u_nc_n}{u_{n+1}}-c_{n+1}\geqslant 0$，$n=1,2,\cdots$，且级数 $\sum_{n=1}^{\infty}\frac{1}{c_n}$ 收敛，则 $\sum_{n=1}^{\infty}u_n$ 也收敛.

习题答案、简答或提示

一、填空题

1. $k>1$.

2. 发散.

3. $0<p\leqslant 1$.

4. 发散.

5. 8;$[-2,2)$.

6. $(-2,2)$.

7. $\frac{2}{3}$;π^2.

8. $\frac{3}{4}$.

二、选择题

9. A.

10. B.

11. C.

12. C.

13. B.

三、解答与证明题

14. (1) $\sqrt{n^2+2n}-n=\frac{2n}{\sqrt{n^2+2n}+n}\not\to 0$,级数发散.

(2) $\sin\left(\sqrt{1+\frac{1}{n^2}}-1\right)=\sin\frac{\frac{1}{n^2}}{\sqrt{1+\frac{1}{n^2}}+1}\sim\frac{1}{2n^2}(n\to\infty)$,级数收敛.

(3) 记 $u_n=\frac{(n+1)!}{n^{n+1}}$,$\lim\limits_{n\to\infty}\frac{u_{n+1}}{u_n}=\frac{1}{\mathrm{e}}<1$,级数收敛.

(4) 记 $u_n=\frac{n^n}{(n!)^2}$,$\lim\limits_{n\to\infty}\frac{u_{n+1}}{u_n}=0$,级数收敛.

15. (1) 条件收敛(用莱布尼茨判别法即可);

(2) 条件收敛;

(3) 记原级数为 $\sum\limits_{n=1}^{\infty}u_n$,因为 $|u_n|\leqslant\frac{2}{2^n}+\frac{2}{3^{n+1}}$,所以原级数绝对收敛;

(4)条件收敛.

16. (1) $[-1,1]$;　　(2) $[-3,1]$.

17. **解**　(1) $(-1,1)$;

(2) $S(x)=\dfrac{1}{2}\sum\limits_{n=1}^{\infty}(x^{n+1})''=\dfrac{1}{2}\left(\sum\limits_{n=1}^{\infty}x^{n+1}\right)''=\dfrac{1}{2}\left(\dfrac{x^2}{1-x}\right)''=\dfrac{1}{(1-x)^3}$, $|x|<1$;

(3) $\sum\limits_{n=1}^{\infty}\dfrac{n(n+1)}{2^n}=S\left(\dfrac{1}{2}\right)=8$.

18. **解** 记级数为 $\sum\limits_{n=1}^{\infty}a_n(x+1)^n$.

因为 $\lim\limits_{n\to\infty}\dfrac{|a_{n+1}|}{|a_n|}=\lim\limits_{n\to\infty}\dfrac{n[3^{n+1}+(-2)^{n+1}]}{(n+1)[3^n+(-2)^n]}=3$，所以收敛半径 $R=\dfrac{1}{3}$，收敛区间为 $-\dfrac{1}{3}<x+1<\dfrac{1}{3}$，即 $-\dfrac{4}{3}<x<-\dfrac{2}{3}$.

当 $x=-\dfrac{4}{3}$ 时，原级数收敛；当 $x=-\dfrac{2}{3}$ 时，原级数发散. 所求收敛域为 $-\dfrac{4}{3}\leqslant x<-\dfrac{2}{3}$.

19. **解** $\sum\limits_{n=1}^{\infty}\dfrac{x^{3n}}{n}=-\sum\limits_{n=1}^{\infty}\dfrac{(-1)^{n-1}}{n}(-x^3)^n=-\ln(1-x^3)$, $x\in[-1,1)$.

20. **解** 记 $u_n(x)=\dfrac{2n-1}{2^n}x^{2n-2}$，当 $x\neq0$ 时

$$\lim_{n\to\infty}\frac{|u_{n+1}(x)|}{|u_n(x)|}=\lim_{n\to\infty}\frac{2n+1}{2(2n-1)}x^2=\frac{x^2}{2},$$

所以收敛半径 $R=\sqrt{2}$. 又当 $x=\pm\sqrt{2}$ 时，原级数发散，所以级数的收敛域为 $(-\sqrt{2},\sqrt{2})$. 设

$$S(x)=\sum_{n=1}^{\infty}\frac{2n-1}{2^n}x^{2n-2}, x\in(-\sqrt{2},\sqrt{2}),$$

$$S(x)=\sum_{n=1}^{\infty}\left(\frac{x^{2n-1}}{2^n}\right)'=\left(\sum_{n=1}^{\infty}\frac{x^{2n-1}}{2^n}\right)'$$
$$=\left(\frac{x}{2-x^2}\right)'=\frac{2+x^2}{(2-x^2)^2}, x\in(-\sqrt{2},\sqrt{2}).$$

21. **解** 该级数的收敛域为 $x\in(-\infty,+\infty)$，令

$$S(x)=\sum_{n=0}^{\infty}\frac{2n+3}{n!}x^{2n},\quad x\in(-\infty,+\infty),$$

则

$$S(x)=\sum_{n=0}^{\infty}\frac{2nx^{2n}}{n!}+3\sum_{n=0}^{\infty}\frac{(x^2)^n}{n!}=2\sum_{n=1}^{\infty}\frac{x^{2n}}{(n-1)!}+3\mathrm{e}^{x^2}$$
$$=2x^2\sum_{n=0}^{\infty}\frac{(x^2)^n}{n!}+3\mathrm{e}^{x^2}=2x^2\mathrm{e}^{x^2}+3\mathrm{e}^{x^2}=(2x^2+3)\mathrm{e}^{x^2}.$$

22. **解** $\sum\limits_{n=2}^{\infty}\dfrac{2^n}{n!}=\sum\limits_{n=0}^{\infty}\dfrac{2^n}{n!}-1-2=\mathrm{e}^2-3$.

23. **解** $f(x)=\sin\dfrac{(x-1)+1}{2}=\sin\dfrac{1}{2}\cos\dfrac{x-1}{2}+\cos\dfrac{1}{2}\sin\dfrac{x-1}{2}$

$$=\sin\frac{1}{2}\sum_{n=0}^{\infty}(-1)^n\frac{1}{(2n)!}\left(\frac{x-1}{2}\right)^{2n}+$$

$$\cos\frac{1}{2}\sum_{n=0}^{\infty}(-1)^n\frac{1}{(2n+1)!}\left(\frac{x-1}{2}\right)^{2n+1},x\in(-\infty,+\infty).$$

24. **解** $f(x)=\int_0^x\frac{1-\sum\limits_{n=0}^{\infty}\frac{(-1)^n(\sqrt{t})^{2n}}{(2n)!}}{t}\mathrm{d}t=-\int_0^x\sum_{n=1}^{\infty}(-1)^n\frac{t^{n-1}}{(2n)!}\mathrm{d}t$

$$=\sum_{n=1}^{\infty}(-1)^{n-1}\frac{x^n}{(2n)!n},x\in(-\infty,+\infty),x\neq 0.$$

25. **解** $f(x)=\frac{\pi}{2}+2\sum_{n=1}^{\infty}\frac{1-(-1)^n}{n^2\pi}\cos nx$

$$=\frac{\pi}{2}+\frac{4}{\pi}\sum_{n=1}^{\infty}\frac{\cos(2n-1)x}{(2n-1)^2},x\in(-\infty,+\infty).$$

$S(x)$在$[0,2\pi]$上的表达式与$f(x)$相同.

26. **解** $f(x)=\frac{\pi^2}{3}+\sum_{n=1}^{\infty}\left[\frac{4}{n^2}(-1)^n\cos nx+\frac{2}{n}(-1)^n\sin nx\right],x\in(-\pi,\pi).$

27. **解** $f(x)=1+\sum_{n=1}^{\infty}\frac{4}{n^2\pi^2}[(-1)^n-1]\cos\frac{n\pi}{2}x,0\leqslant x\leqslant 2.$

28. **证明** 设级数$\sum_{n=1}^{\infty}(a_{n+1}-a_n)$的部分和为$S_n$,则

$$S_n=\sum_{k=1}^{n}(a_{k+1}-a_k)=a_{n+1}-a_1,a_n=a_1+S_{n-1}(n\geqslant 2).$$

充分性:已知$\lim\limits_{n\to\infty}S_n=s$存在,故$\lim\limits_{n\to\infty}a_n=a_1+\lim\limits_{n\to\infty}S_{n-1}=a_1+s.$

必要性:已知$\lim\limits_{n\to\infty}a_n=a$存在,故$\lim\limits_{n\to\infty}S_n=\lim\limits_{n\to\infty}a_{n+1}-a_1=a-a_1.$

29. **证明** 由题意,$\lim\limits_{n\to\infty}\left(a_n-\frac{1}{2}\right)=0$,即$\lim\limits_{n\to\infty}a_n=\frac{1}{2}$,记$\sum_{n=2}^{\infty}(a_n-a_{n-1})$的部分和为$S_n$,则

$$S_n=(a_2-a_1)+(a_3-a_2)+\cdots+(a_{n+1}-a_n)=a_{n+1}-1,$$

于是$\lim\limits_{n\to\infty}S_n=-\frac{1}{2}$,故级数$\sum_{n=2}^{\infty}(a_n-a_{n-1})$收敛且和为$-\frac{1}{2}$.

30. **证明** (1)若$c_nu_n-c_{n+1}u_{n+1}\leqslant 0$,则$\frac{u_{n+1}}{u_n}\geqslant\frac{c_n}{c_{n+1}}$,

$$u_n=\frac{u_n}{u_{n-1}}\cdot\frac{u_{n-1}}{u_{n-2}}\cdot\cdots\cdot\frac{u_2}{u_1}u_1\geqslant\frac{c_{n-1}}{c_n}\cdot\frac{c_{n-2}}{c_{n-1}}\cdot\cdots\cdot\frac{c_1}{c_2}u_1=u_1c_1\frac{1}{c_n},$$

因为$\sum_{n=1}^{\infty}\frac{1}{c_n}$发散,故$\sum_{n=1}^{\infty}u_n$也发散.

(2) 解法类似于(1).

第九章

多元函数微分学及其应用

第一部分 内容综述

一、R^n 中点集的概念(以 $n=2$ 为例叙述)

定义 1 设 $P_0(x_0,y_0)$ 为 $\mathbf{R}^2$ 中的点,记

$$U(P_0,\delta)=\{(x,y)\mid\sqrt{(x-x_0)^2+(y-y_0)^2}<\delta\},$$

$$U(\hat{P}_0,\delta)=\{(x,y)\mid 0<\sqrt{(x-x_0)^2+(y-y_0)^2}<\delta\},$$

称 $U(P_0,\delta)$ 为 P_0 的 δ-邻域;称 $U(\hat{P}_0,\delta)$ 为 P_0 的去心 δ-邻域.

无须强调邻域半径时分别用 $U(P_0)$ 与 $U(\hat{P}_0)$ 表示 P_0 的邻域与去心邻域.

定义 2 设 $P_0(x_0,y_0)$ 为 $\mathbf{R}^2$ 中的点,A 为 $\mathbf{R}^2$ 中的非空点集.

(1) 如果存在 $U(P_0)$,使得 $U(P_0)\subseteq A$,则称 P_0 为 A 的内点.

(2) 如果存在 $U(P_0)$,使得 $U(P_0)\cap A=\Phi$,则称 P_0 为 A 的外点.

(3) 如果 P_0 的任意邻域中既有属于 A 的点,也有不属于 A 的点,则称 P_0 为 A 的边界点;A 的所有边界点的集合称为 A 的边界,记为∂A.

(4) 如果 P_0 的任意邻域中都有属于 A 的异于 P_0 自身的点,则称 P_0 为 A 的聚点.

注: 如果 $P_0\in A$,但 P_0 不是 A 的聚点,则称 P_0 为 A 的孤立点.

定义 3 设 A 为 $\mathbf{R}^2$ 中的非空点集.

(1) 如果 A 中的每一点都是 A 的内点,则称 A 为开集.

(2) 如果 A 中的任意两点都可用 A 中的有限个线段连接,则称 A 为连通集.

注: $\mathbf{R}^n$ 中连接点 a,b 的线段指的是点集$\{ta+(1-t)b\mid t\in\mathbf{R},0\leqslant t\leqslant 1\}$.

(3) 连通的开集称为开区域;开区域连同其所有边界点构成的点集称为闭区域;常将开区域与闭区域统称为区域.

(4) 如果存在 $M>0$,使得 $\forall P(x,y)\in A$, $\sqrt{x^2+y^2}<M$,则称 A 为有界集,否则称为无界集.

二、多元函数的极限与连续性

(一) 多元函数的概念

1. n 元函数的定义(以 $n=2$ 为例叙述)

定义 4 设 D 是 $\mathbf{R}^2$ 中的非空点集,如果存在对应法则 f,使得 $\forall P(x,y)\in D$,有唯一确定的 $z\in\mathbf{R}$ 与之对应,则称 f 是定义在 D 上的一个二元(单值)函数,记为 $z=f(x,y),(x,y)\in D$,或 $z=f(P),P\in D$. x,y 称为自变量,z 称为因变量,D 称为定义域,全体函数值的集合 $\{z\,|\,z=f(x,y),(x,y)\in D\}$ 称为值域.

2. 二元函数的几何意义

设 $z=f(x,y)$ 的定义域为 D,称 $\mathbf{R}^3$ 中的点集 $\{(x,y,z)\,|\,z=f(x,y),(x,y)\in D\}$ 为函数 $z=f(x,y)$ 的图形,它是 $\mathbf{R}^3$ 中的一张曲面,该曲面在 xy 平面上的投影区域即为 D.

(二) 多元函数的极限(以二元函数为例叙述)

定义 5 设 $z=f(x,y)$ 的定义域为 D,$P_0(x_0,y_0)$ 为 D 的聚点. 如果 $\forall\varepsilon>0$,$\exists\delta>0$,使得当 $P(x,y)\in D$ 且 $0<\sqrt{(x-x_0)^2+(y-y_0)^2}<\delta$ 时,有 $|f(x,y)-A|<\varepsilon$,则称常数 A 为函数 $f(x,y)$ 当 (x,y) 趋于 (x_0,y_0) 时的(二重)极限,记为

$$\lim_{(x,y)\to(x_0,y_0)} f(x,y)=A,\quad \lim_{\substack{x\to x_0\\ y\to y_0}} f(x,y)=A,\quad \lim_{P\to P_0} f(P)=A,$$

或 $f(x,y)\to A((x,y)\to(x_0,y_0))$,$f(P)\to A(P\to P_0)$. 此时也称当 (x,y) 趋于 (x_0,y_0) 时 $f(x,y)$ 有极限(否则称为无极限或极限不存在).

注:(x,y) 趋于 (x_0,y_0) 的方式是任意的. 如果在 (x,y) 趋于 (x_0,y_0) 的两种不同方式下,$f(x,y)$ 趋于不同的常数,则说明当 (x,y) 趋于 (x_0,y_0) 时 $f(x,y)$ 的极限不存在.

(三) 多元函数的连续性(以二元函数为例叙述)

1. 连续性的定义

定义 6 设 $z=f(x,y)$ 的定义域为 D,$P_0\in D$,且 $P_0(x_0,y_0)$ 为 D 的聚点.

如果 $\lim\limits_{(x,y)\to(x_0,y_0)} f(x,y)=f(x_0,y_0)$,则称 $f(x,y)$ 在 (x_0,y_0) 连续,(x_0,y_0) 称为 $f(x,y)$ 的连续点(否则称为间断点).

若 $f(x,y)$ 在某区域 S 的每一点都连续,则称 $f(x,y)$ 在区域 S 上连续.

2. 多元初等函数的连续性

定理 1 多元初等函数在其定义区域(即包含于定义域的区域)连续.

3. 有界闭区域上连续函数的性质

(1)有界闭区域上连续函数的最大、最小值定理

定理 2 设函数 $f(x,y)$ 在有界闭区域 D 上连续,则 $f(x,y)$ 在 D 上有最大值与最小值(从而有界),即存在两点 $(x_1,y_1),(x_2,y_2)\in D$,使得 $f(x_1,y_1)\leqslant f(x,y)\leqslant f(x_2,y_2)$ 对所有的 $(x,y)\in D$ 都成立.

(2) 介值定理

定理 3 若函数 $f(x,y)$ 在有界闭区域 D 上连续，设 $f(x,y)$ 在 D 上的最大值与最小值分别为 M,m，则对任意满足 $m<\mu<M$ 的实数 μ，存在点 $P(x_0,y_0)\in D$，使得 $f(x_0,y_0)=\mu$.

三、多元函数的偏导数与全微分

（一）多元函数的偏导数（以二元函数为例）

1. 偏导数的定义与几何意义

（1）偏导数的定义

定义 7 设函数 $z=f(x,y)$ 在点 $P_0(x_0,y_0)$ 的某邻域内有定义，如果 $\lim\limits_{\Delta x\to 0}\dfrac{f(x_0+\Delta x,y_0)-f(x_0,y_0)}{\Delta x}$ 存在，则称函数 $f(x,y)$ 在点 $P_0(x_0,y_0)$ 处关于 x 的偏导数存在（或关于 x 可偏导），极限值称为函数 $f(x,y)$ 在点 $P_0(x_0,y_0)$ 处关于 x 的偏导数，记作 $\dfrac{\partial f(x_0,y_0)}{\partial x}$，$f_x(x_0,y_0)$，$\left.\dfrac{\partial f}{\partial x}\right|_{(x_0,y_0)}$ 或 $\left.\dfrac{\partial z}{\partial x}\right|_{(x_0,y_0)}$，$z_x(x_0,y_0)$.

类似地，可定义 $f(x,y)$ 关于 y 的偏导数 $\dfrac{\partial f(x_0,y_0)}{\partial y}$，$f_y(x_0,y_0)$，$\left.\dfrac{\partial f}{\partial y}\right|_{(x_0,y_0)}$ 或 $\left.\dfrac{\partial z}{\partial y}\right|_{(x_0,y_0)}$，$z_y(x_0,y_0)$.

注： $\dfrac{\partial f(x_0,y_0)}{\partial x}=\left.\dfrac{\mathrm{d}f(x,y_0)}{\mathrm{d}x}\right|_{x=x_0}$，$\dfrac{\partial f(x_0,y_0)}{\partial y}=\left.\dfrac{\mathrm{d}f(x_0,y)}{\mathrm{d}y}\right|_{y=y_0}$.

（2）二元函数偏导数的几何意义

$\dfrac{\partial f(x_0,y_0)}{\partial x}$ 是曲线 $\begin{cases}z=f(x,y),\\ y=y_0\end{cases}$ 在点 $(x_0,y_0,f(x_0,y_0))$ 处的切线（关于 x 轴）的斜率（切线相对于 x 轴的倾角的正切）.

$\dfrac{\partial f(x_0,y_0)}{\partial y}$ 是曲线 $\begin{cases}z=f(x,y),\\ x=x_0\end{cases}$ 在点 $(x_0,y_0,f(x_0,y_0))$ 处的切线（关于 y 轴）的斜率（切线相对于 y 轴的倾角的正切）.

2. 高阶偏导数

（1）高阶偏导数的定义

定义 8 设函数 $f(x,y)$ 在区域 D 中有定义，且以下运算均有意义.

$\dfrac{\partial}{\partial x}\left(\dfrac{\partial f(x,y)}{\partial x}\right)$ 称为 $f(x,y)$ 关于 x 的二阶偏导数，记为 $\dfrac{\partial^2 f(x,y)}{\partial x^2}$ 或 $f_{xx}(x,y)$.

$\dfrac{\partial}{\partial y}\left(\dfrac{\partial f(x,y)}{\partial y}\right)$ 称为 $f(x,y)$ 关于 y 的二阶偏导数，记为 $\dfrac{\partial^2 f(x,y)}{\partial y^2}$ 或 $f_{yy}(x,y)$.

$\dfrac{\partial}{\partial y}\left(\dfrac{\partial f(x,y)}{\partial x}\right)$ 称为 $f(x,y)$ 先关于 x 后关于 y 的二阶混合偏导数，记为 $\dfrac{\partial^2 f(x,y)}{\partial x\partial y}$ 或 $f_{xy}(x,y)$；$\dfrac{\partial}{\partial x}\left(\dfrac{\partial f(x,y)}{\partial y}\right)$ 称为 $f(x,y)$ 先关于 y 后关于 x 的二阶混合偏导数，记为 $\dfrac{\partial^2 f(x,y)}{\partial y\partial x}$ 或 $f_{yx}(x,y)$.

类似地，可以定义其他高阶偏导数，如 $\dfrac{\partial^3 f(x,y)}{\partial y\partial x^2}$，$\dfrac{\partial^3 f(x,y)}{\partial y^2\partial x}$，$\dfrac{\partial^3 f(x,y)}{\partial x^3}$ 等.

（2）混合偏导数与求导顺序无关的充分条件

定理 4　若 $f_{xy}(x,y)$ 与 $f_{yx}(x,y)$ 均在点 (x_0,y_0) 处连续，则

$$f_{xy}(x_0,y_0)=f_{yx}(x_0,y_0).$$

（二）多元函数的全微分（以二元函数为例）

1. 全微分的概念

定义 9　设函数 $z=f(x,y)$ 在点 $P_0(x_0,y_0)$ 的某邻域内有定义，称 $\Delta z\big|_{(x_0,y_0)}=\Delta f(x_0,y_0)=f(x_0+\Delta x,y_0+\Delta y)-f(x_0,y_0)$ 为函数 $z=f(x,y)$ 在点 $P_0(x_0,y_0)$ 处的全增量. 特别地：当 $\Delta y=0$ 时，称 $f(x_0+\Delta x,y_0)-f(x_0,y_0)$ 为函数 $z=f(x,y)$ 在点 $P_0(x_0,y_0)$ 处关于 x 的偏增量.

当 $f_x(x_0,y_0)$ 存在时，$f(x_0+\Delta x,y_0)-f(x_0,y_0)=f_x(x_0,y_0)\Delta x+o(\Delta x)$，称 $f_x(x_0,y_0)\Delta x$ 为函数 $z=f(x,y)$ 在点 $P_0(x_0,y_0)$ 处关于 x 的偏微分.

类似地，可定义函数 $z=f(x,y)$ 在点 $P_0(x_0,y_0)$ 处关于 y 的偏增量与偏微分.

定义 10　设函数 $f(x,y)$ 在点 $P_0(x_0,y_0)$ 的某邻域内有定义，如果存在与 Δx，Δy 无关的两个数 A,B，使得 $f(x_0+\Delta x,y_0+\Delta y)-f(x_0,y_0)=A\Delta x+B\Delta y+o(\rho)\,(\rho\to 0)$，其中 $\rho=\sqrt{(\Delta x)^2+(\Delta y)^2}$，则称函数 $z=f(x,y)$ 在点 $P_0(x_0,y_0)$ 处可微，$A\Delta x+B\Delta y$ 称为函数 $z=f(x,y)$ 在点 $P_0(x_0,y_0)$ 处的全微分，记作 $\mathrm{d}f(x_0,y_0)$ 或 $\mathrm{d}z\Big|_{(x_0,y_0)}$.

2. 可微的必要条件与充分条件

（1）可微的必要条件

定理 5　若函数 $f(x,y)$ 在点 (x_0,y_0) 处可微，则 $f(x,y)$ 在点 (x_0,y_0) 处连续.

定理 6　若函数 $f(x,y)$ 在点 (x_0,y_0) 处可微，则偏导数 $\dfrac{\partial f(x_0,y_0)}{\partial x}$，$\dfrac{\partial f(x_0,y_0)}{\partial y}$ 均存在，且 $\mathrm{d}f(x_0,y_0)=\dfrac{\partial f(x_0,y_0)}{\partial x}\mathrm{d}x+\dfrac{\partial f(x_0,y_0)}{\partial y}\mathrm{d}y$.

（2）可微的充分条件

定理 7　如果 $\dfrac{\partial f(x,y)}{\partial x}$，$\dfrac{\partial f(x,y)}{\partial y}$ 在点 (x_0,y_0) 的某邻域内存在，且 $\dfrac{\partial f(x,y)}{\partial x}$，$\dfrac{\partial f(x,y)}{\partial y}$ 在点 (x_0,y_0) 处连续，则函数 $f(x,y)$ 在点 (x_0,y_0) 处可微.

注：二元函数在一点连续、偏导数存在、可微及偏导数连续之间的关系如图 9-1 所示.

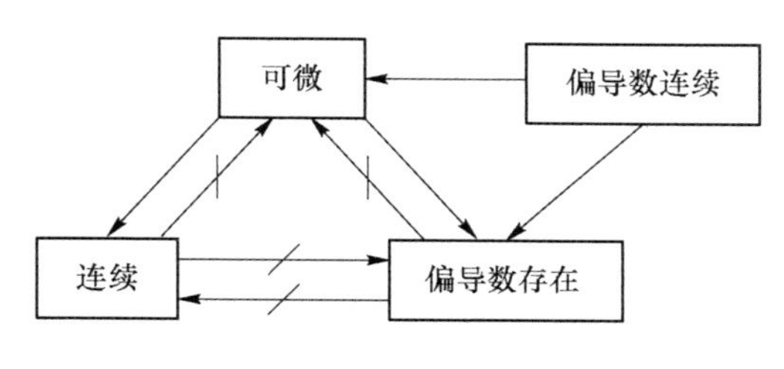

图 9-1

（三）多元函数的复合求导法则

定理 8 设函数 $z=f(u,v)$ 可微，且函数 $u=\varphi(x,y)$，$v=\psi(x,y)$ 对 x 可偏导（或对 y 可偏导），则复合函数 $z=f(\varphi(x,y),\psi(x,y))$ 对 x 可偏导（或对 y 可偏导），且

$$\frac{\partial z}{\partial x}=\frac{\partial f(u,v)}{\partial u}\frac{\partial \varphi(x,y)}{\partial x}+\frac{\partial f(u,v)}{\partial v}\frac{\partial \psi(x,y)}{\partial x}$$

或

$$\frac{\partial z}{\partial y}=\frac{\partial f(u,v)}{\partial u}\frac{\partial \varphi(x,y)}{\partial y}+\frac{\partial f(u,v)}{\partial v}\frac{\partial \psi(x,y)}{\partial y}.$$

注：一般情况下，若 $z=f(u_1,u_2,\cdots,u_m)$ 可微，$u_k=g_k(x_1,x_2,\cdots,x_n)$ 可偏导，则

$$\frac{\partial z}{\partial x_i}=\sum_{k=1}^{m}\frac{\partial f}{\partial u_k}\cdot\frac{\partial g_k}{\partial x_i}(i=1,2,\cdots,n).$$

定理 9 设函数 $z=f(u,v)$ 可微，且函数 $u=\varphi(x,y)$，$v=\psi(x,y)$ 也可微，则复合函数 $z=f(\varphi(x,y),\psi(x,y))$ 可微，且

$$\mathrm{d}z=\frac{\partial z}{\partial x}\mathrm{d}x+\frac{\partial z}{\partial y}\mathrm{d}y,$$

其中

$$\frac{\partial z}{\partial x}=\frac{\partial f(u,v)}{\partial u}\cdot\frac{\partial \varphi(x,y)}{\partial x}+\frac{\partial f(u,v)}{\partial v}\cdot\frac{\partial \psi(x,y)}{\partial x},$$

$$\frac{\partial z}{\partial y}=\frac{\partial f(u,v)}{\partial u}\cdot\frac{\partial \varphi(x,y)}{\partial y}+\frac{\partial f(u,v)}{\partial v}\cdot\frac{\partial \psi(x,y)}{\partial y}.$$

注：一阶全微分形式的不变性可描述为，若 $z=f(u,v)$ 可微，且 $u=\varphi(x,y)$，$v=\psi(x,y)$ 可微，则 $\mathrm{d}z=\frac{\partial f(u,v)}{\partial u}\mathrm{d}u+\frac{\partial f(u,v)}{\partial v}\mathrm{d}v$.

（四）隐函数的求导法则

定理 10（隐函数存在定理） 设函数 $F(x,y)$ 满足

(1) 函数 $F(x,y)$ 在点 (x_0,y_0) 的某个邻域内具有连续偏导数；

(2) $F(x_0,y_0)=0$；

(3) $F_y(x_0,y_0)\neq 0$，

则方程 $F(x,y)=0$ 在 (x_0,y_0) 的某个邻域内可唯一确定一个单值且具有连续导数的函数 $y=f(x)$，满足 $y_0=f(x_0)$，且 $f'(x)=\frac{\mathrm{d}y}{\mathrm{d}x}=-\frac{F_x(x,f(x))}{F_y(x,f(x))}$.

定理 10 可推广至由具有 $n+1$ 个变量的方程所确定的 n 元隐函数的情形.

定理 11 设函数 $F(x,y,z)$，$G(x,y,z)$ 满足

(1) 函数 $F(x,y,z)$，$G(x,y,z)$ 在 (x_0,y_0,z_0) 的某个邻域内具有连续偏导数；

(2) $F(x_0,y_0,z_0)=0$，$G(x_0,y_0,z_0)=0$；

(3) $\begin{vmatrix} F_y & F_z \\ G_y & G_z \end{vmatrix}_{(x_0,y_0,z_0)}\neq 0$，

则方程组 $\begin{cases} F(x,y,z)=0, \\ G(x,y,z)=0 \end{cases}$ 在 (x_0,y_0,z_0) 的某个邻域内可唯一确定两个单值且具有连续导数

的函数 $y=y(x),z=z(x)$，满足 $y_0=y(x_0),z_0=z(x_0)$，且

$$\frac{\mathrm{d}y}{\mathrm{d}x}=-\frac{\begin{vmatrix}F_x & F_z\\ G_x & G_z\end{vmatrix}}{\begin{vmatrix}F_y & F_z\\ G_y & G_z\end{vmatrix}},\frac{\mathrm{d}z}{\mathrm{d}x}=-\frac{\begin{vmatrix}F_y & F_x\\ G_y & G_x\end{vmatrix}}{\begin{vmatrix}F_y & F_z\\ G_y & G_z\end{vmatrix}}.$$

定理 11 可推广至 $m+n$ 个变量，m 个方程的情形.

（五）多元函数的方向导数与梯度

1. 方向导数的概念与计算(以二元函数为例)

定义 11　设函数 $z=f(x,y)$ 在点 $P_0(x_0,y_0)$ 的某邻域内有定义，$\boldsymbol{l}=(\cos\alpha,\cos\beta)$ 是一单位向量(α,β 分别为向量 $\boldsymbol{l}$ 与 x,y 轴正向的夹角). 若极限

$$\lim_{t\to 0^+}\frac{f(x_0+t\cos\alpha,y_0+t\cos\beta)-f(x_0,y_0)}{t}$$

存在，则称该极限值为 $f(x,y)$ 在点 $P_0(x_0,y_0)$ 沿方向 $\boldsymbol{l}=(\cos\alpha,\cos\beta)$ 的方向导数，记作 $\left.\frac{\partial f}{\partial l}\right|_{(x_0,y_0)}$，$\frac{\partial f(x_0,y_0)}{\partial l}$ 或 $\left.\frac{\partial z}{\partial l}\right|_{(x_0,y_0)}$.

定理 12　若函数 $f(x,y)$ 在点 (x_0,y_0) 处可微，则其在点 (x_0,y_0) 沿任意方向 $\boldsymbol{l}=(\cos\alpha,\cos\beta)$ 的方向导数都存在，且

$$\frac{\partial f(x_0,y_0)}{\partial l}=\frac{\partial f(x_0,y_0)}{\partial x}\cos\alpha+\frac{\partial f(x_0,y_0)}{\partial y}\cos\beta.$$

2. 梯度

定义 12　若函数 $f(x,y)$ 在点 (x_0,y_0) 处可微，称向量 $(f_x(x_0,y_0),f_y(x_0,y_0))$ 是 $f(x,y)$ 在点 (x_0,y_0) 的梯度，记为 $\mathrm{grad}\,f(x_0,y_0)$.

注：梯度是一个向量，在函数可微的前提下，函数沿梯度方向的方向导数最大，最大的方向导数值就是梯度的模；函数沿梯度的反方向的方向导数最小，最小的方向导数值就是梯度的模的相反数.

四、二元函数的泰勒公式(可推广到 n 元函数)

定理 13　设函数 $f(x,y)$ 在点 (x_0,y_0) 的某个邻域内具有二阶连续偏导数，则当 $(x_0+\Delta x,y_0+\Delta y)$ 属于此邻域时，有

$$f(x_0+\Delta x,y_0+\Delta y)=f(x_0,y_0)+\Delta x f_x(x_0,y_0)+\Delta y f_y(x_0,y_0)+\frac{1}{2!}\left(\Delta x\frac{\partial}{\partial x}+\Delta y\frac{\partial}{\partial y}\right)^2 f(x_0+\theta\Delta x,y_0+\theta\Delta y),0<\theta<1,\qquad (*)$$

其中

$$\left(\Delta x\frac{\partial}{\partial x}+\Delta y\frac{\partial}{\partial y}\right)^2 f(x_0+\theta\Delta x,y_0+\theta\Delta y)=(\Delta x,\Delta y)\left.\begin{pmatrix}f_{xx} & f_{xy}\\ f_{yx} & f_{yy}\end{pmatrix}\right|_{(x_0+\theta\Delta x,y_0+\theta\Delta y)}\begin{pmatrix}\Delta x\\ \Delta y\end{pmatrix}$$

为二次型. 式(*)称为函数 $f(x,y)$ 在点 (x_0,y_0) 处的一阶带 Lagrange 型余项的 Taylor 公式.

定理 14　设函数 $f(x,y)$ 在点 (x_0,y_0) 处具有二阶连续偏导数，则在 (x_0,y_0) 附近，有

$$f(x_0+\Delta x,y_0+\Delta y)=f(x_0,y_0)+\Delta x f_x(x_0,y_0)+\Delta y f_y(x_0,y_0)+\frac{1}{2!}\left(\Delta x\frac{\partial}{\partial x}+\Delta y\frac{\partial}{\partial y}\right)^2 f(x_0,y_0)+o(\rho^2)\quad \rho=\sqrt{(\Delta x)^2+(\Delta y)^2},\qquad (**)$$

其中

$$\left(\Delta x\frac{\partial}{\partial x}+\Delta y\frac{\partial}{\partial y}\right)^2 f(x_0,y_0)=(\Delta x,\Delta y)\begin{pmatrix} f_{xx} & f_{xy}\\ f_{yx} & f_{yy}\end{pmatrix}\Bigg|_{(x_0,y_0)}\begin{pmatrix}\Delta x\\ \Delta y\end{pmatrix}$$

为二次型. 式(＊＊)称为函数 $f(x,y)$ 在点 (x_0,y_0) 的二阶带 Peano 型余项的泰勒公式,矩阵 $\begin{pmatrix} f_{xx} & f_{xy}\\ f_{yx} & f_{yy}\end{pmatrix}\Bigg|_{(x_0,y_0)}$ 称为函数 $f(x,y)$ 在点 (x_0,y_0) 的 Hessian 矩阵.

五、多元函数的极值与最值

(一) 多元函数的无条件极值

1. 极值与极值点的定义(以二元函数为例)

定义 13 设函数 $f(x,y)$ 在点 (x_0,y_0) 的某个邻域 U 内有定义,若对于任意的 $(x,y)\in U$,总有 $f(x,y)\leqslant f(x_0,y_0)$ 成立,则称 $f(x_0,y_0)$ 是函数 $f(x,y)$ 的一个极大值,(x_0,y_0) 称为函数 $f(x,y)$ 的一个极大值点. 类似地,可定义 $f(x,y)$ 的极小值与极小值点.

注 1:若对于任意的 $(x,y)\in U$ 且 $(x,y)\neq(x_0,y_0)$,总有 $f(x,y)<f(x_0,y_0)$ 成立,则称 $f(x_0,y_0)$ 是函数 $f(x,y)$ 的一个严格极大值,(x_0,y_0) 称为函数 $f(x,y)$ 的一个严格极大值点. 类似地,可定义 $f(x,y)$ 的严格极小值与严格极小值点.

注 2:极值是函数的局部性质,极值点不能在定义域的边界上.

2. 可导极值点的必要条件(以二元函数为例)

定理 15 设函数 $f(x,y)$ 在点 (x_0,y_0) 的两个偏导数均存在. 若 (x_0,y_0) 是函数 $f(x,y)$ 的一个极值点,则 $f_x(x_0,y_0)=0$, $f_y(x_0,y_0)=0$. (称满足 $f_x(x_0,y_0)=0$, $f_y(x_0,y_0)=0$ 的点 (x_0,y_0) 是函数 $f(x,y)$ 的驻点.)

3. 判断驻点是(严格)极值点的充分条件

定理 16 设函数 $f(x,y)$ 在点 (x_0,y_0) 的某邻域内存在二阶连续偏导数,且 $f_x(x_0,y_0)=0$, $f_y(x_0,y_0)=0$. 记 $A=f_{xx}(x_0,y_0)$, $B=f_{xy}(x_0,y_0)$, $C=f_{yy}(x_0,y_0)$,则

(1) 当 $AC-B^2>0$ 且 $A>0$ 时,(x_0,y_0) 是 $f(x,y)$ 的(严格)极小值点;

(2) 当 $AC-B^2>0$ 且 $A<0$ 时,(x_0,y_0) 是 $f(x,y)$ 的(严格)极大值点;

(3) 当 $AC-B^2<0$ 时,(x_0,y_0) 不是 $f(x,y)$ 的极值点;

(4) 当 $AC-B^2=0$ 时,无法判断 (x_0,y_0) 是否为 $f(x,y)$ 的极值点.

上述定理也可用矩阵形式描述(可推广到 n 元函数).

定理 17 设函数 $f(x,y)$ 在点 (x_0,y_0) 的某邻域内存在二阶连续偏导数,且 $f_x(x_0,y_0)=0$, $f_y(x_0,y_0)=0$. 记 $A=f_{xx}(x_0,y_0)$, $B=f_{xy}(x_0,y_0)$, $C=f_{yy}(x_0,y_0)$, $\boldsymbol{H}=\begin{pmatrix} A & B\\ B & C\end{pmatrix}$,则

(1) 当 $\boldsymbol{H}$ 是正定矩阵时,(x_0,y_0) 是 $f(x,y)$ 的(严格)极小值点;

(2) 当 $\boldsymbol{H}$ 是负定矩阵时,(x_0,y_0) 是 $f(x,y)$ 的(严格)极大值点;

(3) 当 $\boldsymbol{H}$ 是不定矩阵时，(x_0,y_0)不是 $f(x,y)$的极值点；

(4) 当 $\boldsymbol{H}$ 是半正定或半负定矩阵时，无法判断(x_0,y_0)是否为 $f(x,y)$的极值点.

注:矩阵 $\boldsymbol{H}$ 称为函数 $f(x,y)$在点(x_0,y_0)的 Hessian 矩阵；n 元函数 $f(x_1,x_2,\cdots,x_n)$的 Hessian 矩阵为 $\boldsymbol{H}=\begin{pmatrix} f_{x_1x_1} & f_{x_1x_2} & \cdots & f_{x_1x_n} \\ f_{x_2x_1} & f_{x_2x_2} & \cdots & f_{x_2x_n} \\ \vdots & \vdots & \vdots & \vdots \\ f_{x_nx_1} & f_{x_nx_2} & \cdots & f_{x_nx_n} \end{pmatrix}$.

(二) 多元函数的条件极值

一般地，n 元函数可以在最多 $n-1$ 个约束条件下求极值.

1. 条件极值问题的一般形式为:求(目标)函数 $f(x_1,x_2,\cdots,x_n)$在(约束)条件 $g_1(x_1,x_2,\cdots,x_n)=0,g_2(x_1,x_2,\cdots,x_n)=0,\cdots,g_m(x_1,x_2,\cdots,x_n)=0$ 下的极大(极小)值，$1\leqslant m\leqslant n-1$.

2. 条件极值问题的直接求解法(降元法)，是将约束条件代入，化为求无条件极值问题.

3. 条件极值问题的间接求解法:Lagrange 乘数法(升元法).

下面以常见问题为例说明 Lagrange 乘数法(升元法).

(1) 一个约束条件的情形

例如求函数 $f(x,y)$在条件 $g(x,y)=0$ 下的极大(极小)值，可令 $L(x,y,\lambda)=f(x,y)+\lambda g(x,y)$(Lagrange 函数)，求出 $L(x,y,\lambda)$的驻点(x_0,y_0,λ_0)，(x_0,y_0)即为(可能的)条件极值点.

(2) 多个约束条件的情形

例如求函数 $f(x,y,z)$在条件 $g(x,y,z)=0$ 与 $h(x,y,z)=0$ 下的极大(极小)值，可令 $L(x,y,z,\lambda,\mu)=f(x,y,z)+\lambda g(x,y,z)+\mu h(x,y,z)$，求出 $L(x,y,z,\lambda,\mu)$的驻点$(x_0,y_0,z_0,\lambda_0,\mu_0)$，$(x_0,y_0,z_0)$即为(可能的)条件极值点.

(三) 多元函数在有界闭区域上的最大、最小值(以二元函数为例)

设函数 $f(x,y)$在有界闭区域 D 上连续，可用下面的方法求出函数 $f(x,y)$在有界闭区域 D 上的最大值与最小值.

先求出 $f(x,y)$在 D 内部的不可偏导点和驻点处的函数值，再求出 $f(x,y)$在 D 的边界上的最大值与最小值(条件最值)，这些值中的最大者与最小者就是函数 $f(x,y)$在有界闭区域 D 上的最大值与最小值.

六、多元函数微分学的几何应用

(一) 空间曲线的切线与法平面

1. 参数方程表示的曲线

设曲线 L 的参数方程为$\begin{cases} x=x(t), \\ y=y(t), \\ z=z(t), \end{cases}$ $t\in[\alpha,\beta]$，$x'(t),y'(t),z'(t)\in C[\alpha,\beta]$，且 $x'^2(t)+$

$y'^2(t)+z'^2(t)\neq 0$，点 P_0 对应参数 $t=t_0$，则曲线 L 在点 P_0 处的切向量是

$$\boldsymbol{T}=(x'(t_0),y'(t_0),z'(t_0)),$$

L 在点 P_0 处的切线方程是

$$\frac{x-x(t_0)}{x'(t_0)}=\frac{y-y(t_0)}{y'(t_0)}=\frac{z-z(t_0)}{z'(t_0)}(\text{标准方程}),$$

L 在点 P_0 处的法平面方程是

$$x'(t_0)(x-x(t_0))+y'(t_0)(y-y(t_0))+z'(t_0)(z-z(t_0))=0(\text{点法式}).$$

注 1：切向量 $\boldsymbol{T}=(x'(t_0),y'(t_0),z'(t_0))$ 的方向指向参数 t 增大的方向.

注 2：当曲线 L 是两个特殊曲面(柱面)的交线，即其方程为 $\begin{cases}y=y(x),\\z=z(x)\end{cases}$ 时，L 在点 $(x_0,y(x_0),z(x_0))$ 处的切向量为 $\boldsymbol{T}=(1,y'(x_0),z'(x_0))$.

2. 一般方程表示的曲线

设曲线 L 的方程为 $\begin{cases}F(x,y,z)=0,\\G(x,y,z)=0,\end{cases}$ (L 是两个曲面的交线)，其中 $F(x,y,z)$，$G(x,y,z)$ 均具有连续偏导数，且 $\begin{vmatrix}F_y & F_z\\G_y & G_z\end{vmatrix}\neq 0$. 这时曲线 L 的参数方程(以 x 为参数)为 $\begin{cases}y=y(x),\\z=z(x),\end{cases}$ 且

$$y'(x)=-\frac{\begin{vmatrix}F_x & F_z\\G_x & G_z\end{vmatrix}}{\begin{vmatrix}F_y & F_z\\G_y & G_z\end{vmatrix}}=\frac{\begin{vmatrix}F_z & F_x\\G_z & G_x\end{vmatrix}}{\begin{vmatrix}F_y & F_z\\G_y & G_z\end{vmatrix}},$$

$$z'(x)=-\frac{\begin{vmatrix}F_y & F_x\\G_y & G_x\end{vmatrix}}{\begin{vmatrix}F_y & F_z\\G_y & G_z\end{vmatrix}}=\frac{\begin{vmatrix}F_x & F_y\\G_x & G_y\end{vmatrix}}{\begin{vmatrix}F_y & F_z\\G_y & G_z\end{vmatrix}}.$$

所以 L 在点 $P_0(x_0,y_0,z_0)$ 处的切向量

$$\boldsymbol{T}=(1,y'(x_0),z'(x_0))//\left(\begin{vmatrix}F_y & F_z\\G_y & G_z\end{vmatrix},\begin{vmatrix}F_z & F_x\\G_z & G_x\end{vmatrix},\begin{vmatrix}F_x & F_y\\G_x & G_y\end{vmatrix}\right)\Bigg|_{P_0},$$

L 在 $P_0(x_0,y_0,z_0)$ 处的切线方程为

$$\frac{x-x_0}{\begin{vmatrix}F_y & F_z\\G_y & G_z\end{vmatrix}_{P_0}}=\frac{y-y_0}{\begin{vmatrix}F_z & F_x\\G_z & G_x\end{vmatrix}_{P_0}}=\frac{z-z_0}{\begin{vmatrix}F_x & F_y\\G_x & G_y\end{vmatrix}_{P_0}},$$

L 在 $P_0(x_0,y_0,z_0)$ 处的法平面方程为

$$\begin{vmatrix}F_y & F_z\\G_y & G_z\end{vmatrix}_{P_0}(x-x_0)+\begin{vmatrix}F_z & F_x\\G_z & G_x\end{vmatrix}_{P_0}(y-y_0)+\begin{vmatrix}F_x & F_y\\G_x & G_y\end{vmatrix}_{P_0}(z-z_0)=0.$$

(二) 空间曲面的切平面与法线

1. 隐式方程表示的曲面

设 $F(x,y,z)=0$ 为光滑曲面，即 F_x,F_y,F_z 连续，且 $F_x^2+F_y^2+F_z^2\neq 0$. 曲面 $F(x,y,z)=0$ 在点 $P_0(x_0,y_0,z_0)$ 处的切平面法向量是

$$\boldsymbol{n}=(F_x(x_0,y_0,z_0),F_y(x_0,y_0,z_0),F_z(x_0,y_0,z_0))=\operatorname{grad} F\Big|_{P_0},$$

曲面 $F(x,y,z)=0$ 在点 $P_0(x_0,y_0,z_0)$处的切平面方程是

$$F_x(x_0,y_0,z_0)(x-x_0)+F_y(x_0,y_0,z_0)(y-y_0)+F_z(x_0,y_0,z_0)(z-z_0)=0,$$

法线方程是

$$\frac{x-x_0}{F_x(x_0,y_0,z_0)}=\frac{y-y_0}{F_y(x_0,y_0,z_0)}=\frac{z-z_0}{F_z(x_0,y_0,z_0)}.$$

注:设 $S_1:F(x,y,z)=0$ 与 $S_2:G(x,y,z)=0$ 均为光滑曲面,则两曲面的交线

$$L:\begin{cases}F(x,y,z)=0,\\G(x,y,z)=0\end{cases}$$

的切向量是

$$\boldsymbol{T}=\operatorname{grad} F\times\operatorname{grad} G=\begin{vmatrix}\boldsymbol{i}&\boldsymbol{j}&\boldsymbol{k}\\F_x&F_y&F_z\\G_x&G_y&G_z\end{vmatrix}=\left(\begin{vmatrix}F_y&F_z\\G_y&G_z\end{vmatrix},\begin{vmatrix}F_z&F_x\\G_z&G_x\end{vmatrix},\begin{vmatrix}F_x&F_y\\G_x&G_y\end{vmatrix}\right).$$

2. 显式方程表示的曲面

设曲面 $S:z=f(x,y)$,当 $f(x,y)$偏导连续时,曲面 S 的切平面法向量为 $\boldsymbol{n}=(-f_x,-f_y,1)$,所以曲面 $z=f(x,y)$在点 $P_0(x_0,y_0,f(x_0,y_0))$处的切平面方程是

$$-f_x(x_0,y_0)(x-x_0)-f_y(x_0,y_0)(y-y_0)+z-f(x_0,y_0)=0,$$

曲面 $z=f(x,y)$在点 $P_0(x_0,y_0,f(x_0,y_0))$处的法线方程是

$$\frac{x-x_0}{-f_x(x_0,y_0)}=\frac{y-y_0}{-f_y(x_0,y_0)}=\frac{z-f(x_0,y_0)}{1}.$$

3. 二元函数全微分的几何意义

光滑曲面 $z=f(x,y)$在点 $P_0(x_0,y_0,f(x_0,y_0))$处的切平面方程是

$$z-f(x_0,y_0)=f_x(x_0,y_0)(x-x_0)+f_y(x_0,y_0)(y-y_0),$$

这说明全微分 $\mathrm{d}f(x_0,y_0)=f_x(x_0,y_0)(x-x_0)+f_y(x_0,y_0)(y-y_0)$的值等于该切平面上点 $P_0(x_0,y_0,f(x_0,y_0))$与点 $P(x,y,z)$的纵坐标之差,而全增量 $z-z_0=f(x,y)-f(x_0,y_0)$的值等于曲面上点 $P_0(x_0,y_0,f(x_0,y_0))$与点 $P(x,y,z)$的纵坐标之差,由此可知曲面的切平面与曲面之间只是相差一个高阶无穷小量.

第二部分　典　型　例　题

例 1　设 $f(x,y)=x^3\cos(1-y)+(y-1)\sin\sqrt{\frac{x}{y}}$,则 $f_x(x,1)=$________.

解　令 $g(x)=f(x,1)=x^3$,则 $f_x(x,1)=g'(x)=3x^2$.

例 2　若函数 $z=f(x,y)$满足$\frac{\partial^2 z}{\partial x\partial y}=1$,且当 $x=0$ 时,$z=\sin y$,当 $y=0$ 时,$z=\sin x$,则 $z=$________.

解　因为$\frac{\partial^2 z}{\partial x\partial y}=\frac{\partial}{\partial y}\left(\frac{\partial z}{\partial x}\right)=1$,所以$\frac{\partial z}{\partial x}=f_x(x,y)=y+C_1(x)$.

由 $f(x,0)=\sin x$,可得 $f_x(x,0)=(\sin x)'=\cos x=C_1(x)$,即$\frac{\partial z}{\partial x}=f_x(x,y)=y+\cos x$,

于是有 $f(x,y)=xy+\sin x+C_2(y)$. 再由 $f(0,y)=\sin y$,可得 $C_2(y)=\sin y$,故 $f(x,y)=xy+\sin x+\sin y$.

例 3 设 $f(x,y)$ 与 $\varphi(x,y)$ 均为偏导连续的函数,且 $\varphi_y(x,y)\neq 0$,已知 (x_0,y_0) 是 $f(x,y)$ 在约束条件 $\varphi(x,y)=0$ 下的一个极值点,则下列选项中正确的是________.

A. 若 $f_x(x_0,y_0)=0$,则 $f_y(x_0,y_0)=0$

B. 若 $f_x(x_0,y_0)=0$,则 $f_y(x_0,y_0)\neq 0$

C. 若 $f_x(x_0,y_0)\neq 0$,则 $f_y(x_0,y_0)=0$

D. 若 $f_x(x_0,y_0)\neq 0$,则 $f_y(x_0,y_0)\neq 0$

分析 令 $L(x,y,\lambda)=f(x,y)+\lambda\varphi(x,y)$. 已知 $\varphi_y(x_0,y_0)\neq 0$,且 (x_0,y_0) 满足

$$\begin{cases}L_x(x,y,\lambda)=f_x(x,y)+\lambda\varphi_x(x,y)=0,\\ L_y(x,y,\lambda)=f_y(x,y)+\lambda\varphi_y(x,y)=0,\\ L_\lambda(x,y,\lambda)=\varphi(x,y)=0,\end{cases}$$

若 $f_y(x_0,y_0)=0$,由 $f_y(x_0,y_0)+\lambda\varphi_y(x_0,y_0)=0$ 可得 $\lambda\varphi_y(x_0,y_0)=0$,而已知 $\varphi_y(x_0,y_0)\neq 0$,所以 $\lambda=0$,从而由 $f_x(x_0,y_0)+\lambda\varphi_x(x_0,y_0)=0$ 得 $f_x(x_0,y_0)=0$,正确选项为 D.

例 4 求 $\lim\limits_{\substack{x\to 0\\ y\to 0}}\dfrac{x^2+y^2}{x+y}$.

解 当 (x,y) 沿直线 $y=x$ 趋于 $(0,0)$ 时,有

$$\lim_{\substack{y=x\\ x\to 0}}\frac{x^2+y^2}{x+y}=\lim_{x\to 0}\frac{2x^2}{2x}=0,$$

但当 (x,y) 沿曲线 $y=-x+x^2$ 趋于 $(0,0)$ 时,则有

$$\lim_{\substack{y=-x+x^2\\ x\to 0}}\frac{x^2+y^2}{x+y}=\lim_{x\to 0}\frac{x^2+(x^2-x)^2}{x^2}=\lim_{x\to 0}\frac{2x^2+x^4-2x^3}{x^2}=2,$$

故所求极限不存在.

例 5 判断函数 $f(x,y)=\begin{cases}\dfrac{x^2y}{x^2+y^2}, & (x,y)\neq(0,0),\\ 0, & (x,y)=(0,0)\end{cases}$ 在点 $(0,0)$ 的可微性.

解

$$f_x(0,0)=\lim_{\Delta x\to 0}\frac{f(\Delta x,0)-f(0,0)}{\Delta x}=\lim_{\Delta x\to 0}\frac{0-0}{\Delta x}=0,$$

$$f_y(0,0)=\lim_{\Delta y\to 0}\frac{f(0,\Delta y)-f(0,0)}{\Delta y}=\lim_{\Delta y\to 0}\frac{0-0}{\Delta y}=0.$$

当 $f(x,y)$ 在点 $(0,0)$ 处可微时,必有 $\mathrm{d}f(0,0)=f_x(0,0)\Delta x+f_y(0,0)\Delta y=0$,故 $f(x,y)$ 在点 $(0,0)$ 处可微等价于

$$\Delta f(0,0)=\mathrm{d}f(0,0)+o(\rho)=o(\rho).$$

$$\Delta f(0,0)=\frac{(\Delta x)^2\Delta y}{(\Delta x)^2+(\Delta y)^2},$$

$$\rho=\sqrt{\Delta x^2+\Delta y^2},$$

因为

$$\lim_{\substack{\Delta y=\Delta x\\ \Delta x\to 0}}\frac{\Delta f(0,0)}{\rho}=\lim_{\substack{\Delta y=\Delta x\\ \Delta x\to 0}}\frac{(\Delta x)^2\Delta y}{[(\Delta x)^2+(\Delta y)^2]^{\frac{3}{2}}}=\frac{1}{2\sqrt{2}}\neq 0,$$

即 $\Delta f(0,0)\neq o(\rho)$，所以函数 $f(x,y)$ 在点$(0,0)$不可微.

例 6　设 $z=f(x,y)$，$f(x,y)$可微，将$\left(\frac{\partial z}{\partial x}\right)^2+\left(\frac{\partial z}{\partial y}\right)^2$ 化成极坐标形式.

解　由 $x=r\cos\theta, y=r\sin\theta$，可得 $r=\sqrt{x^2+y^2}$，$\theta=\arctan\frac{y}{x}$，或 $\theta=\arctan\frac{y}{x}+\pi$.

$$\begin{aligned}\frac{\partial z}{\partial x}&=\frac{\partial z}{\partial r}\frac{\partial r}{\partial x}+\frac{\partial z}{\partial \theta}\frac{\partial \theta}{\partial x}\\&=\frac{\partial z}{\partial r}\frac{x}{r}+\frac{\partial z}{\partial \theta}\frac{-y}{x^2+y^2}=\frac{\partial z}{\partial r}\cos\theta+\frac{\partial z}{\partial \theta}\frac{-\sin\theta}{r},\end{aligned}$$

$$\begin{aligned}\frac{\partial z}{\partial y}&=\frac{\partial z}{\partial r}\frac{\partial r}{\partial y}+\frac{\partial z}{\partial \theta}\frac{\partial \theta}{\partial y}\\&=\frac{\partial z}{\partial r}\frac{y}{r}+\frac{\partial z}{\partial \theta}\frac{x}{x^2+y^2}=\frac{\partial z}{\partial r}\sin\theta+\frac{\partial z}{\partial \theta}\frac{\cos\theta}{r},\end{aligned}$$

所以$\left(\frac{\partial z}{\partial x}\right)^2+\left(\frac{\partial z}{\partial y}\right)^2=\left(\frac{\partial z}{\partial r}\right)^2+\frac{1}{r^2}\left(\frac{\partial z}{\partial \theta}\right)^2$.

例 7　设 $v(x,y)=f(x+y,x-y)$，$\xi=x+y$，$\eta=x-y$，$f(\xi,\eta)$ 二阶偏导连续. 将$\frac{\partial^2 v}{\partial x^2}-\frac{\partial^2 v}{\partial y^2}=0$ 化为 $f(\xi,\eta)$满足的等式，并证明存在函数 g,h，使得 $v(x,y)=g(x+y)+h(x-y)$.

解

$$\frac{\partial v}{\partial x}=\frac{\partial f}{\partial \xi}\frac{\partial \xi}{\partial x}+\frac{\partial f}{\partial \eta}\frac{\partial \eta}{\partial x}=\frac{\partial f}{\partial \xi}+\frac{\partial f}{\partial \eta},$$

$$\frac{\partial v}{\partial y}=\frac{\partial f}{\partial \xi}\frac{\partial \xi}{\partial y}+\frac{\partial f}{\partial \eta}\frac{\partial \eta}{\partial y}=\frac{\partial f}{\partial \xi}-\frac{\partial f}{\partial \eta},$$

$$\frac{\partial^2 v}{\partial x^2}=\frac{\partial^2 f}{\partial \xi^2}+2\frac{\partial^2 f}{\partial \eta\partial \xi}+\frac{\partial^2 f}{\partial \eta^2},$$

$$\frac{\partial^2 v}{\partial y^2}=\frac{\partial^2 f}{\partial \xi^2}-2\frac{\partial^2 f}{\partial \eta\partial \xi}+\frac{\partial^2 f}{\partial \eta^2}.$$

由$\frac{\partial^2 v}{\partial x^2}-\frac{\partial^2 v}{\partial y^2}=0$ 可得$\frac{\partial^2 f}{\partial \eta\partial \xi}=0$. 由$\frac{\partial^2 f}{\partial \xi\partial \eta}=0$，得$\frac{\partial f}{\partial \xi}=\varphi(\xi)$. 关于 ξ 积分得

$$f(\xi,\eta)=\int\varphi(\xi)\mathrm{d}\xi+h(\eta)=g(\xi)+h(\eta),$$

所以 $v(x,y)=f(x+y,\ x-y)=g(x+y)+h(x-y)$.

例 8　设 $f(u)$二阶可导，$z=f(\mathrm{e}^x\sin y)$满足$\frac{\partial^2 z}{\partial x^2}+\frac{\partial^2 z}{\partial y^2}=z\mathrm{e}^{2x}$，求 $f(u)$.

解　令 $u=\mathrm{e}^x\sin y$，则 $z=f(u)$.

$$\frac{\partial z}{\partial x}=f'(u)\mathrm{e}^x\sin y,\quad \frac{\partial z}{\partial y}=f'(u)\mathrm{e}^x\cos y,$$

$$\frac{\partial^2 z}{\partial x^2}=f''(u)\mathrm{e}^{2x}\sin^2 y+f'(u)\mathrm{e}^x\sin y,$$

$$\frac{\partial^2 z}{\partial y^2}=f''(u)\mathrm{e}^{2x}\cos^2 y-f'(u)\mathrm{e}^x\sin y.$$

由$\frac{\partial^2 z}{\partial x^2}+\frac{\partial^2 z}{\partial y^2}=z\mathrm{e}^{2x}$，得 $f''(u)=f(u)$.

$$f(u)=C_1\mathrm{e}^u+C_2\mathrm{e}^{-u}\quad C_1, C_2\ \text{为任意常数}.$$

例 9 已知 $z=u(x,y)e^{2(x+y)}$，其中 $u(x,y)$ 二阶偏导连续，且 $\frac{\partial^2 u}{\partial x\partial y}=0$，试求 $u(x,y)$，使得 $\frac{\partial^2 z}{\partial x\partial y}-\frac{\partial z}{\partial x}-\frac{\partial z}{\partial y}+z=0$.

解 由 $\frac{\partial^2 u}{\partial x\partial y}=0$，可得 $u(x,y)=f(x)+g(y)$，其中 f,g 二阶导数连续（参看例 7），即 $z=(f(x)+g(y))e^{2(x+y)}$. 于是

$$\frac{\partial z}{\partial x}=f'(x)e^{2(x+y)}+2(f(x)+g(y))e^{2(x+y)},$$

$$\frac{\partial z}{\partial y}=g'(y)e^{2(x+y)}+2(f(x)+g(y))e^{2(x+y)},$$

$$\frac{\partial^2 z}{\partial x\partial y}=2f'(x)e^{2(x+y)}+2g'(y)e^{2(x+y)}+4(f(x)+g(y))e^{2(x+y)}.$$

欲使 $\frac{\partial^2 z}{\partial x\partial y}-\frac{\partial z}{\partial x}-\frac{\partial z}{\partial y}+z=0$，则有 $f'(x)+f(x)+g'(y)+g(y)=0$. 故存在常数 a，使得 $f'(x)+f(x)=a,g'(y)+g(y)=-a$. 解之得 $f(x)=C_1e^{-x}+a,g(y)=C_2e^{-y}-a$. 故得

$$u(x,y)=C_1e^{-x}+C_2e^{-y}\quad C_1,C_2\text{ 为任意常数.}$$

例 10 设 $x=f(\theta,\varphi),y=g(\theta,\varphi),z=h(\theta,\varphi)$，其中 f,g,h 偏导连续，且 $\begin{vmatrix} f_\theta & f_\varphi \\ g_\theta & g_\varphi \end{vmatrix}\neq 0$，求 $\frac{\partial z}{\partial x}$.

解 $\frac{\partial z}{\partial x}=h_\theta\frac{\partial \theta}{\partial x}+h_\varphi\frac{\partial \varphi}{\partial x}$.

在 $x=f(\theta,\varphi),y=g(\theta,\varphi)$ 两端关于 x 求偏导，得

$$\begin{cases} 1=f_\theta\dfrac{\partial \theta}{\partial x}+f_\varphi\dfrac{\partial \varphi}{\partial x}, \\ 0=g_\theta\dfrac{\partial \theta}{\partial x}+g_\varphi\dfrac{\partial \varphi}{\partial x}, \end{cases}$$

求得

$$\frac{\partial \theta}{\partial x}=\frac{\begin{vmatrix} 1 & f_\varphi \\ 0 & g_\varphi \end{vmatrix}}{\begin{vmatrix} f_\theta & f_\varphi \\ g_\theta & g_\varphi \end{vmatrix}},\quad \frac{\partial \varphi}{\partial x}=\frac{\begin{vmatrix} f_\theta & 1 \\ g_\theta & 0 \end{vmatrix}}{\begin{vmatrix} f_\theta & f_\varphi \\ g_\theta & g_\varphi \end{vmatrix}},$$

故

$$\frac{\partial z}{\partial x}=h_\theta\frac{g_\varphi}{f_\theta g_\varphi-f_\varphi g_\theta}+h_\varphi\frac{-g_\theta}{f_\theta g_\varphi-f_\varphi g_\theta}.$$

例 11 设 $x=x(u,v,w),y=y(u,v,w),z=z(u,v,w)$ 在点 (u,v,w) 的某邻域内偏导连续，且 $\frac{\partial(x,y,z)}{\partial(u,v,w)}=\begin{vmatrix} x_u & x_v & x_w \\ y_u & y_v & y_w \\ z_u & z_v & z_w \end{vmatrix}\neq 0$. 求证：

(1) 方程组 $\begin{cases} x=x(u,v,w), \\ y=y(u,v,w), \\ z=z(u,v,w) \end{cases}$ 在点 (x,y,z) 的某邻域内唯一确定一组单值且偏导连续的反函数 $u=u(x,y,z),v=v(x,y,z),w=w(x,y,z)$；

(2) $\dfrac{\partial(x,y,z)}{\partial(u,v,w)}\cdot\dfrac{\partial(u,v,w)}{\partial(x,y,z)}=1.$

证　(1)令 $F=x-x(u,v,w)$，$G=y-y(u,v,w)$，$H=z-z(u,v,w)$，则

$$\frac{\partial(F,G,H)}{\partial(u,v,w)}=\begin{vmatrix}F_u & F_v & F_w\\ G_u & G_v & G_w\\ H_u & H_v & H_w\end{vmatrix}=\begin{vmatrix}-x_u & -x_v & -x_w\\ -y_u & -y_v & -y_w\\ -z_u & -z_v & -z_w\end{vmatrix}\neq 0,$$

由隐函数存在定理可知(1)得证.

(2) 在$\begin{cases}x=x(u,v,w),\\ y=y(u,v,w),\\ z=z(u,v,w)\end{cases}$两端分别对 x,y,z 求偏导，得

$$\begin{cases}1=x_uu_x+x_vv_x+x_ww_x,\\ 0=y_uu_x+y_vv_x+y_ww_x,\\ 0=z_uu_x+z_vv_x+z_ww_x,\end{cases}\quad\begin{cases}0=x_uu_y+x_vv_y+x_ww_y,\\ 1=y_uu_y+y_vv_y+y_ww_y,\\ 0=z_uu_y+z_vv_y+z_ww_y,\end{cases}\quad\begin{cases}0=x_uu_z+x_vv_z+x_ww_z,\\ 0=y_uu_z+y_vv_z+y_ww_z,\\ 1=z_uu_z+z_vv_z+z_ww_z,\end{cases}$$

即
$$\begin{pmatrix}x_u & x_v & x_w\\ y_u & y_v & y_w\\ z_u & z_v & z_w\end{pmatrix}\begin{pmatrix}u_x & u_y & u_z\\ v_x & v_y & v_z\\ w_x & w_y & w_z\end{pmatrix}=\begin{pmatrix}1 & 0 & 0\\ 0 & 1 & 0\\ 0 & 0 & 1\end{pmatrix},$$

两端取行列式，得$\dfrac{\partial(x,y,z)}{\partial(u,v,w)}\cdot\dfrac{\partial(u,v,w)}{\partial(x,y,z)}=1.$

例 12　设非负函数 $z=f(x,y)$ 由方程 $x^2-6xy+10y^2-2yz-z^2+18=0$ 确定，求$\dfrac{\partial z}{\partial x}$及$\dfrac{\partial^2 z}{\partial x^2}$在$(x,y)=(9,3)$处的值.

解　在 $x^2-6xy+10y^2-2yz-z^2+18=0$ 两边关于 x 求偏导，得

$$2x-6y-2y\frac{\partial z}{\partial x}-2z\frac{\partial z}{\partial x}=0, \tag{1}$$

两边再关于 x 求偏导，得

$$2-2y\frac{\partial^2 z}{\partial x^2}-2\left(\frac{\partial z}{\partial x}\right)^2-2z\frac{\partial^2 z}{\partial x^2}=0. \tag{2}$$

当$(x,y)=(9,3)$时，由 $x^2-6xy+10y^2-2yz-z^2+18=0$，得 $z^2+6z-27=0$，又 z 非负，得 $z=3$.

将$(x,y,z)=(9,3,3)$代入式(1)，得$\left.\dfrac{\partial z}{\partial x}\right|_{(9,3)}=0$；将$(x,y,z)=(9,3,3)$及$\left.\dfrac{\partial z}{\partial x}\right|_{(9,3)}=0$代入式(2)，得$\left.\dfrac{\partial^2 z}{\partial x^2}\right|_{(9,3)}=\dfrac{1}{6}$.

例 13　设函数 $f(x,y)$ 在$(0,0)$处可微，$\boldsymbol{l}_1=(3,\ 4)$，$\boldsymbol{l}_2=(5,\ 12)$. 若$\left.\dfrac{\partial f}{\partial l_1}\right|_{(0,0)}=1$，$\left.\dfrac{\partial f}{\partial l_2}\right|_{(0,0)}=-1$，求 $f_x(0,0)$，$f_y(0,0)$.

解　因为函数 $f(x,y)$ 在$(0,0)$处可微，所以

$\left.\dfrac{\partial f}{\partial l_1}\right|_{(0,0)}=\dfrac{3}{5}f_x(0,0)+\dfrac{4}{5}f_y(0,0)=1$，$\left.\dfrac{\partial f}{\partial l_2}\right|_{(0,0)}=\dfrac{5}{13}f_x(0,0)+\dfrac{12}{13}f_y(0,0)=-1.$

解得 $f_x(0,0)=7$，$f_y(0,0)=-4$.

例 14 写出函数 $f(x,y)=1+x+y+x^2+xy+y^2+xy^2$ 在点(0,0)处带 Peano 型余项的二阶泰勒公式.

解 $f_x(x,y)=1+2x+y+y^2$，$f_y(x,y)=1+x+2y+2xy$，$f_{xx}(x,y)=2$，$f_{xy}(x,y)=1+2y$，$f_{yy}(x,y)=2+2x$，经计算得

$f(0,0)=1$，$f_x(0,0)=1$，$f_y(0,0)=1$，$f_{xx}(0,0)=2$，$f_{xy}(0,0)=1$，$f_{yy}(0,0)=2$，

所求为

$$\begin{aligned}f(x,y)&=f(0,0)+f_x(0,0)x+f_y(0,0)y+\frac{1}{2}(f_{xx}(0,0)x^2+\\&\quad 2f_{xy}(0,0)xy+f_y(0,0)y^2)+o(x^2+y^2)\\&=1+x+y+\frac{1}{2}(2x^2+2xy+2y^2)+o(x^2+y^2)\\&=1+x+y+x^2+xy+y^2+o(x^2+y^2).\end{aligned}$$

例 15 求函数 $f(x,y)=xe^{-\frac{x^2+y^2}{2}}$ 的极值.

解 $$f_x(x,y)=(1-x^2)e^{-\frac{x^2+y^2}{2}},f_y(x,y)=-xye^{-\frac{x^2+y^2}{2}}.$$

令 $\begin{cases}f_x(x,y)=0,\\f_y(x,y)=0,\end{cases}$ 解得驻点(1,0)，(−1,0). 记

$$A=f_{xx}(x,y)=x(x^2-3)e^{-\frac{x^2+y^2}{2}},B=f_{xy}(x,y)=y(x^2-1)e^{-\frac{x^2+y^2}{2}},$$

$$C=f_{yy}(x,y)=x(y^2-1)e^{-\frac{x^2+y^2}{2}}.$$

在点(1,0)处，$A=-\frac{2}{\sqrt{e}}$，$B=0$，$C=-\frac{1}{\sqrt{e}}$. 由于 $AC-B^2=\frac{2}{e}>0$，$A=-\frac{2}{\sqrt{e}}<0$，所以 $f(1,0)=\frac{1}{\sqrt{e}}$ 为 $f(x,y)$ 的(严格)极大值.

在点(−1,0)处，$A=\frac{2}{\sqrt{e}}$，$B=0$，$C=\frac{1}{\sqrt{e}}$. 由于 $AC-B^2=\frac{2}{e}>0$，$A=\frac{2}{\sqrt{e}}>0$，所以 $f(-1,0)=-\frac{1}{\sqrt{e}}$ 为 $f(x,y)$ 的(严格)极小值.

例 16 设函数 $z=z(x,y)$ 由方程 $x^2+y^2+z^2-2x+2y-4z-10=0$ 确定，求 $z=z(x,y)$ 的极值点和极值.

解 在 $x^2+y^2+z^2-2x+2y-4z-10=0$ 两端分别对 x,y 求偏导，得

$$2x+2z\frac{\partial z}{\partial x}-2-4\frac{\partial z}{\partial x}=0,$$

$$2y+2z\frac{\partial z}{\partial y}+2-4\frac{\partial z}{\partial y}=0.$$

上述两式继续对 x,y 求偏导，得

$$2+2\left(\frac{\partial z}{\partial x}\right)^2+2z\frac{\partial^2 z}{\partial x^2}-4\frac{\partial^2 z}{\partial x^2}=0,$$

$$2\frac{\partial z}{\partial x}\cdot\frac{\partial z}{\partial y}+2z\frac{\partial^2 z}{\partial x\partial y}-4\frac{\partial^2 z}{\partial x\partial y}=0,$$

$$2+2\left(\frac{\partial z}{\partial y}\right)^2+2z\frac{\partial^2 z}{\partial y^2}-4\frac{\partial^2 z}{\partial y^2}=0.$$

令$\begin{cases}\dfrac{\partial z}{\partial x}=0,\\ \dfrac{\partial z}{\partial y}=0,\end{cases}$得$\begin{cases}2x-2=0,\\ 2y+2=0,\end{cases}$即$x=1,y=-1$.将$x=1,y=-1$代入$x^2+y^2+z^2-2x+2y-4z-10=0$，解得$z_1=6,z_2=-2$.

当$x=1,y=-1,z=6$时，$A=\dfrac{\partial^2 z}{\partial x^2}=-\dfrac{1}{4}$，$B=\dfrac{\partial^2 z}{\partial x\partial y}=0$，$C=\dfrac{\partial^2 z}{\partial y^2}=-\dfrac{1}{4}$.因为$AC-B^2>0$且$A<0$，所以$z=z(x,y)$在点$(1,-1)$处取得极大值6.

当$x=1,y=-1,z=-2$时，$A=\dfrac{\partial^2 z}{\partial x^2}=\dfrac{1}{4}$，$B=\dfrac{\partial^2 z}{\partial x\partial y}=0$，$C=\dfrac{\partial^2 z}{\partial y^2}=\dfrac{1}{4}$.因为$AC-B^2>0$且$A>0$，所以$z=z(x,y)$在点$(1,-1)$处取得极小值$-2$.

评注　在点$(1,-1,-2)$附近方程确定一个隐函数$z=z_1(x,y)$，$z_1(1,-1)=-2$是极小值；在点$(1,-1,6)$附近方程确定一个隐函数$z=z_2(x,y)$，$z_2(1,-1)=6$是极大值.

例 17　在周长为$2p$的三角形中，求面积S最大的三角形.

解　设x,y,z是三角形3条边的边长，则$S=\sqrt{p(p-x)(p-y)(p-z)}$.于是问题变成求$S=\sqrt{p(p-x)(p-y)(p-z)}$在条件$x+y+z=2p(0<x,y,z<p)$下的最大值.

令$L(x,y,z,\lambda)=p(p-x)(p-y)(p-z)+\lambda(x+y+z-2p)$，由

$$\begin{cases}L_x=-p(p-y)(p-z)+\lambda=0,\\ L_y=-p(p-x)(p-z)+\lambda=0,\\ L_z=-p(p-x)(p-y)+\lambda=0,\\ L_\lambda=x+y+z-2p=0,\end{cases}$$

解得$x=y=z=\dfrac{2p}{3}$.故在周长一定的三角形中，等边三角形的面积最大.

评注　由前3个方程得$\lambda(p-x)=\lambda(p-y)=\lambda(p-z)$.

例 18　已知三角形的周长为$2p$，求出这样的三角形，使之绕着自己的一边旋转所构成的旋转体的体积最大.

解　设三角形的3条边长分别为x,y,z，则$x+y+z=2p(0<x,y,z<p)$.

设三角形绕长为x的边旋转，该边上的高为h，由三角形面积公式

$$S=\sqrt{p(p-x)(p-y)(p-z)}=\frac{xh}{2}$$

可得

$$h^2=\frac{4S^2}{x^2}=\frac{4p(p-x)(p-y)(p-z)}{x^2},$$

旋转体的体积为

$$\frac{1}{3}\pi h^2 x=\frac{4}{3}\pi\frac{p(p-x)(p-y)(p-z)}{x}.$$

要求$\dfrac{p(p-x)(p-y)(p-z)}{x}$在条件$x+y+z=2p(0<x,y,z<p)$下的最大值.令

$$L(x,y,z,\lambda)=\ln(p-x)+\ln(p-y)+\ln(p-z)-\ln x+\lambda(x+y+z-2p),$$

由$\begin{cases} L_x=\dfrac{1}{x-p}-\dfrac{1}{x}+\lambda=0, \\ L_y=\dfrac{1}{y-p}+\lambda=0, \\ L_z=\dfrac{1}{z-p}+\lambda=0, \\ L_\lambda=x+y+z-2p=0, \end{cases}$ 求得唯一解 $x=\dfrac{p}{2}, y=z=\dfrac{3}{4}p$,

故边长为$\dfrac{1}{2}p, \dfrac{3}{4}p, \dfrac{3}{4}p$的三角形绕长为$\dfrac{1}{2}p$的边旋转所得的旋转体的体积最大.

例 19 求函数 $f(x,y,z)=x+2y+3z$ 在柱面 $x^2+y^2=2$ 和平面 $y+z=1$ 的交线上的最大值与最小值.

解 要求 $f(x,y,z)=x+2y+3z$ 在条件 $x^2+y^2=2$ 与 $y+z=1$ 下的最大、最小值. 令

$$L(x,y,z,\lambda,\mu)=x+2y+3z+\lambda(x^2+y^2-2)+\mu(y+z-1),$$

由$\begin{cases} L_x=1+2\lambda x=0, \\ L_y=2+2\lambda y+\mu=0, \\ L_z=3+\mu=0, \\ L_\lambda=x^2+y^2-2=0, \\ L_\mu=y+z-1=0, \end{cases}$ 解得$(x,y,z)=(1,-1,2)$和$(x,y,z)=(-1,1,0)$.

由 $f(1,-1,2)=5$ 及 $f(-1,1,0)=1$ 知所求的最大值是 5,最小值是 1.

评注 由前 3 个方程可得 $y=-x$.

例 20 求函数 $f(x,y)=3(x^2+y^2)-x^3$ 在区域 $D=\{(x,y)\,|\,x^2+y^2\leqslant 16\}$上的最大值和最小值.

解 $f(x,y)=3(x^2+y^2)-x^3$ 处处可偏导,$f_x(x,y)=6x-3x^2$,$f_y(x,y)=6y$.

令$\begin{cases} f_x(x,y)=0, \\ f_y(x,y)=0, \end{cases}$求得 $f(x,y)$在区域 D 内部的驻点:$(0,0)$和$(2,0)$.

再考虑 $f(x,y)$在 D 的边界上的最大、最小值:当 $x^2+y^2=16$ 时,$-4\leqslant x\leqslant 4$,$f(x,y)=3(x^2+y^2)-x^3=48-x^3$,其最小值为 $f(4,0)=-16$,最大值为 $f(-4,0)=112$.

比较 $f(0,0)=0$,$f(2,0)=4$,$f(4,0)=-16$,$f(-4,0)=112$ 的大小可知,$f(x,y)$在 D 上的最大值为 $f(-4,0)=112$,最小值为 $f(4,0)=-16$.

例 21 求曲线$\begin{cases} x^2+y^2=2a^2, \\ x^2+z^2=2a^2 \end{cases}$在点$(a,a,a)$处的切线与法平面方程.

解 记 $F(x,y,z)=x^2+y^2-2a^2$,$G(x,y,z)=x^2+z^2-2a^2$.

在点(a,a,a)处:

$$\frac{\partial F}{\partial x}=2a,\quad \frac{\partial F}{\partial y}=2a,\quad \frac{\partial F}{\partial z}=0;$$

$$\frac{\partial G}{\partial x}=2a,\quad \frac{\partial G}{\partial y}=0,\quad \frac{\partial G}{\partial z}=2a.$$

所以曲线$\begin{cases} x^2+y^2=2a^2, \\ x^2+z^2=2a^2 \end{cases}$在点$(a,a,a)$处的切向量为

$$\boldsymbol{T}=\left(\begin{vmatrix} 2a & 0 \\ 0 & 2a \end{vmatrix}, \begin{vmatrix} 0 & 2a \\ 2a & 2a \end{vmatrix}, \begin{vmatrix} 2a & 2a \\ 2a & 0 \end{vmatrix}\right)=(4a^2,-4a^2,-4a^2)//(1,-1,-1),$$

故切线方程是$\frac{x-a}{1}=\frac{y-a}{-1}=\frac{z-a}{-1}$;法平面方程是$x-a-(y-a)-(z-a)=0$,即$x-y-z+a=0$.

例 22　确定正数k,使得曲面$xyz=k$与椭球面$\frac{x^2}{a^2}+y^2+\frac{z^2}{b^2}=1(a>0,b>0)$相切,并求出切点坐标.

解　设切点为(x_0,y_0,z_0),则$x_0y_0z_0=k$,且$\frac{x_0^2}{a^2}+y_0^2+\frac{z_0^2}{b^2}=1$. $xyz=k$在切点处的法向量为(y_0z_0,x_0z_0,x_0y_0),$\frac{x^2}{a^2}+y^2+\frac{z^2}{b^2}=1$在切点处的法向量为$\left(\frac{x_0}{a^2},y_0,\frac{z_0}{b^2}\right)$.

依题意,$(y_0z_0,x_0z_0,x_0y_0)//\left(\frac{x_0}{a^2},y_0,\frac{z_0}{b^2}\right)$,即

$$\frac{a^2y_0z_0}{x_0}=\frac{x_0z_0}{y_0}=\frac{b^2x_0y_0}{z_0},$$

求得切点有4个:

$$\left(\frac{\sqrt{3}a}{3},\frac{\sqrt{3}}{3},\frac{\sqrt{3}b}{3}\right);\left(\frac{-\sqrt{3}a}{3},\frac{\sqrt{3}}{3},\frac{-\sqrt{3}b}{3}\right);\left(\frac{-\sqrt{3}a}{3},-\frac{\sqrt{3}}{3},\frac{\sqrt{3}b}{3}\right);\left(\frac{\sqrt{3}a}{3},-\frac{\sqrt{3}}{3},\frac{-\sqrt{3}b}{3}\right).$$

得

$$k=\frac{\sqrt{3}ab}{9}.$$

例 23　已知二元函数$z=g(x,y)(y\neq0)$偏导连续,求证:存在连续可导函数$f(u)$,使得$z=g(x,y)$能表示成$z=f\left(\frac{x}{y}\right)$的充要条件是$x\frac{\partial z}{\partial x}+y\frac{\partial z}{\partial y}=0$.

证　必要性:若$z=f\left(\frac{x}{y}\right)$,则

$$\frac{\partial z}{\partial x}=\frac{1}{y}f'\left(\frac{x}{y}\right),\quad \frac{\partial z}{\partial y}=-\frac{x}{y^2}f'\left(\frac{x}{y}\right),$$

$$x\frac{\partial z}{\partial x}+y\frac{\partial z}{\partial y}=\frac{x}{y}f'\left(\frac{x}{y}\right)-\frac{x}{y}f'\left(\frac{x}{y}\right)=0.$$

充分性:若$x\frac{\partial z}{\partial x}+y\frac{\partial z}{\partial y}=x\frac{\partial g}{\partial x}+y\frac{\partial g}{\partial y}=0$,令$u=\frac{x}{y}$,则有

$$z=g(yu,y)=h(y,u),$$

$$\frac{\partial h}{\partial y}=\frac{\partial g}{\partial x}u+\frac{\partial g}{\partial y}=\frac{1}{y}\left(x\frac{\partial g}{\partial x}+y\frac{\partial g}{\partial y}\right)=0.$$

故有连续可导函数$f(u)$,使得$g=f(u)=f\left(\frac{x}{y}\right)$.

例 24　把正数a分成3个正数之和,使它们的乘积最大,并由此结果证明:

$$\sqrt[3]{xyz}\leqslant\frac{x+y+z}{3}(x>0,y>0,z>0).$$

证　先求$f(x,y,z)=xyz$在$x+y+z=a(x>0,y>0,z>0)$条件下的最大值. 令

$$L(x,y,z,\lambda)=xyz+\lambda(x+y+z-a),$$

由$\begin{cases}L_x=yz+\lambda=0,\\L_y=zx+\lambda=0,\\L_z=xy+\lambda=0,\\L_\lambda=x+y+z-a=0,\end{cases}$　求得唯一解$x=y=z=\frac{a}{3}$,

故当 $x+y+z=a(x>0,y>0,z>0)$ 时，

$$xyz\leqslant\left(\frac{a}{3}\right)^3,$$

$$\sqrt[3]{xyz}\leqslant\frac{a}{3}=\frac{x+y+z}{3}.$$

例 25 已知 x,y,z 为实数，且 $e^x+y^2+|z|=3$，证明：$e^xy^2|z|\leqslant 1$.

证 记 $u=e^x>0,v=y^2\geqslant 0,w=|z|\geqslant 0$.

先求 $f(u,v,w)=uvw$ 在 $u+v+w=3(u>0,v\geqslant 0,w\geqslant 0)$ 条件下的最大值. 由例 24 可知，$f(u,v,w)=uvw$ 在 $u+v+w=3(u>0,v>0,w>0)$ 条件下的最大值为 1（当 $u=v=w=1$ 时取到）.

接下来考虑边界的情形：在边界 $v=0,u+w=3$ 上，$f(u,0,w)=0$；在边界 $w=0,u+v=3$ 上，$f(u,v,0)=0$.

故 $f(u,v,w)=uvw$ 在 $u+v+w=3(u>0,v\geqslant 0,w\geqslant 0)$ 条件下的最大值为 1，即 $e^xy^2|z|\leqslant 1$.

例 26 证明球面 $x^2+y^2+z^2=a^2$ 与锥面 $x^2+y^2=k^2z^2(k\neq 0)$ 垂直.

证 球面 $x^2+y^2+z^2=a^2$ 在点 (x,y,z) 的法向量是 $\boldsymbol{n}_1=(x,y,z)$，锥面 $x^2+y^2=k^2z^2$ 在点 (x,y,z) 的法向量是 $\boldsymbol{n}_2=(x,y,-k^2z)$.

当点 (x,y,z) 位于球面与锥面的交线上时，有

$$\boldsymbol{n}_1\cdot\boldsymbol{n}_2=(x,y,z)\cdot(x,y,-k^2z)=x^2+y^2-k^2z^2=0,$$

即 $\boldsymbol{n}_1$ 与 $\boldsymbol{n}_2$ 垂直，故球面与锥面垂直.

例 27 已知二元函数 f 具有连续偏导数，设曲面 S 的方程为 $f(y-mz,x-nz)=0$，求 S 在任一点 (x_0,y_0,z_0) 处的切平面方程，并证明所有切平面都平行于（同）一条定直线.

证 记 $F(x,y,z)=f(y-mz,x-nz)$，则

$$\frac{\partial F}{\partial x}=f_2',\frac{\partial F}{\partial y}=f_1',\quad\frac{\partial F}{\partial z}=-mf_1'-nf_2',$$

所以 S 在任一点 (x_0,y_0,z_0) 的法向量为

$$\boldsymbol{n}=\left(\frac{\partial F}{\partial x},\frac{\partial F}{\partial y},\frac{\partial F}{\partial z}\right)=(f_2',f_1',-mf_1'-nf_2'),$$

其中，f 的偏导数均在点 (y_0-mz_0,x_0-nz_0) 处取值.

取向量 $\boldsymbol{l}=(n,m,1)$，则 $\boldsymbol{n}\cdot\boldsymbol{l}=0$，即所有切平面都平行于 $\boldsymbol{l}=(n,m,1)$.

例 28 已知曲面方程为 $e^{2x-z}=f(\pi y-\sqrt{2}z)$，$f(u)$ 导数连续，证明该曲面为柱面.

证 令 $F(x,y,z)=f(\pi y-\sqrt{2}z)-e^{2x-z}$，曲面在任意点 (x,y,z) 处的法向量为

$$\boldsymbol{n}=(-2e^{2x-z},\pi f'(\pi y-\sqrt{2}z),-\sqrt{2}f'(\pi y-\sqrt{2}z)+e^{2x-z}),$$

可验证 $\boldsymbol{n}\cdot\boldsymbol{l}=0$，其中 $\boldsymbol{l}=(\pi,2\sqrt{2},2\pi)$.

这说明曲面上任意点的切平面均平行于向量 $\boldsymbol{l}=(\pi,2\sqrt{2},2\pi)$，因此该曲面为柱面.

第三部分　练　习　题

一、填空题

1. 设 $f(x,y,z)=|y-x|g(x,y,z)$，$g(0,0,0)=0$，$g(x,y,z)$ 在 $(0,0,0)$ 点连续，则

$\left.\dfrac{\partial f}{\partial y}\right|_{(0,0,0)}=$________.

2. 曲线$\begin{cases}z=\sqrt{6-x^2-y^2},\\x=1\end{cases}$在点(1,2,1)处的切线相对于 y 轴的倾角为________.

3. $f(x,y)=\int_0^{xy}\mathrm{e}^{-u^2}\mathrm{d}u$,则 $\mathrm{d}f(x,y)=$ ________.

4. 设 $z=f(u)$,f 可导,$u=\varphi(u)-\int_x^y p(t)\mathrm{d}t$,$p(t)$ 连续,φ 可导,且 $\varphi'(u)\neq 1$,则 $p(x)\dfrac{\partial z}{\partial y}+p(y)\dfrac{\partial z}{\partial x}=$________.

5. 设 $z=F\left(\dfrac{y}{x}\right)$,$F(u)$为可导函数,则 $x\dfrac{\partial z}{\partial x}+y\dfrac{\partial z}{\partial y}=$________.

6. 设 $z=f(x,x\mathrm{e}^y)$,f 二阶偏导连续,则$\dfrac{\partial^2 z}{\partial x^2}=$________.

7. $f(x,y,z)=\ln(x^2+y^2+z^2)$在点 $A(1,0,-1)$处的最大方向导数是________.

8. 函数 $u=xy^2z^2$ 在点(1,1,1)处沿从(1,1,1)到(2,2,2)方向的方向导数是________.

9. 曲线$\begin{cases}x^2+y^2+z^2=1,\\2x-y-z=0\end{cases}$在点$\left(\dfrac{\sqrt{3}}{3},\dfrac{\sqrt{3}}{3},\dfrac{\sqrt{3}}{3}\right)$处的切线方程为________;法平面方程为________.

10. 曲面 $z=2x^2+y^2$ 的与平面 $x+2y+z=0$ 平行的切平面方程为________.

11. 曲线$\begin{cases}3x^2+2y^2=12,\\z=0\end{cases}$绕 y 轴旋转一周得到的旋转面在点$(0,\sqrt{3},\sqrt{2})$处的指向外侧的单位法向量为________.

12. 函数 $z=x^3+y^3-3x^2-3y^2$ 的极小值点为________.

二、选择题

13. 二元函数 $f(x,y)=\begin{cases}\dfrac{xy}{x^2+y^2}, & (x,y)\neq(0,0),\\0, & (x,y)=(0,0)\end{cases}$在(0,0)处________.

A. 连续且可偏导　　B. 连续但不可偏导

C. 不连续但可偏导　　D. 不连续且不可偏导

14. 设 $z=f(x,y)$在(0,0)处偏导数存在,$f'_x(0,0)=-1$,$f'_y(0,0)=2$,则下列结论中正确的是________.

A. $z=f(x,y)$在(0,0)点的全微分为$-\mathrm{d}x+2\mathrm{d}y$

B. 曲线$\begin{cases}z=f(x,y),\\y=0\end{cases}$在$(0,0,f(0,0))$处的切线方向是$\boldsymbol{i}-\boldsymbol{k}$

C. $z=f(x,y)$在(0,0)点的某邻域内必有定义

D. 极限$\lim\limits_{(x,y)\to(0,0)}f(x,y)$必存在

15. 设三元方程 $xy-z\ln y+\mathrm{e}^{xz}=1$,根据隐函数存在定理,存在点(0,1,1)的一个邻域,在此邻域内该方程________.

A. 只能确定一个具有连续偏导数的隐函数 $z=z(x,y)$

B. 可确定两个具有连续偏导数的隐函数 $y=y(x,z)$和 $z=z(x,y)$

C. 可确定两个具有连续偏导数的隐函数 $x=x(y,z)$ 和 $z=z(x,y)$

D. 可确定两个具有连续偏导数的隐函数 $x=x(y,z)$ 和 $y=y(x,z)$

16. 在曲线 $x=t, y=t^2, z=\frac{1}{3}t^3$ 的所有切线中，与平面 $x+2y+z=4$ 平行的切线________.

A. 只有 1 条　　B. 共有 2 条

C. 共有 3 条　　D. 不存在

17. 曲面 $xyz=1$ 的平行于平面 $x+y+z=0$ 的切平面方程是________.

A. $x+y+z=1$　　B. $x+y+z=3$

C. $x+y+z=-3$　　D. $x+y+z=-2$

三、解答与证明题

18. 求下列极限：

(1) $\lim\limits_{\substack{x\to 0\\ y\to 0}}(x^2+y^2)\sin\frac{1}{x^2+y^2}$；　　(2) $\lim\limits_{\substack{x\to 0\\ y\to 1}}\frac{\ln(1+xy)}{x}$；

(3) $\lim\limits_{\substack{x\to 0\\ y\to 0}}\frac{\sin[(1+x)y]}{y}$.

19. 设 $z=2\cos^2\left(\sqrt{x}-\frac{y}{2}\right)$，求 $\frac{\partial z}{\partial x}, \frac{\partial z}{\partial y}$.

20. 设 $f(x,y)=\begin{cases}\frac{\sqrt{|xy|}\sin(x^2+y^2)}{x^2+y^2}, & x^2+y^2\neq 0,\\ 0, & x^2+y^2=0,\end{cases}$ 讨论 $f(x,y)$ 在 $(0,0)$ 的连续性与可微性.

21. 判断函数 $f(x,y)=\begin{cases}\frac{x^2y^2}{x^2+y^2}, & (x,y)\neq(0,0),\\ 0, & (x,y)=(0,0)\end{cases}$ 在点 $(0,0)$ 的可微性.

22. 设 $f(x,y)=\begin{cases}\frac{xy}{x+y}, & x\neq -y,\\ 0, & x=-y,\end{cases}$ 讨论 $f(x,y)$ 在 $(0,0)$ 的可微性.

23. 若 $\varphi(u)$ 二阶可导，$z=\varphi(x^2+y^2)$，求 $\frac{\partial^2 z}{\partial x^2}$.

24. 设 $g(x)=f(x,\varphi(x^2,x^2))$，$f$ 与 φ 二阶偏导连续，求 $g''(x)$.

25. 设函数 $f(u), g(u)$ 二阶可导，$z(x,y)=xf(x+y)+yg(x+y)$. 计算 $\frac{\partial^2 z}{\partial x^2}-2\frac{\partial^2 z}{\partial x\partial y}+\frac{\partial^2 z}{\partial y^2}$.

26. 设变换 $\begin{cases}u=x-2y,\\ v=x+ay\end{cases}(a\neq -2)$ 可将方程 $6\frac{\partial^2 z}{\partial x^2}+\frac{\partial^2 z}{\partial x\partial y}-\frac{\partial^2 z}{\partial y^2}=0$ 化为 $\frac{\partial^2 z}{\partial u\partial v}=0$ $\left(\frac{\partial^2 z}{\partial v^2}\neq 0\right)$，其中 $z=z(x,y)$ 二阶偏导连续，求常数 a.

27. 设 $xy+yz+zx=1(x+y\neq 0)$，求 $\frac{\partial^2 z}{\partial x\partial y}$.

28. 设 $z=z(x,y)$ 由 $F(x+y,x+z,y+z)=0$ 确定，F 偏导连续，$F_2+F_3\neq 0$，求 dz.

29. 设 $z=z(x,y)$ 由 $f(\ln(xy),z)=0$ 确定，其中 $f(u,z)$ 二阶偏导连续，$f_z\neq 0$，$f_{uz}\equiv 0$，

求$\dfrac{\partial z}{\partial x}$，$\dfrac{\partial^2 z}{\partial x\partial y}$.

30. 设 $w=w(x,y)$ 由 $w=f(x,y,z)$，$g(y,z)=3$ 确定，其中 f,g 二阶偏导连续，$g_z\neq 0$，求$\dfrac{\partial w}{\partial y}$，$\dfrac{\partial^2 w}{\partial y\partial x}$.

31. 设函数 $u=u(x,y,z)$，$v=v(x,y,z)$ 由 $\begin{cases}x+y+z+u+v=1,\\ x^2+y^2+z^2+u^2+v^2=2\end{cases}$ $(u-v\neq 0)$ 确定，求$\dfrac{\partial u}{\partial x}$，$\dfrac{\partial v}{\partial x}$.

32. 已知 $y=y(x)$，$z=z(x)$ 由 $\begin{cases}x+y+2z-z^2=0,\\ x^2+y^2+z^2-z^3=0\end{cases}$ 确定，求$\dfrac{\mathrm{d}z}{\mathrm{d}x}$.

33. 求单位向量 $\boldsymbol{l}$，使得 $f(x,y,z)=xy+yz+xz$ 在点 $(1,0,-1)$ 处沿 $\boldsymbol{l}$ 的方向导数最小，并求此最小值.

34. 求 $f(x,y)=x^3+y^3-3xy$ 的极值点和极值.

35. 设函数 $z=z(x,y)$ 由方程 $x^2-6xy+10y^2-2yz-z^2+18=0$ 确定，求 $z=z(x,y)$ 的极值点和极值.

36. 在旋转抛物面 $z=x^2+y^2$ 上 $0\leqslant z\leqslant 1$ 的一段中嵌入有最大体积的长方体，求该长方体的长、宽、高.

37. 在半径为 R 的上半球 $x^2+y^2+z^2\leqslant R^2(0\leqslant z\leqslant R)$ 内嵌入有最大体积的、母线平行于 z 轴的直圆柱，求这圆柱的底半径与高.

38. 求函数 $f(x,y)=x^2-y^2+4$ 在有界闭域 D：$x^2+\dfrac{y^2}{4}\leqslant 1$ 上的最大值与最小值.

39. 设曲面 $z=1-x^2-y^2(z\geqslant 0)$，有一点光源位于点 $P_0(\sqrt{2},\sqrt{2},2)$.

(1) 求曲面上受光部分和背光部分的分界线方程(设曲面不透光)；

(2) 求上述分界线上 z 坐标的最大值.

40. 求曲线 $\begin{cases}3x^2+2y^2=2z+1,\\ x^2+y^2+z^2-4y-2z+2=0\end{cases}$ 在点 $(1,1,2)$ 处的切线方程.

41. 求抛物面 $z=x^2+y^2$ 与直线$\dfrac{x-1}{2}=\dfrac{y-1}{2}=\dfrac{z-1}{2}$的交点，以及抛物面 $z=x^2+y^2$ 在交点处的切平面方程.

42. 设直线 L：$\begin{cases}x+y+b=0,\\ x+ay-z-3=0\end{cases}$ 在平面 π 上，而平面 π 与曲面 $z=x^2+y^2$ 相切于点 $(1,-2,5)$，求 a,b 的值.

43. 设 $f(u,v)$ 可微，$z=f(u,v)$，$u=x$，$v=x^2+y^2$. 求证：

(1) $y\dfrac{\partial z}{\partial x}-x\dfrac{\partial z}{\partial y}=y\dfrac{\partial z}{\partial u}$；

(2) 若 $y\dfrac{\partial z}{\partial x}-x\dfrac{\partial z}{\partial y}=0$，则存在可导函数 φ，使得 $z=\varphi(x^2+y^2)$.

44. 设 D：$|x|\leqslant a$，$|y|\leqslant b(a>0,b>0)$，$f(x,y)$ 在 D 上连续，在 D 内可微，且满足方程

$\frac{\partial f}{\partial x}+\frac{\partial f}{\partial y}=kf(x,y)$，其中 k 为非零常数．若在 D 的边界上 $f(x,y)=0$，试证 $f(x,y)$ 在 D 上恒为零．

习题答案、简答或提示

一、填空题

1．0．

2．$\pi-\arctan 2$．

3．$e^{-x^2y^2}(y\mathrm{d}x+x\mathrm{d}y)$．

4．0．

5．0．

6．$f_{11}+2f_{12}e^y+f_{22}e^{2y}$．

7．$\sqrt{2}$．

8．$\frac{5\sqrt{3}}{3}$．

9．$\begin{cases}x=\frac{\sqrt{3}}{3},\\ y+z-\frac{2\sqrt{3}}{3}=0;\end{cases}$ $y=z$．

10．$x+2y+z+\frac{9}{8}=0$．

11．$\frac{1}{\sqrt{5}}(0,\sqrt{2},\sqrt{3})$．

12．$(2,2)$．

二、选择题

13．C．　14．B．　15．D．　16．B．　17．B．

三、解答与证明题

18．**解**　(1) 因为 $\lim\limits_{\substack{x\to 0\\y\to 0}}(x^2+y^2)=0$，且函数 $\sin\frac{1}{x^2+y^2}$ 有界，所以

$$\lim_{\substack{x\to 0\\y\to 0}}(x^2+y^2)\sin\frac{1}{x^2+y^2}=0.$$

或因为 $0\leqslant\left|(x^2+y^2)\sin\frac{1}{x^2+y^2}\right|\leqslant x^2+y^2$，且 $\lim\limits_{\substack{x\to 0\\y\to 0}}(x^2+y^2)=0$，所以

$$\lim_{\substack{x\to 0\\y\to 0}}(x^2+y^2)\sin\frac{1}{x^2+y^2}=0.$$

(2) $\lim\limits_{\substack{x\to 0\\y\to 1}}\frac{\ln(1+xy)}{x}=\lim\limits_{\substack{x\to 0\\y\to 1}}\frac{\ln(1+xy)}{xy}\cdot y=\lim\limits_{t\to 0}\frac{\ln(1+t)}{t}\lim\limits_{\substack{x\to 0\\y\to 1}}y=1$．

(3) $\lim\limits_{\substack{x\to 0\\y\to 0}}\frac{\sin[(1+x)y]}{y}=\lim\limits_{\substack{x\to 0\\y\to 0}}\frac{\sin[(1+x)y]}{(1+x)y}\cdot(1+x)=\lim\limits_{t\to 0}\frac{\sin t}{t}\lim\limits_{\substack{x\to 0\\y\to 0}}(1+x)=1$．

19. $z=1+\cos(2\sqrt{x}-y)$，$\dfrac{\partial z}{\partial x}=-\dfrac{1}{\sqrt{x}}\sin(2\sqrt{x}-y)$，$\dfrac{\partial z}{\partial y}=\sin(2\sqrt{x}-y)$.

20. **解**　$f(x,y)$在$(0,0)$连续但不可微.

$$\lim_{(x,y)\to(0,0)}f(x,y)=\lim_{(x,y)\to(0,0)}\sqrt{|xy|}\frac{\sin(x^2+y^2)}{x^2+y^2}=0,$$

$$f_x(0,0)=\lim_{x\to 0}\frac{f(x,0)-f(0,0)}{x}=0,f_y(0,0)=0,$$

$$\Delta f(0,0)-(f_x(0,0)\Delta x+f_y(0,0)\Delta y)=\frac{\sqrt{|\Delta x||\Delta y|}}{(\Delta x)^2+(\Delta y)^2}\sin[(\Delta x)^2+(\Delta y)^2],$$

$$\rho=\sqrt{(\Delta x)^2+(\Delta y)^2}.$$

$$\lim_{\substack{x\to 0\\ y\to 0}}\frac{\Delta f(0,0)-f_x(0,0)\Delta x-f_y(0,0)\Delta y}{\rho}=\lim_{\substack{\Delta x\to 0\\ \Delta y\to 0}}\frac{\sqrt{|\Delta x||\Delta y|}\sin[(\Delta x)^2+(\Delta y)^2]}{[(\Delta x)^2+(\Delta y)^2]^{\frac{3}{2}}}$$

不存在，故函数$f(x,y)$在$(0,0)$点不可微.

21. **解**　$f_x(0,0)=\lim\limits_{x\to 0}\dfrac{f(x,0)-f(0,0)}{x}=0$ ，$f_y(0,0)=0$.

$$\Delta f(0,0)-(f_x(0,0)\Delta x+f_y(0,0)\Delta y)=\Delta f(0,0)=\frac{(\Delta x)^2(\Delta y)^2}{(\Delta x)^2+(\Delta y)^2},$$

$$\rho=\sqrt{(\Delta x)^2+(\Delta y)^2}.$$

$$\left|\frac{\Delta f(0,0)-f_x(0,0)\Delta x-f_y(0,0)\Delta y}{\rho}\right|=\frac{(\Delta x)^2(\Delta y)^2}{[(\Delta x)^2+(\Delta y)^2]^{\frac{3}{2}}}\leqslant\frac{\left[\frac{(\Delta x)^2+(\Delta y)^2}{2}\right]^2}{[(\Delta x)^2+(\Delta y)^2]^{\frac{3}{2}}}=\frac{\rho}{4},$$

从而$\lim\limits_{\rho\to 0}\dfrac{\Delta f(0,0)-f_x(0,0)\Delta x-f_y(0,0)\Delta y}{\rho}=0$，由此可知函数$f(x,y)$在点$(0,0)$可微.

22. $f(x,y)$在$(0,0)$不可微.

23. $\dfrac{\partial z}{\partial x}=2x\varphi'(x^2+y^2)$，$\dfrac{\partial^2 z}{\partial x^2}=2\varphi'(x^2+y^2)+4x^2\varphi''(x^2+y^2)$.

24. $g'(x)=f_1+2xf_2(\varphi_1+\varphi_2)$，$g''(x)=f_{11}+(\varphi_1+\varphi_2)(2f_2+4xf_{12})+4x^2[f_{22}(\varphi_1+\varphi_2)^2+f_2(\varphi_{11}+2\varphi_{12}+\varphi_{22})]$.

25. $\dfrac{\partial^2 z}{\partial x^2}-2\dfrac{\partial^2 z}{\partial x\partial y}+\dfrac{\partial^2 z}{\partial y^2}=0$.

解

$$\frac{\partial z}{\partial x}=f(x+y)+xf'(x+y)+yg'(x+y)=f+xf'+yg',$$

$$\frac{\partial^2 z}{\partial x^2}=2f'+xf''+yg'',$$

$$\frac{\partial^2 z}{\partial x\partial y}=f'+g'+xf''+yg'',$$

$$\frac{\partial z}{\partial y}=g+xf'+yg',$$

$$\frac{\partial^2 z}{\partial y^2}=2g'+xf''+yg''.$$

26. **解**

$$\frac{\partial z}{\partial x}=\frac{\partial z}{\partial u}+\frac{\partial z}{\partial v},\frac{\partial z}{\partial y}=-2\frac{\partial z}{\partial u}+a\frac{\partial z}{\partial v},$$

$$\frac{\partial^2 z}{\partial x^2}=\frac{\partial^2 z}{\partial u^2}+2\frac{\partial^2 z}{\partial u\partial v}+\frac{\partial^2 z}{\partial v^2},$$

$$\begin{aligned}\frac{\partial^2 z}{\partial x\partial y}&=-2\frac{\partial^2 z}{\partial u^2}+a\frac{\partial^2 z}{\partial u\partial v}-2\frac{\partial^2 z}{\partial v\partial u}+a\frac{\partial^2 z}{\partial v^2}\\&=-2\frac{\partial^2 z}{\partial u^2}+(a-2)\frac{\partial^2 z}{\partial u\partial v}+a\frac{\partial^2 z}{\partial v^2},\end{aligned}$$

$$\frac{\partial^2 z}{\partial y^2}=4\frac{\partial^2 z}{\partial u^2}-2a\frac{\partial^2 z}{\partial u\partial v}-2a\frac{\partial^2 z}{\partial v\partial u}+a^2\frac{\partial^2 z}{\partial v^2}=4\frac{\partial^2 z}{\partial u^2}-4a\frac{\partial^2 z}{\partial u\partial v}+a^2\frac{\partial^2 z}{\partial v^2}.$$

由 $6\frac{\partial^2 z}{\partial x^2}+\frac{\partial^2 z}{\partial x\partial y}-\frac{\partial^2 z}{\partial y^2}=0$，可得 $(5a+10)\frac{\partial^2 z}{\partial u\partial v}+(6+a-a^2)\frac{\partial^2 z}{\partial v^2}=0$，故 $a=3$.

27. $\frac{\partial z}{\partial x}=-\frac{y+z}{x+y}$，$\frac{\partial z}{\partial y}=-\frac{x+z}{x+y}$，$\frac{\partial^2 z}{\partial x\partial y}=\frac{2z}{(x+y)^2}$.

28. **解**

$$F_1(dx+dy)+F_2(dx+dz)+F_3(dy+dz)=0,$$

$$(F_1+F_2)dx+(F_1+F_3)dy+(F_2+F_3)dz=0,$$

$$dz=-\frac{F_1+F_2}{F_2+F_3}dx-\frac{F_1+F_3}{F_2+F_3}dy.$$

注：F_i 指的是 $F_i(x+y,x+z,y+z)$，$i=1,2,3$.

29. **解** 在 $f(\ln(xy),z)=0$ 两边对 x 求偏导，得

$$f_u\cdot\frac{y}{xy}+f_z\cdot\frac{\partial z}{\partial x}=0,\quad \frac{\partial z}{\partial x}=-\frac{f_u}{xf_z},$$

用相同方法求得 $\frac{\partial z}{\partial y}=-\frac{f_u}{yf_z}$.

$$\begin{aligned}\frac{\partial^2 z}{\partial x\partial y}&=-\frac{1}{x}\frac{f_z\frac{\partial}{\partial y}(f_u)-f_u\frac{\partial}{\partial y}(f_z)}{(f_z)^2}\\&=-\frac{1}{x}\frac{f_z\left(f_{uu}\frac{x}{xy}\right)-f_uf_{zz}\frac{\partial z}{\partial y}}{(f_z)^2}\\&=-\frac{f_zf_{uu}+\frac{(f_u)^2}{f_z}f_{zz}}{xy(f_z)^2}=-\frac{(f_z)^2f_{uu}+(f_u)^2f_{zz}}{xy(f_z)^3}\text{（注意 } f_{uz}\equiv 0\text{）}.\end{aligned}$$

30. $\frac{\partial w}{\partial y}=f_y+f_z\frac{dz}{dy}=f_y-\frac{g_y}{g_z}f_z$，$\frac{\partial^2 w}{\partial y\partial x}=f_{yx}-\frac{g_y}{g_z}f_{zx}$.

31. **解** 由 $\begin{cases}x+y+z+u+v=1,\\x^2+y^2+z^2+u^2+v^2=2\end{cases}$ 关于 x 求偏导，得

$$\begin{cases}1+\frac{\partial u}{\partial x}+\frac{\partial v}{\partial x}=0,\\2x+2u\frac{\partial u}{\partial x}+2v\frac{\partial v}{\partial x}=0,\end{cases}$$

解得 $\frac{\partial u}{\partial x}=\frac{v-x}{u-v}$，$\frac{\partial v}{\partial x}=\frac{x-u}{u-v}$.

32. 提示：

$$\begin{cases} 1+\dfrac{dy}{dx}+(2-2z)\dfrac{dz}{dx}=0, \\ 2x+2y\dfrac{dy}{dx}+(2z-3z^2)\dfrac{dz}{dx}=0, \end{cases}$$

$$\frac{dz}{dx}=\frac{\begin{vmatrix} 1 & -1 \\ 2y & -2x \end{vmatrix}}{\begin{vmatrix} 1 & 2-2z \\ 2y & 2z-3z^2 \end{vmatrix}}=\frac{2(y-x)}{2z-3z^2-4y+4yz}.$$

33. $\mathrm{grad}\, f(1,0,-1)=(-1,0,1)$，$\boldsymbol{l}=\frac{1}{\sqrt{2}}(1,0,-1)$，最小方向导数值为$-\sqrt{2}$.

34. 驻点为$(0,0)$，$(1,1)$，其中$(0,0)$不是极值点，$(1,1)$是极小值点，极小值 $f(1,1)=-1$.

35. **解**　在等式 $x^2-6xy+10y^2-2yz-z^2+18=0$ 两端分别关于 x，y 求偏导，得

$$2x-6y-2y\frac{\partial z}{\partial x}-2z\frac{\partial z}{\partial x}=0, \tag{1}$$

$$-6x+20y-2z-2y\frac{\partial z}{\partial y}-2z\frac{\partial z}{\partial y}=0. \tag{2}$$

再对式(1)两端分别关于 x，y 求偏导，对式(2)两端关于 y 求偏导，得

$$2-2y\frac{\partial^2 z}{\partial x^2}-2\left(\frac{\partial z}{\partial x}\right)^2-2z\frac{\partial^2 z}{\partial x^2}=0, \tag{3}$$

$$-6-2\frac{\partial z}{\partial x}-2y\frac{\partial^2 z}{\partial x\partial y}-2\frac{\partial z}{\partial x}\frac{\partial z}{\partial y}-2z\frac{\partial^2 z}{\partial x\partial y}=0, \tag{4}$$

$$20-2\frac{\partial z}{\partial y}-2\frac{\partial z}{\partial y}-2y\frac{\partial^2 z}{\partial y^2}-2\left(\frac{\partial z}{\partial y}\right)^2-2z\frac{\partial^2 z}{\partial y^2}=0. \tag{5}$$

在式(1)，式(2)中，令$\frac{\partial z}{\partial x}=0$，$\frac{\partial z}{\partial y}=0$，得

$$x-3y=0,\quad -3x+10y-z=0.$$

解得 $x=3y$，$z=y$. 将其代入 $x^2-6xy+10y^2-2yz-z^2+18=0$，得 $y^2=9$，即驻点及其函数值为 $z(9,3)=3$，$z(-9,-3)=-3$.

记

$$A=\frac{\partial^2 z}{\partial x^2},\quad B=\frac{\partial^2 z}{\partial x\partial y},\quad C=\frac{\partial^2 z}{\partial y^2}.$$

在点$(9,3)$处，由式(3)，(4)，(5)得 $A=\frac{1}{6}$，$B=-\frac{1}{2}$，$C=\frac{5}{3}$. 因为 $AC-B^2=\frac{1}{36}>0$，且 $A=\frac{1}{6}>0$，所以$(9,3)$是(严格)极小值点，(严格)极小值为 $z(9,3)=3$.

在点$(-9,-3)$处，由式(3)，(4)，(5)得 $A=-\frac{1}{6}$，$B=\frac{1}{2}$，$C=-\frac{5}{3}$. 因为 $AC-B^2=\frac{1}{36}>0$，且 $A=-\frac{1}{6}<0$，所以$(-9,-3)$是(严格)极大值点，(严格)极大值为 $z(-9,-3)=-3$.

36. **解**　设长方体位于 $z=x^2+y^2$ 第一卦限部分上的顶点为$(x,y,z)$$(x>0,y>0,0<z<1)$，则长方体的长、宽、高分别为 $2x$，$2y$，$1-z$. 于是问题变为求 $v(x,y,z)=xy(1-z)$ 在条件$z=x^2+y^2$下的最大值. 令

$$F(x,y,z,\lambda)=xy(1-z)+\lambda(x^2+y^2-z),$$

由$\begin{cases}F_x=y(1-z)+2\lambda x=0,\\F_y=x(1-z)+2\lambda y=0,\\F_z=-xy-\lambda=0,\\F_\lambda=x^2+y^2-z=0,\end{cases}$求得唯一解 $x=y=z=\dfrac{1}{2}$,

故当长方体的长、宽、高分别为 $1,1,\dfrac{1}{2}$时长方体体积最大.

37. 提示:设圆柱底半径为 r,高为 h,则 $r^2+h^2=R^2$. 要求 r^2h 在条件 $r^2+h^2=R^2$ 下的最大值,即求 $f(h)=h(R^2-h^2)$ $(0<h<R)$的最大值. 求得 $h=\dfrac{\sqrt{3}}{3}R$ 时体积最大.

故体积最大的圆柱底半径为$\dfrac{\sqrt{6}}{3}R$,高为$\dfrac{\sqrt{3}}{3}R$.

38. **解** $f(x,y)$在有界闭区域 D 内部可偏导.

由$\begin{cases}f_x=2x=0,\\f_y=-2y=0,\end{cases}$得 $f(x,y)$在有界闭区域 D 内部的驻点$(x,y)=(0,0)$. 再求 $f(x,y)$在有界闭区域 D 的边界 $x^2+\dfrac{y^2}{4}=1$ 上的最大值与最小值. 令

$$L(x,y,\lambda)=x^2-y^2+4+\lambda\left(x^2+\frac{y^2}{4}-1\right),$$

由$\begin{cases}L_x=2x+2\lambda x=0,\\L_y=-2y+\dfrac{\lambda y}{2}=0,\\L_\lambda=x^2+\dfrac{y^2}{4}-1=0,\end{cases}$得$(x,y)=(0,\pm2)$和$(x,y)=(\pm1,0)$.

由于 $f(0,0)=4$, $f(0,\pm2)=0$, $f(\pm1,0)=5$,所以要求的最大值是 5,最小值是 0.

注:求 $f(x,y)=x^2-y^2+4$ 在有界闭区域 D 的边界 $x^2+\dfrac{y^2}{4}=1$ 上的最大值与最小值,也可代入 $x^2=1-\dfrac{y^2}{4}$,化为求 $g(y)=5-\dfrac{5}{4}y^2$ 在$-2\leqslant y\leqslant2$ 上的最大值与最小值.

39. 提示:(1)受光和背光部分的分界点应是那些切平面经过光源的切点.

设切点为(x_0,y_0,z_0),曲面 $z=1-x^2-y^2$ 在切点处的切平面方程为

$$2x_0(x-x_0)+2y_0(y-y_0)+z-z_0=0,$$

点$(\sqrt{2},\sqrt{2},2)$在此切平面上,故 $2\sqrt{2}x_0+2\sqrt{2}y_0+z_0=0$.

所求分界线方程为$\begin{cases}z=1-x^2-y^2\ (z\geqslant0),\\2\sqrt{2}x+2\sqrt{2}y+z=0.\end{cases}$

(2) 求 $f(x,y,z)=z$ 在条件$\begin{cases}z=1-x^2-y^2\ (z\geqslant0),\\2\sqrt{2}x+2\sqrt{2}y+z=0\end{cases}$下的最大值. 利用 Lagrange 乘数法,求得 z 坐标的最大值为

$$f\left(\sqrt{2}-\frac{1}{2}\sqrt{10},\sqrt{2}-\frac{1}{2}\sqrt{10},4\sqrt{5}-8\right)=4\sqrt{5}-8.$$

40. $\dfrac{x-1}{1}=\dfrac{y-1}{-4}=\dfrac{z-2}{-5}$.

41. 交点$(0,0,0)$或$\left(\dfrac{1}{2},\dfrac{1}{2},\dfrac{1}{2}\right)$.

点$(0,0,0)$处的切平面方程为 $z=0$;点$\left(\dfrac{1}{2},\dfrac{1}{2},\dfrac{1}{2}\right)$处的切平面方程为 $x+y-z-\dfrac{1}{2}=0$.

42. **解**　平面 π 的方程为 $2x-4y-z-5=0$.

在直线 L 上取点$(-b,0,-b-3)$,代入 π 的方程得 $b=-2$;在直线 L 上取点$(1,1,a-2)$,代入 π 的方程得 $a=-5$.

43. **证明**　(1) $\dfrac{\partial z}{\partial x}=f_u+2xf_v$,$\dfrac{\partial z}{\partial y}=2yf_v$,$y\dfrac{\partial z}{\partial x}-x\dfrac{\partial z}{\partial y}=yf_u=y\dfrac{\partial z}{\partial u}$.

(2) 由 $y\dfrac{\partial z}{\partial x}-x\dfrac{\partial z}{\partial y}=0$ 得 $y\dfrac{\partial z}{\partial u}=0$,于是$\dfrac{\partial z}{\partial u}=0$,故有可导函数 φ,使得 $z=\varphi(v)=\varphi(x^2+y^2)$.

44. **证明**　因为 $f(x,y)$在 D 上连续,故 $f(x,y)$在 D 上有最大值 $f(x_1,y_1)$和最小值$f(x_2,y_2)$.

若(x_1,y_1)在 D 内部,则(x_1,y_1)为 $f(x,y)$的驻点,即 $f_x(x_1,y_1)=f_y(x_1,y_1)=0$,因为 $f_x(x_1,y_1)+f_y(x_1,y_1)=kf(x_1,y_1)$,故 $f(x_1,y_1)=0$.

若(x_1,y_1)在 D 的边界上,则在该点 $f(x,y)=0$.

综上,$f(x,y)$在 D 上的最大值为零,类似可证最小值也为零,故 $f(x,y)$在 D 上恒为零.

第十章

重 积 分

第一部分 内容综述

一、重积分的概念和性质

(一) 重积分的概念

1. 重积分的定义

定义1 设函数 $f(x,y)$ 在平面有界闭区域 D 上有定义. 将 D 任意分成 n 个小区域 $\Delta\sigma_k$ $(k=1,2,\cdots,n)$, $\Delta\sigma_k$ 既表示第 k 个小区域,也表示其面积. 任取 $(x_k,y_k)\in\Delta\sigma_k$,作乘积 $f(x_k,y_k)\Delta\sigma_k$, 并求和 $\sum\limits_{k=1}^{n}f(x_k,y_k)\Delta\sigma_k$. 令 $\lambda=\max\{d_1,d_2,\cdots,d_n\}$, 其中 d_k 是区域 $\Delta\sigma_k$ 的直径,即 $\Delta\sigma_k$ 中两点间的最大距离. 如果极限 $\lim\limits_{\lambda\to 0}\sum\limits_{k=1}^{n}f(x_k,y_k)\Delta\sigma_k$ 存在, 则称函数 $f(x,y)$ 在 D 上可积,且称该极限值为函数 $f(x,y)$ 在 D 上的二重积分, 记作 $\iint\limits_{D}f(x,y)\mathrm{d}\sigma$. 其中 $f(x,y)$ 称为被积函数, $\mathrm{d}\sigma$ 称为面积元素, D 称为积分区域.

定义2 设函数 $f(x,y,z)$ 在空间有界闭区域 Ω 上有定义. 将 Ω 任意分成 n 个小区域 $\Delta V_k(k=1,2,\cdots,n)$, ΔV_k 既表示第 k 个小区域,也表示其体积. 任取 $(x_k,y_k,z_k)\in\Delta V_k$,作乘积 $f(x_k,y_k,z_k)\Delta V_k$,并求和 $\sum\limits_{k=1}^{n}f(x_k,y_k,z_k)\Delta V_k$. 令 $\lambda=\max\{d_1,d_2,\cdots,d_n\}$,其中 d_k 是区域 ΔV_k 的直径,即 ΔV_k 中两点间的最大距离. 如果极限 $\lim\limits_{\lambda\to 0}\sum\limits_{k=1}^{n}f(x_k,y_k,z_k)\Delta V_k$ 存在, 则称函数 $f(x,y,z)$ 在 Ω 上可积,且称该极限值为函数 $f(x,y,z)$ 在 Ω 上的三重积分, 记作 $\iiint\limits_{\Omega}f(x,y,z)\mathrm{d}V$. 其中 $f(x,y,z)$ 称为被积函数, $\mathrm{d}V$ 称为体积元素, Ω 称为积分区域.

2. 二重积分的几何意义

二重积分 $\iint\limits_D f(x,y)\mathrm{d}\sigma$ 的几何意义：当 $f(x,y)$ 在有界闭区域 D 上非负连续时，$\iint\limits_D f(x,y)\mathrm{d}\sigma$ 的值等于以 D 为底，以曲面 $z=f(x,y)$ 为顶的曲顶柱体的体积.

（二）可积的必要条件与充分条件

1. 可积的必要条件（以二重积分为例）

定理 1　若函数 $f(x,y)$ 在有界闭区域 D 上可积，则其在 D 上有界，即存在 $M>0$，使得 $|f(x,y)|\leqslant M,(x,y)\in D$.

评注：有界不一定可积.

2. 可积的充分条件

定理 2　若函数 $f(x,y)$ 在有界闭区域 D 上连续，则其在 D 上可积.

（三）重积分的性质（以二重积分为例，假设各性质中出现的积分均存在）

性质 1（线性性质）　设 α,β 是任意实数，则

$$\iint\limits_D(\alpha f(x,y)+\beta g(x,y))\mathrm{d}\sigma=\alpha\iint\limits_D f(x,y)\mathrm{d}\sigma+\beta\iint\limits_D g(x,y)\mathrm{d}\sigma.$$

性质 2（区域可加性）　设有界闭区域 D_1 与 D_2 除公共边界外无其他交点，$D=D_1\cup D_2$，则

$$\iint\limits_D f(x,y)\mathrm{d}\sigma=\iint\limits_{D_1}f(x,y)\mathrm{d}\sigma+\iint\limits_{D_2}f(x,y)\mathrm{d}\sigma.$$

性质 3　$\iint\limits_D 1\mathrm{d}\sigma=\sigma(D)$，其中 $\sigma(D)$ 为 D 的面积.

性质 4（保序性）　设 $f(x,y)\leqslant g(x,y),\forall(x,y)\in D$，则 $\iint\limits_D f(x,y)\mathrm{d}\sigma\leqslant\iint\limits_D g(x,y)\mathrm{d}\sigma$.

性质 5　$\left|\iint\limits_D f(x,y)\mathrm{d}\sigma\right|\leqslant\iint\limits_D|f(x,y)|\mathrm{d}\sigma$.

性质 6（估值定理）　设函数 $f(x,y)$ 在有界闭区域 D 上的最大、最小值分别为 M,m，则 $m\sigma(D)\leqslant\iint\limits_D f(x,y)\mathrm{d}\sigma\leqslant M\sigma(D)$，其中 $\sigma(D)$ 是 D 的面积.

性质 7（积分中值定理）　设函数 $f(x,y)$ 在有界闭区域 D 上连续，则存在点 $(\xi,\eta)\in D$，使得 $\iint\limits_D f(x,y)\mathrm{d}\sigma=f(\xi,\eta)\sigma(D)$.

注 1：$\bar{f}=\dfrac{\iint\limits_D f(x,y)\mathrm{d}\sigma}{\sigma(D)}$ 称为函数 $f(x,y)$ 在有界闭区域 D 上的平均值，$\sigma(D)$ 是 D 的面积.

注 2：本定理的推广，是广义积分中值定理. 若函数 $f(x,y)$ 在有界闭区域 D 上连续，$g(x,y)$ 在 D 上可积且不变号，则存在点 $(\xi,\eta)\in D$，使得

$$\iint\limits_D f(x,y)g(x,y)\mathrm{d}\sigma=f(\xi,\eta)\iint\limits_D g(x,y)\mathrm{d}\sigma.$$

性质 8（对称性）

（1）二重积分的对称性

① 若积分区域 D 关于 x 轴对称，将 D 中位于 x 轴上、下方的部分分别记为 D_1，D_2，则当函数 $f(x,y)$ 关于 y 是奇函数，即 $f(x,-y)=-f(x,y)$ 时，$\iint\limits_D f(x,y)\mathrm{d}\sigma=0$；当函数 $f(x,y)$ 关于 y 是偶函数，即 $f(x,-y)=f(x,y)$ 时，有

$$\iint\limits_D f(x,y)\mathrm{d}\sigma=2\iint\limits_{D_1} f(x,y)\mathrm{d}\sigma=2\iint\limits_{D_2} f(x,y)\mathrm{d}\sigma.$$

② 若积分区域 D 关于 y 轴对称，将 D 中位于 y 轴左、右方的部分分别记为 D_1，D_2，则当函数 $f(x,y)$ 关于 x 是奇函数，即 $f(-x,y)=-f(x,y)$ 时，$\iint\limits_D f(x,y)\mathrm{d}\sigma=0$；当函数 $f(x,y)$ 关于 x 是偶函数，即 $f(-x,y)=f(x,y)$ 时，有

$$\iint\limits_D f(x,y)\mathrm{d}\sigma=2\iint\limits_{D_1} f(x,y)\mathrm{d}\sigma=2\iint\limits_{D_2} f(x,y)\mathrm{d}\sigma.$$

③ 若积分区域 D 关于原点对称，则当函数 $f(x,y)$ 满足 $f(-x,-y)=-f(x,y)$ 时，

$$\iint\limits_D f(x,y)\mathrm{d}\sigma=0.$$

（2）三重积分的对称性

① 若积分区域 Ω 关于 xy 平面对称，将 Ω 中位于 xy 平面上、下方的部分分别记为 Ω_1，Ω_2，则当函数 $f(x,y,z)$ 关于 z 是奇函数，即 $f(x,y,-z)=-f(x,y,z)$ 时，$\iiint\limits_\Omega f(x,y,z)\mathrm{d}V=0$；当函数 $f(x,y,z)$ 关于 z 是偶函数，即 $f(x,y,-z)=f(x,y,z)$ 时，

$$\iiint\limits_\Omega f(x,y,z)\mathrm{d}V=2\iiint\limits_{\Omega_1} f(x,y,z)\mathrm{d}V=2\iiint\limits_{\Omega_2} f(x,y,z)\mathrm{d}V.$$

② 若积分区域 Ω 关于 yz 平面对称，将 Ω 中位于 yz 平面前、后方的部分分别记为 Ω_1，Ω_2，则当函数 $f(x,y,z)$ 关于 x 是奇函数，即 $f(-x,y,z)=-f(x,y,z)$ 时，$\iiint\limits_\Omega f(x,y,z)\mathrm{d}V=0$；当函数 $f(x,y,z)$ 关于 x 是偶函数，即 $f(-x,y,z)=f(x,y,z)$ 时，

$$\iiint\limits_\Omega f(x,y,z)\mathrm{d}V=2\iiint\limits_{\Omega_1} f(x,y,z)\mathrm{d}V=2\iiint\limits_{\Omega_2} f(x,y,z)\mathrm{d}V.$$

③ 若积分区域 Ω 关于 xz 平面对称，将 Ω 中位于 xz 平面左、右方的部分分别记为 Ω_1，Ω_2，则当函数 $f(x,y,z)$ 关于 y 是奇函数，即 $f(x,-y,z)=-f(x,y,z)$ 时，$\iiint\limits_\Omega f(x,y,z)\mathrm{d}V=0$；当函数 $f(x,y,z)$ 关于 y 是偶函数，即 $f(x,-y,z)=f(x,y,z)$ 时，

$$\iiint\limits_\Omega f(x,y,z)\mathrm{d}V=2\iiint\limits_{\Omega_1} f(x,y,z)\mathrm{d}V=2\iiint\limits_{\Omega_2} f(x,y,z)\mathrm{d}V.$$

二、重积分的计算

（一）二重积分的计算

1. 二重积分在直角坐标系下的计算

二重积分$\iint\limits_D f(x,y)\mathrm{d}\sigma$在直角坐标系下记为$\iint\limits_D f(x,y)\mathrm{d}x\mathrm{d}y$.

（1）平行于y轴的直线与平面区域D的边界∂D最多只有两个交点的情形.（X型区域.）

定理 3　设函数$f(x,y)$在有界闭区域D上连续，若区域D:$a\leqslant x\leqslant b$，$y_1(x)\leqslant y\leqslant y_2(x)$，其中$y_1(x)$，$y_2(x)$在$[a,\ b]$上连续，则

$$\iint\limits_D f(x,y)\mathrm{d}x\mathrm{d}y=\int_a^b\mathrm{d}x\int_{y_1(x)}^{y_2(x)}f(x,y)\mathrm{d}y.$$

（2）平行于x轴的直线与平面区域D的边界∂D最多只有两个交点的情形.（Y型区域.）

定理 4　设函数$f(x,y)$在有界闭区域D上连续，若区域D:$c\leqslant y\leqslant d$，$x_1(y)\leqslant x\leqslant x_2(y)$，其中$x_1(y)$，$x_2(y)$在$[c,d]$上连续，则

$$\iint\limits_D f(x,y)\mathrm{d}x\mathrm{d}y=\int_c^d\mathrm{d}y\int_{x_1(y)}^{x_2(y)}f(x,y)\mathrm{d}x.$$

注 1:如果平行于y轴或平行于x轴的直线穿过区域D时与∂D的交点多于两个，可以将D作适当的分割后再利用定理 3 或定理 4 计算.

注 2:累次积分交换积分顺序的问题. 若平面区域D既可以表示成D:$a\leqslant x\leqslant b$，$y_1(x)\leqslant y\leqslant y_2(x)$，又可以表示成$D$:$c\leqslant y\leqslant d$，$x_1(y)\leqslant x\leqslant x_2(y)$，且函数$f(x,y)$连续，则

$$\int_a^b\mathrm{d}x\int_{y_1(x)}^{y_2(x)}f(x,y)\mathrm{d}y=\int_c^d\mathrm{d}y\int_{x_1(y)}^{x_2(y)}f(x,y)\mathrm{d}x.$$

2. 二重积分在极坐标系下的计算

（1）当$f(x,y)$在极坐标系下的区域D上连续时，其中D:$\alpha\leqslant\theta\leqslant\beta$，$r_1(\theta)\leqslant r\leqslant r_2(\theta)$，则

$$\iint\limits_D f(x,y)\mathrm{d}x\mathrm{d}y=\int_\alpha^\beta\mathrm{d}\theta\int_{r_1(\theta)}^{r_2(\theta)}f(r\cos\theta,r\sin\theta)r\mathrm{d}r.$$

（2）当$f(x,y)$在极坐标系下的区域D上连续时，其中D: $a\leqslant r\leqslant b$，$\theta_1(r)\leqslant\theta\leqslant\theta_2(r)$，则

$$\iint\limits_D f(x,y)\mathrm{d}x\mathrm{d}y=\int_a^b\mathrm{d}r\int_{\theta_1(r)}^{\theta_2(r)}f(r\cos\theta,r\sin\theta)r\mathrm{d}\theta.$$

3. 二重积分的一般变量替换

定理 5　设函数$f(x,y)$在有界闭区域D上连续，变量替换$\begin{cases}x=x(u,v),\\y=y(u,v),\end{cases}$$(u,v)\in D_1$是从$D_1$到$D$的一一变换，$x(u,v)$，$y(u,v)$具有连续偏导数，且$J=\begin{vmatrix}x_u & x_v\\y_u & y_v\end{vmatrix}\neq0$，则

$$\iint\limits_D f(x,y)\mathrm{d}x\mathrm{d}y=\iint\limits_{D_1}f(x(u,v),y(u,v))\,|J|\,\mathrm{d}u\mathrm{d}v.$$

注:$J=\begin{vmatrix}x_u & x_v\\y_u & y_v\end{vmatrix}$称为变量替换$\begin{cases}x=x(u,v),\\y=y(u,v)\end{cases}$的 Jacobi 行列式.

(二)三重积分的计算

1. 三重积分在直角坐标系下的计算

三重积分 $\iiint\limits_{\Omega} f(x,y,z)\mathrm{d}V$ 在直角坐标系下记为 $\iiint\limits_{\Omega} f(x,y,z)\mathrm{d}x\mathrm{d}y\mathrm{d}z$.

(1) 将三重积分化为先定积分后二重积分的累次积分

设 $\mathbf{R}^3$ 中的有界闭区域 Ω 在 xOy 平面上的投影区域为 D_{xy},且任意平行于 z 轴的直线与 Ω 的边界面最多只有两个交点 $(x,y,z_1(x,y))$,$(x,y,z_2(x,y))$,$z_1(x,y)\leqslant z_2(x,y)$,这时 Ω 可表示为:$z_1(x,y)\leqslant z\leqslant z_2(x,y)$,$(x,y)\in D_{xy}$.

定理 6 设有界闭区域 $\Omega=\{(x,y,z)\mid z_1(x,y)\leqslant z\leqslant z_2(x,y),(x,y)\in D_{xy}\}$.

若函数 $f(x,y,z)$ 在 Ω 上连续,则

$$\iiint\limits_{\Omega} f(x,y,z)\mathrm{d}x\mathrm{d}y\mathrm{d}z=\iint\limits_{D_{xy}}\mathrm{d}x\mathrm{d}y\int_{z_1(x,y)}^{z_2(x,y)} f(x,y,z)\mathrm{d}z.$$

注:将 Ω 向其他坐标平面投影的情况类似. 如

$$\iiint\limits_{\Omega} f(x,y,z)\mathrm{d}x\mathrm{d}y\mathrm{d}z=\iint\limits_{D_{xz}}\mathrm{d}x\mathrm{d}z\int_{y_1(x,z)}^{y_2(x,z)} f(x,y,z)\mathrm{d}y$$

或

$$\iiint\limits_{\Omega} f(x,y,z)\mathrm{d}x\mathrm{d}y\mathrm{d}z=\iint\limits_{D_{yz}}\mathrm{d}y\mathrm{d}z\int_{x_1(y,z)}^{x_2(y,z)} f(x,y,z)\mathrm{d}x.$$

(2) 将三重积分化为先二重积分后定积分的累次积分

设 $\mathbf{R}^3$ 中的有界闭区域 Ω 介于平面 $z=a$ 与 $z=b(a<b)$ 之间,且与两平面相交. 介于平面 $z=a$ 与 $z=b$ 之间且与 z 轴垂直的任意平面截 Ω 得平面区域 D_z,这时 Ω 可表示为:$a\leqslant z\leqslant b$,$(x,y)\in D_z$.

定理 7 设有界闭区域 Ω:$a\leqslant z\leqslant b$,$(x,y)\in D_z$. 若函数 $f(x,y,z)$ 在 Ω 上连续,则

$$\iiint\limits_{\Omega} f(x,y,z)\mathrm{d}x\mathrm{d}y\mathrm{d}z=\int_a^b\mathrm{d}z\iint\limits_{D_z} f(x,y,z)\mathrm{d}x\mathrm{d}y.$$

注:用垂直于其他坐标轴的平面截 Ω 时的情况类似. 如

$$\iiint\limits_{\Omega} f(x,y,z)\mathrm{d}x\mathrm{d}y\mathrm{d}z=\int_a^b\mathrm{d}x\iint\limits_{D_x} f(x,y,z)\mathrm{d}y\mathrm{d}z$$

或

$$\iiint\limits_{\Omega} f(x,y,z)\mathrm{d}x\mathrm{d}y\mathrm{d}z=\int_a^b\mathrm{d}y\iint\limits_{D_y} f(x,y,z)\mathrm{d}x\mathrm{d}z.$$

2. 三重积分在柱坐标系下的计算

(1) 空间点的柱坐标 (r,θ,z) 与其直角坐标 (x,y,z) 之间的关系:$\begin{cases}x=r\cos\theta,\\ y=r\sin\theta,\\ z=z.\end{cases}$

(2) 三重积分在柱坐标下的计算

设区域 Ω 在柱坐标系下表示为区域 Ω_1,当 $f(x,y,z)$ 在 Ω 上连续时,有

$$\iiint\limits_{\Omega} f(x,y,z)\mathrm{d}x\mathrm{d}y\mathrm{d}z = \iiint\limits_{\Omega_1} f(r\cos\theta, r\sin\theta, z) r\mathrm{d}r\mathrm{d}\theta\mathrm{d}z.$$

3. 三重积分在球坐标系下的计算

(1) 空间点的球坐标(r,φ,θ)与其直角坐标(x,y,z)之间的关系：$\begin{cases} x = r\sin\varphi\cos\theta, \\ y = r\sin\varphi\sin\theta, \\ z = r\cos\varphi. \end{cases}$

(2) 三重积分在球坐标系下的计算

设区域Ω在球坐标系下表示为区域Ω_1，当$f(x,y,z)$在Ω上连续时，有

$$\iiint\limits_{\Omega} f(x,y,z)\mathrm{d}x\mathrm{d}y\mathrm{d}z = \iiint\limits_{\Omega_1} f(r\sin\varphi\cos\theta, r\sin\varphi\sin\theta, r\cos\varphi) r^2 \sin\varphi \mathrm{d}r\mathrm{d}\varphi\mathrm{d}\theta.$$

4. 三重积分的一般变量替换

定理 8 设Ω是空间有界闭区域，变量替换$\begin{cases} x = x(u,v,w), \\ y = y(u,v,w), \\ z = z(u,v,w), \end{cases}$ $(u,v,w) \in \Omega_1$ 是从Ω_1到Ω的一一变换，$\begin{cases} x = x(u,v,w), \\ y = y(u,v,w), \\ z = z(u,v,w) \end{cases}$ 具有连续偏导数，且 $J = \begin{vmatrix} x_u & x_v & x_w \\ y_u & y_v & y_w \\ z_u & z_v & z_w \end{vmatrix} \neq 0$. 若函数$f(x,y,z)$在$\Omega$上连续，则

$$\iiint\limits_{\Omega} f(x,y,z)\mathrm{d}x\mathrm{d}y\mathrm{d}z = \iiint\limits_{\Omega_1} f(x(u,v,w), y(u,v,w), z(u,v,w)) |J| \mathrm{d}u\mathrm{d}v\mathrm{d}w.$$

注：$J = \begin{vmatrix} x_u & x_v & x_w \\ y_u & y_v & y_w \\ z_u & z_v & z_w \end{vmatrix}$ 称为变量替换$\begin{cases} x = x(u,v,w), \\ y = y(u,v,w), \\ z = z(u,v,w) \end{cases}$的 Jacobi 行列式.

三、重积分的应用

（一）曲面的面积

设曲面$S: z = f(x,y)$，$(x,y) \in D$光滑（即$f(x,y)$偏导连续），则S的面积为

$$A = \iint\limits_{D} \sqrt{1 + f_x^2 + f_y^2}\,\mathrm{d}x\mathrm{d}y.$$

（二）平面薄板与空间物体的质心

(1) 已知某平面薄板占有平面有界闭区域D，其面密度函数$\mu(x,y)$在D上连续，则该薄板的质心为$(\bar{x},\bar{y})$，其中

$$\bar{x} = \frac{\iint\limits_{D} x\mu(x,y)\mathrm{d}\sigma}{\iint\limits_{D} \mu(x,y)\mathrm{d}\sigma}, \quad \bar{y} = \frac{\iint\limits_{D} y\mu(x,y)\mathrm{d}\sigma}{\iint\limits_{D} \mu(x,y)\mathrm{d}\sigma}.$$

(2) 已知某空间物体占有空间有界闭区域Ω，其密度函数$\mu(x,y,z)$在Ω上连续，则该

物体的质心为$(\bar{x},\bar{y},\bar{z})$，其中

$$\bar{x}=\frac{\iiint\limits_{\Omega}x\mu(x,y,z)\mathrm{d}V}{\iiint\limits_{\Omega}\mu(x,y,z)\mathrm{d}V},\bar{y}=\frac{\iiint\limits_{\Omega}y\mu(x,y,z)\mathrm{d}V}{\iiint\limits_{\Omega}\mu(x,y,z)\mathrm{d}V},\bar{z}=\frac{\iiint\limits_{\Omega}z\mu(x,y,z)\mathrm{d}V}{\iiint\limits_{\Omega}\mu(x,y,z)\mathrm{d}V}.$$

第二部分 典型例题

例 1 设 $f(x)$ 连续，且 $\int_0^1 x^2 f(x)\mathrm{d}x=1+\frac{\pi}{4}$，则 $\int_0^{\frac{1}{\sqrt{2}}}\mathrm{d}y\int_y^{\sqrt{1-y^2}}xf(\sqrt{x^2+y^2})\mathrm{d}x=$________.

解 $\int_0^{\frac{1}{\sqrt{2}}}\mathrm{d}y\int_y^{\sqrt{1-y^2}}xf(\sqrt{x^2+y^2})\mathrm{d}x=\iint\limits_D xf(\sqrt{x^2+y^2})\mathrm{d}x\mathrm{d}y$，其中 D 是由 $y=x$，$y=\sqrt{1-x^2}$ 与 x 轴围成的区域.

在极坐标系下 D 可表示为：$0\leqslant\theta\leqslant\frac{\pi}{4}$，$0\leqslant r\leqslant 1$. 所以

$$\begin{aligned}\iint\limits_D xf(\sqrt{x^2+y^2})\mathrm{d}x\mathrm{d}y&=\int_0^{\frac{\pi}{4}}\mathrm{d}\theta\int_0^1 r^2\cos\theta f(r)\mathrm{d}r\\&=\int_0^{\frac{\pi}{4}}\cos\theta\mathrm{d}\theta\int_0^1 r^2 f(r)\mathrm{d}r=\frac{\sqrt{2}}{2}\left(1+\frac{\pi}{4}\right).\end{aligned}$$

例 2 $\int_0^1\mathrm{d}x\int_0^x\mathrm{d}y\int_0^y\frac{\sin z}{(1-z)^2}\mathrm{d}z=$________.

解 先交换 y,z 的积分次序，得

$$\begin{aligned}\int_0^1\mathrm{d}x\int_0^x\mathrm{d}y\int_0^y\frac{\sin z}{(1-z)^2}\mathrm{d}z&=\int_0^1\mathrm{d}x\int_0^x\mathrm{d}z\int_z^x\frac{\sin z}{(1-z)^2}\mathrm{d}y\\&=\int_0^1\mathrm{d}x\int_0^x\frac{\sin z}{(1-z)^2}(x-z)\mathrm{d}z,\end{aligned}$$

再交换 x,z 的积分次序，得

$$\begin{aligned}\int_0^1\mathrm{d}x\int_0^x\frac{\sin z}{(1-z)^2}(x-z)\mathrm{d}z&=\int_0^1\mathrm{d}z\int_z^1\frac{\sin z}{(1-z)^2}(x-z)\mathrm{d}x\\&=\int_0^1\frac{1}{2}\sin z\mathrm{d}z=\frac{1}{2}(1-\cos 1).\end{aligned}$$

例 3 设 D：$(x-2)^2+(y-2)^2\leqslant 2$，$I_1=\iint\limits_D(x+y)^2\mathrm{d}\sigma$，$I_2=\iint\limits_D(x+y)^3\mathrm{d}\sigma$，则________.

A. $I_1<I_2$　　　　B. $I_1=I_2$

C. $I_1>I_2$　　　　D. I_1 与 I_2 无法比较

解 区域 D 上的点满足 $x+y\geqslant 2$，所以当 $(x,y)\in D$ 时，$(x+y)^2<(x+y)^3$，于是 $I_1<I_2$. 正确选项为 A.

例 4 设 D：$x^2+y^2\leqslant a^2$，求 $\iint\limits_D\sqrt{a^2-x^2-y^2}\mathrm{d}\sigma$ 的值.

解　根据二重积分的几何意义，可知$\iint\limits_D \sqrt{a^2-x^2-y^2}\mathrm{d}\sigma$的值是上半球面$z=\sqrt{a^2-x^2-y^2}$与平面$z=0$围成的半球体的体积，所以

$$\iint\limits_D \sqrt{a^2-x^2-y^2}\mathrm{d}\sigma=\frac{2}{3}\pi a^3.$$

例 5　设有界闭区域D由曲线$y=x^3$与直线$y=1$及$x=-1$围成，计算二重积分

$$I=\iint\limits_D xy\ln(1+x^2+y^2)\mathrm{d}\sigma.$$

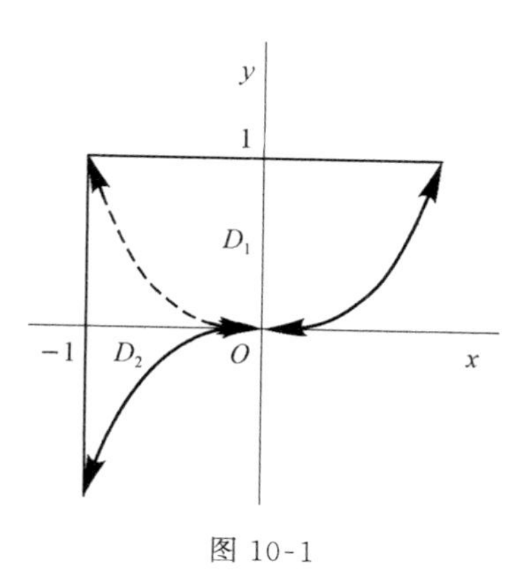

图 10-1

解　如图 10-1 所示，将D用曲线$y=-x^3$分成D_1与D_2两部分，则D_1关于y轴对称，D_2关于x轴对称. 记$f(x,y)=xy\ln(1+x^2+y^2)$，由于

$$f(-x,y)=-f(x,y),f(x,-y)=-f(x,y),$$

所以$\iint\limits_{D_1} f(x,y)\mathrm{d}\sigma=0,\iint\limits_{D_2} f(x,y)\mathrm{d}\sigma=0$. 从而

$$\iint\limits_D f(x,y)\mathrm{d}\sigma=\iint\limits_{D_1} f(x,y)\mathrm{d}\sigma+\iint\limits_{D_2} f(x,y)\mathrm{d}\sigma=0.$$

例 6　求证：若函数$f(x,y)$在有界闭区域D上非负、连续且不恒为零，则$\iint\limits_D f(x,y)\mathrm{d}\sigma>0$.

证　由题意，存在$P(a,b)\in D$，使得$f(a,b)>0$. 不妨设P是D的内点.

因为函数$f(x,y)$在P处连续，所以存在$\delta>0$，使得$U(P,\delta)\subset D$，且$f(x,y)>\frac{1}{2}f(a,b)$ $((x,y)\in U(P,\delta))$. 从而

$$\begin{aligned}\iint\limits_D f(x,y)\mathrm{d}\sigma&=\iint\limits_{U(P,\delta)} f(x,y)\mathrm{d}\sigma+\iint\limits_{D\setminus U(P,\delta)} f(x,y)\mathrm{d}\sigma\\&\geqslant\iint\limits_{U(P,\delta)}\frac{1}{2}f(a,b)\mathrm{d}\sigma=\frac{1}{2}f(a,b)\pi\delta^2>0.\end{aligned}$$

例 7　设$f(x,y)$连续，且$f(x,y)=xy+\iint\limits_D f(u,v)\mathrm{d}u\mathrm{d}v$，其中$D$为由$y=0,y=x^2,x=1$所围成的区域，求$f(x,y)$.

解　（注意$\iint\limits_D f(u,v)\mathrm{d}u\mathrm{d}v=\iint\limits_D f(x,y)\mathrm{d}x\mathrm{d}y$是常数.）

设$\iint\limits_D f(u,v)\mathrm{d}u\mathrm{d}v=A=\iint\limits_D f(x,y)\mathrm{d}x\mathrm{d}y$，则$f(x,y)=xy+A$. 于是

$$\begin{aligned}\iint\limits_D f(u,v)\mathrm{d}u\mathrm{d}v=A&=\iint\limits_D (xy+A)\mathrm{d}x\mathrm{d}y\\&=\int_0^1\mathrm{d}x\int_0^{x^2}xy\mathrm{d}y+A\int_0^1\mathrm{d}x\int_0^{x^2}\mathrm{d}y=\frac{1}{12}+\frac{1}{3}A.\end{aligned}$$

求得$A=\frac{1}{8},f(x,y)=xy+\frac{1}{8}$.

例 8 求 $I=\iint\limits_{D}|x^2-y|\mathrm{d}x\mathrm{d}y$,其中,$D$ 为由 $x=0,x=1,y=0,y=1$ 所围成的区域.

解 用曲线 $y=x^2$ 分割区域 D,得

$$I=\int_0^1\mathrm{d}x\int_{x^2}^1(y-x^2)\mathrm{d}y+\int_0^1\mathrm{d}x\int_0^{x^2}(x^2-y)\mathrm{d}y$$
$$=\frac{8}{30}+\frac{1}{10}=\frac{11}{30}.$$

例 9 设 D 是位于圆周 $r=2$ 以外和心脏线 $r=2(1+\cos\theta)$ 以内的平面区域(如图 10-2 所示). 计算二重积分 $\iint\limits_{D}x\,\mathrm{d}x\mathrm{d}y$.

解 圆周 $r=2$ 与心脏线 $r=2(1+\cos\theta)$ 的交点为 $\left(2,\pm\frac{\pi}{2}\right)$.

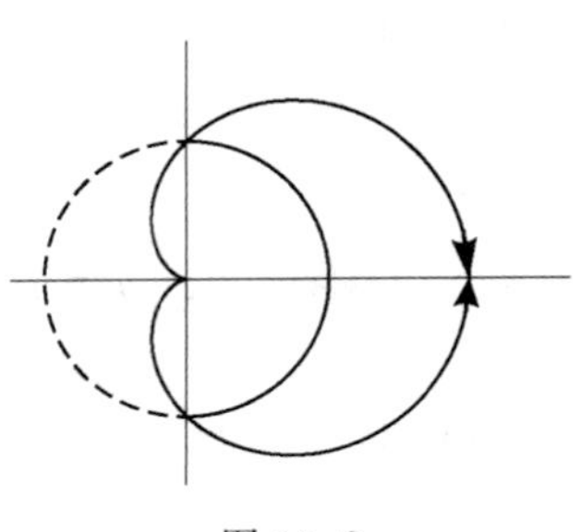

图 10-2

$$\iint\limits_{D}x\,\mathrm{d}x\mathrm{d}y=2\int_0^{\frac{\pi}{2}}\mathrm{d}\theta\int_2^{2(1+\cos\theta)}r\cos\theta r\,\mathrm{d}r$$
$$=\frac{16}{3}\int_0^{\frac{\pi}{2}}(3\cos^2\theta+3\cos^3\theta+\cos^4\theta)\mathrm{d}\theta$$
$$=\frac{16}{3}\left(\frac{3}{4}\pi+2+\frac{3}{16}\pi\right)=5\pi+\frac{32}{3}.$$

例 10 求平面图形 D:$x^2+y^2\leqslant1,(x^2+y^2)^2\geqslant4(x^2-y^2),x\geqslant0,y\geqslant0$ 的面积.

解 曲线$(x^2+y^2)^2=4(x^2-y^2)$的极坐标方程为 $r=2\sqrt{\cos2\theta}$.

由 $\begin{cases}r=1,\\ r=2\sqrt{\cos2\theta},\end{cases}$ 求得交点为 $r=1,\theta=\frac{1}{2}\arccos\frac{1}{4}$.

所求面积为

$$\int_{\frac{1}{2}\arccos\frac{1}{4}}^{\frac{\pi}{2}}\mathrm{d}\theta\int_0^1 r\mathrm{d}r-\int_{\frac{1}{2}\arccos\frac{1}{4}}^{\frac{\pi}{4}}\mathrm{d}\theta\int_0^{2\sqrt{\cos2\theta}}r\mathrm{d}r=\frac{\pi}{4}-1-\frac{1}{4}\arccos\frac{1}{4}+\frac{\sqrt{15}}{4}.$$

例 11 设有界闭区域 D 由曲线 $a^2y=x^3,b^2y=x^3,c^2x=y^3,d^2x=y^3$ 在第一象限中围成,求区域 D 的面积.

解 不妨设 $0<a<b,0<c<d$. 令 $\begin{cases}u=\dfrac{x^3}{y},\\ v=\dfrac{y^3}{x},\end{cases}$ 则

$$\frac{1}{J}=\begin{vmatrix}u_x & u_y\\ v_x & v_y\end{vmatrix}=8xy=8\sqrt{uv}.$$

所以 D 的面积为

$$\iint\limits_{D}\mathrm{d}x\mathrm{d}y=\int_{a^2}^{b^2}\mathrm{d}u\int_{c^2}^{d^2}|J|\mathrm{d}v=\int_{a^2}^{b^2}\mathrm{d}u\int_{c^2}^{d^2}\frac{1}{8\sqrt{uv}}\mathrm{d}v=\frac{1}{2}(b-a)(d-c).$$

例 12 求椭圆 $\frac{x^2}{a^2}+\frac{y^2}{b^2}\leqslant1$ 的面积 A.

解 令 $\begin{cases} x = ar\cos\theta, \\ y = br\sin\theta, \end{cases}$ 则 $J = \begin{vmatrix} x_r & x_\theta \\ y_r & y_\theta \end{vmatrix} = \begin{vmatrix} a\cos\theta & -ar\sin\theta \\ b\sin\theta & br\cos\theta \end{vmatrix} = abr$,所以

$$A = \int_0^{2\pi} d\theta \int_0^1 abr\,dr = 2\pi \times \frac{1}{2}ab = \pi ab.$$

注:变换 $\begin{cases} x = ar\cos\theta, \\ y = br\sin\theta \end{cases}$ 又称为**广义极坐标变换**.

例 13 设有界闭区域 D 由 $\sqrt{x}+\sqrt{y}=\sqrt{a}\,(a>0)$ 与坐标轴围成,函数 $f(x)$ 连续,试将二重积分 $\iint\limits_D f(\sqrt{x}+\sqrt{y})\,dx\,dy$ 化为定积分.

解 令 $\begin{cases} x = r\cos^4\theta, \\ y = r\sin^4\theta, \end{cases}$ 则曲线 $\sqrt{x}+\sqrt{y}=\sqrt{a}\,(a>0)$ 的新方程为 $r=a$;$y=0$ 的新方程为 $\theta=0$;$x=0$ 的新方程为 $\theta=\frac{\pi}{2}$. 所以

$$D: 0 \leqslant \theta \leqslant \frac{\pi}{2},\quad 0 \leqslant r \leqslant a.$$

又因为 $J = \begin{vmatrix} x_r & x_\theta \\ y_r & y_\theta \end{vmatrix} = \begin{vmatrix} \cos^4\theta & -4r\cos^3\theta\sin\theta \\ \sin^4\theta & 4r\sin^3\theta\cos\theta \end{vmatrix} = \frac{1}{2}r\sin^3 2\theta$,所以

$$\begin{aligned}\iint\limits_D f(\sqrt{x}+\sqrt{y})\,dx\,dy &= \frac{1}{2}\int_0^{\frac{\pi}{2}} d\theta \int_0^a f(\sqrt{r})\,r\sin^3 2\theta\,dr \\ &= \frac{1}{2}\int_0^{\frac{\pi}{2}} \sin^3 2\theta\,d\theta \int_0^a rf(\sqrt{r})\,dr = \frac{1}{4}\int_0^{\pi} \sin^3\varphi\,d\varphi \int_0^a rf(\sqrt{r})\,dr \\ &= \frac{1}{2}\int_0^{\frac{\pi}{2}} \sin^3\varphi\,d\varphi \int_0^a rf(\sqrt{r})\,dr = \frac{1}{3}\int_0^a rf(\sqrt{r})\,dr.\end{aligned}$$

例 14 求曲面 $(z-a)f(x)+(z-b)f(y)=0$,$x^2+y^2=c^2\,(c>0)$ 和 $z=0$ 所围成的立体的体积,其中 f 为正值连续函数 $(a>0,b>0)$.

解 所求体积为

$$\begin{aligned} V &= \iint\limits_{x^2+y^2\leqslant c^2} \frac{af(x)+bf(y)}{f(x)+f(y)}\,dx\,dy \\ &\xlongequal{\tilde{x}=y,\,\tilde{y}=x} \iint\limits_{\tilde{x}^2+\tilde{y}^2\leqslant c^2} \frac{af(\tilde{y})+bf(\tilde{x})}{f(\tilde{x})+f(\tilde{y})}\,d\tilde{x}\,d\tilde{y} \\ &= \iint\limits_{x^2+y^2\leqslant c^2} \frac{af(y)+bf(x)}{f(y)+f(x)}\,dx\,dy, \\ 2V &= \iint\limits_{x^2+y^2\leqslant c^2} \left(\frac{af(x)+bf(y)}{f(x)+f(y)} + \frac{af(y)+bf(x)}{f(y)+f(x)}\right)dx\,dy \\ &= (a+b)\pi c^2, \end{aligned}$$

所以 $V = \frac{1}{2}(a+b)\pi c^2$.

例 15 化 $\iint\limits_{x^2+y^2\leqslant 1} f(ax+by)\,dx\,dy$ 为定积分,其中 f 连续,$a^2+b^2\neq 0$.

解 令 $\begin{cases} u=\dfrac{1}{\sqrt{a^2+b^2}}(ax+by), \\ v=\dfrac{1}{\sqrt{a^2+b^2}}(ay-bx), \end{cases}$ 则 $u^2+v^2=x^2+y^2$，$\dfrac{1}{J}=\begin{vmatrix} u_x & u_y \\ v_x & v_y \end{vmatrix}=1$.

$$\iint\limits_{x^2+y^2\leqslant 1} f(ax+by)\mathrm{d}x\mathrm{d}y = \iint\limits_{u^2+v^2\leqslant 1} f(\sqrt{a^2+b^2}u)\mathrm{d}u\mathrm{d}v$$

$$= \int_{-1}^{1}\mathrm{d}u\int_{-\sqrt{1-u^2}}^{\sqrt{1-u^2}} f(\sqrt{a^2+b^2}u)\mathrm{d}v$$

$$= 2\int_{-1}^{1}\sqrt{1-u^2}f(\sqrt{a^2+b^2}u)\mathrm{d}u.$$

例 16 设 Ω 是椭球体 $\dfrac{x^2}{a^2}+\dfrac{y^2}{b^2}+\dfrac{z^2}{c^2}\leqslant 1$.

(1) 求 Ω 的体积 V；

(2) 计算三重积分 $\iiint\limits_{\Omega} z^2\mathrm{d}x\mathrm{d}y\mathrm{d}z$；

(3) 计算三重积分 $\iiint\limits_{\Omega}(x^2+y^2+z^2)\mathrm{d}x\mathrm{d}y\mathrm{d}z$；

(4) 计算三重积分 $\iiint\limits_{\Omega}(x+y+z)^2\mathrm{d}x\mathrm{d}y\mathrm{d}z$.

解 Ω：$-c\leqslant z\leqslant c$，$(x,y)\in D_z$；D_z：$\dfrac{x^2}{a^2}+\dfrac{y^2}{b^2}\leqslant 1-\dfrac{z^2}{c^2}$.

(1) $V=\iiint\limits_{\Omega}\mathrm{d}x\mathrm{d}y\mathrm{d}z=\int_{-c}^{c}\mathrm{d}z\iint\limits_{D_z}\mathrm{d}x\mathrm{d}y=\int_{-c}^{c}\pi ab\left(1-\dfrac{z^2}{c^2}\right)\mathrm{d}z=\dfrac{4}{3}\pi abc$.

(2) $\iiint\limits_{\Omega}z^2\mathrm{d}x\mathrm{d}y\mathrm{d}z=\int_{-c}^{c}\mathrm{d}z\iint\limits_{D_z}z^2\mathrm{d}x\mathrm{d}y=\int_{-c}^{c}\pi abz^2\left(1-\dfrac{z^2}{c^2}\right)\mathrm{d}z=\dfrac{4}{15}\pi abc^3$.

(3) 类似可得

$$\iiint\limits_{\Omega}x^2\mathrm{d}x\mathrm{d}y\mathrm{d}z=\int_{-a}^{a}\mathrm{d}x\iint\limits_{D_x}x^2\mathrm{d}y\mathrm{d}z=\int_{-a}^{a}\pi bcx^2\left(1-\frac{x^2}{a^2}\right)\mathrm{d}x=\frac{4}{15}\pi a^3bc,$$

$$\iiint\limits_{\Omega}y^2\mathrm{d}x\mathrm{d}y\mathrm{d}z=\int_{-b}^{b}\mathrm{d}y\iint\limits_{D_y}y^2\mathrm{d}x\mathrm{d}z=\int_{-b}^{b}\pi acy^2\left(1-\frac{y^2}{b^2}\right)\mathrm{d}y=\frac{4}{15}\pi ab^3c,$$

所以 $\iiint\limits_{\Omega}(x^2+y^2+z^2)\mathrm{d}x\mathrm{d}y\mathrm{d}z=\dfrac{4}{15}\pi abc(a^2+b^2+c^2)$.

(4) $\iiint\limits_{\Omega}(x+y+z)^2\mathrm{d}x\mathrm{d}y\mathrm{d}z=\iiint\limits_{\Omega}(x^2+y^2+z^2+2xy+2yz+2xz)\mathrm{d}x\mathrm{d}y\mathrm{d}z$.

因为 Ω 关于 3 个坐标平面均对称，所以

$$\iiint\limits_{\Omega}xy\mathrm{d}x\mathrm{d}y\mathrm{d}z=\iiint\limits_{\Omega}xz\mathrm{d}x\mathrm{d}y\mathrm{d}z=\iiint\limits_{\Omega}yz\mathrm{d}x\mathrm{d}y\mathrm{d}z=0,$$

从而

$$\iiint\limits_{\Omega}(x+y+z)^2\mathrm{d}x\mathrm{d}y\mathrm{d}z=\iiint\limits_{\Omega}(x^2+y^2+z^2)\mathrm{d}x\mathrm{d}y\mathrm{d}z=\frac{4}{15}\pi abc(a^2+b^2+c^2).$$

例 17 设 Ω 由锥面 $z=\sqrt{x^2+y^2}$ 与平面 $z=1$ 围成,计算三重积分

$$I=\iiint_{\Omega} z\sqrt{x^2+y^2}\,\mathrm{d}x\mathrm{d}y\mathrm{d}z.$$

解 (在柱坐标系下先定积分,后重积分.)

$$\Omega:\ 0\leqslant\theta\leqslant 2\pi,\ 0\leqslant r\leqslant 1, r\leqslant z\leqslant 1.$$

$$I=\iiint_{\Omega} z\sqrt{x^2+y^2}\,\mathrm{d}x\mathrm{d}y\mathrm{d}z=\int_0^{2\pi}\mathrm{d}\theta\int_0^1\mathrm{d}r\int_r^1 zrr\,\mathrm{d}z$$

$$=\int_0^{2\pi}\mathrm{d}\theta\int_0^1\frac{1}{2}r^2(1-r^2)\,\mathrm{d}r=\frac{2}{15}\pi.$$

例 18 设 Ω 由曲面 $z=\frac{1}{2}(x^2+y^2)$ 与平面 $z=2$ 和 $z=8$ 围成,计算三重积分 $I=\iiint_{\Omega}(x^2+y^2)\,\mathrm{d}x\mathrm{d}y\mathrm{d}z$.

解 (先重积分,后定积分.)

$$I=\iiint_{\Omega}(x^2+y^2)\,\mathrm{d}x\mathrm{d}y\mathrm{d}z=\int_2^8\mathrm{d}z\iint_{x^2+y^2\leqslant 2z}(x^2+y^2)\,\mathrm{d}x\mathrm{d}y$$

$$=\int_2^8\mathrm{d}z\int_0^{2\pi}\mathrm{d}\theta\int_0^{\sqrt{2z}}r^2 r\,\mathrm{d}r=2\pi\int_2^8 z^2\,\mathrm{d}z=336\pi.$$

例 19 设 Ω 是上半球体 $x^2+y^2+z^2\leqslant 1$, $z\geqslant 0$,计算三重积分 $I=\iiint_{\Omega}z\,\mathrm{d}x\mathrm{d}y\mathrm{d}z$.

解 法 1:利用柱坐标.

$$I=\iiint_{\Omega}z\,\mathrm{d}x\mathrm{d}y\mathrm{d}z=\int_0^{2\pi}\mathrm{d}\theta\int_0^1\mathrm{d}r\int_0^{\sqrt{1-r^2}}z\cdot r\,\mathrm{d}z=\pi\int_0^1 r(1-r^2)\,\mathrm{d}r=\frac{\pi}{4}.$$

法 2:利用球坐标.

$$I=\iiint_{\Omega}z\,\mathrm{d}x\mathrm{d}y\mathrm{d}z=\int_0^{2\pi}\mathrm{d}\theta\int_0^{\frac{\pi}{2}}\mathrm{d}\varphi\int_0^1 r^3\cos\varphi\sin\varphi\,\mathrm{d}r=\frac{\pi}{2}\int_0^{\frac{\pi}{2}}\sin\varphi\cos\varphi\,\mathrm{d}\varphi=\frac{\pi}{4}.$$

例 20 设 Ω:$a^2\leqslant x^2+y^2+z^2\leqslant b^2$, $0<a<b$,计算三重积分

$$\iiint_{\Omega}\frac{1}{(x^2+y^2+z^2)^{\frac{3}{2}}}\,\mathrm{d}x\mathrm{d}y\mathrm{d}z.$$

解 $\iiint_{\Omega}\frac{1}{(x^2+y^2+z^2)^{\frac{3}{2}}}\,\mathrm{d}x\mathrm{d}y\mathrm{d}z=\int_0^{2\pi}\mathrm{d}\theta\int_0^{\pi}\mathrm{d}\varphi\int_a^b\frac{1}{r^3}r^2\sin\varphi\,\mathrm{d}r=4\pi\ln\frac{b}{a}$.

例 21 已知球体 Ω:$x^2+y^2+z^2\leqslant 1$.

(1) 计算三重积分 $\iiint_{\Omega}(x^2+y^2+z^2)\,\mathrm{d}x\mathrm{d}y\mathrm{d}z$;

(2) 计算三重积分 $\iiint_{\Omega}(x+y+z)^2\,\mathrm{d}x\mathrm{d}y\mathrm{d}z$ 及 $\iiint_{\Omega}(x^2+2y^2+3z^2)\,\mathrm{d}x\mathrm{d}y\mathrm{d}z$.

解 (1) $\iiint_{\Omega}(x^2+y^2+z^2)\,\mathrm{d}x\mathrm{d}y\mathrm{d}z=\int_0^{2\pi}\mathrm{d}\theta\int_0^{\pi}\mathrm{d}\varphi\int_0^1 r^2 r^2\sin\varphi\,\mathrm{d}r=\frac{4\pi}{5}$.

(2) 因为 Ω 关于 3 个坐标平面均对称,所以

$$\iiint_{\Omega}xy\,\mathrm{d}x\mathrm{d}y\mathrm{d}z=\iiint_{\Omega}xz\,\mathrm{d}x\mathrm{d}y\mathrm{d}z=\iiint_{\Omega}yz\,\mathrm{d}x\mathrm{d}y\mathrm{d}z=0,$$

从而

$$\iiint_{\Omega}(x+y+z)^2\mathrm{d}x\mathrm{d}y\mathrm{d}z=\iiint_{\Omega}(x^2+y^2+z^2)\mathrm{d}x\mathrm{d}y\mathrm{d}z=\frac{4\pi}{5}.$$

又因为

$$\begin{aligned}\iiint_{\Omega}x^2\mathrm{d}x\mathrm{d}y\mathrm{d}z&=\iiint_{\Omega}y^2\mathrm{d}x\mathrm{d}y\mathrm{d}z=\iiint_{\Omega}z^2\mathrm{d}x\mathrm{d}y\mathrm{d}z\\&=\frac{1}{3}\iiint_{\Omega}(x^2+y^2+z^2)\mathrm{d}x\mathrm{d}y\mathrm{d}z,\end{aligned}$$

所以 $\iiint_{\Omega}(x^2+2y^2+3z^2)\mathrm{d}x\mathrm{d}y\mathrm{d}z=2\iiint_{\Omega}(x^2+y^2+z^2)\mathrm{d}x\mathrm{d}y\mathrm{d}z=\frac{8\pi}{5}.$

例 22 已知 Ω 由 $z=\sqrt{x^2+y^2}$ 与 $z=\sqrt{a^2-x^2-y^2}$ 围成，密度为 $\rho(x,y,z)=\sqrt{x^2+y^2+z^2}$，求 Ω 的质量.

解 $\Omega:0\leqslant\theta\leqslant2\pi，0\leqslant\varphi\leqslant\frac{\pi}{4}，0\leqslant r\leqslant a$. 所求质量为

$$\begin{aligned}\iiint_{\Omega}\rho(x,y,z)\mathrm{d}x\mathrm{d}y\mathrm{d}z&=\iiint_{\Omega}\sqrt{x^2+y^2+z^2}\mathrm{d}x\mathrm{d}y\mathrm{d}z\\&=\int_0^{2\pi}\mathrm{d}\theta\int_0^{\frac{\pi}{4}}\mathrm{d}\varphi\int_0^a rr^2\sin\varphi\mathrm{d}r=\frac{2-\sqrt{2}}{4}\pi a^4.\end{aligned}$$

例 23 求椭球体 $\Omega:\frac{x^2}{a^2}+\frac{y^2}{b^2}+\frac{z^2}{c^2}\leqslant1$ 的体积 V.

解 令 $\begin{cases}x=ar\sin\varphi\cos\theta,\\y=br\sin\varphi\sin\theta,\\z=cr\cos\varphi,\end{cases}$ 则

$$J=\begin{vmatrix}x_r&x_\varphi&x_\theta\\y_r&y_\varphi&y_\theta\\z_r&z_\varphi&z_\theta\end{vmatrix}=\begin{vmatrix}a\sin\varphi\cos\theta&ar\cos\varphi\cos\theta&-ar\sin\varphi\sin\theta\\b\sin\varphi\sin\theta&br\cos\varphi\sin\theta&br\sin\varphi\cos\theta\\c\cos\varphi&-cr\sin\varphi&0\end{vmatrix}=abcr^2\sin\varphi,$$

所以

$$V=\iiint_{\Omega}\mathrm{d}x\mathrm{d}y\mathrm{d}z=\int_0^{2\pi}\mathrm{d}\theta\int_0^{\pi}\mathrm{d}\varphi\int_0^1 abcr^2\sin\varphi\mathrm{d}r=\frac{4}{3}\pi abc.$$

评注:变量替换 $\begin{cases}x=ar\sin\varphi\cos\theta,\\y=br\sin\varphi\sin\theta,\\z=cr\cos\varphi\end{cases}$ 又称为**广义球坐标变换**.

例 24 求曲面 $S:(x^2+y^2+z^2)^2=az\ (a>0)$ 所围区域 Ω 的体积.

解 在球坐标系下曲面 S 的方程为 $r^3=a\cos\varphi\ (a>0)$.

$$\Omega:0\leqslant\theta\leqslant2\pi,0\leqslant\varphi\leqslant\frac{\pi}{2},0\leqslant r\leqslant\sqrt[3]{a\cos\varphi}.$$

所求体积为

$$\begin{aligned}\iiint_{\Omega}\mathrm{d}x\mathrm{d}y\mathrm{d}z&=\int_0^{2\pi}\mathrm{d}\theta\int_0^{\frac{\pi}{2}}\mathrm{d}\varphi\int_0^{\sqrt[3]{a\cos\varphi}}r^2\sin\varphi\mathrm{d}r\\&=\frac{2}{3}a\pi\int_0^{\frac{\pi}{2}}\sin\varphi\cos\varphi\mathrm{d}\varphi=\frac{a\pi}{3}.\end{aligned}$$

例 25 求曲面$\left(\frac{x^2}{a^2}+\frac{y^2}{b^2}+\frac{z^2}{c^2}\right)^2=\frac{x^2}{a^2}+\frac{y^2}{b^2}$所围立体的体积.

解 该曲面在广义球坐标系 $x=ar\sin\varphi\cos\theta, y=br\sin\varphi\sin\theta, z=cr\cos\varphi$ 下的方程为 $r=\sin\varphi, |J|=\left|\frac{\partial(x,y,z)}{\partial(r,\varphi,\theta)}\right|=abcr^2\sin\varphi$.

所求体积为
$$\int_0^{2\pi}\mathrm{d}\theta\int_0^{\pi}\mathrm{d}\varphi\int_0^{\sin\varphi}abcr^2\sin\varphi\mathrm{d}r=\frac{\pi^2}{4}abc.$$

例 26 设$|\boldsymbol{A}|=\begin{vmatrix}a_{11} & a_{12} & a_{13}\\ a_{21} & a_{22} & a_{23}\\ a_{31} & a_{32} & a_{33}\end{vmatrix}\neq 0$,求曲面
$$(a_{11}x+a_{12}y+a_{13}z)^2+(a_{21}x+a_{22}y+a_{23}z)^2+(a_{31}x+a_{32}y+a_{33}z)^2=a^2$$
所围区域 Ω 的体积($a>0$).

解 令$\begin{cases}u=a_{11}x+a_{12}y+a_{13}z,\\ v=a_{21}x+a_{22}y+a_{23}z,\\ w=a_{31}x+a_{32}y+a_{33}z,\end{cases}$则$\frac{1}{J}=\begin{vmatrix}u_x & u_y & u_z\\ v_x & v_y & v_z\\ w_x & w_y & w_z\end{vmatrix}=\begin{vmatrix}a_{11} & a_{12} & a_{13}\\ a_{21} & a_{22} & a_{23}\\ a_{31} & a_{32} & a_{33}\end{vmatrix}=|\boldsymbol{A}|$.

所以
$$V=\iiint\limits_{\Omega}\mathrm{d}x\mathrm{d}y\mathrm{d}z=\iiint\limits_{u^2+v^2+w^2\leqslant a^2}\left|\frac{1}{|\boldsymbol{A}|}\right|\mathrm{d}u\mathrm{d}v\mathrm{d}w=\frac{4}{3}\pi\frac{a^3}{|\det\boldsymbol{A}|}.$$

例 27 求柱面 $x^2+y^2=R^2$ 与 $x^2+z^2=R^2$ 所围有界闭区域 Ω 的表面积与体积.

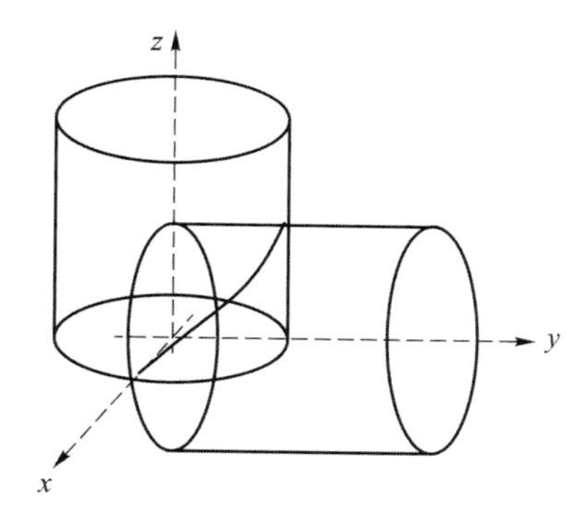

图 10-3

解 令 $S:z=\sqrt{R^2-x^2},(x,y)\in D;D:x^2+y^2\leqslant R^2,x\geqslant 0,y\geqslant 0.$

所求表面积为
$$16\iint\limits_D\sqrt{1+\left(\frac{\partial z}{\partial x}\right)^2+\left(\frac{\partial z}{\partial y}\right)^2}\mathrm{d}x\mathrm{d}y=16\iint\limits_D\sqrt{1+\frac{x^2}{R^2-x^2}}\mathrm{d}x\mathrm{d}y$$
$$=16\iint\limits_D\frac{R}{\sqrt{R^2-x^2}}\mathrm{d}x\mathrm{d}y$$
$$=16\int_0^R\mathrm{d}x\int_0^{\sqrt{R^2-x^2}}\frac{R}{\sqrt{R^2-x^2}}\mathrm{d}y=16R^2.$$

所求体积为

$$8\iint\limits_D \sqrt{R^2-x^2}\mathrm{d}x\mathrm{d}y = 8\int_0^R \mathrm{d}x\int_0^{\sqrt{R^2-x^2}} \sqrt{R^2-x^2}\mathrm{d}y = 8\int_0^R (R^2-x^2)\mathrm{d}x = \frac{16}{3}R^3.$$

例 28 设半径为 R 的球面 Σ 的球心在定球面 $x^2+y^2+z^2=a^2(a>0)$ 上，问当 R 取何值时，球面 Σ 在定球面内部的那部分面积最大？

解 建立坐标系，使 Σ 的球心坐标为 $(0,0,a)$. 设 Σ 在定球面内的部分为 Σ_1，Σ_1 的方程为 $z=a-\sqrt{R^2-x^2-y^2}$ $(0<R<2a)$，Σ_1 在 xy 面上的投影区域为 D：$x^2+y^2\leqslant\frac{R^2(4a^2-R^2)}{4a^2}$.（**注**：$\begin{cases}x^2+y^2+(z-a)^2=R^2,\\ x^2+y^2+z^2=a^2\end{cases}$ 在 xy 面上的投影曲线即为 D 的边界.）

Σ_1 的面积为

$$S(R)=\iint\limits_D \frac{R}{\sqrt{R^2-x^2-y^2}}\mathrm{d}x\mathrm{d}y = 2\pi\left(R^2-\frac{R^3}{2a}\right).$$

令 $S'(R)=0$，求得唯一驻点 $R_0=\frac{4}{3}a$，$S''(R_0)<0$，故 $R=R_0=\frac{4}{3}a$ 是所求的最大值点，即当 $R=\frac{4}{3}a$ 时，Σ_1 的面积最大.

例 29 设 $f(u)$ 连续，求证：

$$\iiint\limits_{x^2+y^2+z^2\leqslant 1} f(x+y+z)\mathrm{d}x\mathrm{d}y\mathrm{d}z = \pi\int_{-1}^1 (1-u^2)f(\sqrt{3}u)\mathrm{d}u.$$

证 取 $\boldsymbol{O}$ 为第 1 行为 $\frac{1}{\sqrt{3}}(1,1,1)$ 的正交矩阵（由线性代数知识可知存在这样的正交矩阵），令 $\begin{pmatrix}u\\v\\w\end{pmatrix}=\boldsymbol{O}\begin{pmatrix}x\\y\\z\end{pmatrix}$，即 $u=\frac{1}{\sqrt{3}}(x+y+z)$，且 $u^2+v^2+w^2=x^2+y^2+z^2$，$|J|=\left|\frac{\partial(x,y,z)}{\partial(u,v,w)}\right|=|\det \boldsymbol{O}^{-1}|=1$，于是

$$\begin{aligned}\iiint\limits_{x^2+y^2+z^2\leqslant 1} f(x+y+z)\mathrm{d}x\mathrm{d}y\mathrm{d}z &= \iiint\limits_{u^2+v^2+w^2\leqslant 1} f(\sqrt{3}u)\mathrm{d}u\mathrm{d}v\mathrm{d}w \\ &= \int_{-1}^1\left(\iint\limits_{v^2+w^2\leqslant 1-u^2} f(\sqrt{3}u)\mathrm{d}v\mathrm{d}w\right)\mathrm{d}u \\ &= \int_{-1}^1 \pi(1-u^2)f(\sqrt{3}u)\mathrm{d}u.\end{aligned}$$

例 30 设 f 是连续函数，证明：

(1) $\int_0^1\mathrm{d}x\int_x^1\mathrm{d}y\int_x^y f(x)f(y)f(z)\mathrm{d}z = \int_0^1\mathrm{d}y\int_0^y\mathrm{d}z\int_0^z f(x)f(y)f(z)\mathrm{d}x$；

(2) $\int_0^1\mathrm{d}x\int_x^1\mathrm{d}y\int_x^y f(x)f(y)f(z)\mathrm{d}z = \frac{1}{6}\left(\int_0^1 f(x)\mathrm{d}x\right)^3$.

证 (1)将 x,y 交换积分顺序，得

$$\int_0^1\mathrm{d}x\int_x^1\mathrm{d}y\int_x^y f(x)f(y)f(z)\mathrm{d}z = \int_0^1\mathrm{d}y\int_0^y\mathrm{d}x\int_x^y f(x)f(y)f(z)\mathrm{d}z,$$

再将 x,z 交换积分顺序，得

$$\int_0^1 dy\int_0^y dx\int_x^y f(x)f(y)f(z)dz = \int_0^1 dy\int_0^y dz\int_0^z f(x)f(y)f(z)dx,$$

所以

$$\int_0^1 dx\int_x^1 dy\int_x^y f(x)f(y)f(z)dz = \int_0^1 dy\int_0^y dz\int_0^z f(x)f(y)f(z)dx.$$

(2) 设 $F(x)=\int_0^x f(t)dt$，则 $F'(x)=f(x)$，由牛顿-莱布尼茨公式得

$$\begin{aligned}\int_0^1 dx\int_x^1 dy\int_x^y f(x)f(y)f(z)dz &= \int_0^1 dx\int_x^1 f(x)f(y)(F(y)-F(x))dy\\ &= \int_0^1 dx\int_x^1 f(x)F'(y)(F(y)-F(x))dy\\ &= \int_0^1 \frac{1}{2}f(x)\,(F(x)-F(1))^2dx\\ &= \frac{1}{6}\,(F(1)-F(0))^3\\ &= \frac{1}{6}\left(\int_0^1 f(x)dx\right)^3.\end{aligned}$$

例 31 设 $f(x),g(x)$ 均为$[a,b]$上的连续、单增函数，求证：

$$\int_a^b f(x)dx\int_a^b g(x)dx \leqslant (b-a)\int_a^b f(x)g(x)dx.$$

证 令 $I=(b-a)\int_a^b f(x)g(x)dx-\int_a^b f(x)dx\int_a^b g(x)dx$，则

$$\begin{aligned}I &= \int_a^b 1dx\int_a^b f(y)g(y)dy-\int_a^b f(x)dx\int_a^b g(y)dy\\ &= \iint_D f(y)g(y)dxdy-\iint_D f(x)g(y)dxdy\\ &= \iint_D g(y)(f(y)-f(x))dxdy.\end{aligned}$$

其中，$D:a\leqslant x\leqslant b,a\leqslant y\leqslant b$.

同时

$$\begin{aligned}I &= \int_a^b 1dy\int_a^b f(x)g(x)dx-\int_a^b f(y)dy\int_a^b g(x)dx\\ &= \iint_D (f(x)g(x)-f(y)g(x))dxdy\\ &= \iint_D (f(x)-f(y))g(x)dxdy.\end{aligned}$$

两式相加，得

$$\begin{aligned}2I &= \iint_D g(y)(f(y)-f(x))dxdy+\iint_D (f(x)-f(y))g(x)dxdy\\ &= \iint_D (g(y)-g(x))(f(y)-f(x))dxdy.\end{aligned}$$

因为 $f(x),g(x)$ 均单增,故 $(g(y)-g(x))(f(y)-f(x))\geqslant 0$,从而 $I\geqslant 0$.

第三部分　练　习　题

一、填空题

1. 设 $D:|x|+|y|\leqslant 1$,则积分 $\iint\limits_D(\sin x+y+1)\mathrm{d}\sigma=$ ________.

2. 二次积分 $\int_0^a \mathrm{d}x\int_{a-x}^{\sqrt{a^2-x^2}} f(x,y)\mathrm{d}y(a>0,f$ 连续) 交换积分次序后可化为________.

3. $\int_0^{\frac{\pi}{2}}\mathrm{d}y\int_y^{\frac{\pi}{2}}\frac{\sin x}{x}\mathrm{d}x=$ ________.

4. 二重积分 $\int_0^3\mathrm{d}x\int_{-x}^{\sqrt{3}x} f(\sqrt{x^2+y^2},2xy)\mathrm{d}y$($f$ 连续)在极坐标系下先对 r 后对 θ 的累次积分表达式为________.

5. 设 D 是由直线 $y=kx(k>0)$ 与圆周 $x^2+y^2-2ax=0(a>0)$ 所围成的包含圆心的区域,函数 $f(xy,x^2+y^2)$ 在 D 上连续,则积分 $\iint\limits_D f(xy,x^2+y^2)\mathrm{d}x\mathrm{d}y$ 在极坐标系下表示成先 r 后 θ 的二次积分为________.

6. 极坐标系下二次积分 $\int_{-\frac{\pi}{4}}^{\frac{\pi}{2}}\mathrm{d}\theta\int_0^{2a\cos\theta} f(r,\theta)\mathrm{d}r(a>0,f$ 连续) 交换积分次序后可化为________.

7. 曲面 $z=x^2+y^2$ 在平面 $z=1$ 下方的面积为________.

8. 曲线 $\begin{cases}y=z,\\x=0\end{cases}(y\geqslant 0)$ 绕 z 轴旋转一周而成的曲面介于平面 $z=2$ 和 $z=6$ 之间的部分的面积为________.

9. 设 $\Omega:x^2+y^2+z^2\leqslant 4R^2,x^2+y^2+(z-2R)^2\leqslant 4R^2$,$f(x,z)$ 在 Ω 上连续,则 $\iiint\limits_\Omega f(x,z)\mathrm{d}V$ 表示成球坐标系下的三次积分为________$(R>0)$.

10. 设 Ω 是由 $z=\sqrt{1-x^2-y^2}$ 与 $z=\sqrt{x^2+y^2}$ 所围成的有界闭区域,$f(x,y,z)$ 在 Ω 上连续,则 $\iiint\limits_\Omega f(x,y,z)\mathrm{d}V$ 表示成球坐标系下的三次积分为________.

二、选择题

11. 设 $D:x^2+y^2\leqslant 1$,$f(x,y)$ 为连续函数,且 $f(-x,y)=f(x,y)$,则下列结论中一定正确的是________.

A. $\iint\limits_D f(x,y)\mathrm{d}\sigma=0$

B. $\iint\limits_D f(x,y)\mathrm{d}\sigma=2\iint\limits_{x^2+y^2\leqslant 1,y\geqslant 0} f(x,y)\mathrm{d}\sigma$

C. $\iint\limits_D f(x,y)\mathrm{d}\sigma=2\iint\limits_{x^2+y^2\leqslant 1,x\geqslant 0} f(x,y)\mathrm{d}\sigma$

D. $\iint\limits_D f(x,y)\mathrm{d}\sigma = 4 \iint\limits_{x^2+y^2\leqslant 1, x\geqslant 0, y\geqslant 0} f(x,y)\mathrm{d}\sigma$

12. 将$\iint\limits_D f(x,y)\mathrm{d}x\mathrm{d}y$化为极坐标系下先$\theta$后$r$的二次积分，得________，其中，$D$:$0\leqslant x\leqslant 1$，$0\leqslant y\leqslant x$，$f$为连续函数.

A. $\int_0^{\sqrt{2}}\mathrm{d}r\int_0^{\frac{\pi}{4}} rf(r\cos\theta, r\sin\theta)\mathrm{d}\theta$

B. $\int_0^{\frac{\pi}{4}}\mathrm{d}\theta\int_0^{\sec\theta} rf(r\cos\theta, r\sin\theta)\mathrm{d}r$

C. $\int_0^{1}\mathrm{d}r\int_0^{\frac{\pi}{4}} f(r\cos\theta, r\sin\theta)\mathrm{d}\theta + \int_1^{\sqrt{2}}\mathrm{d}r\int_{\arccos\frac{1}{r}}^{\frac{\pi}{4}} f(r\cos\theta, r\sin\theta)\mathrm{d}\theta$

D. $\int_0^{1}\mathrm{d}r\int_0^{\frac{\pi}{4}} rf(r\cos\theta, r\sin\theta)\mathrm{d}\theta + \int_1^{\sqrt{2}}\mathrm{d}r\int_{\arccos\frac{1}{r}}^{\frac{\pi}{4}} rf(r\cos\theta, r\sin\theta)\mathrm{d}\theta$

13. 设$f(x,y)$为连续函数，则$\int_0^{\frac{\pi}{4}}\mathrm{d}\theta\int_0^1 f(r\cos\theta, r\sin\theta)r\mathrm{d}r =$ ________.

A. $\int_0^{\frac{\sqrt{2}}{2}}\mathrm{d}x\int_x^{\sqrt{1-x^2}} f(x,y)\mathrm{d}y$

B. $\int_0^{\frac{\sqrt{2}}{2}}\mathrm{d}x\int_0^{\sqrt{1-x^2}} f(x,y)\mathrm{d}y$

C. $\int_0^{\frac{\sqrt{2}}{2}}\mathrm{d}y\int_y^{\sqrt{1-y^2}} f(x,y)\mathrm{d}x$

D. $\int_0^{\frac{\sqrt{2}}{2}}\mathrm{d}y\int_0^{\sqrt{1-y^2}} f(x,y)\mathrm{d}x$

三、解答与证明题

14. 设函数$f(x,y)$连续，交换累次积分$\int_{-1}^0\mathrm{d}y\int_{1-y}^2 f(x,y)\mathrm{d}x$的积分次序.

15. 计算二重积分$I = \iint\limits_D \sqrt{4x^2-y^2}\mathrm{d}\sigma$，其中$D$由直线$y=0$，$x=1$和$y=2x$围成.

16. 设D:$0\leqslant x\leqslant 2$，$x\leqslant y\leqslant 2$，计算二重积分$\iint\limits_D \mathrm{e}^{y^2}\mathrm{d}x\mathrm{d}y$.

17. 设D:$0\leqslant x\leqslant 1$，$0\leqslant y\leqslant 1$，计算二重积分$\iint\limits_D \mathrm{e}^{\max\{x^2,y^2\}}\mathrm{d}x\mathrm{d}y$.

18. 求$I = \int_0^1\mathrm{d}x\int_0^{\sqrt{x}}\mathrm{e}^{-\frac{y^2}{2}}\mathrm{d}y$.

19. 求$I = \iint\limits_D \frac{1-x^2-y^2}{1+x^2+y^2}\mathrm{d}x\mathrm{d}y$，其中$D$:$x^2+y^2\leqslant 1$，$x\geqslant 0$，$y\geqslant 0$.

20. 求由球面$x^2+y^2+z^2=3$与抛物面$x^2+y^2=2z$所围成的立体体积V.

21. 求由曲面$z=x^2+2y^2$与$z=2-x^2$所围成的立体体积V.

22. 设$f(x,y)=\begin{cases}6(x+y)^{-2}, & x\leqslant y\leqslant 2x,\\ 0, & \text{其他}.\end{cases}$ D:$1\leqslant x\leqslant 2$，$1\leqslant y\leqslant 4$. 求在D上方，曲面$z=f(x,y)$下方的曲顶柱体的体积V.

23. 计算 $I=\int_1^2 \mathrm{d}x\int_{\sqrt{x}}^{x}\sin\frac{\pi x}{2y}\mathrm{d}y+\int_2^4 \mathrm{d}x\int_{\sqrt{x}}^{2}\sin\frac{\pi x}{2y}\mathrm{d}y$.

24. 设 D 是圆盘 $x^2+y^2\leqslant 2y$，计算二重积分 $\iint\limits_D \sqrt{x^2+y^2}\,\mathrm{d}x\mathrm{d}y$.

25. 设 Ω 由曲面 $z=x^2+y^2$，$x^2+y^2=a^2(a>0)$ 和平面 $z=0$ 围成，求 Ω 的体积 V.

26. 已知平面区域 D 由直线 $x+y=1$，$x+y=2$，$y=x$ 和 $y=2x$ 围成，计算二重积分 $\iint\limits_D (x+y)\mathrm{d}x\mathrm{d}y$.

27. 设有界区域 D 由 $xy=1$，$xy=2$，$y=x$，$y=4x$ 在第一象限中围成，函数 $f(x)$ 连续，试将二重积分 $\iint\limits_D f(xy)\mathrm{d}x\mathrm{d}y$ 化为定积分.

28. 已知 Ω 由平面 $x+y+2z=2$ 与 3 个坐标平面围成，计算 $\iiint\limits_\Omega (x+1)\mathrm{d}x\mathrm{d}y\mathrm{d}z$.

29. 求抛物面 $z=x^2+y^2$ 在平面 $z=9$ 以下部分的面积 S.

30. 计算 $I=\iiint\limits_\Omega \frac{5}{8\pi}\left(x+y+\frac{1}{\sqrt{z}}\right)\mathrm{d}x\mathrm{d}y\mathrm{d}z$，其中 Ω：$x^2+y^2+z^2\leqslant 2, z\geqslant 1$.

31. 计算 $I=\iiint\limits_\Omega z\,\mathrm{d}V$，其中 Ω 是由 $x^2+y^2+z^2=R^2$ 与 $x^2+y^2+(z-R)^2=R^2$ 所围成的区域 $(R>0)$.

32. 求 $I=\iiint\limits_\Omega (x+z)\mathrm{d}V$，其中 Ω 是由 $z=\sqrt{x^2+y^2}$ 与 $z=\sqrt{1-x^2-y^2}$ 所围成的区域.

33. 计算 $I=\iiint\limits_\Omega \frac{4\mathrm{d}V}{\sqrt{x^2+y^2+z^2}}$，其中 Ω：$x^2+y^2+(z-1)^2\leqslant 1, y\geqslant 0, z\geqslant 1$.

34. 求 $I=\iiint\limits_\Omega (x^2+y^2+z)\mathrm{d}V$，其中 Ω 是由 $\begin{cases} y^2=2z, \\ x=0 \end{cases}$ 绕 z 轴旋转一周而成的曲面与平面 $z=2$ 所围成的立体.

35. 有一半径为 R 的球体，P_0 为此球面上的一个定点，球体上任意一点的密度与该点到 P_0 的距离的平方成正比(比例常数 $k>0$)，求该球体的重心.

36. 设 $f(x)$ 连续，且 $f(0)=0$，Ω：$0\leqslant z\leqslant h, x^2+y^2\leqslant t^2$，令 $F(t)=\iiint\limits_\Omega (z^2+f(x^2+y^2))\mathrm{d}V$，求 $\lim\limits_{t\to 0^+}\frac{F(t)}{t^2}$.

37. 设 $f(u)$ 连续，求证：$\iint\limits_{|x|+|y|\leqslant 1} f(x+y)\mathrm{d}x\mathrm{d}y=\int_{-1}^{1} f(u)\mathrm{d}u$.

38. 设 D_t：$x^2+y^2\leqslant t^2\ (t>0)$，$f(x)$ 在 $x=0$ 的某邻域内连续，且 $f(0)\neq 0$，$F(t)=\iint\limits_{D_t} f(x^2+y^2)\mathrm{d}x\mathrm{d}y$. 求证：

(1) $F(t)$ 在 $t=0$ 的某右邻域内可导；

(2) $\forall\lambda>0$，级数 $\sum\limits_{n=1}^{\infty}\frac{1}{n^\lambda}F'\left(\frac{1}{n}\right)$ 收敛.

习题答案、简答或提示

一、填空题

1. 2.

提示：由对称性可知$\iint\limits_D \sin x \mathrm{d}\sigma = \iint\limits_D y \mathrm{d}\sigma = 0$.

2. $\int_0^a \mathrm{d}y \int_{a-y}^{\sqrt{a^2-y^2}} f(x,y)\mathrm{d}x$.

3. 1.

提示：交换积分次序.

4. $\int_{-\frac{\pi}{4}}^{\frac{\pi}{3}} \mathrm{d}\theta \int_0^{3\sec\theta} rf(r, 2r^2\cos\theta\sin\theta)\mathrm{d}r$.

5. $\int_{-\frac{\pi}{2}}^{\arctan k} \mathrm{d}\theta \int_0^{2a\cos\theta} rf(r^2\cos\theta\sin\theta, r^2)\mathrm{d}r$.

6. $\int_0^{\sqrt{2}a} \mathrm{d}r \int_{-\frac{\pi}{4}}^{\arccos\frac{r}{2a}} f(r,\theta)\mathrm{d}\theta + \int_{\sqrt{2}a}^{2a} \mathrm{d}r \int_{-\arccos\frac{r}{2a}}^{\arccos\frac{r}{2a}} f(r,\theta)\mathrm{d}\theta$.

7. $\frac{1}{6}\pi(5\sqrt{5}-1)$.

8. $32\sqrt{2}\pi$.

9. $\int_0^{2\pi} \mathrm{d}\theta \int_0^{\frac{\pi}{3}} \mathrm{d}\varphi \int_0^{2R} r^2\sin\varphi f(r\sin\varphi\cos\theta, r\cos\varphi)\mathrm{d}r +$

$\int_0^{2\pi} \mathrm{d}\theta \int_{\frac{\pi}{3}}^{\frac{\pi}{2}} \mathrm{d}\varphi \int_0^{4R\cos\varphi} r^2\sin\varphi f(r\sin\varphi\cos\theta, r\cos\varphi)\mathrm{d}r$.

10. $\int_0^{2\pi} \mathrm{d}\theta \int_0^{\frac{\pi}{4}} \mathrm{d}\varphi \int_0^1 r^2\sin\varphi f(r\sin\varphi\cos\theta, r\sin\varphi\sin\theta, r\cos\varphi)\mathrm{d}r$.

二、选择题

11. C.　　12. D.　　13. C.

三、解答与证明题

14. $\int_{-1}^0 \mathrm{d}y \int_{1-y}^2 f(x,y)\mathrm{d}x = \int_1^2 \mathrm{d}x \int_{1-x}^0 f(x,y)\mathrm{d}y$.

解　$\int_{-1}^0 \mathrm{d}y \int_{1-y}^2 f(x,y)\mathrm{d}x = \iint\limits_D f(x,y)\mathrm{d}x\mathrm{d}y$，$D$：$-1 \leqslant y \leqslant 0, 1-y \leqslant x \leqslant 2$. D还可表示为D:$1 \leqslant x \leqslant 2, 1-x \leqslant y \leqslant 0$，所以$\int_{-1}^0 \mathrm{d}y \int_{1-y}^2 f(x,y)\mathrm{d}x = \int_1^2 \mathrm{d}x \int_{1-x}^0 f(x,y)\mathrm{d}y$.

15. $\frac{1}{3}\pi$.

解　$I = \iint\limits_D \sqrt{4x^2-y^2}\mathrm{d}\sigma = \int_0^1 \mathrm{d}x \int_0^{2x} \sqrt{4x^2-y^2}\mathrm{d}y = \int_0^1 \frac{1}{4}\pi(2x)^2\mathrm{d}x = \frac{1}{3}\pi$.

注：$\int_0^{2x} \sqrt{4x^2-y^2}\mathrm{d}y$是以原点为圆心，半径为$2x$的圆面积的$\frac{1}{4}$.

16. $\frac{1}{2}(e^4-1)$.

解 交换积分次序. $D:0\leqslant y\leqslant 2,0\leqslant x\leqslant y$,

$$\iint_D e^{y^2}dxdy=\int_0^2 dy\int_0^y e^{y^2}dx=\int_0^2 ye^{y^2}dy=\frac{1}{2}e^{y^2}\Big|_0^2=\frac{1}{2}(e^4-1).$$

17. $e-1$.

解 设 $D_1:0\leqslant x\leqslant 1,0\leqslant y\leqslant x;D_2:0\leqslant x\leqslant 1,x\leqslant y\leqslant 1$.

$$\iint_D e^{\max\{x^2,y^2\}}dxdy=\iint_{D_1}e^{x^2}dxdy+\iint_{D_2}e^{y^2}dxdy.$$

$$\iint_{D_1}e^{x^2}dxdy=\int_0^1 dx\int_0^x e^{x^2}dy=\frac{1}{2}(e-1),$$

$$\iint_{D_2}e^{y^2}dxdy=\int_0^1 dy\int_0^y e^{y^2}dx=\frac{1}{2}(e-1),$$

所以 $\iint_D e^{\max\{x^2,y^2\}}dxdy=\frac{1}{2}(e-1)+\frac{1}{2}(e-1)=e-1$.

18. $I=e^{-\frac{1}{2}}$.

解 $I=\int_0^1 dy\int_{y^2}^1 e^{-\frac{y^2}{2}}dx=\int_0^1 e^{-\frac{y^2}{2}}(1-y^2)dy=\int_0^1 e^{-\frac{y^2}{2}}dy+\int_0^1 yd(e^{-\frac{y^2}{2}})$

$=\int_0^1 e^{-\frac{y^2}{2}}dy+ye^{-\frac{y^2}{2}}\Big|_0^1-\int_0^1 e^{-\frac{y^2}{2}}dy=e^{-\frac{1}{2}}$.

19. $I=\frac{\pi}{4}(2\ln 2-1)$.

解 $I=\int_0^{\frac{\pi}{2}}d\theta\int_0^1\frac{1-r^2}{1+r^2}rdr\ \underline{\underline{t=r^2}}\ \frac{\pi}{4}\int_0^1\frac{1-t}{1+t}dt$

$=\frac{\pi}{4}\int_0^1\left(\frac{2}{1+t}-1\right)dt=\frac{\pi}{4}(2\ln 2-1)$.

20. $V=2\pi\left(\sqrt{3}-\frac{5}{6}\right)$.

解 球面与抛物面的交线 $\begin{cases}x^2+y^2+z^2=3,\\x^2+y^2=2z\end{cases}$ 在 xy 面上的投影曲线为 $x^2+y^2=2$,该立体在 xy 面上的投影区域为 $x^2+y^2\leqslant 2$.

$$V=\iint_{x^2+y^2\leqslant 2}\left[\sqrt{3-x^2-y^2}-\frac{1}{2}(x^2+y^2)\right]dxdy$$

$$=\int_0^{2\pi}d\theta\int_0^{\sqrt{2}}r\left(\sqrt{3-r^2}-\frac{1}{2}r^2\right)dr=2\pi\left(\sqrt{3}-\frac{5}{6}\right).$$

21. $V=\pi$.

解 交线 $\begin{cases}z=x^2+2y^2,\\z=2-x^2\end{cases}$ 在 xy 面上的投影曲线为 $x^2+y^2=1$,该立体在 xy 面上的投影区域为 $x^2+y^2\leqslant 1$.

$$V=\iint_{x^2+y^2\leqslant 1}[2-x^2-(x^2+2y^2)]dxdy=\int_0^{2\pi}d\theta\int_0^1 r(2-2r^2)dr=\pi.$$

22. $V=\ln 2$.

解 $$V=\iint_D f(x,y)\mathrm{d}x\mathrm{d}y=\int_1^2\mathrm{d}x\int_x^{2x}\frac{6}{(x+y)^2}\mathrm{d}y=\ln 2.$$

23. $I=\frac{4}{\pi^2}+\frac{8}{\pi^3}$.

解 $$I=\int_1^2\mathrm{d}y\int_y^{y^2}\sin\frac{\pi x}{2y}\mathrm{d}x=\int_1^2\left(\frac{2y}{\pi}\cos\frac{\pi x}{2y}\Big|_{x=y^2}^{x=y}\right)\mathrm{d}y$$
$$=\frac{2}{\pi}\int_1^2\left(-y\cos\frac{\pi}{2}y\right)\mathrm{d}y=\frac{4}{\pi^2}+\frac{8}{\pi^3}.$$

24. $\frac{32}{9}$.

解 在极坐标系下 $D:0\leqslant\theta\leqslant\pi,0\leqslant r\leqslant 2\sin\theta$,所以
$$\iint_D\sqrt{x^2+y^2}\mathrm{d}x\mathrm{d}y=\int_0^{\pi}\mathrm{d}\theta\int_0^{2\sin\theta}rr\mathrm{d}r$$
$$=\frac{8}{3}\int_0^{\pi}\sin^3\theta\mathrm{d}\theta=\frac{8}{3}\times 2\int_0^{\frac{\pi}{2}}\sin^3\theta\mathrm{d}\theta$$
$$=\frac{16}{3}\times\frac{2}{3}=\frac{32}{9}.$$

25. $V=\frac{1}{2}\pi a^4$.

解 设 $D:x^2+y^2\leqslant a^2$,则
$$V=\iint_D(x^2+y^2)\mathrm{d}x\mathrm{d}y=\int_0^{2\pi}\mathrm{d}\theta\int_0^a r^2r\mathrm{d}r=\frac{1}{2}\pi a^4.$$

26. $\frac{7}{18}$.

解 令 $\begin{cases}u=x+y,\\ v=\frac{y}{x},\end{cases}$ 即 $\begin{cases}x=\frac{u}{1+v},\\ y=\frac{uv}{1+v},\end{cases}$ 此变量代换的 Jacobi 行列式为
$$J=\begin{vmatrix}x_u & x_v\\ y_u & y_v\end{vmatrix}=\begin{vmatrix}\frac{1}{1+v} & -\frac{u}{(1+v)^2}\\ \frac{v}{1+v} & \frac{u}{(1+v)^2}\end{vmatrix}=\frac{u}{(1+v)^2},$$
所以 $\iint_D(x+y)\mathrm{d}x\mathrm{d}y=\int_1^2\mathrm{d}u\int_1^2 u\cdot\frac{u}{(1+v)^2}\mathrm{d}v=\int_1^2 u^2\mathrm{d}u\cdot\int_1^2\frac{1}{(1+v)^2}\mathrm{d}v=\frac{7}{3}\times\frac{1}{6}=\frac{7}{18}$.

27. $\iint_D f(xy)\mathrm{d}x\mathrm{d}y=\ln 2\int_1^2 f(u)\mathrm{d}u$.

解 令 $\begin{cases}u=xy,\\ v=\frac{y}{x},\end{cases}$ 则 $D:1\leqslant u\leqslant 2,1\leqslant v\leqslant 4$.

因为 $\frac{1}{J}=\begin{vmatrix}u_x & u_y\\ v_x & v_y\end{vmatrix}=\begin{vmatrix}y & x\\ -\frac{y}{x^2} & \frac{1}{x}\end{vmatrix}=2\frac{y}{x}=2v$,所以

$$\iint_D f(xy)\mathrm{d}x\mathrm{d}y=\int_1^2\mathrm{d}u\int_1^4 f(u)\frac{1}{2v}\mathrm{d}v=\int_1^2 f(u)\mathrm{d}u\int_1^4\frac{1}{2v}\mathrm{d}v=\ln 2\int_1^2 f(u)\mathrm{d}u.$$

28. 1.

提示：$\displaystyle\iiint_\Omega(x+1)\mathrm{d}x\mathrm{d}y\mathrm{d}z=\iint_{D_{xy}}\mathrm{d}x\mathrm{d}y\int_0^{\frac{1}{2}(2-x-y)}(x+1)\mathrm{d}z$

$$=\int_0^2\mathrm{d}x\int_0^{2-x}\mathrm{d}y\int_0^{\frac{1}{2}(2-x-y)}(x+1)\mathrm{d}z$$

$$=\int_0^2\mathrm{d}x\int_0^{2-x}\frac{1}{2}(x+1)(2-x-y)\mathrm{d}y$$

$$=\int_0^2\frac{1}{4}(x+1)(2-x)^2\mathrm{d}x=1,$$

或
$$\iiint_\Omega(x+1)\mathrm{d}x\mathrm{d}y\mathrm{d}z=\int_0^1\mathrm{d}z\int_0^{2-2z}\mathrm{d}x\int_0^{2-2z-x}(x+1)\mathrm{d}y$$

$$=\int_0^1\mathrm{d}z\int_0^{2-2z}(x+1)(2-2z-x)\mathrm{d}x$$

$$=\int_0^1\mathrm{d}z\int_0^{2-2z}(x+1)(2-2z-x)\mathrm{d}x$$

$$=\int_0^1\left[\frac{1}{6}(3-2z)^3-\frac{1}{2}(3-2z)+\frac{1}{3}\right]\mathrm{d}z$$

$$=\left[-\frac{1}{48}(3-2z)^4+\frac{1}{8}(3-2z)^2+\frac{1}{3}z\right]\Big|_0^1=1,$$

或
$$\iiint_\Omega(x+1)\mathrm{d}x\mathrm{d}y\mathrm{d}z=\int_0^2\mathrm{d}x\iint_{D_x}(x+1)\mathrm{d}y\mathrm{d}z=\int_0^2\frac{1}{4}(2-x)^2(x+1)\mathrm{d}x$$

$$=\int_0^2\left[\frac{1}{4}(x-2)^3+\frac{3}{4}(x-2)^2\right]\mathrm{d}x$$

$$=\left[\frac{1}{16}(x-2)^4+\frac{1}{4}(x-2)^3\right]\Big|_0^2=1.$$

29. $S=\frac{\pi}{6}(37\sqrt{37}-1)$.

解 令 $D:x^2+y^2\leqslant 9$，则

$$S=\iint_D\sqrt{1+\left(\frac{\partial z}{\partial x}\right)^2+\left(\frac{\partial z}{\partial y}\right)^2}\mathrm{d}x\mathrm{d}y=\iint_D\sqrt{1+4x^2+4y^2}\mathrm{d}x\mathrm{d}y$$

$$=\int_0^{2\pi}\mathrm{d}\theta\int_0^3\sqrt{1+4r^2}\cdot r\mathrm{d}r=2\pi\cdot\frac{1}{12}(1+4r^2)^{\frac{3}{2}}\Big|_0^3=\frac{\pi}{6}(37\sqrt{37}-1).$$

30. $I=2\sqrt[4]{2}-\frac{9}{4}$.

解 由对称性，得

$$I=\frac{5}{8\pi}\iiint_\Omega\frac{1}{\sqrt{z}}\mathrm{d}x\mathrm{d}y\mathrm{d}z=\frac{5}{8\pi}\int_1^{\sqrt{2}}\left(\iint_{x^2+y^2\leqslant 2-z^2}\frac{1}{\sqrt{z}}\mathrm{d}x\mathrm{d}y\right)\mathrm{d}z=2\sqrt[4]{2}-\frac{9}{4}.$$

31. $I=\frac{5}{24}\pi R^4$.

解 $$I=\int_0^{\frac{R}{2}}\Bigg(\iint\limits_{x^2+y^2\leqslant 2Rz-z^2} z\mathrm{d}x\mathrm{d}y\Bigg)\mathrm{d}z+\int_{\frac{R}{2}}^{R}\Bigg(\iint\limits_{x^2+y^2\leqslant R^2-z^2} z\mathrm{d}x\mathrm{d}y\Bigg)\mathrm{d}z$$
$$=\frac{13}{192}\pi R^4+\frac{9}{64}\pi R^4=\frac{5}{24}\pi R^4.$$

32. $I=\frac{\pi}{8}$.

解 由对称性,$I=\iiint\limits_{\Omega} z\,\mathrm{d}V=\int_0^{2\pi}\mathrm{d}\theta\int_0^{\frac{\pi}{4}}\mathrm{d}\varphi\int_0^1 r^2\sin\varphi\cdot r\cos\varphi\mathrm{d}r=\frac{\pi}{8}$.

33. $I=\frac{\pi}{3}(14-8\sqrt{2})$.

解 $I=4\int_0^{\pi}\mathrm{d}\theta\int_0^{\frac{\pi}{4}}\mathrm{d}\varphi\int_{\sec\varphi}^{2\cos\varphi} r^2\sin\varphi\,\frac{1}{r}\mathrm{d}r=\frac{\pi}{3}(14-8\sqrt{2})$.

34. $I=\frac{32}{3}\pi$.

解 $I=\iint\limits_{x^2+y^2\leqslant 4}\left[\int_{\frac{1}{2}(x^2+y^2)}^{2}(x^2+y^2+z)\mathrm{d}z\right]\mathrm{d}x\mathrm{d}y=\frac{32}{3}\pi$.

35. 球体的重心坐标为$\left(0,0,-\frac{R}{4}\right)$.

解 建立坐标系,使球面方程为$x^2+y^2+z^2=R^2$,$P_0(0,0,R)$,已知密度为$p(x,y,z)=k[x^2+y^2+(z-R)^2]$,记$\Omega$:$x^2+y^2+z^2\leqslant R^2$,设重心为$(\bar{x},\bar{y},\bar{z})$,则

$$\bar{x}=\frac{\iiint\limits_{\Omega}xp(x,y,z)\mathrm{d}V}{\iiint\limits_{\Omega}p(x,y,z)\mathrm{d}V}=0\text{(利用对称性)};$$

$$\bar{y}=\frac{\iiint\limits_{\Omega}yp(x,y,z)\mathrm{d}V}{\iiint\limits_{\Omega}p(x,y,z)\mathrm{d}V}=0\text{(利用对称性)};$$

$$\bar{z}=\frac{\iiint\limits_{\Omega}zp(x,y,z)\mathrm{d}V}{\iiint\limits_{\Omega}p(x,y,z)\mathrm{d}V}=\frac{-\frac{8}{15}\pi kR^6}{\frac{32}{15}\pi kR^5}=-\frac{R}{4}\text{(在球坐标系下计算)}.$$

36. $\lim\limits_{t\to 0^+}\frac{F(t)}{t^2}=\frac{1}{3}\pi h^3$.

解 当$t>0$时,

$$F(t)=\int_0^{2\pi}\mathrm{d}\theta\int_0^t\mathrm{d}r\int_0^h(z^2+f(r^2))r\mathrm{d}z$$
$$=\frac{1}{3}\pi t^2h^3+2\pi h\int_0^t rf(r^2)\mathrm{d}r.$$

$$\lim_{t\to 0^+}\frac{F(t)}{t^2}=\frac{1}{3}\pi h^3+2\pi h\lim_{t\to 0^+}\frac{\int_0^t rf(r^2)\mathrm{d}r}{t^2}$$

$$=\frac{1}{3}\pi h^3+2\pi h\lim_{t\to 0^+}\frac{tf(t^2)}{2t}=\frac{1}{3}\pi h^3+\pi hf(0).$$

37. **证明**

$$\iint_{|x|+|y|\leqslant 1}f(x+y)\mathrm{d}x\mathrm{d}y=\int_{-1}^0\mathrm{d}x\int_{-1-x}^{x+1}f(x+y)\mathrm{d}y+\int_0^1\mathrm{d}x\int_{x-1}^{1-x}f(x+y)\mathrm{d}y$$

$$=\int_{-1}^0\mathrm{d}x\int_{-1}^{2x+1}f(u)\mathrm{d}u+\int_0^1\mathrm{d}x\int_{2x-1}^{1}f(u)\mathrm{d}u\text{（作变换 }u=x+y\text{）}$$

$$=\int_{-1}^1\mathrm{d}u\int_{\frac{u-1}{2}}^{0}f(u)\mathrm{d}x+\int_{-1}^1\mathrm{d}u\int_0^{\frac{u+1}{2}}f(u)\mathrm{d}x=\int_{-1}^1 f(u)\mathrm{d}u.$$

（交换积分次序）

本题也可令 $u=x+y,v=x-y$，作变量替换进行证明.

38. **证明**(1) 当 $t>0$ 时，$F(t)=\int_0^{2\pi}\mathrm{d}\theta\int_0^t rf(r^2)\mathrm{d}r=2\pi\int_0^t rf(r^2)\mathrm{d}r$.

因为 $f(x)$在 $x=0$ 的某邻域内连续，故 $F(t)$在 $t=0$ 的某右邻域内可导.

(2) 当 $t>0$ 时，$F'(t)=2\pi tf(t^2)$，故 $\forall\lambda>0$，有

$$\lim_{n\to\infty}\frac{\frac{1}{n^\lambda}F'\left(\frac{1}{n}\right)}{\frac{1}{n^{1+\lambda}}}=\lim_{n\to\infty}\frac{\frac{1}{n^\lambda}2\pi\frac{1}{n}f\left(\frac{1}{n^2}\right)}{\frac{1}{n^{1+\lambda}}}=2\pi f(0)\quad(f(0)\neq 0),$$

因此级数 $\sum_{n=1}^{\infty}\frac{1}{n^\lambda}F'\left(\frac{1}{n}\right)$收敛.

第十一章

曲线积分与曲面积分

第一部分　内容综述

一、曲线积分

（一）第一型曲线积分

1. 第一型曲线积分的概念

(1) **定义 1**　设函数 $f(x,y,z)$ 在空间光滑曲线段 L 上有定义. 将 L 任意分成 n 个小曲线段 $\Delta s_k(k=1,2,\cdots,n)$，$\Delta s_k$ 既表示第 k 段小曲线，也表示其长度. 任取 $(x_k,y_k,z_k)\in\Delta s_k$，作乘积 $f(x_k,y_k,z_k)\Delta s_k$，并求和 $\sum\limits_{k=1}^{n}f(x_k,y_k,z_k)\Delta s_k$. 令 $\lambda=\max\{\Delta s_1,\Delta s_2,\cdots,\Delta s_n\}$. 如果极限 $\lim\limits_{\lambda\to 0}\sum\limits_{k=1}^{n}f(x_k,y_k,z_k)\Delta s_k$ 存在，则称该极限值为函数 $f(x,y,z)$ 在 L 上的第一型曲线积分（也称为对弧长的曲线积分），记作 $\int_L f(x,y,z)\mathrm{d}s$，或 $\int_L f(x,y,z)\mathrm{d}l$. L 称为积分路径，当 L 封闭时，积分可记作 $\oint_L f(x,y,z)\mathrm{d}s$，或 $\oint_L f(x,y,z)\mathrm{d}l$.

类似地，可定义函数 $f(x,y)$ 在平面光滑曲线段 L 上的第一型曲线积分 $\int_L f(x,y)\mathrm{d}s$.

(2) $\int_L f(x,y)\mathrm{d}s$ 的几何意义

函数 $f(x,y)$ 在平面光滑曲线段 L 上的第一型曲线积分 $\int_L f(x,y)\mathrm{d}s$ 的几何意义：当 $f(x,y)$ 在 L 上非负连续时，$\int_L f(x,y)\mathrm{d}s$ 的值等于以 L 为准线，母线平行于 z 轴的柱面上满足 $0\leqslant z\leqslant f(x,y)$ 的部分的面积.

2. 第一型曲线积分的性质

第一型曲线积分的性质与重积分类似，第 10 章内容综述部分重积分的性质 1 至性质

7,对第一型曲线积分都有相应的结论,不一一赘述. 在此只确认对称性.

(1) $\int_L f(x,y)\mathrm{d}s$ 的对称性与二重积分的对称性相同.

例如:若积分曲线段 L 关于 x 轴对称,将 L 中位于 x 轴上、下方的部分分别记为 L_1,L_2,则当函数 $f(x,y)$关于 y 是奇函数,即 $f(x,-y)=-f(x,y)$时,$\int_L f(x,y)\mathrm{d}s=0$;当函数 $f(x,y)$关于 y 是偶函数,即 $f(x,-y)=f(x,y)$时,

$$\int_L f(x,y)\mathrm{d}s=2\int_{L_1} f(x,y)\mathrm{d}s=2\int_{L_2} f(x,y)\mathrm{d}s.$$

(2) $\int_L f(x,y,z)\mathrm{d}s$ 的对称性与三重积分的对称性相同.

例如:若积分曲线段 L 关于 xy 平面对称,将 L 中位于 xy 平面上、下方的部分分别记为 L_1,L_2,则当函数 $f(x,y,z)$关于 z 是奇函数,即 $f(x,y,-z)=-f(x,y,z)$时,$\int_L f(x,y,z)\mathrm{d}s=0$;当函数 $f(x,y,z)$关于 z 是偶函数,即 $f(x,y,-z)=f(x,y,z)$时,

$$\int_L f(x,y,z)\mathrm{d}s=2\int_{L_1} f(x,y,z)\mathrm{d}s=2\int_{L_2} f(x,y,z)\mathrm{d}s.$$

3. 第一型曲线积分的计算

定理 1 设曲线 $L:\begin{cases}x=x(t),\\ y=y(t),t\in[\alpha,\beta]\\ z=z(t)\end{cases}$ 光滑(即 $x'(t),y'(t),z'(t)\in C[\alpha,\beta]$,且 $x'^2(t)+y'^2(t)+z'^2(t)\neq 0$). 若函数 $f(x,y,z)$ 在 L 上连续,则 $\int_L f(x,y,z)\mathrm{d}s$ 存在,且

$$\int_L f(x,y,z)\mathrm{d}s=\int_\alpha^\beta f(x(t),y(t),z(t))\sqrt{x'^2(t)+y'^2(t)+z'^2(t)}\,\mathrm{d}t.$$

注:(1) 对于平面光滑曲线(直角坐标方程)$L:y=y(x),x\in[a,b]$,有

$$\int_L f(x,y)\mathrm{d}s=\int_a^b f(x,y(x))\sqrt{1+y'^2(x)}\,\mathrm{d}x;$$

(2) 对于平面光滑曲线(极坐标方程)$L:r=r(\theta),\theta\in[\alpha,\beta]$,有

$$\int_L f(x,y)\mathrm{d}s=\int_\alpha^\beta f(r(\theta)\cos\theta,r(\theta)\sin\theta)\sqrt{r^2(\theta)+r'^2(\theta)}\,\mathrm{d}\theta.$$

(二) 第二型曲线积分

1. 第二型曲线积分的概念

定义 2 设 L 是空间光滑的有向曲线,起点是 A,终点是 B. 向量值函数 $\boldsymbol{F}(x,y,z)=P(x,y,z)\boldsymbol{i}+Q(x,y,z)\boldsymbol{j}+R(x,y,z)\boldsymbol{k}$ 在 L 上有定义. 从 A 到 B 依次用分点 $A=A_0,A_1,A_2,\cdots,A_n=B$ 将 L 任意分成 n 个小曲线段 $\Delta s_k(k=1,2,\cdots,n)$,$\Delta s_k$ 既表示第 k 段小曲线,也表示其长度,设分点坐标为 $A_k(x_k,y_k,z_k)$. 任取$(\xi_k,\eta_k,\tau_k)\in\Delta s_k$,作内积 $\boldsymbol{F}(\xi_k,\eta_k,\tau_k)\cdot\overrightarrow{A_{k-1}A_k}$,并求和

$$\sum_{k=1}^n \boldsymbol{F}(\xi_k,\eta_k,\tau_k)\cdot\overrightarrow{A_{k-1}A_k}=\sum_{k=1}^n(P(\xi_k,\eta_k,\tau_k)\Delta x_k+Q(\xi_k,\eta_k,\tau_k)\Delta y_k+R(\xi_k,\eta_k,\tau_k)\Delta z_k),$$

其中 $\Delta x_k=x_k-x_{k-1}$,$\Delta y_k=y_k-y_{k-1}$,$\Delta z_k=z_k-z_{k-1}$.

令 $\lambda=\max\{\Delta s_1,\Delta s_2,\cdots,\Delta s_n\}$. 若极限 $\lim\limits_{\lambda\to 0}\sum\limits_{k=1}^{n}\boldsymbol{F}(\xi_k,\eta_k,\tau_k)\cdot\overrightarrow{A_{k-1}A_k}$ 存在，则称向量值函数 $\boldsymbol{F}(x,y,z)$ 沿有向曲线 L 的第二型曲线积分存在，此极限值称为向量值函数 $\boldsymbol{F}(x,y,z)$ 沿有向曲线 L 从 A 到 B 的第二型曲线积分，记作

$$\int_{\widehat{AB}}\boldsymbol{F}(x,y,z)\cdot\mathrm{d}\boldsymbol{s}$$

或

$$\int_{\widehat{AB}}P(x,y,z)\mathrm{d}x+Q(x,y,z)\mathrm{d}y+R(x,y,z)\mathrm{d}z.$$

特别地：$\int_{\widehat{AB}}P(x,y,z)\mathrm{d}x$ 称为函数 $P(x,y,z)$ 沿有向曲线 $\widehat{AB}$ 关于坐标 x 的积分；

$\int_{\widehat{AB}}Q(x,y,z)\mathrm{d}y$ 称为函数 $Q(x,y,z)$ 沿有向曲线 $\widehat{AB}$ 关于坐标 y 的积分；

$\int_{\widehat{AB}}R(x,y,z)\mathrm{d}z$ 称为函数 $R(x,y,z)$ 沿有向曲线 $\widehat{AB}$ 关于坐标 z 的积分.

2. 第二型曲线积分的性质

(1) 线性性：对任意实数 α,β，有

$$\int_{\widehat{AB}}(\alpha\boldsymbol{F}_1(x,y,z)+\beta\boldsymbol{F}_2(x,y,z))\cdot\mathrm{d}\boldsymbol{s}=\alpha\int_{\widehat{AB}}\boldsymbol{F}_1(x,y,z)\cdot\mathrm{d}\boldsymbol{s}+\beta\int_{\widehat{AB}}\boldsymbol{F}_2(x,y,z)\cdot\mathrm{d}\boldsymbol{s}.$$

(2) 对积分路径的可加性：

$$\int_{\widehat{ABC}}\boldsymbol{F}(x,y,z)\cdot\mathrm{d}\boldsymbol{s}=\int_{\widehat{AB}}\boldsymbol{F}(x,y,z)\cdot\mathrm{d}\boldsymbol{s}+\int_{\widehat{BC}}\boldsymbol{F}(x,y,z)\cdot\mathrm{d}\boldsymbol{s}.$$

(3) 有向性：$\int_{\widehat{BA}}\boldsymbol{F}(x,y,z)\cdot\mathrm{d}\boldsymbol{s}=-\int_{\widehat{AB}}\boldsymbol{F}(x,y,z)\cdot\mathrm{d}\boldsymbol{s}$.

3. 第二型曲线积分的计算

定理 2　设 $\widehat{AB}$ 是有向光滑曲线，方程为 $\begin{cases}x=x(t),\\ y=y(t),\\ z=z(t),\end{cases}$ 起点 A 对应参数 $t=\alpha$，终点 B 对应参数 $t=\beta$. 若 $\boldsymbol{F}(x,y,z)=P(x,y,z)\boldsymbol{i}+Q(x,y,z)\boldsymbol{j}+R(x,y,z)\boldsymbol{k}$ 在 $\widehat{AB}$ 上连续，则

$$\begin{aligned}&\int_{\widehat{AB}}P(x,y,z)\mathrm{d}x+Q(x,y,z)\mathrm{d}y+R(x,y,z)\mathrm{d}z\\=&\int_{\alpha}^{\beta}(P(x(t),y(t),z(t))x'(t)+Q(x(t),y(t),z(t))y'(t)+R(x(t),y(t),z(t))z'(t))\mathrm{d}t.\end{aligned}$$

注：定积分中的积分下限是起点对应的参数，积分上限是终点对应的参数.

(三) 两型曲线积分的关系

设 $\boldsymbol{T}=(\cos\alpha,\ \cos\beta,\ \cos\gamma)$ 是曲线 $\widehat{AB}$ 在点 (x,y,z) 处的与 $\widehat{AB}$ 指向一致的单位切向量，则

$$\begin{aligned}&\int_{\widehat{AB}}P(x,y,z)\mathrm{d}x+Q(x,y,z)\mathrm{d}y+R(x,y,z)\mathrm{d}z\\=&\int_{\widehat{AB}}(P(x,y,z)\cos\alpha+Q(x,y,z)\cos\beta+R(x,y,z)\cos\gamma)\mathrm{d}s.\end{aligned}$$

二、格林公式

（一）平面区域的边界定向

1. 单连通域

定义 3 设 $D\subset\mathbf{R}^2$ 是一平面区域，若 D 中的任意简单闭曲线（即自身不相交的封闭曲线）所围成的区域都包含在 D 中，则称 D 是单连通域，否则称 D 是复连通域.

2. 规定

当观察者沿着平面区域 D 的边界正向走时，区域 D 始终在观察者的左侧.

（二）格林公式（建立了平面曲线积分与二重积分的关系）

定理 3 设 $D\subset\mathbf{R}^2$ 是一有界闭区域，D 的边界曲线 C 分段光滑，$P(x,y)$，$Q(x,y)$ 在 D 上具有连续偏导数，则 $\oint_{C^+}P(x,y)\mathrm{d}x+Q(x,y)\mathrm{d}y=\iint\limits_D\left(\frac{\partial Q(x,y)}{\partial x}-\frac{\partial P(x,y)}{\partial y}\right)\mathrm{d}x\mathrm{d}y$，其中 C^+ 为区域 D 的边界 C，正向.

注：取 $P(x,y)=-y$，$Q(x,y)=x$，可得 D 的面积为 $\sigma(D)=\frac{1}{2}\oint_{C^+}-y\mathrm{d}x+x\mathrm{d}y$.

三、平面曲线积分与路径无关的条件

在平面区域 D 内，积分 $\int_L P(x,y)\mathrm{d}x+Q(x,y)\mathrm{d}y$ 与路径无关，指的是对 D 内任意两点 A，B 以及从 A 到 B 的任意两条分段光滑曲线 L_1，L_2，有

$$\int_{L_1}P(x,y)\mathrm{d}x+Q(x,y)\mathrm{d}y=\int_{L_2}P(x,y)\mathrm{d}x+Q(x,y)\mathrm{d}y.$$

当 $\int_L P(x,y)\mathrm{d}x+Q(x,y)\mathrm{d}y$ 与路径无关时，将从 A 到 B 的任意路径上的积分记为

$$\int_A^B P(x,y)\mathrm{d}x+Q(x,y)\mathrm{d}y.$$

定理 4 设 D 为平面区域，$P(x,y)$，$Q(x,y)$ 在 D 上连续，则以下 3 个命题是等价的：

（1）沿 D 内任意分段光滑的简单闭曲线 C，$\oint_C P(x,y)\mathrm{d}x+Q(x,y)\mathrm{d}y=0$；

（2）在 D 内，积分 $\int_L P(x,y)\mathrm{d}x+Q(x,y)\mathrm{d}y$ 与路径无关；

（3）存在函数 $u(x,y)$，使得 $\mathrm{d}u=P(x,y)\mathrm{d}x+Q(x,y)\mathrm{d}y$，$(x,y)\in D$.（此时称 $P(x,y)\mathrm{d}x+Q(x,y)\mathrm{d}y$ 为全微分式，且称 $u(x,y)$ 为全微分式 $P(x,y)\mathrm{d}x+Q(x,y)\mathrm{d}y$ 的原函数.）

定理 5 设 D 为平面**单连通域**，$P(x,y)$，$Q(x,y)$ 在 D 上偏导连续，则沿 D 内任意分段光滑的简单闭曲线 C，$\oint_C P(x,y)\mathrm{d}x+Q(x,y)\mathrm{d}y=0\Leftrightarrow\frac{\partial Q}{\partial x}=\frac{\partial P}{\partial y}$，$(x,y)\in D$.

定理 6　设 D 为平面**单连通域**，$P(x,y)$，$Q(x,y)$ 在 D 上偏导连续，则在 D 内存在函数 $u(x,y)$，使得 $\mathrm{d}u=P(x,y)\mathrm{d}x+Q(x,y)\mathrm{d}y$，$(x,y)\in D\Leftrightarrow\dfrac{\partial Q}{\partial x}=\dfrac{\partial P}{\partial y}$，$(x,y)\in D$.

注：求原函数 $u(x,y)$ 的方法有 3 种，包括曲线积分法、偏积分法、凑微分法.

定理 7（曲线积分的牛顿-莱布尼茨公式）　设 D 为平面区域，$P(x,y)$，$Q(x,y)$ 在 D 上连续，如果 D 内存在函数 $u(x,y)$，使得 $\mathrm{d}u=P(x,y)\mathrm{d}x+Q(x,y)\mathrm{d}y$，$(x,y)\in D$，则在 D 内 $\int_L P(x,y)\mathrm{d}x+Q(x,y)\mathrm{d}y$ 与路径无关，且

$$\int_{(x_1,y_1)}^{(x_2,y_2)}P(x,y)\mathrm{d}x+Q(x,y)\mathrm{d}y=u(x_2,y_2)-u(x_1,y_1).$$

四、曲面积分

（一）第一型曲面积分

1. 第一型曲面积分的概念

定义 4　设函数 $f(x,y,z)$ 在空间光滑有界曲面 Σ 上有定义. 将 Σ 任意分成 n 个小曲面 $\Delta S_k(k=1,2,\cdots,n)$，$\Delta S_k$ 既表示第 k 个小曲面，也表示其面积. 任取 $(x_k,y_k,z_k)\in\Delta S_k$，作乘积 $f(x_k,y_k,z_k)\Delta S_k$，并求和 $\sum\limits_{k=1}^{n}f(x_k,y_k,z_k)\Delta S_k$. 令 $\lambda=\max\{d_1,d_2,\cdots,d_n\}$，其中 d_k 是曲面 ΔS_k 的直径，即 ΔS_k 中两点间的最大距离. 如果极限 $\lim\limits_{\lambda\to0}\sum\limits_{k=1}^{n}f(x_k,y_k,z_k)\Delta S_k$ 存在，则称该极限值为函数 $f(x,y,z)$ 在 Σ 上的第一型曲面积分（也称为对面积的曲面积分），记作 $\iint\limits_{\Sigma}f(x,y,z)\mathrm{d}S$. 当 Σ 封闭时，积分可记作 $\oiint\limits_{\Sigma}f(x,y,z)\mathrm{d}S$.

2. 第一型曲面积分的性质

第一型曲面积分的性质与重积分类似，第 10 章内容综述部分重积分的性质 1 至性质 7，对第一型曲面积分已有相应的结论，不一一赘述. 在此只确认对称性.

$\iint\limits_{\Sigma}f(x,y,z)\mathrm{d}S$ 的对称性与三重积分的对称性相同.

例如：若积分曲面 Σ 关于 xy 平面对称，将 Σ 中位于 xy 平面上、下方的部分分别记为 Σ_1，Σ_2，则当函数 $f(x,y,z)$ 关于 z 是奇函数，即 $f(x,y,-z)=-f(x,y,z)$ 时，$\iint\limits_{\Sigma}f(x,y,z)\mathrm{d}S=0$；当函数 $f(x,y,z)$ 关于 z 是偶函数，即 $f(x,y,-z)=f(x,y,z)$ 时，

$$\iint\limits_{\Sigma}f(x,y,z)\mathrm{d}S=2\iint\limits_{\Sigma_1}f(x,y,z)\mathrm{d}S=2\iint\limits_{\Sigma_2}f(x,y,z)\mathrm{d}S.$$

3. 第一型曲面积分的计算

定理 8　设曲面 Σ：$z=z(x,y)$，$(x,y)\in D$ 光滑（即 $z=z(x,y)$ 在 D 上偏导连续）. 若函数 $f(x,y,z)$ 在 Σ 上连续，则 $\iint\limits_{\Sigma}f(x,y,z)\mathrm{d}S=\iint\limits_{D}f(x,y,z(x,y))\sqrt{1+z_x^2+z_y^2}\,\mathrm{d}x\mathrm{d}y$.

（二）第二型曲面积分

1. 有向曲面

定义 5 设 Σ 是一光滑曲面，任取 Σ 上的点 M，设 $\boldsymbol{n}(M)$ 是 Σ 在 M 处的单位法向量，又设 C 是 Σ 上不过 Σ 边界的任意封闭曲线，且 $M\in C$. 如果当 M 沿 C 连续移动一周再返回原来的位置时，相应的单位法向量仍是 $\boldsymbol{n}(M)$，则称曲面 Σ 是一双侧曲面.

选定了正向法向量的双侧曲面称为有向曲面.

注：封闭曲面的正向指的是外侧（相对于曲面所围的区域的外侧）.

2. 第二型曲面积分的概念

定义 6 设 Σ 是空间光滑的有向曲面. 向量值函数

$$\boldsymbol{F}(x,y,z)=P(x,y,z)\boldsymbol{i}+Q(x,y,z)\boldsymbol{j}+R(x,y,z)\boldsymbol{k}$$

在 Σ 上有定义. 将 Σ 任意分成 n 个小曲面 ΔS_k，ΔS_k 既表示第 k 个小曲面，也表示其面积. 任取 $(\xi_k,\eta_k,\tau_k)\in\Delta S_k$，设 $\boldsymbol{n}_k=(\cos\alpha_k,\cos\beta_k,\cos\gamma_k)$ 是 Σ 在点 (ξ_k,η_k,τ_k) 处的正向单位法向量，作内积 $\boldsymbol{F}(\xi_k,\eta_k,\tau_k)\cdot\boldsymbol{n}_k\Delta S_k$，并求和

$$\sum_{k=1}^{n}\boldsymbol{F}(\xi_k,\eta_k,\tau_k)\cdot\boldsymbol{n}_k\Delta S_k=\sum_{k=1}^{n}(P(\xi_k,\eta_k,\tau_k)\cos\alpha_k\Delta S_k+Q(\xi_k,\eta_k,\tau_k)\cos\beta_k\Delta S_k+R(\xi_k,\eta_k,\tau_k)\cos\gamma_k\Delta S_k).$$

令 $\lambda=\max\{d_1,d_2,\cdots,d_n\}$，其中 d_k 是曲面 ΔS_k 的直径，即 ΔS_k 中两点间的最大距离. 若极限 $\lim\limits_{\lambda\to0}\sum\limits_{k=1}^{n}\boldsymbol{F}(\xi_k,\eta_k,\tau_k)\cdot\boldsymbol{n}_k\Delta S_k$ 存在，则称向量值函数 $\boldsymbol{F}(x,y,z)$ 在有向曲面 Σ 上的第二型曲面积分存在，此极限值称为向量值函数 $\boldsymbol{F}(x,y,z)$ 在有向曲面 Σ 上的第二型曲面积分，记作

$$\iint_{\Sigma}\boldsymbol{F}(x,y,z)\cdot\mathrm{d}\boldsymbol{S}$$

或

$$\iint_{\Sigma}P(x,y,z)\mathrm{d}y\mathrm{d}z+Q(x,y,z)\mathrm{d}z\mathrm{d}x+R(x,y,z)\mathrm{d}x\mathrm{d}y,$$

其中 $\mathrm{d}\boldsymbol{S}=\boldsymbol{n}\mathrm{d}S$ 称为有向曲面面积元素.

特别地：

$\iint_{\Sigma}P(x,y,z)\mathrm{d}y\mathrm{d}z$ 称为函数 $P(x,y,z)$ 在有向曲面 Σ 上关于坐标 y,z 的积分；

$\iint_{\Sigma}Q(x,y,z)\mathrm{d}z\mathrm{d}x$ 称为函数 $Q(x,y,z)$ 在有向曲面 Σ 上关于坐标 z,x 的积分；

$\iint_{\Sigma}R(x,y,z)\mathrm{d}x\mathrm{d}y$ 称为函数 $R(x,y,z)$ 在有向曲面 Σ 上关于坐标 x,y 的积分.

3. 第二型曲面积分的性质

(1) 线性性：对任意实数 α,β，有

$$\iint_{\Sigma}(\alpha\boldsymbol{F}_1(x,y,z)+\beta\boldsymbol{F}_2(x,y,z))\cdot\mathrm{d}\boldsymbol{S}=\alpha\iint_{\Sigma}\boldsymbol{F}_1(x,y,z)\cdot\mathrm{d}\boldsymbol{S}+\beta\iint_{\Sigma}\boldsymbol{F}_2(x,y,z)\cdot\mathrm{d}\boldsymbol{S}.$$

(2) 对曲面的可加性：若有向光滑曲面 Σ 分成 Σ_1，Σ_2 两部分，则

$$\iint_{\Sigma}\boldsymbol{F}(x,y,z)\cdot \mathrm{d}\boldsymbol{S}=\iint_{\Sigma_1}\boldsymbol{F}(x,y,z)\cdot \mathrm{d}\boldsymbol{S}+\iint_{\Sigma_2}\boldsymbol{F}(x,y,z)\cdot \mathrm{d}\boldsymbol{S}.$$

(3) 有向性：$\iint_{\Sigma^-}\boldsymbol{F}(x,y,z)\cdot \mathrm{d}\boldsymbol{S}=-\iint_{\Sigma}\boldsymbol{F}(x,y,z)\cdot \mathrm{d}\boldsymbol{S}$，其中 Σ^- 为 Σ 的负侧.

4. 第二型曲面积分的计算

定理 9　(1)设光滑有向曲面 $\Sigma: z=z(x,y),(x,y)\in D_{xy}$，$\boldsymbol{F}(x,y,z)=P(x,y,z)\boldsymbol{i}+Q(x,y,z)\boldsymbol{j}+R(x,y,z)\boldsymbol{k}$ 在 Σ 上连续，则

$$\iint_{\Sigma}P(x,y,z)\mathrm{d}y\mathrm{d}z+Q(x,y,z)\mathrm{d}z\mathrm{d}x+R(x,y,z)\mathrm{d}x\mathrm{d}y$$

$$=\pm\iint_{D_{xy}}\left(-\frac{\partial z(x,y)}{\partial x}P(x,y,z(x,y))-\frac{\partial z(x,y)}{\partial y}Q(x,y,z(x,y))+R(x,y,z(x,y))\right)\mathrm{d}x\mathrm{d}y,$$

当 Σ 为上侧时取正号，Σ 为下侧时取负号.

特别地：$\iint_{\Sigma}R(x,y,z)\mathrm{d}x\mathrm{d}y=\pm\iint_{D_{xy}}R(x,y,z(x,y))\mathrm{d}x\mathrm{d}y$，当 Σ 为上侧时取正号，Σ 为下侧时取负号.

(2) 设光滑有向曲面 $\Sigma: y=y(z,x),(z,x)\in D_{zx}$，$\boldsymbol{F}(x,y,z)=P(x,y,z)\boldsymbol{i}+Q(x,y,z)\boldsymbol{j}+R(x,y,z)\boldsymbol{k}$ 在 Σ 上连续，则

$$\iint_{\Sigma}P(x,y,z)\mathrm{d}y\mathrm{d}z+Q(x,y,z)\mathrm{d}z\mathrm{d}x+R(x,y,z)\mathrm{d}x\mathrm{d}y$$

$$=\pm\iint_{D_{zx}}\left(-\frac{\partial y(z,x)}{\partial x}P(x,y(z,x),z)+Q(x,y(z,x),z)-\frac{\partial y(z,x)}{\partial z}R(x,y(z,x),z)\right)\mathrm{d}z\mathrm{d}x,$$

当 Σ 为右侧时取正号，Σ 为左侧时取负号.

特别地：$\iint_{\Sigma}Q(x,y,z)\mathrm{d}z\mathrm{d}x=\pm\iint_{D_{zx}}Q(x,y(z,x),z)\mathrm{d}z\mathrm{d}x$，当 Σ 为右侧时取正号，Σ 为左侧时取负号.

(3) 设光滑有向曲面 $\Sigma: x=x(y,z),(y,z)\in D_{yz}$，$\boldsymbol{F}(x,y,z)=P(x,y,z)\boldsymbol{i}+Q(x,y,z)\boldsymbol{j}+R(x,y,z)\boldsymbol{k}$ 在 Σ 上连续，则

$$\iint_{\Sigma}P(x,y,z)\mathrm{d}y\mathrm{d}z+Q(x,y,z)\mathrm{d}z\mathrm{d}x+R(x,y,z)\mathrm{d}x\mathrm{d}y$$

$$=\pm\iint_{D_{yz}}\left(P(x(y,z),y,z)-\frac{\partial x(y,z)}{\partial y}Q(x(y,z),y,z)-\frac{\partial x(y,z)}{\partial z}R(x(y,z),y,z)\right)\mathrm{d}y\mathrm{d}z,$$

当 Σ 为前侧时取正号，Σ 为后侧时取负号.

特别地：$\iint_{\Sigma}P(x,y,z)\mathrm{d}y\mathrm{d}z=\pm\iint_{D_{yz}}P(x(y,z),y,z)\mathrm{d}y\mathrm{d}z$，当 Σ 为前侧时取正号，Σ 为后侧时取负号.

(三) 两型曲面积分的关系

设 $\boldsymbol{n}=(\cos\alpha,\ \cos\beta,\ \cos\gamma)$ 是有向曲面 Σ 上点 (x,y,z) 处的正向单位法向量，则

$$\iint_{\Sigma} P(x,y,z)\mathrm{d}y\mathrm{d}z + Q(x,y,z)\mathrm{d}z\mathrm{d}x + R(x,y,z)\mathrm{d}x\mathrm{d}y$$
$$= \iint_{\Sigma} (P(x,y,z)\cos\alpha + Q(x,y,z)\cos\beta + R(x,y,z)\cos\gamma)\mathrm{d}\boldsymbol{S}.$$

五、高斯(Gauss)公式

(一) 空间区域的边界定向

1. 空间单连通域

定义 7 设$\Omega\subset\mathbf{R}^3$是一空间区域,若对于$\Omega$中的任意简单封闭曲面(即自身不相交的封闭曲面)$S$,$S$所围的区域$\Omega_S$都包含于$\Omega$,则称$\Omega$是一个空间单连通域.

2. 规定

空间有界闭区域的边界曲面,外侧(相对于区域的外侧)为正.

(二) 高斯公式(建立了曲面积分与三重积分的关系)

定理 10 设$\Omega\subset\mathbf{R}^3$是空间有界闭区域,$\Omega$的边界曲面$\Sigma$逐片光滑,$P(x,y,z)$,$Q(x,y,z)$,$R(x,y,z)$在$\Omega$及$\Sigma$上偏导连续,则

$$\iint_{\Sigma^+} P(x,y,z)\mathrm{d}y\mathrm{d}z + Q(x,y,z)\mathrm{d}z\mathrm{d}x + R(x,y,z)\mathrm{d}x\mathrm{d}y$$
$$= \iiint_{\Omega} \left(\frac{\partial P(x,y,z)}{\partial x} + \frac{\partial Q(x,y,z)}{\partial y} + \frac{\partial R(x,y,z)}{\partial z}\right)\mathrm{d}x\mathrm{d}y\mathrm{d}z,$$

其中Σ^+为Ω的边界曲面,正侧.

注:称$\frac{\partial P(x,y,z)}{\partial x} + \frac{\partial Q(x,y,z)}{\partial y} + \frac{\partial R(x,y,z)}{\partial z}$为向量函数$\boldsymbol{F}(x,y,z) = P(x,y,z)\boldsymbol{i} + Q(x,y,z)\boldsymbol{j} + R(x,y,z)\boldsymbol{k}$的散度,记为$\mathrm{div}\,\boldsymbol{F}$.

六、斯托克斯(Stokes)公式

(一) 空间有向曲面的边界定向

1. 曲面单连通域

定义 8 设$\Omega\subset\mathbf{R}^3$是一空间区域,若对于$\Omega$中的任意简单封闭曲线$L$,总存在$\Omega$内的曲面$S$以$L$为边界线,则称$\Omega$是一个曲面单连通域.

2. 规定

设Σ是一有界光滑有向曲面,Σ的边界曲线C分段光滑,规定C的正方向与Σ的正法向量服从右手法则,即当右手四指顺着C的正方向旋转时,大拇指的指向就是Σ的正法向量方向.

(二) 斯托克斯(Stokes)公式

定理 11 设Σ是空间内分片光滑的有向曲面,其边界曲线C分段光滑,$P(x,y,z)$,

$Q(x,y,z)$，$R(x,y,z)$在Σ及C上偏导连续，则

$$\int_{C^+} P(x,y,z)\mathrm{d}x+Q(x,y,z)\mathrm{d}y+R(x,y,z)\mathrm{d}z$$

$$=\iint_{\Sigma^+}\begin{vmatrix}\mathrm{d}y\mathrm{d}z & \mathrm{d}z\mathrm{d}x & \mathrm{d}x\mathrm{d}y\\ \dfrac{\partial}{\partial x} & \dfrac{\partial}{\partial y} & \dfrac{\partial}{\partial z}\\ P & Q & R\end{vmatrix}$$

$$=\iint_{\Sigma^+}\left(\frac{\partial R}{\partial y}-\frac{\partial Q}{\partial z}\right)\mathrm{d}y\mathrm{d}z+\left(\frac{\partial P}{\partial z}-\frac{\partial R}{\partial x}\right)\mathrm{d}z\mathrm{d}x+\left(\frac{\partial Q}{\partial x}-\frac{\partial P}{\partial y}\right)\mathrm{d}x\mathrm{d}y,$$

其中Σ^+为Σ的正侧，C^+为C的正方向.

注：称$\begin{vmatrix}\boldsymbol{i} & \boldsymbol{j} & \boldsymbol{k}\\ \dfrac{\partial}{\partial x} & \dfrac{\partial}{\partial y} & \dfrac{\partial}{\partial z}\\ P & Q & R\end{vmatrix}$为向量函数$\boldsymbol{F}(x,y,z)=P(x,y,z)\boldsymbol{i}+Q(x,y,z)\boldsymbol{j}+R(x,y,z)\boldsymbol{k}$的旋度，记为$\mathrm{rot}\,\boldsymbol{F}$.

第二部分　典型例题

例1　设C：$\begin{cases}x^2+y^2=1,\\ x+z=1,\end{cases}$从$x$轴正向看去$C$为顺时针方向，$P(x,y,z)$，$Q(x,y,z)$，$R(x,y,z)$连续，则$\oint_C P(x,y,z)\mathrm{d}x+Q(x,y,z)\mathrm{d}y+R(x,y,z)\mathrm{d}z$化成第一型曲线积分为________.

解　曲线C的参数方程为$\begin{cases}x=\cos\theta,\\ y=\sin\theta,\\ z=1-\cos\theta,\end{cases}$起点对应$\theta=2\pi$，终点对应$\theta=0$. 曲线$C$指向参数$\theta$减小的方向，所以曲线$C$的正向切向量为

$$-(x'(\theta),y'(\theta),z'(\theta))=(\sin\theta,-\cos\theta,-\sin\theta)=(y,-x,-y),$$

曲线C的正向单位切向量为$\boldsymbol{T}=\dfrac{1}{\sqrt{x^2+2y^2}}(y,-x,-y)$.

应填　$$\oint_C\frac{P(x,y,z)y-Q(x,y,z)x-R(x,y,z)y}{\sqrt{x^2+2y^2}}\mathrm{d}s.$$

例2　设正向闭路C:$x^2+y^2=\pi$与正向闭路L:$|x|+|y|=\dfrac{\pi}{4}$，已知$\oint_C\dfrac{x^2y\mathrm{d}y-xy^2\mathrm{d}x}{x^4+y^4}=0$，则$\oint_L\dfrac{x^2y\mathrm{d}y-xy^2\mathrm{d}x}{x^4+y^4}=$________.

A. 2π　　　　B. 4π

C. 4　　　　D. 0

解　令$P(x,y)=\dfrac{-xy^2}{x^4+y^4}$，$Q(x,y)=\dfrac{x^2y}{x^4+y^4}$.

当$(x,y)\neq(0,0)$时，$\dfrac{\partial Q}{\partial x}=\dfrac{\partial P}{\partial y}=\dfrac{2xy^5-2x^5y}{(x^4+y^4)^2}$，由格林公式可得

$$\oint_C \frac{x^2y\mathrm{d}y-xy^2\mathrm{d}x}{x^4+y^4}-\oint_L \frac{x^2y\mathrm{d}y-xy^2\mathrm{d}x}{x^4+y^4}=\iint_D\left(\frac{\partial Q}{\partial x}-\frac{\partial P}{\partial y}\right)\mathrm{d}x\mathrm{d}y=0,$$

其中D为曲线C与曲线L之间的区域. 正确选项为D.

例3 已知曲线$L: y=\sqrt{ax-x^2}\,(a>0)$，计算曲线积分$I=\int_L \sqrt{x^2+y^2}\,\mathrm{d}s$.

解 **方法1** L的参数方程为$\begin{cases}x=\dfrac{a}{2}+\dfrac{a}{2}\cos\theta,\\ y=\dfrac{a}{2}\sin\theta,\end{cases}$ $\theta\in[0,\pi]$，则

$$I=\int_L \sqrt{x^2+y^2}\,\mathrm{d}s=\int_0^{\pi}\sqrt{ax(\theta)}\,\sqrt{x'^2(\theta)+y'^2(\theta)}\,\mathrm{d}\theta$$

$$=\int_0^{\pi}\sqrt{\frac{a^2}{2}+\frac{a^2}{2}\cos\theta}\,\sqrt{\frac{a^2}{4}}\,\mathrm{d}\theta=\frac{a^2}{2}\int_0^{\pi}\cos\frac{\theta}{2}\,\mathrm{d}\theta=a^2.$$

方法2 L的极坐标方程为$r=a\cos\theta$，$\theta\in\left[0,\dfrac{\pi}{2}\right]$，则

$$I=\int_L \sqrt{x^2+y^2}\,\mathrm{d}s=\int_0^{\frac{\pi}{2}}\sqrt{[r(\theta)\cos\theta]^2+[r(\theta)\sin\theta]^2}\,\sqrt{r^2(\theta)+[r'^2(\theta)]}\,\mathrm{d}\theta$$

$$=\int_0^{\frac{\pi}{2}}\sqrt{a^2\cos^2\theta}\,\sqrt{a^2}\,\mathrm{d}\theta=a^2\int_0^{\frac{\pi}{2}}\cos\theta\,\mathrm{d}\theta=a^2.$$

方法3 $L: y=\sqrt{ax-x^2}$，$x\in[0,a]$，所以

$$I=\int_L \sqrt{x^2+y^2}\,\mathrm{d}s=\int_0^a\sqrt{ax}\,\sqrt{1+y'^2(x)}\,\mathrm{d}x$$

$$=\frac{a}{2}\int_0^a\frac{\sqrt{ax}}{\sqrt{ax-x^2}}\,\mathrm{d}x=\frac{a\sqrt{a}}{2}\int_0^a\frac{1}{\sqrt{a-x}}\,\mathrm{d}x=a^2.$$

例4 已知曲线$L:\begin{cases}x+y+z=0,\\ x^2+y^2+z^2=R^2,\end{cases}$计算下列曲线积分：

(1) $I_1=\oint_L x^2\,\mathrm{d}s$；　　(2) $I_2=\oint_L xy\,\mathrm{d}s$.

解 (1) 根据对称性，$\oint_L x^2\,\mathrm{d}s=\oint_L y^2\,\mathrm{d}s=\oint_L z^2\,\mathrm{d}s$，所以

$$I_1=\oint_L x^2\,\mathrm{d}s=\frac{1}{3}\oint_L(x^2+y^2+z^2)\,\mathrm{d}s=\frac{1}{3}\oint_L R^2\,\mathrm{d}s=\frac{R^2}{3}\cdot 2\pi R=\frac{2}{3}\pi R^3.$$

(2) 根据对称性，$\oint_L xy\,\mathrm{d}s=\oint_L yz\,\mathrm{d}s=\oint_L zx\,\mathrm{d}s$，所以

$$I_2=\oint_L xy\,\mathrm{d}s=\frac{1}{3}\oint_L(xy+yz+zx)\,\mathrm{d}s$$

$$=\frac{1}{6}\oint_L[(x+y+z)^2-(x^2+y^2+z^2)]\,\mathrm{d}s$$

$$=\frac{1}{6}\oint_L(0-R^2)\,\mathrm{d}s=-\frac{1}{3}\pi R^3.$$

例5 计算曲线积分$I=\oint_L(x^2-y^2)\,\mathrm{d}x+2xy\,\mathrm{d}y$，$L$的方向是折线：$O(0,0)\to A(2,0)\to$

$B(2,2)\to C(0,2)\to O(0,0)$.

解
$$I=\oint_L (x^2-y^2)\mathrm{d}x+2xy\mathrm{d}y$$
$$=\int_{OA}(x^2-y^2)\mathrm{d}x+2xy\mathrm{d}y+\int_{AB}(x^2-y^2)\mathrm{d}x+2xy\mathrm{d}y+$$
$$\int_{BC}(x^2-y^2)\mathrm{d}x+2xy\mathrm{d}y+\int_{CO}(x^2-y^2)\mathrm{d}x+2xy\mathrm{d}y$$
$$=\int_0^2 x^2\mathrm{d}x+\int_0^2 4y\mathrm{d}y+\int_2^0(x^2-4)\mathrm{d}x+\int_2^0 0\mathrm{d}y$$
$$=\frac{8}{3}+8-\frac{8}{3}+8=16.$$

注:本题也可用 Green 公式计算.

例 6　计算曲线积分 $I=\oint_L y\mathrm{d}x+z\mathrm{d}y+x\mathrm{d}z$,其中 $L:\begin{cases}x^2+y^2+z^2=R^2,\\x+z=R,\end{cases}$ 从 z 轴的正向向 xOy 平面看去是逆时针方向(即从点$(R,0,0)$出发,经第一卦限到达点$(0,0,R)$,再经第四卦限回到点$(R,0,0)$).

解　由$\begin{cases}x^2+y^2+z^2=R^2,\\x+z=R,\end{cases}$ 消去 z,得曲线 L 在 xOy 平面上的投影为$\dfrac{\left(x-\frac{R}{2}\right)^2}{\frac{R^2}{4}}+\dfrac{y^2}{\frac{R^2}{2}}=1$,

由此可得参数方程 $x=\dfrac{R}{2}(1+\cos\theta)$,$y=\dfrac{\sqrt{2}R}{2}\sin\theta$,$z=\dfrac{R}{2}(1-\cos\theta)$,起点 $\theta=0$,终点 $\theta=2\pi$.

所以
$$I=\oint_L y\mathrm{d}x+z\mathrm{d}y+x\mathrm{d}z$$
$$=\int_0^{2\pi}\left[\frac{\sqrt{2}R}{2}\sin\theta\left(-\frac{R}{2}\sin\theta\right)+\frac{R}{2}(1-\cos\theta)\,\frac{\sqrt{2}R}{2}\cos\theta+\frac{R}{2}(1+\cos\theta)\,\frac{R}{2}\sin\theta\right]\mathrm{d}\theta$$
$$=\int_0^{2\pi}\left(-\frac{\sqrt{2}R^2}{4}+\frac{\sqrt{2}R^2}{4}\cos\theta+\frac{R^2}{4}\sin\theta+\frac{R^2}{4}\sin\theta\cos\theta\right)\mathrm{d}\theta$$
$$=-\frac{\sqrt{2}}{2}\pi R^2.$$

注:本题也可用 Stokes 公式计算(见例 29).

例 7　设有向曲线 $L:x^2+y^2=a^2(y\geqslant0)$,方向从点$(a,0)$到点$(-a,0)$,计算曲线积分
$I=\int_L \dfrac{y^2}{\sqrt{a^2+x^2}}\mathrm{d}x+[x+2y\ln(x+\sqrt{a^2+x^2})]\mathrm{d}y$.

解　取 $L_1:y=0$,起点 $x=-a$,终点 $x=a$;$D:x^2+y^2\leqslant a^2$,　$y\geqslant0$.

令 $P(x,y)=\dfrac{y^2}{\sqrt{a^2+x^2}}$,$Q(x,y)=x+2y\ln(x+\sqrt{a^2+x^2})$,由 Green 公式可得
$$I+\int_{L_1}\frac{y^2}{\sqrt{a^2+x^2}}\mathrm{d}x+[x+2y\ln(x+\sqrt{a^2+x^2})]\mathrm{d}y=\iint_D\left(\frac{\partial Q}{\partial x}-\frac{\partial P}{\partial y}\right)\mathrm{d}x\mathrm{d}y=\frac{1}{2}\pi a^2,$$
而$\int_{L_1}\dfrac{y^2}{\sqrt{a^2+x^2}}\mathrm{d}x+[x+2y\ln(x+\sqrt{a^2+x^2})]\mathrm{d}y=0$,所以 $I=\dfrac{1}{2}\pi a^2$.

例 8 已知曲线 $L:\begin{cases}x=a\cos^3 t,\\ y=b\sin^3 t\end{cases}(a,b>0)$，$t\in[0,2\pi]$，求 L 所围区域的面积 A.

解 由 Green 公式可得

$$\begin{aligned}A&=\frac{1}{2}\oint_{L^+}-y\mathrm{d}x+x\mathrm{d}y\\&=\frac{1}{2}\int_0^{2\pi}(3ab\sin^4 t\cos^2 t+3ab\cos^4 t\sin^2 t)\mathrm{d}t\\&=\frac{3ab}{2}\int_0^{2\pi}\sin^2 t\cos^2 t\mathrm{d}t=\frac{3ab}{8}\int_0^{2\pi}\sin^2 2t\mathrm{d}t\\&=\frac{3ab}{16}\int_0^{2\pi}(1-\cos 4t)\mathrm{d}t=\frac{3}{8}\pi ab.\end{aligned}$$

例 9 设 $f(x)$二阶导数连续，且 $f(0)=1,f'(0)=1$. 求 $f(x)$，使曲线积分

$$\int_A^B(f'(x)+6f(x))y\mathrm{d}x+(f'(x)-x^2)\mathrm{d}y$$

与路径无关.

解 令 $P(x,y)=y(f'(x)+6f(x))$，$Q(x,y)=(f'(x)-x^2)$，依题意有

$$\frac{\partial Q}{\partial x}=\frac{\partial P}{\partial y},$$

故

$$\begin{cases}f''(x)-f'(x)-6f(x)=2x,\\ f'(0)=1,\\ f(0)=1.\end{cases}$$

常系数齐次方程 $y''-y'-6y=0$ 的特征方程为 $r^2-r-6=(r-3)(r+2)=0$，于是 $y''-y'-6y=0$ 的通解为 $y=C_1\mathrm{e}^{3x}+C_2\mathrm{e}^{-2x}$.

设常系数非齐次方程 $y''-y'-6y=2x$ 的特解为 $y^*=ax+b$，代入 $y''-y'-6y=2x$，求得 $y^*=\frac{1}{18}-\frac{1}{3}x$，由此可得 $y''-y'-6y=2x$ 的通解为

$$y=C_1\mathrm{e}^{3x}+C_2\mathrm{e}^{-2x}+\frac{1}{18}-\frac{1}{3}x.$$

代入初始条件，求得 $C_1=\frac{29}{45}$，$C_2=\frac{3}{10}$，即

$$f(x)=\frac{29}{45}\mathrm{e}^{3x}+\frac{3}{10}\mathrm{e}^{-2x}+\frac{1}{18}-\frac{1}{3}x.$$

例 10 设 $f(x,y)$偏导连续，曲线积分 $\int_L f(x,y)\mathrm{d}x+2xy\mathrm{d}y$ 与路径无关，且

$$\int_{(0,0)}^{(t,1)}f(x,y)\mathrm{d}x+2xy\mathrm{d}y=\int_{(0,0)}^{(1,t)}f(x,y)\mathrm{d}x+2xy\mathrm{d}y$$

对任意 t 都成立，求 $f(x,y)$.

解 令 $P(x,y)=f(x,y)$，$Q(x,y)=2xy$. 依题意有$\frac{\partial Q}{\partial x}=\frac{\partial P}{\partial y}$，即$\frac{\partial f}{\partial y}=2y$，于是

$$f(x,y)=y^2+C(x).$$

$$\begin{aligned} f(x,y)\mathrm{d}x+2xy\mathrm{d}y &= (y^2+C(x))\mathrm{d}x+2xy\mathrm{d}y \\ &= y^2\mathrm{d}x+C(x)\mathrm{d}x+x\mathrm{d}(y^2) \\ &= \mathrm{d}(xy^2+\int_0^x C(t)\mathrm{d}t). \end{aligned}$$

$$\int_{(0,0)}^{(t,1)} f(x,y)\mathrm{d}x+2xy\mathrm{d}y = \left(xy^2+\int_0^x C(t)\mathrm{d}t\right)\Big|_{(0,0)}^{(t,1)} = t+\int_0^t C(x)\mathrm{d}x,$$

$$\int_{(0,0)}^{(1,t)} f(x,y)\mathrm{d}x+2xy\mathrm{d}y = \left(xy^2+\int_0^x C(t)\mathrm{d}t\right)\Big|_{(0,0)}^{(1,t)} = t^2+\int_0^1 C(x)\mathrm{d}x,$$

故 $t+\int_0^t C(x)\mathrm{d}x = t^2+\int_0^1 C(x)\mathrm{d}x$，两边对 t 求导，得

$$1+C(t)=2t,\quad C(t)=2t-1.$$

$$f(x,y)=y^2+C(x)=y^2+2x-1.$$

例 11　设 $f_1(x),f_2(x)$ 导数连续，若 $yf_1(xy)\mathrm{d}x+xf_2(xy)\mathrm{d}y$ 是某个函数的全微分，求 $f_1(x)-f_2(x)$.

解　令 $P(x,y)=yf_1(xy),Q(x,y)=xf_2(xy)$，则$\frac{\partial Q}{\partial x}=\frac{\partial P}{\partial y}$，即

$$f_2(xy)+xyf_2'(xy)=f_1(xy)+xyf_1'(xy).$$

令 $t=xy,u(t)=f_1(t)-f_2(t)$，则 $u(t)=-tu'(t)$，解得

$$u(t)=\frac{C}{t},\quad C \text{ 为任意常数}.$$

例 12　确定常数 λ，使得在右半平面 $x>0$ 上的向量 $\boldsymbol{A}(x,y)=2xy\,(x^4+y^2)^\lambda\boldsymbol{i}-x^2\,(x^4+y^2)^\lambda\boldsymbol{j}$是某二元函数 $u(x,y)$的梯度，并求 $u(x,y)$.

解　已知 $\mathrm{grad}\,u=\boldsymbol{A}$，故$\frac{\partial u}{\partial x}=2xy\,(x^4+y^2)^\lambda$，$\frac{\partial u}{\partial y}=-x^2\,(x^4+y^2)^\lambda$.

由$\frac{\partial^2 u}{\partial x\partial y}=\frac{\partial^2 u}{\partial y\partial x}$，可得 $\lambda=-1$.（注：$\frac{\partial^2 u}{\partial x\partial y}$与$\frac{\partial^2 u}{\partial y\partial x}$在 $x>0$ 内均连续，故相等.）

$$\begin{aligned} u(x,y) &= \int_{(1,0)}^{(x,y)} 2xy\,(x^4+y^2)^{-1}\mathrm{d}x-x^2\,(x^4+y^2)^{-1}\mathrm{d}y+C \\ &= \int_1^x 0\mathrm{d}x+\int_0^y \frac{x^2}{x^4+y^2}\mathrm{d}y+C \\ &= -\int_0^y \frac{\mathrm{d}\left(\frac{y}{x^2}\right)}{1+\left(\frac{y}{x^2}\right)^2}+C \\ &= -\arctan\frac{y}{x^2}+C. \end{aligned}$$

例 13　计算 $I=\int_L \frac{(x+y)\mathrm{d}x-(x-y)\mathrm{d}y}{x^2+y^2}$，其中 L 为从$(-1,0)$到$(1,0)$的一条不通过原点的光滑曲线，它的方程是 $y=f(x)\ (-1\leqslant x\leqslant 1)$.

解　令 $P(x,y)=\frac{x+y}{x^2+y^2},Q(x,y)=\frac{y-x}{x^2+y^2}$，则

$$\frac{\partial Q}{\partial x}=\frac{\partial P}{\partial y}(x^2+y^2\neq 0).$$

当 $f(0)>0$ 时，在全平面去除原点及 y 轴负半轴后的单连通域内，积分 $\int_L P(x,y)\mathrm{d}x+Q(x,y)\mathrm{d}y$ 与路径无关.

作 $C: x^2+y^2=1, y\geqslant 0$，起点 $x=-1$，终点 $x=1$. 于是

$$I=\int_C \frac{(x+y)\mathrm{d}x-(x-y)\mathrm{d}y}{x^2+y^2}=\int_C (x+y)\mathrm{d}x-(x-y)\mathrm{d}y$$

$$=\int_\pi^0 [(\cos\theta+\sin\theta)(-\sin\theta)-(\cos\theta-\sin\theta)\cos\theta]\mathrm{d}\theta=\pi.$$

当 $f(0)<0$ 时，在全平面去除原点及 y 轴正半轴后的单连通域内，积分 $\int_L P(x,y)\mathrm{d}x+Q(x,y)\mathrm{d}y$ 与路径无关.

作 C_1： $x^2+y^2=1, y\leqslant 0$，起点 $x=-1$，终点 $x=1$. 于是

$$I=\int_{C_1} \frac{(x+y)\mathrm{d}x-(x-y)\mathrm{d}y}{x^2+y^2}=\int_{C_1} (x+y)\mathrm{d}x-(x-y)\mathrm{d}y$$

$$=\int_{-\pi}^0 [(\cos\theta+\sin\theta)(-\sin\theta)-(\cos\theta-\sin\theta)\cos\theta]\mathrm{d}\theta=-\pi.$$

例 14 设 $f(x)$ 是正值连续函数，D 为圆心在原点的单位圆，∂D 为 D 的正向边界，求证：(1) $\int_{\partial D} xf(y)\mathrm{d}y-\frac{y}{f(x)}\mathrm{d}x=\int_{\partial D} -yf(x)\mathrm{d}x+\frac{x}{f(y)}\mathrm{d}y$；

(2) $\int_{\partial D} xf(y)\mathrm{d}y-\frac{y}{f(x)}\mathrm{d}x\geqslant 2\pi$.

证 (1) **方法 1** 由 Green 公式，可得

$$\int_{\partial D} xf(y)\mathrm{d}y-\frac{y}{f(x)}\mathrm{d}x=\iint\limits_{x^2+y^2\leqslant 1}\left(f(y)+\frac{1}{f(x)}\right)\mathrm{d}x\mathrm{d}y,$$

$$\int_{\partial D} -yf(x)\mathrm{d}x+\frac{x}{f(y)}\mathrm{d}y=\iint\limits_{x^2+y^2\leqslant 1}\left(f(x)+\frac{1}{f(y)}\right)\mathrm{d}x\mathrm{d}y.$$

根据二重积分的变量替换公式(将 x,y 互换)，易见

$$\iint\limits_{x^2+y^2\leqslant 1}\left(f(y)+\frac{1}{f(x)}\right)\mathrm{d}x\mathrm{d}y=\iint\limits_{x^2+y^2\leqslant 1}\left(f(x)+\frac{1}{f(y)}\right)\mathrm{d}x\mathrm{d}y,$$

题(1)中的等式得证.

方法 2 ∂D 的参数方程为 $\begin{cases}x=\cos\theta,\\ y=\sin\theta,\end{cases}$ 起点 $\theta=0$，终点 $\theta=2\pi$.

$$\int_{\partial D} xf(y)\mathrm{d}y-\frac{y}{f(x)}\mathrm{d}x=\int_0^{2\pi}\left(\cos^2\theta f(\sin\theta)+\frac{\sin^2\theta}{f(\cos\theta)}\right)\mathrm{d}\theta.$$

∂D 的参数方程也可设为 $\begin{cases}x=\sin\theta,\\ y=\cos\theta,\end{cases}$ 起点 $\theta=2\pi$，终点 $\theta=0$.

$$\int_{\partial D} -yf(x)\mathrm{d}x+\frac{x}{f(y)}\mathrm{d}y=\int_{2\pi}^{0}\left(-\cos^2\theta f(\sin\theta)-\frac{\sin^2\theta}{f(\cos\theta)}\right)\mathrm{d}\theta,$$

故

$$\int_{\partial D} xf(y)\mathrm{d}y-\frac{y}{f(x)}\mathrm{d}x=\int_{\partial D} -yf(x)\mathrm{d}x+\frac{x}{f(y)}\mathrm{d}y.$$

(2) ∂D 的单位切向量 $\boldsymbol{T}=\{-y,x\}$，

$$\int_{\partial D} xf(y)\mathrm{d}y - \frac{y}{f(x)}\mathrm{d}x = \int_{\partial D}\left(\frac{y^2}{f(x)} + x^2 f(y)\right)\mathrm{d}s$$

$$= \int_{\partial D} -yf(x)\mathrm{d}x + \frac{x}{f(y)}\mathrm{d}y$$

$$= \int_{\partial D}\left(\frac{x^2}{f(y)} + y^2 f(x)\right)\mathrm{d}s$$

$$= \frac{1}{2}\int_{\partial D}\left[y^2\left(f(x) + \frac{1}{f(x)}\right) + x^2\left(f(y) + \frac{1}{f(y)}\right)\right]\mathrm{d}s$$

$$\geqslant \int_{\partial D}(x^2 + y^2)\mathrm{d}s = 2\pi.$$

例 15　设 $u(x,y)$，$v(x,y)$在有界闭区域 D 上具有二阶连续偏导数，分段光滑的曲线 L 是 D 的光滑正向边界曲线．求证：

(1) $\iint\limits_D v\Delta u\mathrm{d}x\mathrm{d}y = -\iint\limits_D(\mathrm{grad}\, u\cdot\mathrm{grad}\, v)\mathrm{d}x\mathrm{d}y + \oint_L v\frac{\partial u}{\partial n}\mathrm{d}s$；

(2) $\iint\limits_D(u\Delta v - v\Delta u)\mathrm{d}x\mathrm{d}y = \oint_L\left(u\frac{\partial v}{\partial n} - v\frac{\partial u}{\partial n}\right)\mathrm{d}s.$

其中$\frac{\partial u}{\partial n}$，$\frac{\partial v}{\partial n}$分别是 u，v 沿 L 的外法线向量 $\boldsymbol{n}$ 的方向导数，$\Delta u = \frac{\partial^2 u}{\partial x^2} + \frac{\partial^2 u}{\partial y^2}$，$\Delta v = \frac{\partial^2 v}{\partial x^2} + \frac{\partial^2 v}{\partial y^2}$.

证　(1) 分别设 $\boldsymbol{n}$，$\boldsymbol{T}$ 为 L 的外法线单位向量与正向单位切向量，设$(\widehat{\boldsymbol{n},x})$，$(\widehat{\boldsymbol{n},y})$分别为 $\boldsymbol{n}$ 与 x，y 轴的夹角，$(\widehat{\boldsymbol{T},x})$，$(\widehat{\boldsymbol{T},y})$分别为 $\boldsymbol{T}$ 与 x，y 轴的夹角，则

$$\boldsymbol{n} = (\cos(\widehat{\boldsymbol{n},x}), \cos(\widehat{\boldsymbol{n},y})), \boldsymbol{T} = (\cos(\widehat{\boldsymbol{T},x}), \cos(\widehat{\boldsymbol{T},y})).$$

因为$(\widehat{\boldsymbol{n},x}) = (\widehat{\boldsymbol{T},y})$，且 $\boldsymbol{n}\perp\boldsymbol{T}$，所以

$$\cos(\widehat{\boldsymbol{n},x}) = \cos(\widehat{\boldsymbol{T},y}), \cos(\widehat{\boldsymbol{n},y}) = -\cos(\widehat{\boldsymbol{T},x}).$$

于是有

(1)
$$\oint_L v\frac{\partial u}{\partial n}\mathrm{d}s = \oint_L v\left(\frac{\partial u}{\partial x}\cos(\widehat{\boldsymbol{n},x}) + \frac{\partial u}{\partial y}\cos(\widehat{\boldsymbol{n},y})\right)\mathrm{d}s$$

$$= \oint_L v\left(\frac{\partial u}{\partial x}\cos(\widehat{\boldsymbol{T},y}) - \frac{\partial u}{\partial y}\cos(\widehat{\boldsymbol{T},x})\right)\mathrm{d}s$$

$$= \oint_L v\frac{\partial u}{\partial x}\mathrm{d}y - v\frac{\partial u}{\partial y}\mathrm{d}x = \iint\limits_D\left(\frac{\partial}{\partial x}\left(v\frac{\partial u}{\partial x}\right) + \frac{\partial}{\partial y}\left(v\frac{\partial u}{\partial y}\right)\right)\mathrm{d}x\mathrm{d}y$$

$$= \iint\limits_D(v\Delta u + \mathrm{grad}\, u\cdot\mathrm{grad}\, v)\mathrm{d}x\mathrm{d}y.$$

(2) 由(1)类似可证

$$\oint_L u\frac{\partial v}{\partial n}\mathrm{d}s = \iint\limits_D(u\Delta v + \mathrm{grad}\, u\cdot\mathrm{grad}\, v)\mathrm{d}x\mathrm{d}y,$$

所以

$$\oint_L\left(u\frac{\partial v}{\partial n} - v\frac{\partial u}{\partial n}\right)\mathrm{d}s = \iint\limits_D(u\Delta v - v\Delta u)\mathrm{d}x\mathrm{d}y.$$

例 16　已知 $f(x)$连续，求$\int_{(0,0)}^{(a,b)} f(x+y)(\mathrm{d}x + \mathrm{d}y)$.

解　设 $F(x) = \int_0^x f(t)\mathrm{d}t$，则 $\mathrm{d}F(x+y) = f(x+y)\mathrm{d}x + f(x+y)\mathrm{d}y$，所以

$$\int_{(0,0)}^{(a,b)} f(x+y)(\mathrm{d}x+\mathrm{d}y) = \int_{(0,0)}^{(a,b)} \mathrm{d}F(x+y)$$
$$= F(a+b)-F(0) = \int_0^{a+b} f(x)\mathrm{d}x.$$

例 17 求$(2xy+y^2)\mathrm{d}x+(x^2+2xy+2y)\mathrm{d}y$ 的一个原函数 $f(x,y)$，使得 $f(x,0)=0$.

解 因为 $\mathrm{d}f(x,y)=(2xy+y^2)\mathrm{d}x+(x^2+2xy+2y)\mathrm{d}y$，所以

$$\frac{\partial f(x,y)}{\partial x}=2xy+y^2,$$

从而

$$f(x,y)=x^2y+xy^2+C(y).$$

由$\dfrac{\partial f(x,y)}{\partial y}=x^2+2xy+C'(y)$及$\dfrac{\partial f(x,y)}{\partial y}=x^2+2xy+2y$，得 $C'(y)=2y$，所以 $C(y)=y^2+C_1$. 故 $f(x,y)=x^2y+xy^2+y^2+C_1$.

由 $f(x,0)=0$，得 $C_1=0$，所以 $f(x,y)=x^2y+xy^2+y^2$.

例 18 判别$(\mathrm{e}^x\sin y-y)\mathrm{d}x+(\mathrm{e}^x\cos y-x-2)\mathrm{d}y$ 是否为全微分式？若是，求出原函数.

解 令 $P(x,y)=\mathrm{e}^x\sin y-y$，$Q(x,y)=\mathrm{e}^x\cos y-x-2$. 因为$\dfrac{\partial Q}{\partial x}=\dfrac{\partial P}{\partial y}=\mathrm{e}^x\cos y-1$，且 $\mathbf{R}^2$ 是单连通域，所以$(\mathrm{e}^x\sin y-y)\mathrm{d}x+(\mathrm{e}^x\cos y-x-2)\mathrm{d}y$ 是 $\mathbf{R}^2$ 上的全微分式.

设

$$\mathrm{d}u=(\mathrm{e}^x\sin y-y)\mathrm{d}x+(\mathrm{e}^x\cos y-x-2)\mathrm{d}y,$$

因为

$$\begin{aligned}(\mathrm{e}^x\sin y-y)\mathrm{d}x+(\mathrm{e}^x\cos y-x-2)\mathrm{d}y &= \mathrm{e}^x\sin y\mathrm{d}x-y\mathrm{d}x+\mathrm{e}^x\cos y\mathrm{d}y-x\mathrm{d}y-2\mathrm{d}y\\ &=\sin y\,\mathrm{d}\mathrm{e}^x-y\mathrm{d}x+\mathrm{e}^x\mathrm{d}\sin y-x\mathrm{d}y-2\mathrm{d}y\\ &=\mathrm{d}\mathrm{e}^x\sin y-\mathrm{d}xy-\mathrm{d}2y\\ &=\mathrm{d}(\mathrm{e}^x\sin y-xy-2y),\end{aligned}$$

故
$$u(x,y)=\mathrm{e}^x\sin y-xy-2y+C.$$

注：计算平面曲线积分的常用方法如下.

(1) 直接化为定积分；

(2) 利用 Green 公式；

(3) 利用曲线积分与路径无关，选择特殊路径；

(4) 找原函数，利用牛顿-莱布尼茨公式.

例 19 已知 Σ 为球面 $x^2+y^2+z^2=R^2$ 在平面 $z=h(0<h<R)$之上的部分，计算第一型曲面积分$\displaystyle\iint_\Sigma \frac{1}{z}\mathrm{d}S$.

解 $\Sigma: z=\sqrt{R^2-x^2-y^2}$，$(x,y)\in D$. $D: x^2+y^2\leqslant R^2-h^2$.

$$\frac{\partial z}{\partial x}=\frac{-x}{\sqrt{R^2-x^2-y^2}},\quad \frac{\partial z}{\partial y}=\frac{-y}{\sqrt{R^2-x^2-y^2}}.$$

$$\iint_{\Sigma}\frac{1}{z}\mathrm{d}S=\iint_{D}\frac{1}{\sqrt{R^2-x^2-y^2}}\sqrt{1+\left(\frac{\partial z}{\partial x}\right)^2+\left(\frac{\partial z}{\partial y}\right)^2}\mathrm{d}x\mathrm{d}y$$

$$=\iint_{D}\frac{R}{R^2-x^2-y^2}\mathrm{d}x\mathrm{d}y=R\int_0^{2\pi}\mathrm{d}\theta\int_0^{\sqrt{R^2-h^2}}\frac{r}{R^2-r^2}\mathrm{d}r$$

$$=2\pi R\ln\frac{R}{h}.$$

例 20　已知曲面Σ:$z=\sqrt{R^2-x^2-y^2}$,计算第一型曲面积分$I=\iint\limits_{\Sigma}(x+y+z)^2\mathrm{d}S$.

解　因为曲面Σ关于yz,zx面对称,根据对称性,$\iint\limits_{\Sigma}xy\mathrm{d}S=\iint\limits_{\Sigma}xz\mathrm{d}S=\iint\limits_{\Sigma}yz\mathrm{d}S=0$,所以

$$I=\iint_{\Sigma}(x+y+z)^2\mathrm{d}S=\iint_{\Sigma}(x^2+y^2+z^2+2xy+2yz+2xz)\mathrm{d}S$$

$$=\iint_{\Sigma}(x^2+y^2+z^2)\mathrm{d}S=\iint_{\Sigma}R^2\mathrm{d}S=2\pi R^4.$$

例 21　已知有向曲面Σ:$z=1-x^2-y^2(z\geqslant 0)$,上侧为正,计算曲面积分

$$I=\iint_{\Sigma}x\mathrm{d}y\mathrm{d}z+y\mathrm{d}z\mathrm{d}x+z\mathrm{d}x\mathrm{d}y.$$

解　因为$\dfrac{\partial z}{\partial x}=-2x$,$\dfrac{\partial z}{\partial y}=-2y$,所以

$$I=\iint_{\Sigma}x\mathrm{d}y\mathrm{d}z+y\mathrm{d}z\mathrm{d}x+z\mathrm{d}x\mathrm{d}y$$

$$=+\iint_{x^2+y^2\leqslant 1}\left[-\frac{\partial z}{\partial x}x-\frac{\partial z}{\partial y}y+(1-x^2-y^2)\right]\mathrm{d}x\mathrm{d}y$$

$$=\iint_{x^2+y^2\leqslant 1}[2x^2+2y^2+(1-x^2-y^2)]\mathrm{d}x\mathrm{d}y$$

$$=\iint_{x^2+y^2\leqslant 1}(1+x^2+y^2)\mathrm{d}x\mathrm{d}y=\int_0^{2\pi}\mathrm{d}\theta\int_0^1(1+r^2)r\mathrm{d}r=\frac{3}{2}\pi.$$

例 22　已知有向曲面Σ:$\dfrac{x^2}{a^2}+\dfrac{y^2}{b^2}+\dfrac{z^2}{c^2}=1\ (z\geqslant 0)$,上侧为正,计算曲面积分

$$I=\iint_{\Sigma}yz\mathrm{d}x\mathrm{d}y.$$

解　因为$z=c\sqrt{1-\dfrac{x^2}{a^2}-\dfrac{y^2}{b^2}}$,$\dfrac{x^2}{a^2}+\dfrac{y^2}{b^2}\leqslant 1$,且上侧为正,所以

$$I=\iint_{\Sigma}yz\mathrm{d}x\mathrm{d}y=\iint_{\frac{x^2}{a^2}+\frac{y^2}{b^2}\leqslant 1}yc\sqrt{1-\frac{x^2}{a^2}-\frac{y^2}{b^2}}\mathrm{d}x\mathrm{d}y=0.$$

例 23　已知曲面Σ:$z=\sqrt{R^2-x^2-y^2}$,上侧为正,计算曲面积分$\iint\limits_{\Sigma}xy\mathrm{d}y\mathrm{d}z$.

解 记$\Sigma_1: x=\sqrt{R^2-y^2-z^2}, y^2+z^2\leqslant R^2, z\geqslant 0$，前侧为正；$\Sigma_2: x=-\sqrt{R^2-y^2-z^2}$，$y^2+z^2\leqslant R^2, z\geqslant 0$，后侧为正. 于是

$$\iint_{\Sigma} xy\,\mathrm{d}y\mathrm{d}z=\iint_{\Sigma_1} xy\,\mathrm{d}y\mathrm{d}z+\iint_{\Sigma_2} xy\,\mathrm{d}y\mathrm{d}z$$

$$=\iint_{y^2+z^2\leqslant R^2, z\geqslant 0} y\sqrt{R^2-y^2-z^2}\,\mathrm{d}y\mathrm{d}z-\iint_{y^2+z^2\leqslant R^2, z\geqslant 0} y\left(-\sqrt{R^2-y^2-z^2}\right)\mathrm{d}y\mathrm{d}z$$

$$=2\iint_{y^2+z^2\leqslant R^2, z\geqslant 0} y\sqrt{R^2-y^2-z^2}\,\mathrm{d}y\mathrm{d}z=0\text{（对称性）}.$$

例 24 已知$\Omega: x^2+y^2\leqslant 1, 0\leqslant z\leqslant 1$，$\Sigma$是$\Omega$的边界曲面，外侧，计算曲面积分

$$\iint_{\Sigma}(x^3+\sin yz)\mathrm{d}y\mathrm{d}z+(y^3+\mathrm{e}^{xz})\mathrm{d}z\mathrm{d}x+[3z+\ln(x^2+y^2+1)]\mathrm{d}x\mathrm{d}y.$$

解 由 Gauss 公式可得

$$\iint_{\Sigma}(x^3+\sin yz)\mathrm{d}y\mathrm{d}z+(y^3+\mathrm{e}^{xz})\mathrm{d}z\mathrm{d}x+[3z+\ln(x^2+y^2+1)]\mathrm{d}x\mathrm{d}y$$

$$=\iiint_{\Omega}(3x^2+3y^2+3)\mathrm{d}x\mathrm{d}y\mathrm{d}z=3\int_0^{2\pi}\mathrm{d}\theta\int_0^1\mathrm{d}r\int_0^1(r^2+1)r\,\mathrm{d}z=\frac{9}{2}\pi\text{（柱坐标系）}.$$

例 25 已知$\Omega: \dfrac{x^2}{a^2}+\dfrac{y^2}{b^2}+\dfrac{z^2}{c^2}\leqslant 1$，$\Sigma$是$\Omega$的边界曲面，外侧，计算曲面积分

$$I=\iint_{\Sigma}xy^2\mathrm{d}y\mathrm{d}z+yz^2\mathrm{d}z\mathrm{d}x+zx^2\mathrm{d}x\mathrm{d}y.$$

解 由 Gauss 公式可得

$$I=\iint_{\Sigma}xy^2\mathrm{d}y\mathrm{d}z+yz^2\mathrm{d}z\mathrm{d}x+zx^2\mathrm{d}x\mathrm{d}y$$

$$=\iiint_{\Omega}(y^2+z^2+x^2)\mathrm{d}x\mathrm{d}y\mathrm{d}z.$$

$$\iiint_{\Omega}y^2\mathrm{d}x\mathrm{d}y\mathrm{d}z=\int_{-b}^{b}\mathrm{d}y\iint_{D_y}y^2\mathrm{d}x\mathrm{d}z$$

$$=\int_{-b}^{b}\pi acy^2\left(1-\frac{y^2}{b^2}\right)\mathrm{d}y=\frac{4}{15}\pi ab^3c,$$

其中$D_y: \dfrac{x^2}{a^2}+\dfrac{z^2}{c^2}\leqslant 1-\dfrac{y^2}{b^2}$.

$$\iiint_{\Omega}z^2\mathrm{d}x\mathrm{d}y\mathrm{d}z=\int_{-c}^{c}\mathrm{d}z\iint_{D_z}z^2\mathrm{d}x\mathrm{d}y$$

$$=\int_{-c}^{c}\pi abz^2\left(1-\frac{z^2}{c^2}\right)\mathrm{d}z=\frac{4}{15}\pi abc^3,$$

其中$D_z: \dfrac{x^2}{a^2}+\dfrac{y^2}{b^2}\leqslant 1-\dfrac{z^2}{c^2}$.

$$\iiint_{\Omega} x^2\mathrm{d}x\mathrm{d}y\mathrm{d}z = \int_{-a}^{a}\mathrm{d}x\iint_{D_x} x^2\mathrm{d}y\mathrm{d}z$$

$$= \int_{-a}^{a}\pi bcx^2\left(1-\frac{x^2}{a^2}\right)\mathrm{d}x = \frac{4}{15}\pi a^3bc,$$

其中 $D_x:\frac{y^2}{b^2}+\frac{z^2}{c^2}\leqslant 1-\frac{x^2}{a^2}$.

所以

$$\iiint_{\Omega}(x^2+y^2+z^2)\mathrm{d}x\mathrm{d}y\mathrm{d}z = \frac{4}{15}\pi abc(a^2+b^2+c^2).$$

注:也可以用广义球坐标计算本例中的三重积分.

令 $\begin{cases} x=ar\sin\varphi\cos\theta, \\ y=br\sin\varphi\sin\theta, \\ z=cr\cos\varphi, \end{cases}$ 则

$$\iiint_{\Omega} x^2\mathrm{d}x\mathrm{d}y\mathrm{d}z = \int_0^{2\pi}\mathrm{d}\theta\int_0^{\pi}\mathrm{d}\varphi\int_0^1(ar\sin\varphi\cos\theta)^2\cdot abcr^2\sin\varphi\mathrm{d}r$$

$$= \frac{1}{5}a^3bc\int_0^{2\pi}\cos^2\theta\mathrm{d}\theta\int_0^{\pi}\sin^3\varphi\mathrm{d}\varphi$$

$$= \frac{1}{5}a^3bc\int_0^{2\pi}(1+\cos 2\theta)\mathrm{d}\theta\int_0^{\frac{\pi}{2}}\sin^3\varphi\mathrm{d}\varphi = \frac{4}{15}\pi a^3bc.$$

例 26　已知 $\Sigma: z=\sqrt{x^2+y^2}$, $z\leqslant h$,下侧为正,$\boldsymbol{n}=(\cos\alpha,\cos\beta,\cos\gamma)$是 Σ 的正向单位法向量.计算曲面积分

$$I=\iint_{\Sigma}(x^2\cos\alpha+y^2\cos\beta+z^2\cos\gamma)\mathrm{d}S.$$

解　取 $\Sigma_1:\begin{cases} z=h, \\ x^2+y^2\leqslant h^2, \end{cases}$ 上侧为正,Σ 与 Σ_1 所围成的区域记为 Ω. 由 Gauss 公式可得

$$\iint_{\Sigma+\Sigma_1}(x^2\cos\alpha+y^2\cos\beta+z^2\cos\gamma)\mathrm{d}S = \iint_{\Sigma+\Sigma_1}x^2\mathrm{d}y\mathrm{d}z+y^2\mathrm{d}z\mathrm{d}x+z^2\mathrm{d}x\mathrm{d}y$$

$$= \iiint_{\Omega}(2x+2y+2z)\mathrm{d}x\mathrm{d}y\mathrm{d}z = 2\iiint_{\Omega}z\,\mathrm{d}x\mathrm{d}y\mathrm{d}z\text{(对称性)}$$

$$= 2\int_0^{2\pi}\mathrm{d}\theta\int_0^h\mathrm{d}r\int_r^h zr\,\mathrm{d}z\text{(柱坐标系)}$$

$$= 2\pi\int_0^h(h^2-r^2)r\mathrm{d}r = \frac{\pi}{2}h^4.$$

又因为

$$\iint_{\Sigma_1}(x^2\cos\alpha+y^2\cos\beta+z^2\cos\gamma)\mathrm{d}S = \iint_{\Sigma_1}x^2\mathrm{d}y\mathrm{d}z+y^2\mathrm{d}z\mathrm{d}x+z^2\mathrm{d}x\mathrm{d}y$$

$$= \iint_{x^2+y^2\leqslant h^2}h^2\mathrm{d}x\mathrm{d}y = \pi h^4,$$

所以

$$I=\frac{\pi}{2}h^4-\pi h^4=-\frac{\pi}{2}h^4.$$

例 27 设 Σ 是不过原点的任意封闭曲面，外侧，计算曲面积分

$$I=\iint_{\Sigma}\frac{x\mathrm{d}y\mathrm{d}z+y\mathrm{d}z\mathrm{d}x+z\mathrm{d}x\mathrm{d}y}{(x^2+y^2+z^2)^{\frac{3}{2}}}.$$

解 令

$$P(x,y,z)=\frac{x}{(x^2+y^2+z^2)^{\frac{3}{2}}},Q(x,y,z)=\frac{y}{(x^2+y^2+z^2)^{\frac{3}{2}}},R(x,y,z)=\frac{z}{(x^2+y^2+z^2)^{\frac{3}{2}}}.$$

当 $(x,y,z)\neq(0,0,0)$ 时，

$$\frac{\partial P}{\partial x}=\frac{-2x^2+y^2+z^2}{(x^2+y^2+z^2)^{\frac{5}{2}}},$$

$$\frac{\partial Q}{\partial y}=\frac{x^2-2y^2+z^2}{(x^2+y^2+z^2)^{\frac{5}{2}}},$$

$$\frac{\partial R}{\partial z}=\frac{x^2+y^2-2z^2}{(x^2+y^2+z^2)^{\frac{5}{2}}},$$

$$\frac{\partial P}{\partial x}+\frac{\partial Q}{\partial y}+\frac{\partial R}{\partial z}=0.$$

当 Σ 不包围原点时，记 Ω_{Σ} 是以 Σ 为边界面的有界闭区域，直接应用 Gauss 公式，得

$$I=\iiint_{\Omega_{\Sigma}}\left(\frac{\partial P}{\partial x}+\frac{\partial Q}{\partial y}+\frac{\partial R}{\partial z}\right)\mathrm{d}x\mathrm{d}y\mathrm{d}z=0.$$

当 Σ 包围原点时，取 $\varepsilon>0$，使得球面 $\Sigma_1: x^2+y^2+z^2=\varepsilon^2$ 完全被 Σ 包围. 设 Σ_1 内侧（指向原点的那侧）为正，Ω 是 Σ 与 Σ_1 之间的空间区域，由 Gauss 公式，得

$$\iint_{\Sigma+\Sigma_1}\frac{x\mathrm{d}y\mathrm{d}z+y\mathrm{d}z\mathrm{d}x+z\mathrm{d}x\mathrm{d}y}{(x^2+y^2+z^2)^{\frac{3}{2}}}=\iiint_{\Omega}\left(\frac{\partial P}{\partial x}+\frac{\partial Q}{\partial y}+\frac{\partial R}{\partial z}\right)\mathrm{d}x\mathrm{d}y\mathrm{d}z=0.$$

所以

$$\begin{aligned}I&=-\iint_{\Sigma_1}\frac{x\mathrm{d}y\mathrm{d}z+y\mathrm{d}z\mathrm{d}x+z\mathrm{d}x\mathrm{d}y}{(x^2+y^2+z^2)^{\frac{3}{2}}}\\&=-\frac{1}{\varepsilon^3}\iint_{\Sigma_1}x\mathrm{d}y\mathrm{d}z+y\mathrm{d}z\mathrm{d}x+z\mathrm{d}x\mathrm{d}y\\&=\frac{1}{\varepsilon^3}\iiint_{x^2+y^2+z^2\leqslant\varepsilon^2}(1+1+1)\mathrm{d}x\mathrm{d}y\mathrm{d}z=\frac{3}{\varepsilon^3}\cdot\frac{4}{3}\pi\varepsilon^3=4\pi.\end{aligned}$$

例 28 计算 $I=\iint_{\Sigma}\frac{x\mathrm{d}y\mathrm{d}z+y\mathrm{d}z\mathrm{d}x+z\mathrm{d}x\mathrm{d}y}{(x^2+y^2+z^2)^{\frac{3}{2}}}$，其中 Σ 是与 xy 平面的交线为 $x^2+y^2=1$ 的不通过原点的光滑曲面，上侧，它的方程是 $z=f(x,y)$，$x^2+y^2\leqslant1$.

解 令

$$P(x,y,z)=\frac{x}{(x^2+y^2+z^2)^{\frac{3}{2}}},Q(x,y,z)=\frac{y}{(x^2+y^2+z^2)^{\frac{3}{2}}},R(x,y,z)=\frac{z}{(x^2+y^2+z^2)^{\frac{3}{2}}},$$

则

$$\frac{\partial P}{\partial x}+\frac{\partial Q}{\partial y}+\frac{\partial R}{\partial z}=0(x^2+y^2+z^2\neq 0).$$

当 $f(0,0)>0$ 时，作 S：$x^2+y^2+z^2=1,z\geqslant 0$，上侧. 于是

$$I-\iint_S \frac{x\mathrm{d}y\mathrm{d}z+y\mathrm{d}z\mathrm{d}x+z\mathrm{d}x\mathrm{d}y}{(x^2+y^2+z^2)^{\frac{3}{2}}}=\iiint_\Omega\left(\frac{\partial P}{\partial x}+\frac{\partial Q}{\partial y}+\frac{\partial R}{\partial z}\right)\mathrm{d}V=0,$$

其中 Ω 为 Σ 与 S 所围成的区域. 故

$$\begin{aligned}I&=\iint_S \frac{x\mathrm{d}y\mathrm{d}z+y\mathrm{d}z\mathrm{d}x+z\mathrm{d}x\mathrm{d}y}{(x^2+y^2+z^2)^{\frac{3}{2}}}\\&=\iint_S x\mathrm{d}y\mathrm{d}z+y\mathrm{d}z\mathrm{d}x+z\mathrm{d}x\mathrm{d}y=\iint_S(x^2+y^2+z^2)\mathrm{d}S=2\pi.\end{aligned}$$

当 $f(0,0)<0$ 时，作 S_1：$x^2+y^2+z^2=1,z\leqslant 0$，上侧. 于是

$$\begin{aligned}I&=\iint_{S_1} \frac{x\mathrm{d}y\mathrm{d}z+y\mathrm{d}z\mathrm{d}x+z\mathrm{d}x\mathrm{d}y}{(x^2+y^2+z^2)^{\frac{3}{2}}}\\&=\iint_{S_1}(-x^2-y^2-z^2)\mathrm{d}S=-2\pi.\end{aligned}$$

例 29　计算曲线积分 $I=\oint_L y\mathrm{d}x+z\mathrm{d}y+x\mathrm{d}z$，其中 L 为 $\begin{cases}x^2+y^2+z^2=R^2,\\x+z=R,\end{cases}$ 从 z 轴的正向向 xOy 平面看去是逆时针方向.

解　取 Σ 为平面 $x+z=R$ 上由 L 围成的部分（半径为 $\frac{\sqrt{2}}{2}R$ 的圆盘），上侧为正，则 Σ 的正向单位法向量为 $\boldsymbol{n}=\frac{\sqrt{2}}{2}(1,0,1)$. 由 Stokes 公式得

$$\begin{aligned}I&=\oint_L y\mathrm{d}x+z\mathrm{d}y+x\mathrm{d}z\\&=\iint_\Sigma\begin{vmatrix}\mathrm{d}y\mathrm{d}z&\mathrm{d}z\mathrm{d}x&\mathrm{d}x\mathrm{d}y\\\frac{\partial}{\partial x}&\frac{\partial}{\partial y}&\frac{\partial}{\partial z}\\y&z&x\end{vmatrix}=\iint_\Sigma(0-1)\mathrm{d}y\mathrm{d}z+(0-1)\mathrm{d}z\mathrm{d}x+(0-1)\mathrm{d}x\mathrm{d}y\\&=\iint_\Sigma\left[(-1)\cdot\frac{\sqrt{2}}{2}+(-1)\cdot 0+(-1)\cdot\frac{\sqrt{2}}{2}\right]\mathrm{d}S\\&=-\sqrt{2}\cdot\pi\left(\frac{\sqrt{2}}{2}R\right)^2=-\frac{\sqrt{2}}{2}\pi R^2.\end{aligned}$$

例 30　计算曲线积分 $I=\oint_L(y^2+z^2)\mathrm{d}x+(z^2+x^2)\mathrm{d}y+(x^2+y^2)\mathrm{d}z$，其中 L 为 $\begin{cases}x^2+y^2+z^2=2Rx, & (z\geqslant 0),\\x^2+y^2=2rx, & (0<r<R),\end{cases}$ 从 z 轴的正向向 xOy 平面看去是逆时针方向.

解　取 Σ 为球面 $x^2+y^2+z^2=2Rx(z\geqslant 0)$ 上由 L 围成的部分，上侧为正，则 Σ 的正向单位法向量为 $\boldsymbol{n}=\frac{1}{R}(x-R,y,z)$. 由 Stokes 公式可得

$$I=\oint_L (y^2+z^2)\mathrm{d}x+(z^2+x^2)\mathrm{d}y+(x^2+y^2)\mathrm{d}z$$

$$=\iint_\Sigma \begin{vmatrix} \mathrm{d}y\mathrm{d}z & \mathrm{d}z\mathrm{d}x & \mathrm{d}x\mathrm{d}y \\ \dfrac{\partial}{\partial x} & \dfrac{\partial}{\partial y} & \dfrac{\partial}{\partial z} \\ y^2+z^2 & z^2+x^2 & x^2+y^2 \end{vmatrix}$$

$$=\iint_\Sigma (2y-2z)\mathrm{d}y\mathrm{d}z+(2z-2x)\mathrm{d}z\mathrm{d}x+(2x-2y)\mathrm{d}x\mathrm{d}y$$

$$=\frac{2}{R}\iint_\Sigma [(y-z)(x-R)+(z-x)y+(x-y)z]\mathrm{d}S$$

$$=\frac{2}{R}\iint_\Sigma R(z-y)\mathrm{d}S=2\iint_\Sigma z\mathrm{d}S(\text{对称性})$$

$$=2R\iint_\Sigma \mathrm{d}x\mathrm{d}y=2R\iint_D \mathrm{d}x\mathrm{d}y=2R\pi r^2,$$

其中 $D: x^2+y^2\leqslant 2rx$ 是 Σ 在 xOy 平面的投影区域.

第三部分 练 习 题

一、填空题

1. $\int_L y\mathrm{d}x-x\mathrm{d}y=$ ________，L 为曲线 $y=\sqrt{2x-x^2}$ 从 $(0,0)$ 到 $(2,0)$ 的一段弧.

2. 设 L 是上半圆周 $y=\sqrt{1-x^2}$ 上由 $(-1,0)$ 到 $(1,0)$ 的有向曲线段，则 $\int_L (y^3\mathrm{e}^x-2y)\mathrm{d}x+(3y^2\mathrm{e}^x-2)\mathrm{d}y=$ ________.

3. 设 $C: |x|+|y|=2$，逆时针方向，则 $\oint_C \dfrac{ax\mathrm{d}y+by\mathrm{d}x}{|x|+|y|}=$ ________，其中 a,b 为常数.

4. 设 $L: \begin{cases} x^2+y^2+z^2=a^2, \\ x+y+z=0, \end{cases}$ 其中 $a>0$，则 $\oint_L (x+y)^2\mathrm{d}s=$ ________.

5. 设 $f(u)$ 连续，L 为逐段光滑的闭曲线，则 $\oint_L f(x^2+y^2)(x\mathrm{d}x+y\mathrm{d}y)=$ ________.

6. 设 $\Sigma: x^2+y^2+z^2=R^2$，则 $\iint_\Sigma (x+y+z)^2\mathrm{d}S=$ ________.

7. 设 $\Sigma: x^2+y^2+z^2=R^2(R>0)$，内侧，则 $\iint_\Sigma x^3\mathrm{d}y\mathrm{d}z+y^3\mathrm{d}z\mathrm{d}x+z^3\mathrm{d}x\mathrm{d}y=$ ________.

8. 设 $\boldsymbol{A}(x,y,z)=P(x,y,z)\boldsymbol{i}+Q(x,y,z)\boldsymbol{j}+R(x,y,z)\boldsymbol{k}$，$P(x,y,z)$，$Q(x,y,z)$，$R(x,y,z)$ 二阶偏导连续，则 $\mathrm{div}\,(\mathrm{rot}\,\boldsymbol{A})=$ ________.

9. 已知向量场 $\boldsymbol{u}(x,y,z)=xy^2\boldsymbol{i}+y\mathrm{e}^z\boldsymbol{j}+x\ln(1+z^2)\boldsymbol{k}$，$P(1,1,0)$，则 $\mathrm{div}\,\boldsymbol{u}|_P=$ ________.

二、选择题

10. 设 $\Sigma: x^2+y^2+z^2=a^2, z\geqslant 0$，$\Sigma_1$ 为 Σ 在第一卦限中的部分，则下列结论中正确的是________.

A. $\iint\limits_{\Sigma} x\,\mathrm{d}S = 4\iint\limits_{\Sigma_1} x\,\mathrm{d}S$　　B. $\iint\limits_{\Sigma} y\,\mathrm{d}S = 4\iint\limits_{\Sigma_1} y\,\mathrm{d}S$

C. $\iint\limits_{\Sigma} z\,\mathrm{d}S = 4\iint\limits_{\Sigma_1} z\,\mathrm{d}S$　　D. $\iint\limits_{\Sigma} xyz\,\mathrm{d}S = 4\iint\limits_{\Sigma_1} xyz\,\mathrm{d}S$

11. 设 $\boldsymbol{A}(x,y)=\dfrac{x+ay}{(x+y)^2}\boldsymbol{i}+\dfrac{y}{(x+y)^2}\boldsymbol{j}$ 为某函数的梯度，则 a 等于________.

A. 1　　B. 0

C. -1　　D. 2

三、解答与证明题

12. 设有向折线 L 由 $A\left(\dfrac{\pi}{2},\dfrac{\pi}{2}\right)\to B\left(-\dfrac{\pi}{2},\dfrac{\pi}{2}\right)\to C\left(\dfrac{\pi}{2},-\dfrac{\pi}{2}\right)$ 的两段线段构成，计算 $\int_L \cos^2 y\mathrm{d}x-\sin^2 x\mathrm{d}y$.

13. 求 $I=\oint_L \mathrm{e}^{x+y}(x\mathrm{d}x+y\mathrm{d}y)$，其中 L 为 $x^2+y^2=1$，逆时针方向.

14. 设 D：$0\leqslant x\leqslant\pi,\sin x\leqslant y\leqslant 2\sin x$ ，计算 $I=\oint_C(1+y^2)\mathrm{d}x+y\mathrm{d}y$，其中 C 为 D 的正向边界.

15. 设有向曲线 L：$\dfrac{x^2}{a^2}+\dfrac{y^2}{b^2}=1(y\geqslant 0)$，方向从点 $(a,0)$ 到点 $(-a,0)$，计算曲线积分 $I=\int_L(x^2+2x)\mathrm{d}y$.

16. 计算 $I=\int_L(x+\mathrm{e}^{\sin y})\mathrm{d}y-y\mathrm{d}x$，$L$：从 $A(1,0)$ 沿 $y=2\sqrt{1-x^2}$ 到 $B(-1,0)$.

17. 计算 $I=\oint_L\dfrac{x\mathrm{d}y-y\mathrm{d}x}{4x^2+9y^2}$，$L$ 为 $x^2+y^2=1$，逆时针方向.

18. 设 L 是包围原点的任意无重点且分段光滑的闭曲线，逆时针方向，求

$$I=\oint_L\frac{x\mathrm{d}y-y\mathrm{d}x}{x^2+y^2}.$$

19. 设 $f(x)$ 导数连续，且 $f(1)=1$，又对于任意平面封闭曲线 L，有

$$\oint_L xy\mathrm{e}^x f(x)\mathrm{d}x+\mathrm{e}^x f(x)\mathrm{d}y=0.$$

(1) 求 $f(x)$;

(2) 计算 $I=\int_{(0,0)}^{(1,2)}xy\mathrm{e}^x f(x)\mathrm{d}x+\mathrm{e}^x f(x)\mathrm{d}y$.

20. 求 $I=\int_{(0,0)}^{(1,1)}\dfrac{2x(1-\mathrm{e}^y)}{(1+x^2)^2}\mathrm{d}x+\dfrac{\mathrm{e}^y}{1+x^2}\mathrm{d}y$.

21. 计算曲线积分 $I=\int_{(a,b)}^{(c,d)}xy^2\mathrm{d}x+x^2y\mathrm{d}y$.

22. 设 $f(y)$ 导数连续，且 $f(0)=1$，若 $(1+y^2)f(y)\mathrm{d}x+3xyf(y)\mathrm{d}y$ 是函数 $u(x,y)$ 的全微分，求(1) $f(y)$；(2) $u(x,y)$.

23. 设有平面力场 $\boldsymbol{F}(x,y)=(2xy^3-y^2\cos x)\boldsymbol{i}+(1-2y\sin x+3x^2y^2)\boldsymbol{j}$，求质点沿曲线 L：$2x=\pi y^2$ 从 $O(0,0)$ 到 $A\left(\dfrac{\pi}{2},1\right)$ 时 $\boldsymbol{F}$ 所作的功 W.

24. 计算 $I=\iint\limits_{\Sigma}\sqrt{2-x^2-y^2+z^2}\,\mathrm{d}S$,其中 Σ 为 $z=\sqrt{x^2+y^2}$ 介于 $z=0$ 与 $z=1$ 之间的部分.

25. 计算 $I=\iint\limits_{\Sigma}\dfrac{\mathrm{e}^z\mathrm{d}x\mathrm{d}y}{\sqrt{x^2+y^2}}$,其中曲面 Σ 为 $z=\sqrt{x^2+y^2}$ 介于平面 $z=1$ 和 $z=2$ 之间的部分,下侧.

26. 计算 $I=\iint\limits_{\Sigma}yz\mathrm{d}y\mathrm{d}z+(x^2+z^2)\mathrm{d}z\mathrm{d}x+xy\mathrm{d}x\mathrm{d}y$,其中 Σ 是曲面 $4-y=x^2+z^2$ 在 $y\geqslant 0$ 部分的右侧.

27. 计算 $I=\iint\limits_{\Sigma}z\mathrm{d}x\mathrm{d}y+x\mathrm{d}y\mathrm{d}z+y\mathrm{d}z\mathrm{d}x$,其中 Σ 为柱面 $x^2+y^2=1$ 被 $z=0,z=1$ 所截得部分的外侧.

28. 计算 $I=\iint\limits_{\Sigma}(x^2-yz)\mathrm{d}y\mathrm{d}z+(y^2-zx)\mathrm{d}z\mathrm{d}x+2z\mathrm{d}x\mathrm{d}y$,其中 Σ 为 $z=1-\sqrt{x^2+y^2}$ $(0\leqslant z\leqslant 1)$,上侧.

29. 计算 $I=\iint\limits_{\Sigma}x\mathrm{d}y\mathrm{d}z+y\mathrm{d}z\mathrm{d}x+z\mathrm{d}x\mathrm{d}y$,其中 Σ 为 $x^2+y^2+z^2=R^2(R>0)$ 在第一卦限的部分,上侧.

30. 设 $\boldsymbol{r}=x\boldsymbol{i}+y\boldsymbol{j}+z\boldsymbol{k}$,$r=|\boldsymbol{r}|$,$\mathrm{div}[f(r)\boldsymbol{r}]=0$,且 $f(1)=1$,求 $f(r)$.

31. 设 L 为平面 $x+y+z=1$ 与坐标面的交线,从 z 轴的正向往负向看,取逆时针方向,求 $I=\oint_L(2y+z)\mathrm{d}x+(x-z)\mathrm{d}y+(y-x)\mathrm{d}z$.

32. 计算 $I=\oint_L xy\mathrm{d}x+(x+z)\mathrm{d}y+z^2\mathrm{d}z$,其中 L 为柱面 $\dfrac{x^2}{4}+y^2=1$ 与平面 $x-z=0$ 的交线,从 z 轴的正向看去 L 为逆时针方向.

33. 设 $u(x,y,z)$ 二阶偏导连续,Σ 是有界闭区域 Ω 的光滑边界曲面,$\boldsymbol{n}$ 是 Σ 的外法线向量. 记 $\Delta u=\dfrac{\partial^2 u}{\partial x^2}+\dfrac{\partial^2 u}{\partial y^2}+\dfrac{\partial^2 u}{\partial z^2}$,试证:

(1) $\iiint\limits_{\Omega}|\mathrm{grad}\,u|^2\mathrm{d}V=\oiint\limits_{\Sigma}u\dfrac{\partial u}{\partial n}\mathrm{d}S-\iiint\limits_{\Omega}u\Delta u\mathrm{d}V$;

(2) 若 $\Delta u=0$ 在 Ω 上恒成立且 u 在 Σ 上取零值,求证 u 在 Ω 上恒为零.

习题答案、简答或提示

一、填空题

1. π.

2. $-\pi$.

3. $4(a-b)$.

4. $\dfrac{2}{3}\pi a^3$.

5. 0.

6. $4\pi R^4$.

7. $-\frac{12}{5}\pi R^5$.

8. 0.

9. 2.

二、选择题

10. C.　　　11. D.

三、解答与证明题

12. π.

解 $$\int_L \cos^2 y\mathrm{d}x-\sin^2 x\mathrm{d}y=\int_{AB}\cos^2 y\mathrm{d}x-\sin^2 x\mathrm{d}y+\int_{BC}\cos^2 y\mathrm{d}x-\sin^2 x\mathrm{d}y$$
$$=\int_{\frac{\pi}{2}}^{-\frac{\pi}{2}}\left(\cos^2\frac{\pi}{2}\right)\mathrm{d}x+\int_{-\frac{\pi}{2}}^{\frac{\pi}{2}}(\cos^2(-x)+\sin^2 x)\mathrm{d}x=\pi.$$

13. $I=0$.

解 $$I=\int_0^{2\pi}\mathrm{e}^{\cos\theta+\sin\theta}(-\cos\theta\sin\theta+\sin\theta\cos\theta)\mathrm{d}\theta=0.$$

14. $-\frac{3}{2}\pi$.

15. $I=\pi ab$.

解 取 $L_1:y=0$,起点 $x=-a$,终点 $x=a$. 取 $D:\frac{x^2}{a^2}+\frac{y^2}{b^2}\leqslant 1,y\geqslant 0$. 于是
$$I=\int_L(x^2+2x)\mathrm{d}y=\int_{L+L_1}(x^2+2x)\mathrm{d}y-\int_{L_1}(x^2+2x)\mathrm{d}y$$
$$=\iint_D(2x+2)\mathrm{d}x\mathrm{d}y-0=\pi ab.$$

16. $I=2\pi$.

解 令 $P(x,y)=-y$,$Q(x,y)=x+\mathrm{e}^{\sin y}$,由 Green 公式得
$$I+\int_{BA}P(x,y)\mathrm{d}x+Q(x,y)\mathrm{d}y=\iint_{x^2+\frac{y^2}{4}\leqslant 1,\,y\geqslant 0}\left(\frac{\partial Q}{\partial x}-\frac{\partial P}{\partial y}\right)\mathrm{d}\sigma=2\pi,$$
而 $\int_{BA}=\int_{-1}^{1}0\mathrm{d}x=0$,所以 $I=2\pi$.

17. $I=\frac{\pi}{3}$.

解 令 $P(x,y)=\frac{-y}{4x^2+9y^2}$,$Q(x,y)=\frac{x}{4x^2+9y^2}$,则
$$\frac{\partial Q}{\partial x}=\frac{\partial P}{\partial y}=\frac{9y^2-4x^2}{(4x^2+9y^2)^2}(x^2+y^2\neq 0).$$
令 $C:4x^2+9y^2=1$,逆时针方向. 由 Green 公式可得
$$I=\oint_C x\mathrm{d}y-y\mathrm{d}x=2\iint_{4x^2+9y^2\leqslant 1}\mathrm{d}\sigma=\frac{\pi}{3}.$$

18. 2π.

解 令 $P(x,y)=\dfrac{-y}{x^2+y^2}$，$Q(x,y)=\dfrac{x}{x^2+y^2}$，则

$$\frac{\partial Q}{\partial x}=\frac{\partial P}{\partial y}=\frac{y^2-x^2}{(x^2+y^2)^2},x^2+y^2\neq 0.$$

令 $C_\varepsilon:x^2+y^2=\varepsilon^2$，逆时针方向（$\varepsilon$ 足够小，使得 C_ε 包含在 L 内）. 由 Green 公式可得

$$I=\oint_L\frac{x\mathrm{d}y-y\mathrm{d}x}{x^2+y^2}=\oint_{C_\varepsilon}\frac{x\mathrm{d}y-y\mathrm{d}x}{x^2+y^2}$$

$$=\frac{1}{\varepsilon^2}\oint_{C_\varepsilon}x\mathrm{d}y-y\mathrm{d}x=\frac{2}{\varepsilon^2}\iint\limits_{x^2+y^2\leqslant\varepsilon^2}\mathrm{d}\sigma=2\pi.$$

19. (1) $f(x)=\sqrt{\mathrm{e}}\mathrm{e}^{\frac{1}{2}x^2-x}$；(2) $I=2\mathrm{e}$.

解 (1) 令 $P(x,y)=xy\mathrm{e}^xf(x)$，$Q(x,y)=\mathrm{e}^xf(x)$，依题意，有 $\dfrac{\partial Q}{\partial x}=\dfrac{\partial P}{\partial y}$，故 $\begin{cases}f'(x)+f(x)=xf(x),\\ f(1)=1,\end{cases}$ 求得 $f(x)=\sqrt{\mathrm{e}}\mathrm{e}^{\frac{1}{2}x^2-x}$.

(2) $\sqrt{\mathrm{e}}xy\mathrm{e}^{\frac{1}{2}x^2}\mathrm{d}x+\sqrt{\mathrm{e}}\mathrm{e}^{\frac{1}{2}x^2}\mathrm{d}y=\sqrt{\mathrm{e}}\mathrm{d}(y\mathrm{e}^{\frac{1}{2}x^2})$，故

$$I=\int_{(0,0)}^{(1,2)}\sqrt{\mathrm{e}}xy\mathrm{e}^{\frac{1}{2}x^2}\mathrm{d}x+\sqrt{\mathrm{e}}\mathrm{e}^{\frac{1}{2}x^2}\mathrm{d}y=\sqrt{\mathrm{e}}y\mathrm{e}^{\frac{1}{2}x^2}\Big|_{(0,0)}^{(1,2)}=2\mathrm{e}.$$

20. $I=\dfrac{\mathrm{e}-1}{2}$.

解

$$\frac{2x(1-\mathrm{e}^y)}{(1+x^2)^2}\mathrm{d}x+\frac{\mathrm{e}^y}{1+x^2}\mathrm{d}y=(\mathrm{e}^y-1)\mathrm{d}\left(\frac{1}{1+x^2}\right)+\frac{1}{1+x^2}\mathrm{d}(\mathrm{e}^y-1)$$

$$=\mathrm{d}\left(\frac{\mathrm{e}^y-1}{1+x^2}\right),$$

故

$$I=\frac{\mathrm{e}^y-1}{1+x^2}\Big|_{(0,0)}^{(1,1)}=\frac{\mathrm{e}-1}{2}.$$

21. $I=\dfrac{1}{2}(c^2d^2-a^2b^2)$.

解 因为 $\mathrm{d}\left(\dfrac{x^2y^2}{2}\right)=xy^2\mathrm{d}x+x^2y\mathrm{d}y$，所以

$$I=\int_{(a,b)}^{(c,d)}xy^2\mathrm{d}x+x^2y\mathrm{d}y=\frac{1}{2}(c^2d^2-a^2b^2).$$

22. (1) $f(y)=\sqrt{1+y^2}$；(2) $u=x(1+y^2)^{\frac{3}{2}}+C$.

解 (1) 令 $P(x,y)=(1+y^2)f(y)$，$Q(x,y)=3xyf(y)$，则

$$\frac{\partial Q}{\partial x}=\frac{\partial P}{\partial y},$$

故 $\begin{cases}yf(y)=(1+y^2)f'(y),\\ f(0)=1,\end{cases}$ 求得 $f(y)=\sqrt{1+y^2}$.

(2)
$$\begin{aligned}\mathrm{d}u&=(1+y^2)f(y)\mathrm{d}x+3xyf(y)\mathrm{d}y\\&=(1+y^2)^{\frac{3}{2}}\mathrm{d}x+3xy(1+y^2)^{\frac{1}{2}}\mathrm{d}y\\&=(1+y^2)^{\frac{3}{2}}\mathrm{d}x+x\mathrm{d}[(1+y^2)^{\frac{3}{2}}]=\mathrm{d}[x(1+y^2)^{\frac{3}{2}}],\end{aligned}$$

故 $u(x,y)=x(1+y^2)^{\frac{3}{2}}+C$.

23. $W=\frac{\pi^2}{4}$.

解　令 $P(x,y)=2xy^3-y^2\cos x, Q(x,y)=1-2y\sin x+3x^2y^2$. 易见$\frac{\partial Q}{\partial x}=\frac{\partial P}{\partial y}$,因此有 $u(x,y)$, 使得 $P(x,y)\mathrm{d}x+Q(x,y)\mathrm{d}y=\mathrm{d}u$. $u(x,y)$可如下求得：

$$\begin{aligned}u(x,y) &= \int_{(0,0)}^{(x,y)}(2xy^3-y^2\cos x)\mathrm{d}x+(1-2y\sin x+3x^2y^2)\mathrm{d}y\\ &= \int_0^x 0\mathrm{d}x+\int_0^y(1-2y\sin x+3x^2y^2)\mathrm{d}y = y-y^2\sin x+x^2y^3.\end{aligned}$$

$$\begin{aligned}W &= \int_{(0,0)}^{(\frac{\pi}{2},1)}(2xy^3-y^2\cos x)\mathrm{d}x+(1-2y\sin x+3x^2y^2)\mathrm{d}y\\ &= [y-y^2\sin x+x^2y^3]\Big|_{(0,0)}^{(\frac{\pi}{2},1)} = \frac{\pi^2}{4}.\end{aligned}$$

24. $I=2\pi$.

25. $I=2\pi(\mathrm{e}-\mathrm{e}^2)$.

解　曲面 Σ 在 xy 平面上的投影区域为 $D:1\leqslant x^2+y^2\leqslant 4$.

$$I=-\iint_D \frac{\mathrm{e}^{\sqrt{x^2+y^2}}}{\sqrt{x^2+y^2}}\mathrm{d}x\mathrm{d}y=-\iint_{\substack{1\leqslant r\leqslant 2\\ 0\leqslant\theta\leqslant 2\pi}}\frac{\mathrm{e}^r}{r}r\,\mathrm{d}r\mathrm{d}\theta=2\pi(\mathrm{e}-\mathrm{e}^2).$$

26. $I=8\pi$.

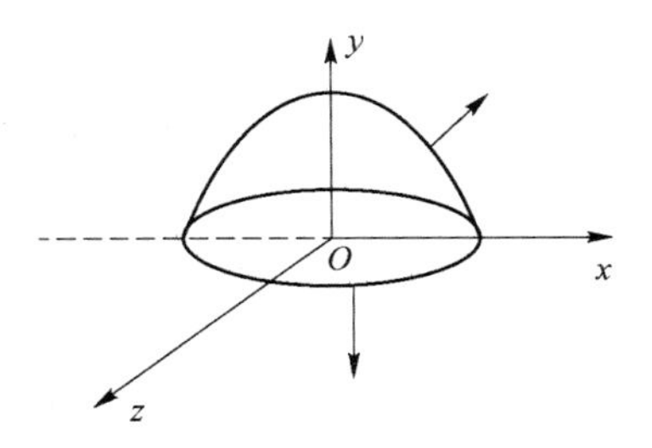

图 11-1

解　坐标系如图 11-1 所示. 令 $S:\begin{cases}x^2+y^2\leqslant 4,\\ y=0\end{cases}$指向 y 轴负向的那一侧,由 Gauss 公式可得 $I+\iint_S=0$.

$$\begin{aligned}I &= -\iint_S yz\,\mathrm{d}y\mathrm{d}z+(x^2+z^2)\mathrm{d}z\mathrm{d}x+xy\,\mathrm{d}x\mathrm{d}y\\ &= \iint_{x^2+z^2\leqslant 4}(x^2+z^2)\mathrm{d}z\mathrm{d}x=\int_0^{2\pi}\mathrm{d}\theta\int_0^2 r^3\mathrm{d}r=8\pi.\end{aligned}$$

27. $I=2\pi$.

解　令 $S_1:\begin{cases}z=1,\\ x^2+y^2\leqslant 1,\end{cases}$上侧;$S_2:\begin{cases}z=0,\\ x^2+y^2\leqslant 1,\end{cases}$下侧.

由 Gauss 公式得 $I+\iint\limits_{S_1}+\iint\limits_{S_2}=\iiint\limits_{\substack{0\leqslant z\leqslant 1\\ x^2+y^2\leqslant 1}} 3\mathrm{d}V=3\pi.$

$$\iint\limits_{S_1} z\mathrm{d}x\mathrm{d}y+x\mathrm{d}y\mathrm{d}z+y\mathrm{d}z\mathrm{d}x=\iint\limits_{x^2+y^2\leqslant 1}\mathrm{d}x\mathrm{d}y=\pi,$$

$$\iint\limits_{S_2} z\mathrm{d}x\mathrm{d}y+x\mathrm{d}y\mathrm{d}z+y\mathrm{d}z\mathrm{d}x=-\iint\limits_{x^2+y^2\leqslant 1}0\mathrm{d}x\mathrm{d}y=0,$$

故 $I=2\pi$.

28. $I=\dfrac{2}{3}\pi$.

解 令 $S:\begin{cases}z=0,\\ x^2+y^2\leqslant 1,\end{cases}$ 下侧. 由 Gauss 公式得

$$I+\iint\limits_{S}=\iiint\limits_{\Omega}(2x+2y+2)\mathrm{d}V=2\iiint\limits_{\Omega}\mathrm{d}V=2\cdot\frac{1}{3}\pi=\frac{2}{3}\pi,$$

其中 Ω 为 Σ 与 $z=0$ 所围的区域. 而

$$\iint\limits_{S}(x^2-yz)\mathrm{d}y\mathrm{d}z+(y^2-zx)\mathrm{d}z\mathrm{d}x+2z\mathrm{d}x\mathrm{d}y=0,$$

所以

$$I=\frac{2}{3}\pi.$$

29. $I=\dfrac{1}{2}\pi R^3$.

解 **方法 1** 令 $S_1:\begin{cases}x=0,\\ y^2+z^2\leqslant R^2,\end{cases}$ $y\geqslant 0, z\geqslant 0$,后侧为正;$S_2:\begin{cases}y=0,\\ x^2+z^2\leqslant R^2,\end{cases}$ $x\geqslant 0, z\geqslant 0$,左侧为正;$S_3:\begin{cases}z=0,\\ x^2+y^2\leqslant R^2,\end{cases}$ $x\geqslant 0, y\geqslant 0$,下侧为正,则

$$I+\iint\limits_{S_1}+\iint\limits_{S_2}+\iint\limits_{S_3}=\iiint\limits_{\substack{x^2+y^2+z^2\leqslant R^2\\ x\geqslant 0,y\geqslant 0,z\geqslant 0}} 3\mathrm{d}V=3\cdot\frac{4}{3}\pi R^3\ \frac{1}{8}=\frac{1}{2}\pi R^3,$$

而 $\iint\limits_{S_1} x\mathrm{d}y\mathrm{d}z+y\mathrm{d}z\mathrm{d}x+z\mathrm{d}x\mathrm{d}y=\iint\limits_{S_2}=\iint\limits_{S_3}=0$,所以 $I=\dfrac{1}{2}\pi R^3$.

方法 2 曲面 Σ 的正向单位法向量为 $\boldsymbol{n}=\dfrac{1}{R}(x,y,z)$,由两类曲面积分的关系可得

$$I=\iint\limits_{\Sigma}\frac{1}{R}(x^2+y^2+z^2)\mathrm{d}S=R\iint\limits_{\Sigma}\mathrm{d}S=R\ \frac{1}{2}\pi R^2=\frac{1}{2}\pi R^3.$$

30. $f(r)=\dfrac{1}{r^3}, r=\sqrt{x^2+y^2+z^2}$.

解

$$\begin{aligned}\operatorname{div}\,(f(r)\boldsymbol{r})&=\frac{\partial}{\partial x}(f(r)x)+\frac{\partial}{\partial y}(f(r)y)+\frac{\partial}{\partial z}(f(r)z)\\&=3f(r)+rf'(r)=0.\end{aligned}$$

求解初值问题 $\begin{cases}3f(r)+rf'(r)=0,\\ f(1)=1,\end{cases}$ 得 $f(r)=\dfrac{1}{r^3}$.

31. $I=\frac{3}{2}$.

解　取 Σ 为平面 $x+y+z=1$ 上被 L 包围的部分,上侧为正.

由 Stokes 公式,可得

$$I=\iint_{\Sigma}2\mathrm{d}y\mathrm{d}z+2\mathrm{d}z\mathrm{d}x-\mathrm{d}x\mathrm{d}y$$
$$=\iint_{\Sigma}\left(2\cdot\frac{1}{\sqrt{3}}+2\cdot\frac{1}{\sqrt{3}}-\frac{1}{\sqrt{3}}\right)\mathrm{d}S=\iint_{\Sigma}\sqrt{3}\mathrm{d}S=\frac{3}{2}.$$

32. $I=4\pi$.

解　取 Σ 为平面 $x-z=0$ 上被 L 包围的部分,上侧为正,由 Stokes 公式,可得

$$I=\iint_{\Sigma}-\mathrm{d}y\mathrm{d}z+(1-x)\mathrm{d}x\mathrm{d}y=\iint_{\Sigma}\left[(-1)\left(-\frac{1}{\sqrt{2}}\right)+(1-x)\frac{1}{\sqrt{2}}\right]\mathrm{d}S$$
$$=\iint_{\Sigma}\left(\sqrt{2}-\frac{x}{\sqrt{2}}\right)\mathrm{d}S=\iint_{\frac{x^2}{4}+y^2\leqslant 1}\left(\sqrt{2}-\frac{x}{\sqrt{2}}\right)\sqrt{2}\mathrm{d}x\mathrm{d}y=4\pi.$$

33. **证明**

(1) $$\oiint_{\Sigma}u\frac{\partial u}{\partial n}\mathrm{d}S=\oiint_{\Sigma}\left[u\frac{\partial u}{\partial x}\cos(\widehat{\boldsymbol{n},x})+u\frac{\partial u}{\partial y}\cos(\widehat{\boldsymbol{n},y})+u\frac{\partial u}{\partial z}\cos(\widehat{\boldsymbol{n},z})\right]\mathrm{d}S$$
$$=\oiint_{\Sigma}u\frac{\partial u}{\partial x}\mathrm{d}y\mathrm{d}z+u\frac{\partial u}{\partial y}\mathrm{d}z\mathrm{d}x+u\frac{\partial u}{\partial z}\mathrm{d}x\mathrm{d}y$$
$$=\iiint_{\Omega}\left[\left(\frac{\partial u}{\partial x}\right)^2+u\frac{\partial^2 u}{\partial x^2}+\left(\frac{\partial u}{\partial y}\right)^2+u\frac{\partial^2 u}{\partial y^2}+\left(\frac{\partial u}{\partial z}\right)^2+u\frac{\partial^2 u}{\partial z^2}\right]\mathrm{d}V$$
$$=\iiint_{\Omega}|\mathrm{grad}\,u|^2\mathrm{d}V+\iiint_{\Omega}u\Delta u\mathrm{d}V.$$

(2) 若在 Ω 上 $\Delta u=0$,且在 Σ 上 $u=0$,则 $\iiint_{\Omega}u\Delta u\mathrm{d}V=0$,且 $\oiint_{\Sigma}u\frac{\partial u}{\partial n}\mathrm{d}S=0$,于是 $\iiint_{\Omega}|\mathrm{grad}\,u|^2\mathrm{d}V=0$,所以 $|\mathrm{grad}\,u|=0$,即 $\frac{\partial u}{\partial x}=0,\frac{\partial u}{\partial y}=0,\frac{\partial u}{\partial z}=0$. 这说明 u 在 Ω 上为常函数,而 u 在 Σ 上为零,故 u 在 Ω 上恒为零.